シクロデキストリンの応用技術

Applied Technology of Cyclodextrin

《普及版／Popular Edition》

監修　寺尾啓二，小宮山　真

シーエムシー出版

はじめに

シクロデキストリンはグルコース分子がα-1, 4グルコシド結合で環状に連なった化合物で天然に存在しています。その構成単位のグルコースは6分子の二酸化炭素と6分子の水からなる環状化合物であり，生物の太陽光エネルギーを用いる炭酸同化作用によって形成され，シクロデキストリンは昨今，地球規模の早急な対策が求められている温暖化の元凶である二酸化炭素を最も効率よく吸収した化合物とも言えます。この環状のグルコースが天然に存在する理由は明らかです。生物にとって活動のためにグルコースがそのエネルギー源として活用できるからです。では，環状であるグルコース分子から形成されるさらに大きな環状化合物のシクロデキストリンが，なぜ天然に存在する必要があったのか？　その疑問を持つのは私だけでしょうか？　シクロデキストリンは生物が旱魃や紫外線などの環境変化に対応するために自らが進化の過程で作り上げたエネルギーの貯蔵庫あるいは生命活動に必要不可欠な活性物質を活性酸素やその他の分解促進物質から守る目的があるのかも知れません。

天然物質であるシクロデキストリンは，底のないバケツ形状をしており，その外部は親水性を，そして，その空洞内部は疎水性を示し，様々な有機分子を取り込む包接機能を有しており，幅広い応用が可能な物質です。

1980年代初期に堀越らによってβシクロデキストリンの工業生産が開始され，そして，1999年にはG. Schmidらによってαシクロデキストリンとγシクロデキストリンの工業生産が開始されました。その結果，3種すべての天然型シクロデキストリンが工業的に利用できるようになりました。現在では目的に応じて天然型シクロデキストリンの特性を改善したメチル化，ヒドロキシプロピル化，アセチル化，モノクロロトリアジノ化，スルフォブチル化などの化学修飾型シクロデキストリンやマルトシル化などの酵素修飾型シクロデキストリンも工業生産されています。

シクロデキストリンの世界生産量は，現在，年間1万トン以上となり経済性も十分に高まったことから，シクロデキストリンはサイエンスの対象にとどまらず，テクノロジーの対象として実用的な応用研究も盛んになってきています。『魔法の糖』としてβシクロデキストリンが注目された1980年代以上に現在ではナノ分子であるシクロデキストリンはナノサイエンス，ナノテクノロジー素材として脚光を浴びています。

本書の内容は，産業界で注目されているシクロデキストリンの科学研究，及び，応用技術を中心としたものです。シクロデキストリンの応用範囲は広く，食品や医薬品への応用以外にも化粧品，家庭用品への応用のほか，環境，塗料，繊維，農薬，など様々な応用がありますので，各用途別に紹介しています。そこで，読者にとっては，この本書一冊で他分野であるシクロデキストリンの利用方法も容易に参考にできます。本書がシクロデキストリンの応用技術のさらなる発展につながることを期待しています。

2008年2月吉日

寺尾啓二

普及版の刊行にあたって

本書は2008年に『シクロデキストリンの応用技術』として刊行されました。普及版の刊行にあたり，内容は当時のままであり加筆・訂正などの手は加えておりませんので，ご了承ください。

2013年7月

シーエムシー出版　編集部

監修：寺尾啓二，小宮山真

執筆者一覧（執筆順）

小 川 浩 一	日本食品化工㈱ 営業三部 次長
Gerhard Schmid	Wacker-Chemie GmbH
福 見 宏	㈱シクロケム 研究開発部 部長
上 梶 友記子	㈱シクロケム テクニカルサポート
中 田 大 介	㈱シクロケム テクニカルサポート 主任研究員
城 文 子	㈱シクロケム テクニカルサポート
鴨 井 一 文	㈱コサナ 代表取締役
近 藤 基 樹	㈱シクロケム テクニカルサポート
四 日 洋 和	㈱シクロケム テクニカルサポート 研究員
神 谷 淳	石川県工業試験場 繊維生活部
山 本 孝	石川県工業試験場 繊維生活部 部長
前 島 繁 一	㈱テラバイオレメディック 営業開発部
上 釜 兼 人	崇城大学 薬学部 製剤学研究室 教授
戸 塚 裕 一	岐阜薬科大学 製剤学研究室 准教授
山 本 恵 司	千葉大学大学院 薬学研究院 製剤工学研究室 教授
舘 巌	㈱シクロケム 取締役 営業開発部長
吉 井 英 文	鳥取大学 工学部 生物応用工学科 准教授
Neoh Tze Loon	鳥取大学 工学部 生物応用工学科 博士後期課程
古 田 武	鳥取大学 工学部 生物応用工学科 教授
菊 地 徹	青森県工業総合研究センター 環境技術研究部 主任研究員
輿 水 知	㈱シクロケム 技術開発部長
佐 藤 有 一	㈱シクロケム 取締役 企画開発部長
今 村 智 紗	㈱テラバイオレメディック
三 國 克 彦	塩水港精糖㈱ 糖質研究所 商品企画開発室長
寺 尾 啓 二	東京農工大学 農学部 環境資源科学科 客員教授；㈱シクロケム
濱 田 文 男	秋田大学 工学資源学部 教授
原 田 明	大阪大学 大学院理学研究科 教授
荒 木 潤	信州大学 ファイバーナノテク国際若手研究者育成拠点 テニュアトラック特任助教
伊 藤 耕 三	東京大学大学院 新領域創成科学研究科 教授

執筆者の所属表記は，2008 年当時のものを使用しております。

目　次

【基礎編】

第1章　総論（シクロデキストリンとは）　小川浩一

1　構造と特性 …… 3
2　物性 …… 5
3　歴史的背景 …… 6
4　CD 生成反応と CGTase の特性 …… 7
5　CD の実用的利用 …… 9

第2章　Preparation and Industrial Production of Cyclodextrins　Gerhard Schmid

1　INTRODUCTION …… 12
2　DEVELOPMENT OF TWO MAJOR PROCESSES …… 12
2.1　Solvent Process …… 12
2.2　“Non-Solvent Process” …… 17
2.3　Improvement of the “Non-Solvent” Process …… 19
3　PRODUCTION OF ALPHA-CD (SOLVENT TECHNOLOGY) …… 20
4　PRODUCTION OF BETA-CD (SOLVENT TECHNOLOGY) …… 23
5　PRODUCTION OF GAMMA-CD …… 24
5.1　Review of Existing Processes …… 24
5.2　Selective Macrocyclic Complexing Agents for Gamma-Cyclodextrin …… 25
5.3　New Process for the Production of Gamma-Cyclodextrin …… 29
6　EFFECT OF DEBRANCHING ENZYMES …… 29
7　DEPENDENCY OF THE CD-YIELD FROM THE SUBSTRATE …… 30
8　PRODUCTION OF CYCLODEXTRINS IN THE TUBERS OF TRANSGENIC POTATO PLANTS …… 31

第3章　シクロデキストリンの市場と展望　福見　宏

1　はじめに …… 37
2　市場規模と動向 …… 38
3　注目の用途分野 …… 40
3.1　家庭用品，化粧品などの消費者向け製品 …… 40
3.2　医薬分野 …… 40

3.3　食品飲料分野 …………………………… 41
4　製造販売業者の動向 ………………………… 42
4.1　米ワッカーケミカルコーポレーション …………………………………………… 43
4.2　仏ロケット ………………………………… 43
4.3　米カーギル-セレスター ……………… 43
4.4　パールエース（塩水港精糖）………… 43
4.5　日本食品化工 ……………………………… 44
4.6　メルシャン ………………………………… 44
4.7　シクロケム ………………………………… 44
5　展望 …………………………………………… 45

【食品・化粧品用途編】

第4章　機能性食品，化粧品素材の安定化　上梶友記子

1　健康食品，代替医療の普及の重要性 …… 49
2　健康食品に対する"不安"とシクロデキストリンによる"安心"確保 …………………… 50
3　各種機能性食品，化粧品素材のCDによる安定性改善 ……………………………………… 50
3.1　コエンザイムQ10 ……………………… 50
3.1.1　コエンザイムQ10の問題点 …… 50
3.1.2　コエンザイムQ10の安定性改善 …………………………………………… 51
3.2　α-リポ酸 …………………………………… 53
3.2.1　α-リポ酸の低安定性 ……………… 53
3.2.2　α-リポ酸のγCDによる安定性改善 ………………………… 53
3.2.3　α-リポ酸と各種食品素材との相性 …………………………………………… 53
3.3　レチノール（ビタミンA）…………… 55
3.4　α-トコフェロール（ビタミンE）…… 55
3.5　メナキノン（ビタミンK_2）…………… 56
3.6　ファルネゾール—イソプレノイド類の安定化— …… 57
3.7　リノール酸（ビタミンF）—遊離不飽和脂肪酸類の安定化— … 58
3.8　不飽和脂肪酸トリグリセリド類 …… 59
3.9　クマザサ成分，クロロフィル色素—色素の安定化— ……………………… 60
4　おわりに ……………………………………… 61

第5章　αシクロデキストリンの物性と生体機能改善　中田大介

1　はじめに ……………………………………… 64
2　αCDの物性 ………………………………… 65
2.1　基本的物性 ………………………………… 65
2.1.1　水溶性 ………………………………… 65
2.1.2　低粘度 ………………………………… 65
2.1.3　低吸水性 ……………………………… 65
2.2　難消化性 …………………………………… 65
2.3　過酷条件下での高い安定性 …………… 67
2.4　乳酸菌によるCD類，難消化性デキストリンの資化 …………………… 67

3 αCD の健康改善機能 …… 68
3.1 体重減少効果，中性脂肪低減効果，コレステロール減少効果 …… 69
3.1.1 動物実験による検証 …… 69
3.1.2 ヒトによる検証 …… 70
3.2 血糖値上昇抑制作用 …… 73
3.3 アレルギー疾患治癒効果 …… 73
3.3.1 αCD によるマウスを用いた IgE 抗体産生抑制 …… 73
3.3.2 ヒト臨床試験によるアレルギー疾患治癒効果 …… 74
4 おわりに …… 76

第 6 章 γ シクロデキストリンによる生物学的利用能の向上 城 文子

1 はじめに …… 78
2 各種 CD の水溶性の比較 …… 79
3 γCD の安全性 …… 79
4 γCD の消化性 …… 80
5 包接現象と薬理活性物質の特性改善について …… 80
5.1 γCD による生物学的利用能の向上について …… 82
5.2 コエンザイム Q 10 …… 84
5.2.1 コエンザイム Q 10 の特長と問題点 …… 84
5.2.2 コエンザイム Q 10 の生物学的利用能の改善 …… 85
5.3 血管拡張剤シナリジン（Cinnarizin）の生物学的利用能の改善 …… 86
5.4 心機能改善に有効なジゴキシンの生物学的利用能の改善 …… 87
5.5 抗うつ薬，塩酸フルオキセチンの生物学的利用能の改善 …… 87
5.6 ビタミン K_2 の安定化と生物学的利用能の改善 …… 88
5.7 オクタコサノールの生物学的利用能の改善 …… 89
5.8 テストステロンの生物学的利用能の改善 …… 90
6 おわりに …… 91

第 7 章 化粧品分野への応用 鴨井一文

1 はじめに …… 93
2 シクロデキストリンの化粧品分野での利用目的 …… 94
3 安定化について …… 95
3.1 不飽和脂肪酸トリグリセリドを含有する植物油 …… 95
3.2 ビタミン A（レチノール） …… 95
3.3 フタルイミド過酸化カプロン酸（PIOC） …… 96
3.4 リノール酸（ビタミン F） …… 97
4 低減化について …… 97
4.1 不快臭の低減化（消臭効果） …… 97
4.2 刺激の低減化 …… 98
5 徐放について …… 99

5.1　メントール ……………………………… 99
5.2　ティーツリーオイル …………………… 99
6　バイオアベイラビリティの向上について
［ビタミンE（トコフェロール）とコエンザイムQ10を例に］ ………………………… 100
7　おわりに ………………………………… 100

【生活用品用途編】

第8章　抗菌剤におけるシクロデキストリンの利用　近藤基樹

1　はじめに ……………………………… 105
2　抗菌剤におけるシクロデキストリンの利用目的 ……………………………… 105
2.1　利用目的 ……………………………… 105
2.2　これまでに開発されてきたシクロデキストリンを用いた抗菌製品 ………… 107
3　合成有機系抗菌剤 ……………………… 108
3.1　揮発性合成有機系抗菌剤の安定化 ……………………………… 108
3.1.1　α-ハロシンナムアルデヒドの特性 ……………………………… 108
3.1.2　α-ブロモシンナムアルデヒドにおける実施例 ………………… 108
3.2　抗カビ剤の水溶化とバイオアベイラビリティー向上 …… 109
3.2.1　抗カビ剤への利用 ……………… 109
3.2.2　水溶化 …………………………… 109
3.2.3　木材への浸透性 ………………… 110
3.2.4　バイオアベイラビリティー（抗菌活性）向上 ………………… 110
4　天然有機系抗菌剤 ……………………… 112
4.1　10-Undecyn-1-ol ……………………… 112
4.2　アリルイソチオシアネート（AITC） ……………………………… 113
4.2.1　特性 ……………………………… 113
4.2.2　海洋生物付着忌避効果 ………… 113
5　シクロデキストリンを用いたヨウ素による抗菌と消臭 ………………………… 115
5.1　ヨウ素の特性 ………………………… 115
5.2　βシクロデキストリンおよびβシクロデキストリン誘導体によるヨウ素の安定化 …… 116
5.3　αシクロデキストリンによるヨウ素の安定化 ………………………… 116
5.4　αシクロデキストリンによるヨウ素の安定化の原理 ……………… 117
5.5　ヨウ素-シクロデキストリン包接体の抗菌性 ……………………………… 118
5.6　ヨウ素-αCD包接体による消臭機能 ……………………………… 119

第9章　におい・香りのコントロール　四日洋和

1　はじめに ……………………………… 121
2　CDによる消臭について ……………… 122

2.1 CDを単独で用いる消臭 …………… 123
2.1.1 α–, γ-CDによるニンニクの無臭化 ……………………………… 123
2.1.2 α-CDによる口臭予防 ………… 123
2.1.3 γ-CDによるカキ肉粉末のにおい低減 ………………………… 124
2.1.4 短鎖脂肪酸の臭いのマスキング ………………………………………… 124
2.1.5 サメ軟骨抽出物のCDによる無臭化 ……………………………… 125
2.2 CDを用いた複合タイプの消臭剤 … 125
2.2.1 CDとヨウ素との組み合わせ … 125
2.2.2 カテキン類との組み合わせ …… 127
2.2.3 プロピレングリコールとの組み合わせ ………………………… 127
2.2.4 金属フタロシアニンとの組み合わせ ………………………………………… 128
2.2.5 水との組み合わせ ……………… 128
2.2.6 香料との組み合わせ（臭いのマスキング） …………… 129
3 CDによる香りの徐放について ………… 129
3.1 CDによるフレーバーの包接と徐放 …………………………………………………… 129
3.2 食品フレーバーへの応用例 ………… 131
3.2.1 鰹節エキスの香気成分保持 …… 131
3.2.2 茶類エキスの香気成分保持 …… 131
3.2.3 乳製品フレーバー ……………… 132
3.2.4 ご飯の風味改善 ………………… 132
3.2.5 ワサビの香気成分の安定化 …… 132
3.3 工業製品への応用例 ………………… 133
3.3.1 不織布からの香水の徐放 ……… 133
3.3.2 壁塗料からの香りの徐放 ……… 134
4 CD固着繊維について …………………… 135
4.1 CD固着繊維による消臭 …………… 135
4.2 CD固着繊維からの香りの徐放 …… 136
4.3 CDによる病気の追跡 ……………… 136
5 おわりに ………………………………… 137

第10章 繊維・プラスチックへの固定化 **神谷 淳，山本 孝**

1 はじめに ……………………………………… 139
2 繊維への固定化 ………………………… 139
2.1 共有結合による固定化 ……………… 140
2.1.1 反応基を持ったCD誘導体の利用 ………………………………………… 140
2.1.2 架橋剤によるグラフト重合 …… 142
2.2 疎水性相互作用による固定化 ……… 143
2.3 CDポリマーによる被覆 …………… 143
2.3.1 ポリイソシアネートの利用 …… 143
2.3.2 ポリカルボン酸の利用 ………… 145
2.4 電子線照射による表面改質 ………… 146
3 プラスチック等への固定化 …………… 146
3.1 共重合によりCDを主鎖に持つポリマーの合成 ………………………… 147
3.2 反応箇所を持つコポリマーと共にコンパウンドする方法 ……………… 147

第11章　非水溶性トリアセチル化シクロデキストリンの合成の応用

前島繁一

1　はじめに …… 149
2　トリアセチル化αCD（TAA）の合成と各種溶剤への溶解度について …… 150
2.1　イソプロペニル酢酸によるトリアセチル化CD簡易型合成 …… 150
2.2　トリアセチル化CDの各種溶剤への溶解度 …… 151
3　トリアセチル化CD類の応用例 …… 153
3.1　トリアセチル化βCDによる高密度ポリエチレンフィルムからのエチレンオリゴマー溶出抑制 …… 153
3.2　アリルイソチオシアネートのトリアセチル化αCD包接体（AITC-TAA）を用いる貝類の忌避 …… 153
4　おわりに …… 155

【医農薬用途編】

第12章　Drug Delivery System　**上釜兼人**

1　はじめに …… 159
2　CDの医薬への有効利用 …… 159
2.1　経口・経粘膜吸収性の改善 …… 162
3　放出制御 …… 164
3.1　経口投与製剤の放出制御 …… 164
3.2　大腸特異的な放出制御 …… 165
3.3　注射剤の放出制御 …… 166
4　標的指向化 …… 167
4.1　病巣における滞留性の増強 …… 167
4.2　遺伝子送達 …… 168
5　まとめ …… 168

第13章　医薬品ナノ粒子の形成　**戸塚裕一，山本恵司**

1　はじめに …… 171
2　シクロデキストリンとの混合粉砕によるプランルカスト水和物の微粒子形成：サイズダウン法でのシクロデキストリンの添加効果 …… 172
3　シクロデキストリンとの混合粉砕による医薬品の包接化合物形成およびナノ粒子形成 …… 179
4　ビルドアップ法による医薬品ナノ粒子の生成：シクロデキストリンの添加効果 …… 181

第14章　減農薬，薬剤安定化
—農薬分野へのシクロデキストリンの利用—　**舘　巖**

1　はじめに …… 183
2　CDに求められる効果と機能 …… 183
3　殺菌剤への利用 …… 185
3.1　農園芸用殺菌剤の混合安定化 …… 185
3.2　クロベンゾチアゾンとクロロピクリンの揮散防止 …… 185
3.3　ストレプトマイシン殺菌剤のバイオアベイラビリティの向上 …… 186
3.4　ピロールニトリンの安定性向上 …… 187
3.5　植物病害防御剤テトラヒドロピロロキノリノンの揮散防止 …… 187
3.6　クロルメチルベンゾチアゾロンの揮散防止とバイオアベイラビリティの向上 …… 188
3.7　ヒドロキシキノリンの付着性向上によるバイオアベイラビリティの向上 …… 189
4　殺虫剤への利用 …… 190
4.1　単一殺虫剤の安定性向上（ピレスロイド類および有機リン系殺虫剤の安定性） …… 190
4.2　配合禁忌の関係にある複数の農薬活性成分の混合安定化 …… 191
4.3　βCDの昆虫防除効果 …… 192
5　除草剤への利用 …… 193
5.1　除草剤蒸散による薬害の低減 …… 193
5.2　穀物類に対する除草剤の毒性低減（解毒作用） …… 193
6　植物生長剤 …… 194
7　おわりに …… 196

第15章　エチレン阻害剤1-メチルシクロプロペン（1-MCP）
吉井英文，Neoh Tze Loon，古田　武

1　1-メチルシクロプロペンとは …… 198
2　1-MCPの作用機構 …… 199
3　α-CDへの1-MCP包接体作製 …… 200
3.1　1-MCPの合成 …… 200
3.2　1-MCPのα-CD包接体形成反応 …… 200
4　1-MCP・α-CD包接体の安定性 …… 202
5　1-MCP・α-CD包接体の課題 …… 203

【環境用途編】

第16章　汚染物質の除去　**菊地　徹**

1　はじめに …… 209
2　シクロデキストリンによる汚染物質の除去 …… 209
3　ビーズ状エピクロロヒドリン架橋CyDポリマー

(CDP) による芳香族化合物の除去実験… 211
3.1 CDP の調整法 …… 211
3.2 芳香族化合物の吸着 …… 211
3.3 ダイオキシン類の吸脱着 …… 214
3.3.1 高濃度ダイオキシン類水溶液からの吸脱着 …… 214
3.3.2 極低濃度ダイオキシン類の吸脱着 …… 217
4 おわりに …… 218

第 17 章 CD の微生物増殖能を利用した環境修復技術 輿水 知

1 はじめに …… 221
2 微生物による土壌浄化への CD の利用… 222
2.1 可溶化効果 …… 222
2.2 土壌吸着物質の脱着能の向上 …… 223
2.3 CD による毒性変化 …… 224
2.4 CD によるバイオアベイラビリティーの変化 …… 224
2.5 安定化効果と触媒促進効果 …… 225
2.6 バイオレメディエーションの向上… 226
3 難生分解性エーテル化 CD による有機性廃棄物のメタン発酵技術 …… 228
3.1 従来の技術と問題点 …… 228
3.2 エーテル化 CD の余剰汚泥メタン発酵促進作用 …… 229
3.3 嫌気性消化における CD の難生分解性 …… 230
3.4 CD 濃度の影響 …… 231
3.5 消化ガス中のメタン量 …… 231
4 微生物叢の増殖作用 …… 232
5 CD と微生物の組み合わせによる水質浄化 …… 233
5.1 CD の結合した微生物固定化担体による水質浄化方法 …… 233
5.1.1 従来の技術と問題点 …… 233
5.1.2 微生物増殖作用を持つ CD 固着微生物固定化担体の開発 …… 234
5.1.3 この浄化装置による検討結果 …… 235
5.2 排水処理に対する MB の添加効果 …… 236
5.2.1 メチル化 CD による排水の浄化 …… 236
5.2.2 従来の技術の問題点 …… 236
5.2.3 難生分解性化学修飾 CD を用いる水質浄化 …… 237
5.2.4 検討方法と結果 …… 238
6 おわりに …… 238

第 18 章 シクロデキストリンを用いた食品廃棄物系バイオマスの有価物への変換技術 佐藤有一

1 はじめに …… 241
2 CD の包接作用とバイオマスの有価物変換に必要な機能 …… 242
3 CD による不飽和脂肪酸類の酸化防止

（安定化） …… 243
4 CDによる油脂安定化技術を利用した廃棄物系バイオマスの有価物への変換例 …… 244
4.1 鮪頭部の有効利用 …… 244
4.1.1 鮪頭の安定粉末化 …… 245
4.1.2 鮪頭粉末の効用効果の評価 …… 245
4.2 余剰牛乳の粉末化 …… 247
4.2.1 従来の粉末牛乳の問題点とCDを用いる解決法 …… 247
4.2.2 CDを用いる粉末牛乳の製造検討 …… 248
5 おわりに …… 249

【化学修飾・化学反応編】

第19章 化学修飾シクロデキストリンの工業的生産 今村智紗

1 工業的生産が可能なCD誘導体とは …… 253
2 CD化学修飾化の目的と用途 …… 254
2.1 水溶化CDとその用途 …… 254
2.2 有機溶媒に可能なCDの用途 …… 255
2.3 非水溶性トリアシル化CDと用途 …… 255
2.4 高分子表面の改質，特性付加 …… 258
2.4.1 反応性CD誘導体と用途 …… 258
2.4.2 イオン性CD誘導体と用途 …… 259
2.5 CDの高分子化について …… 260

第20章 酵素修飾 三國克彦

1 歴史 …… 262
2 枝切り酵素 …… 262
3 ガラクトシダーゼ …… 266
4 マンノシダーゼ …… 267
5 N-アセチルヘキソサミニダーゼおよびリゾチーム …… 267
6 グルクロニダーゼ …… 268
7 まとめ …… 268

第21章 有機合成・触媒反応とその工業化ポテンシャル 寺尾啓二

1 はじめに …… 271
2 CD-基質非結合的反応 …… 272
2.1 芳香族の選択的置換反応 …… 272
2.1.1 フェノールの高選択的ヨウ素化とホルミル化およびカルボキシル化反応 …… 272
2.1.2 2-ナフタレンカルボン酸の高選択的カルボキシル化による2,6-ナフタレンジカルボン酸の選択的合成 …… 274
2.2 相間移動触媒反応 …… 275
2.2.1 複素ビシクロ環化合物の簡便合成 …… 275

2.2.2 長鎖末端オレフィンのワッカー酸化によるメチルケトン類の合成およびヒドロホルミル化によるアルデヒド類の合成 …… 277
2.3 不斉合成反応 …… 280
3 CD-基質結合的反応 …… 281
3.1 加水分解触媒反応 …… 281
3.1.1 エステルおよびアミドの加水分解 …… 281
3.2 アミド合成反応 …… 282
4 おわりに …… 285

第22章　蛍光性シクロデキストリンによる分子認識　濱田文男

1 はじめに …… 287
2 蛍光性修飾 CD の合成 …… 288
2.1 ホモ修飾 β-，γ-CD の合成 …… 288
2.2 ヘテロ修飾体 β-，γ-CD の合成 …… 289
2.3 ホモ修飾ダイマー β-，γ-CD の合成 …… 289
2.4 ホモ修飾トリマー β-CD の合成 …… 290
2.5 上縁部及び下縁部ヘテロ修飾 CD の合成 …… 290
3 下縁部キャップ化蛍光 CD の合成 …… 291
4 ホモ修飾 β-，γ-CD の分子センシング及び分子認識機構 …… 292
5 ヘテロ修飾 β-，γ-CD の分子センシング及び分子認識機構 …… 296
6 おわりに …… 298

【ナノ超分子編】

第23章　シクロデキストリンナノチューブ　原田　明

1 はじめに …… 303
2 分子チューブの設計 …… 304
3 シクロデキストリン分子チューブの設計と合成 …… 305
4 分子チューブの性質 …… 307
5 疎水性チューブの合成 …… 310
6 超分子ポリマーの形成 …… 311
7 まとめ …… 313

第24章　PEG／シクロデキストリンポリロタキサンの調製および材料用途への応用　荒木　潤，伊藤耕三

1 はじめに …… 315
2 シクロデキストリンとポリマーの包接錯体形成によるポリロタキサンの調製 …… 315
3 ポリロタキサンの可溶化 …… 319

3.1　ポリロタキサンの新規溶媒系 ……… 320
3.2　ポリロタキサン誘導体 ………………… 320
4　ポリロタキサンを用いた高分子材料の創製 …………………………………………………………… 323
5　ポリロタキサン架橋による「環動ゲル」と「環動高分子材料」……………………………… 324
5.1　架橋ポリロタキサンゲルと環動ゲル …………………………………………………………… 324
5.2　環動高分子材料 ………………………… 326
6　おわりに ……………………………………… 326

基礎編

第1章　総論（シクロデキストリンとは）

小川浩一*

1　構造と特性

シクロデキストリン（Cyclodextrin，CDと略）はcycloamyloseとも呼ばれ，グルコース残基がα-1，4-結合した環状のオリゴ糖で，一般的にグルコース残基が6個のα-シクロデキストリン，7個のβ-シクロデキストリン，8個のγ-シクロデキストリンが知られている（図1）。

CDはグルコースのホモポリマーである澱粉に，アミラーゼファミリーに属するCD生成酵素（Cyclodextrin glucanotransferase，CGTaseと略）を作用させると生成する。CDの構造は底の抜けたバケツやドーナッツに例えられる。その環状構造の外側は多くの水酸基に由来する親水性領域が存在し，内側の空洞のCH基に由来する疎水領域と相反する極性が一つの分子に共存しているが，この空洞内に様々な有機化合物等を取り込むという包接作用が最も特徴的である。この包接作用を有する性質が，CDが見出されて100年以上を経て今なお，各種有機化合物との包接作用やその触媒作用の研究が発展を続けている理由である。各CDとトルエンの包接作用の分子模式図を図2に示した。

CDと同様の作用を持ち，よく比較される物質として，脂肪酸塩に代表される「界面活性剤」

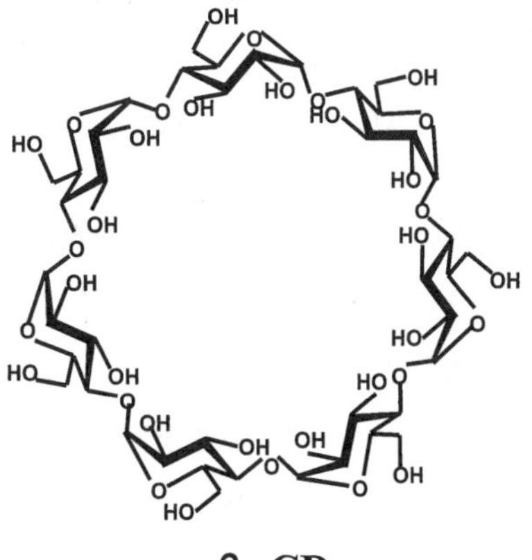

β-CD

図1　β-シクロデキストリンの分子構造

---

*　Koichi Ogawa　日本食品化工㈱　営業三部　次長

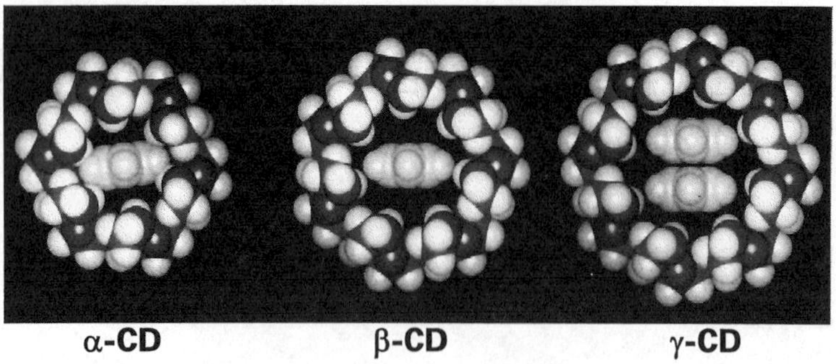

図2　各種CDがベンゼンを包接した模式図
図は東京工業大学生命理工学部臼井信志，池田宰両氏の制作による。
空洞の中がベンゼン分子，γ-CDは空洞が大きいので，ベンゼン2分子を包接。

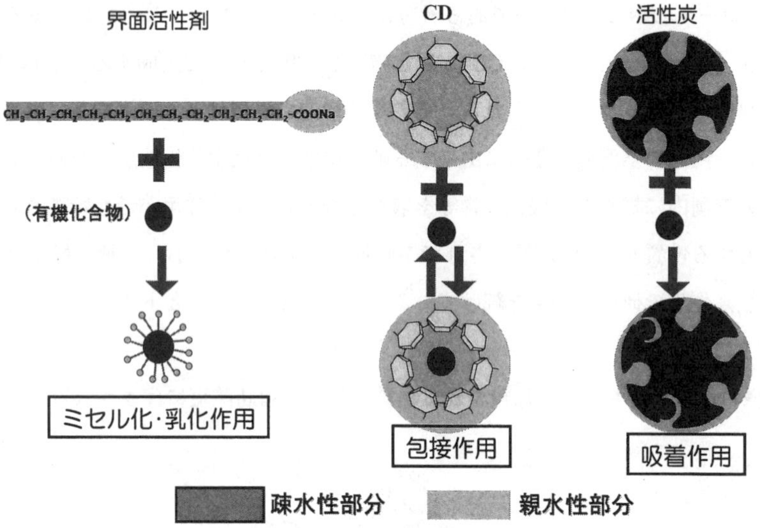

図3　各種分子間の相互作用模式図

と疎水性の空孔を持つ「活性炭」が挙げられる。分子内に疎水領域と親水性領域を併せ持つ脂肪酸塩は，ミセルを形成したり，乳化作用を有している。臭い等を吸着する物質として身近な活性炭は，主に炭素からなる多孔質の物質で，その微細な穴に多くの物質を吸着させる性質がある。表面が疎水性のため，水のような分子量の小さい極性分子は吸着しにくく，粒状の有機化合物を選択的に吸着しやすい。図3に示したように，これら三種類の物質の構造とその効果を比較すると，CD分子の極性の分布がいかにユニークであるかが理解できる。

2　物性

CDは包接作用のみでなく，その物性も同じグルコース残基からなる直鎖状のマルトオリゴ糖とは著しく相違している。α–，β–，γ–シクロデキストリンは構成するグルコース残基の個数が違うため，その分子の大きさ及び内空洞の大きさもそれぞれ相違している[1]（表1）。またその水素結合や立体構造に起因していると推定されているが，溶解度もかなり相違している（表2）。水への溶解度は25℃でα–CDが13.0 g/100 ml，β–CDが1.9 g/100 ml，γ–CDが30.0 g/100 mlとなり，β–CDが特に低い。なお三種類のCDとも飽和溶解度以上にすれば，水溶液から結晶化する。

またα–1，4–結合した環状構造を持つため，還元末端残基が存在せず，その熱や酸・アルカリに対する安定性は非常に高い。通常の直鎖状のオリゴ糖に見られるアミノ酸とのメイラード反応は起こらず，着色しない。さらに非還元末端のグルコース残基もないため，それらを認識して作用するグルコアミラーゼやβ–アミラーゼ等の加水分解作用を受けないという特徴がある。これらの性質は澱粉の加水分解物の中からCDを選択的に分離したい場合の製造や分析の際に，利用されている。

表1　CDの一般物性

	α–CD	β–CD	γ–CD
グルコース残基数	6	7	8
分子量	972	1135	1297
内径（Å）	4.7–5.3	6.0–6.5	7.5–8.3
深さ（Å）	7.9±0.1	7.9±0.1	7.9±0.1
内容積（Å^3）	174	262	427

表2　CDの水への溶解度（g/100 ml）

温度	α–CD	β–CD	γ–CD
0.5	6.8	0.8	9.1
15.0	8.6	1.4	18.4
20.0	10.1	1.6	23.2
25.0	13.0	1.9	30.0
30.0	16.0	2.3	38.5
40.0	25.6	3.5	63.5
50.0	43.5	5.6	93.8
60.0	66.2	9.0	129.2
70.0	87.6	15.3	163.7

日本食品化工㈱社内資料

3 歴史的背景

研究面では1891年，仏のVilliersは澱粉に*Bacillus amylobacter*培養液を作用させると白色結晶が生成することを初めて見出した[2]。但し，この白色結晶は環状オリゴ糖とは認識されず，セルロース様の物質ということで，“Cellulosine” と命名された。次いでSchardingerは，分離した細菌（*Bacillus macerans*）の培養の際，澱粉を含む培地に同様の白色結晶が生成することを見出し，これらがα-, β-CDであることを同定した[3]。CDの研究の基礎を築いたのはSchardingerであり，当初CDは“Schardinger dextrins” と呼ばれていた。この*B. macerans*起源のCGTaseは現在でも工業的にCDを製造する酵素として使用されている。その後，1930年代には独のPringsheim及びFreudenbergがγ-CDも含め三種類のCDを単離・精製するなど研究をリードした[4,5]。さらに1950年以降，CDと各種包接物に関する研究が盛んになり，CramerやFrenchらが研究を加速させ現在に至っている[6,7]。

CDの基礎的研究が行われた当時，現在は糖質の分離精製に一般的に使用されているカラムクロマトグラフィーが発達していなかったため，澱粉反応混合液からのCDの分離には適当な有機溶媒を添加し，CD-有機溶媒包接物を沈澱させる方法が用いられた。例えば*B. macerans*起源のCGTaseを澱粉に作用させると，α-，β-，γ-CDと少量のより高重合度のCDを含む澱粉分解物が得られる。この澱粉分解物にトリクロロエチレン-トリクロロエタン混合溶媒を加えると三種類のCDが沈澱する。この沈澱を水に溶解しp-クメンを加えると，β-及びγ-CDのみが沈澱し，溶液内にはα-CDと一部のβ-及びγ-CDが残留する。さらにα-CDをシクロヘキサンにより，β-CDをフルオロベンゼンにより，またγ-CDをアントラセンによりそれぞれ分別沈澱することにより，三種類のCDを単離精製することが可能となる[8]。この手法は現在のCDの工業的製法の一つとして実用化されている溶媒法の基礎となるものである。これらの方法では残留する溶媒の除去に注意が必要である。一方，CDの反応混合物から，有機溶媒を使用せず無溶媒法でβ-CDを工業的に製造する方法も実用化されている。

CDの研究面では，世界中のCD関連の研究者が集う国際CDシンポジウムが1981年以降2，3年毎に開かれ，2008年の京都での国際学会で第14回を数える。また日本国内の薬学・理学・工学・農学等の分野でも活発な研究活動が行われ，国内外研究者の発表の場であるCDシンポジウムがCD学会主催のもと1981年以降，ほぼ毎年開催され現在に至っている。このように世界的に見ても，日本国内でもCDの基礎・応用研究はさらに発展を続けている。

新しい物質が市場に受け入れられる，あるいは商業的に成功するためには目的に見合うコストで販売できるかどうかが最も重要なポイントである。当初CDはその収量の低さや分離の煩雑さ，設備化の必要性等の問題から大量に製造することが難しく，非常に高価であった。そのため潜在的な可能性は大きなものが期待され，基礎研究は継続されたが，実用化までは発見されてから70年以上という年月が費やされた。1970年代に日本で堀越・中村らが見出したAlkalophilic *Bacillus* sp. 起源CGTaseを用いた無溶媒法によるβ-CDと三種のCD混合水飴の製造法が実用化された[9]。これにより日本ではCDの食品や医薬品への応用研究が加速した。また同じく日本ではβ-CDに枝切り酵素プルラナーゼの縮合反応でマルトースを結合し，溶解度を向上させた分岐CDも開発された[10]。一方1980年代にハンガリーでChinoin社，独でWacker Chemie社がCDのパイロットプラントを設備化したが，商業的な販売までにはかなりの期間を要した。1985～90年にかけては仏のRoquette社，米国のAmerican Maize Products社がCD事業に着手した。一方，この時期，研究開発型企業としてChinoin社から生まれたCyclolab社，各国のCD研究者が集まったCTD社（米国）が立ち上がり，CDの利用研究も活発に行った。1990年以降，American Maize Products社を買収したCerestar USA社によって大量にCDが製造された。その大口顧客としてはProcter and Gamble社，3M社，Rohm&Haas社等が存在した。特にProcter and Gamble社は家庭用雑貨品に香料の安定化あるいは消臭用途でCDを利用し現在に至っている。現在，CDを製造している主な企業としてはCerestar社を買収したCargill社，Roquette社，Wacker社等，日本では日本食品化工㈱と塩水港精糖㈱が挙げられる。

4　CD生成反応とCGTaseの特性

シクロデキストリングルカノトランスフェラーゼ（EC 2.4.1.19，Cyclodextrin glucanotransferase，CGTaseと略）は*Bacillus*属を中心とした細菌培養液より得られ，転移酵素として分類されているが，澱粉を加水分解し環状オリゴ糖を生成するので，一種のアミラーゼとみなすことができる。なお，CGTaseおよび三種類のCD及び分岐CDは日本では食品添加物として認可されている。澱粉のα-1，4-結合した直鎖は立体的に見ると螺旋構造をとっており，その一回転分がグルコース残基約6個分に相当すると言われている。CGTaseはα-1，4-結合した直鎖を加水分解するとともに，このグルコース一回転分の6～7残基前後で，結合する酵素である。CGTaseは，同一の酵素分子が多種類の反応を触媒する代表的な多機能酵素であり，CDを生成するのみではなく，以下の多彩な転移反応を触媒するユニークな特性を有している[11]（図4）。次頁にその反応模式図を示した。

このうちグルコシル残基の転移反応は現在でも各種配糖体の酵素合成に利用されている有用な手法である。例えばミカン果皮に含まれるヘスペリジンから得られるヘスペリジン-グルコシドや甘味剤であるステビオシドのグルコシル残基にグリコシル基を結合し，溶解度を向上させたり，味質の改善を行うことができ，現在でも実用化されている。

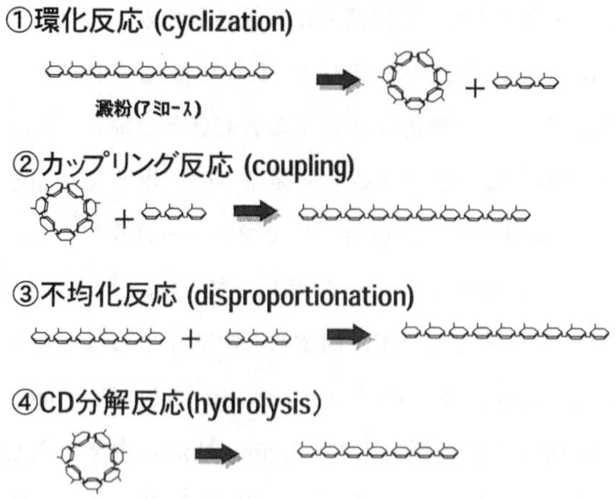

図4　CD 生成酵素（CGTase）の作用

澱粉からの CD の生成効率に与える条件として，以下の項目が挙げられる。

① CGTase の種類

② 澱粉の分解度，分岐度（低分子またはアミロペクチンが多いと CD 自体の生成量が低下）

③ 澱粉液の基質濃度（濃度が薄いほうが，澱粉当りの CD の生成%は増加する）

CGTase は各種微生物起源によって，その耐熱性，至適 pH や三種類の CD の生成比等の特性が相違している。100 年程前に Schardinger によって見出された *B. macerans* 起源の CGTase は主に α-CD を生成する代表的なもので，現在でも工業的に CD を製造する酵素として使用されている。また 1970 年代に堀越・中村らが見出した Alkalophilic *Bacillus* sp. 起源 CGTase は主に β-CD を生成する[9]。γ-CD を主に生成する酵素は永らく発見されなかったが，近年，高田らによって *Bacillus clarkii* 起源 CGTase が反応後期でも γ-CD を主生成物として蓄積することが報告された[12]。各種起源の CGTase の CD 反応の生成物の相違を図 5 に示した。

工業的な製造という観点からみると澱粉からの CD の生成率を向上させることが必要である。澱粉はアミロース（グルコースが α-1，4-結合で直鎖状に結合したホモポリマー）およびアミロ

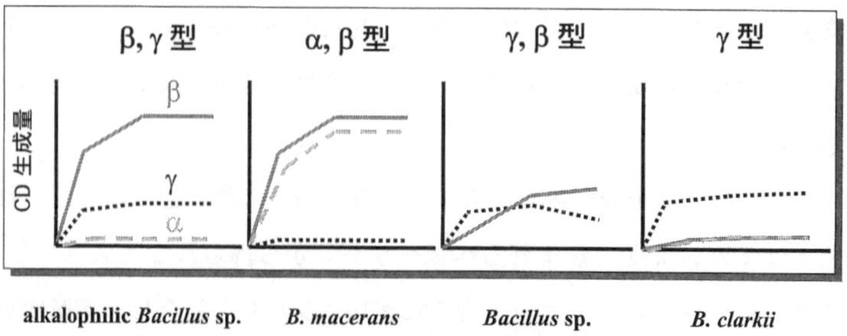

図5　各種 CD 生成酵素の反応

ペクチン（α-1，4-，及びα-1，6-結合からなるホモグルコースポリマー）からなる。CGTaseを澱粉に作用させると，主に三種類のCDが生成するが，これら基質（澱粉）と反応生成物（CD）は酵素反応が進むと平衡反応状態に達し，CDの生成量は頭打ちとなる。この澱粉からCDへの転換率を向上させるため，様々な試みがなされてきたが，それは工業的な製造を考慮した場合に，コストにも大きく影響を与えるからである。反応基質である澱粉のうちアミロペクチンはα-1，6-結合した分岐部分を持つため，CGTaseはこの部分に作用できず，反応が進行せずCDの生成率が低下する。そのためアミロペクチンにイソアミラーゼを作用させて分岐部分を分解し，直鎖構造にすることによりCDの生成率を向上させることが可能である。また反応基質液中にグルコースやオリゴ糖等低分子が存在すると糖鎖再配列反応も触媒するため，せっかく生成したCDがさらに直鎖マルトオリゴ糖に変換する。このため，澱粉基質液は可能な限り低分子を含まず，CGTaseが作用しやすい液状にすることが必要である。また酵素反応液中にエタノール等のアルコールを数%添加したり，界面活性剤を添加するとCDの生成率が向上することが知られている。なおβ-CDを主に生成させる場合，反応液中にトルエンやシクロヘキサンのような溶媒を添加し，溶媒-CD包接沈澱物を生成させ，平衡状態をCD側にシフトさせることも工業的な製造で一部用いられている。

5　CDの実用的利用

CDの最も重要な特性はホストとしてその空洞内に様々な有機化合物（ゲスト）を取り込む（包接）することにある。その包接力の原動力は疎水性相互作用と分子間力が主なものとされている。つまりゲストは疎水性の高い分子あるいは分子の大きさが空洞にぴったりとフィットするものほど，CDがそのゲストを包接する力は大きく，包接物を作りやすい傾向がある。逆に親水性が高く，CDの空洞にフィットしないようなゲスト分子では，包接現象は起こりにくいといえる。ここで注意しなければならない点はゲスト分子全体がCDの空洞に取り込まれる必要はなく，部分的にでも疎水性が高く，空洞にフィットすれば，包接が可能となる。つまり，ゲスト分子全体がCDの空洞より明らかに大きいものでも，包接作用による効果が観察される場合がある。

三種類のCDはそれぞれ空洞の大きさが相違するため，それぞれ包接化合物を形成しやすい（相性の良い）ゲストが存在する。内部空洞が比較的小さいα-CDは比較的小さい分子，例えばエタノール，メタノール，ワサビ・芥子の香気成分であるアリル芥子油（アリルイソチオシアネート）等を，β-CDは汎用性が広く，各種ポリフェノール，コレステロール，メントール等の香気成分，芳香族化合物等をよく包接する。γ-CDは比較的大きい分子であるDHA・EPAのような脂肪酸，コエンザイムQ10等を包接することが知られている。

CDが見出されて以来様々な角度から研究が継続され，以下のゲストに対してそれぞれの包接効果があることが確認されており，様々な改善目的で実際に使用されている。

① 揮散しやすい成分の安定化

各種香料，各種茶やコーヒーの抽出エキス，アルコール製剤（食品用防腐剤）など

② 酸素や紫外線あるいは水などで分解しやすい成分の安定化

ワサビ，カラシ，ニンニク，ショウガなど。ルチン，各種ビタミン，色素など

③ 苦味や異臭の矯味・矯臭

消臭剤，口臭除去剤，缶詰，各種エキス，各種生薬，酢，かんきつ類

④ 難水溶性成分の溶解性の改善

紅茶のクリームダウン，ミカンの缶詰（白濁防止），各種ビタミンなど

⑤ 乳化性の改善

各種洗剤，アイスクリームミックス，卵白（起泡性の向上），ドレッシングなど

⑥ コレステロールの除去

低（脱）コレステロール食品（バターやクリーム，卵製品）

近年でもアイデア次第で，新しい利用方法が開発されているので，いくつかの実例を挙げて説明したい。

ナスの浅漬け液の色付き防止方法が特許第2981223号として出願されている。一般的にナスの浅漬け液にはナスの色素ナスニンが溶出し紫色になるが，漬け液に0.5%以下のβ-CDを添加するのみで，ナスニン分子が会合し発色することを防ぐことができる。近年ペットの犬の肥満が問題となっているが，ペットフードにβ-CDを添加することにより，コレステロールの吸収阻害効果を発揮することができる。

また健康食品素材として注目されているαリポ酸（別名チオクト酸）はTCAサイクルを援助する栄養素であるが，CDによる可溶化，矯味が報告されている。同様にミトコンドリア内膜や原核生物の細胞膜内の電子伝達に関与することが古くから知られているコエンザイムQ10（ユビキノン）も，CDによる分散化・吸収率向上効果が確認されている。また生薬として従来から用いられてきた霊芝やウコン等の苦味のマスキングも実用化されている。

一方，非食品用途には香料の安定化や臭いのマスキング（消臭）を目的として実用化も行われてきた。特殊な用途としては写真感光材料の安定化やインクジェット用のインクの安定化用途にも使用されてきた。また顔料や樹脂への添加を行い，退色を防止する試みも検討されている。CDの利用特許としては数千に達する特許出願がなされており，既に権利期間が消滅してしまったものや登録されなかったものもあるが，実用化の際には注意が必要である。

なお医薬品分野・工業分野では天然型CDにヒドロキシプロピル基やメチル基あるいはスルフ

ォブチル基等を導入し，水溶性や包接機能を改善した化学修飾型CDも開発され，一部実用化されており，さらにこのような分野での利用開発が進展している。

このようにCDはそのユニークな分子特性を利用し，アイデア次第で食品用途から医薬・化粧品・工業用途まで幅広く使用されている。これからもCDに関する研究が発展するとともに製造技術や利用開発も進み，CDがさらに人々の生活に役立つ身近な存在となるよう期待している。

文　献

1) K. H. Frömming and J. Szejtli, “Cyclodextrins in Pharmacy”, P 6, Kluwer Academic Publishers（1994）
2) A. Villiers, *Compt. Rend. Fr. Acad. Sci.*, **112**, 536（1891）
3) F. Schardinger, *Zentr. Bakteriol. Parasiten. Abt. II*, **29**, 188（1911）
4) H. Pringsheim, “Chemistry of saccharides”, McGraw-Hill, New York, 280（1932）
5) K. Freudenberg, *J. Polymer Sci.*, **23**, 791（1957）
6) F. Cramer *et. al.*, *Chem. Ber.* **102**, 494（1969）
7) D. French *et. al.*, *Arch. Biochem. Biophhys.*, **76**, 2387（1954）
8) M. L. Bender *et. al.*, シクロデキストリンの化学，学会出版センター，4（1979）
9) N. Nakamura and K. Horikoshi, *Agric. Biol. Chem.*, **40**, 1785（1976）
10) 中村道徳・貝沼圭二編，澱粉・関連糖質実験法，学会出版センター，258（1986）
11) 中村道徳監修，アミラーゼ，学会出版センター，133（1986）
12) M. Takata *et. al.*, *J. Biochem.*, **133**, 317（2003）

第2章　Preparation and Industrial Production of Cyclodextrins

Gerhard Schmid*

1 INTRODUCTION

The preparation of cyclodextrins comprises the following main phases:

- cultivation of a microorganism which produces the CGTase enzyme
- separation of the enzyme from the fermentation broth, its concentration and purification
- enzymatic conversion of pre-hydrolysed starch to a mixture of cyclic and acyclic dextrins
- separation of cyclodextrins from the conversion mixture, its purification and crystallization

Very many papers (production of cyclodextrins[1~7]) of beta-CD[8~15]) of alpha-CD[16~19,7]) of gamma-CD[10,20]) and patents (see in Table 1) are dedicated to the above phases of CD-production.

2 DEVELOPMENT OF TWO MAJOR PROCESSES

2.1 Solvent Process

The first publications about industrial processes for manufacturing of cyclodextrins and cyclodextrin derivatives were arising in the late 60's by CPC, Corn Products Corporation, a US-based food company[21~26)].

Armbruster was describing a method for high yield production of cyclodextrin by using complexing agents[21~23)]. Generally, the CGTase enzymes produce the three major kinds of cyclodextrins and the yields are rather low due to the competing reactions the CGTase enzyme is able to catalyse (see chapter 21). In fact, during the enzymatic reaction the complexation of one specific cyclodextrin by a guest compound (complexant) changes significantly（i）the ratio of alpha-, beta-, gamma and（ii）the CD-yield.

Dependent on the selectivity of the complexing agent the alpha-, beta-, gamma-ratio of the

＊　Dr. Gerhard Schmid　Wacker-Chemie GmbH

Table 1　Methods and patents for cyclodextrin production. (1)

Patent	Starch conc.	Prehydrolysis	Complexing agent	Recovery of formed CD	Major product	Comments
Armbruster et al, 1969[21]	potato, 30%	amylase	toluene	remaining starch after evap. toluene hydrolysed. alpha-amylase	beta-CD	
Armbruster et al, 1970[22]		amylase		mixture contained ~45% alpha-, 55% beta-CD, sepn. by cyclohexane	alpha-CD	
Hitaka et al, 1971[65]	potato, 5%		anion exchanger Diaion S-200	CD adsorbed on ion exch. eluted by aq. NaOH or HCl		
Armbruster et al, 1972[23]	potato, 30%	alpha-amylase	l-decanol, l-butanol other appropriate	alpha-CD trichloroethylene complex	beta-CD	
Hayashibara et al, 1973[66]	10% soluble starch or maize		trichloroethylene	ppt. with bromobenzene	beta-CD	
Sato et al, 1974[67]	5-30%	amylase or oxalic acid	trichloroethylene		mixture	yield improved by pullulanase addition
Horikoshi et al, 1974[9,12]	potato, 10%	in NaOH		ppt. with $CHCl_3$	mixture	
Suzuki et al, 1975[68]				crystallisation	beta-CD	
Yoritomi and Yoshida, 1975[69]	potato, 5%			hydrolysis by amylase, sepn. by anion exchanger		
Suzuki et al, 1977[70,71]	maize, 3%			hydrolysis by glucoamylase	beta-CD	70% yield on add pullulanase
Kavano et al, 1977[72]	potato, 23%	CGT		hydrolysis by glucoamylase	beta-CD	
Kobayashi et al, 1977[73]	potato, 5%		Na laurylasulphate	ppt. by acetone	alpha-CD	
Horikoshi et al, 1978[74,75]	maize, 1%			spray drying	mixture	
Horikoshi et al, 1979[76]	potato, 4%	CGT		glucoamylase		
Vakaliu et al, 1979[38]	maize, 33%	alpha-amylase	toluene	as toluene complex	beta-CD	
Rikagaku Kenkyusho et al, 1980[77]	potato, 4%	CGT		hydrolysis by glucoamylase CD adsorbed on ion exchange column	alpha-CD beta-CD gamma-CD	chromatographic sepn. at low concentration
Toyo jozo, 1980[78]	potato, 25%		C_{1-8}aliphatic-OH or $C_{2-4}=C=O$		mixture	
Kobayashi et al, 1980[79]	maize, 20%			crystallisation at 3-5℃ overnight	mixyure	

Table 1 Methods and patents for cyclodextrin production. (2)

Patent	Starch conc.	Prehydrolysis	Complexing agent	Recovery of formed CD	Major product	Comments
Yagi et al, 1980[6]			trichloroethylene	as trichloroethylene complex	beta-CD	conversion with Micrococcus varians CGT
Japan maize, 1980[80]	15% beta-CD + 6% glucose			hydrolysis of beta- + gamma-CD by amylase, alpha-CD ppt. by tetrachloroethane	alpha-CD	beta-CD + glucose treated with CGT
Avebe, 1981[31]	potato, 20%	jet cooker at 150℃		conversion performed in membrane reactor with continuous WF	beta-CD	
Horikoshi et al, 1982[81]						
Min. Agr. For. Fish, 1982[82]	potato, 20%	CGT		UF, reverse osmosis	mixture	
Flaschel et al, 1982, 1984[16, 17]	potato, 10%		decanol		alpha-CD	
Seres et al, 1983[41]	maize, 33%	alpha-amylase	MEK + anionic surfactant, MEK + alpha-naphtol	ppt. by cyclohexane	alpha-CD gamma-CD	
Norin et al, 1983[83]				prep. Cl containing strarch gel		
Japan maize, 1984[84]	potato, 25%	CGT				utilise two diff. CGTase enzymes, B. macerans + B. No 38-2, better yield
Bender et al, 1984[85]	potato, 15%		bromobenzene		gamma-CD	Klebsiella pneuniae CGT ase
Norin S. Shokuhin, 1984[86]			alkali earth metal OH ppts. acyclic dextrins	filtrate treated by CO_2		for sepn. of CDs from dextrins
Hashimoto et al, 1987[87]				membrane filtration	mixture	concentration by reverse osmosis filtration
Schmid and Eberle, 1988[88]	potato, 10%		13-24 membered macrocyclic complexants	46% based on starch, removing of complexant agent by azeotropic distillation	gamma-CD	Bacillus macerans CGTase
Rohrbach and Scherl, 1989[89]			organic solvent	ultrafiltration	beta-CD	immobilized CGTase
Genetics Institute Inc., 1989[90]					alpha-CD	
Sawaguchi et al, 1990[91]		dextrin and glycyrrhizin		ion exchange column	gamma-CD	CGTase of Bacillus stearothermophilus
Stalker et al, 1991[92]					alpha-CD beta-CD	transgenic potato plants
Cami and Majou, 1992[33]		undegraded starch		ultrafiltration	alpha-CD gamma-CD	40% yield, Bacillus ohbensis CGTase

end-products is shined to one major from of cyclodextrins with a yield higher than 90%. Furthermore, the CD-yield based on starch is increased at least by a factor of two. These are decisive parameters of this process for economical production of cyclodextrins.

Since the complexing agent is mostly a solvent, the process was classified as a "Solvent process" or a "controlled process"[27]. As early as 1942 MaClenahan et al.[34] pointed out that the product ratio could be influenced by the choice of the conversion conditions. Cramer and Steinle[35] observed that on addition of toluene to the conversion mixture the yield of beta-cyclodextrin increased continuously, whereas that of alpha-cyclodextrin, after reaching briefly a maximum, decreased sharply, Without the addition of toluene the main product was alpha-cyclodextrin accompanied by minor amounts of beta-cyclodextrin.

With a CGTase enzyme from Bacillus macerans Suzuki et al.[28] achieved, in the presence of trichloroethylene, a 51.2% yield of beta-cyclodextrin which was only accompanied by traces of alpha-cyclodextrin. In the presence of l-decanol the conversion gave alpha-cyclodextrin in 35.9% yield along with 3.1% of beta-cyclodextrin.

Under industrial conditions in presence of toluene the conversion of corn starch results in about 49% beta-CD and 1% alpha-CD, after separation of the crystalline beta-CD (with an overall yield of about 33%) its purity is over 99.7% (based on dry substance), and no alpha-CD is detectable in it.

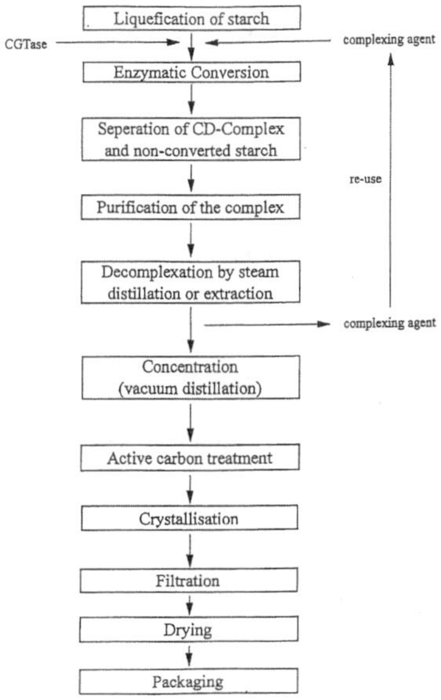

Fig. 1 Solvent process for production of cyclodextrins

Because during the conversion the inactivation of the enzyme proceeds progressively, the overall degree of the conversion depends on the amount of the added enzyme. For example, the cyclodextrin yield in a conversion mixture containing 40 g/100 ml starch pre-hydrolysed to D. E. 10.2 after being maintained at 45℃ for 90 h, showed the following dependence on enzyme concentration: 15 enzyme units/g starch gave a 23.7%, 45 enzyme units/g starch, 53.1% and 90 enzyme units/g 56.2% yield of cyclodextrins. These values could be improved by extending the reaction time.

- Liquefication of starch:

When unmodified starch as substrate is used only concentrations below 5% can be applied, otherwise the viscosity is too high. But higher starch concentrations are desired because of economical reasons. The adverse effect oflowering the CD-yield by increasing the starch concentration gives an optimal starch concentration of about 25-30% which represents a compromise of several factors.

The viscosity of the starch solution has to be reduced either by partial pre-hydrolysis e. g. with alpha-amylases, with an aliquot of the CGTase enzyme or with acids or by mechanical disintegration e. g. jet-cooking.

By means of previous hydrolysis the solubility of starch may be improved and its viscosity lowered. Depending on the degree of pre-hydrolysis, the yield of cyclodextrin shows a maximum: excessive hydrolysis has an adverse effect on the yield. Thus e. g. from starch hydrolyzed to a dextrose equivalent (D. E. value) of 10, solutions a concentration of 45 g/100 ml can be readily prepared, but from a product hydrolyzed to a D. E. value of 2 only 20 g/100 ml can be dissolved. From an 11% (w/w) solution of a starch having D. E. = 5, cyclodextrin can be obtained in 58% yield after 4 days at 34℃ in the presence of trichloroethylene, whereas under the same conditions a solution of 35% (w/w) concentration gives only a 35% yield[28].

A starch hydrolyzate of D. E. = 1 and 34 g/100 ml concentration gave a cyclodextrin yield of 45% but if the D. E. was raised to 12, the yield dropped to 17%[22]. From starch solutions exceeding 8% acceptable cyclodextrin yields can only be obtained if the original viscosity of the solution is decreased to less than 4,000 cP at 70℃[29].

- Enzymatic converslon

When the liquification of starch is performed with alpha-amylase, the amylase has to be

inactivated by heat treatment. Otherwise the alpha-amylase is generating short oligosaccharides during the conversion and the CD-yield is lowered by transglycosilation reaction of the CGTase enzyme. After cooling of the pre-hydrolysed starch to the temperature for the enzyme reaction the CGTase and the complexing agent is added. The optimal combination of CGTase and complexing agent are the key for a high yield, economical process of alpha-, beta-, or gamma-cyclodextrin. The mixing of the reaction solution is very important for the CD-yield. Insufficient mixing decreases the yield. In industrial scale an-optimal reaction time is between 4-24 h.
All complexing agents used nowadays in industry are generating an insoluble CD-complex optimally only with the desired cyclodextrin during the conversion reaction. This facilitates the separation of residual starch, enzyme etc. from the cyclodextrin-complex. It can be done easily by centrifugation or filtration. The water insoluble complex is purified e. g. by washing with water. The filtrate is treated by vacuum distillation to recover the complexing agent. The non-converted starch, free of complexing agent, is used as carbohydrate source in different fermentation processes (alcohol, antibiotics).

- Decomplexation

The complex is resuspended in water and de-composed by boiling and the complexing agent is removed by steam distillation. Some complexing agents may not be removed efficiently by steam distillationjn that case an extraction of the complexant with an organic solvent is an alterative.

- Concentration/active carbon treatment

The CD-solution is concentrated by vacuum distillation. Optionally, depending on the content of retrograded starch an active carbon treatment is used before crystallization.

- Crystallization/Drying

In industrial scale only continuous crystallization is economical. The crystallized cyclodextrin is harvested by filtration, washed with water and then dried and packaged.

2.2 "Non-Solvent Process"

In Japan beginning of the 70's Horikoshi et al.[9,12] developed a process for manufacturing of

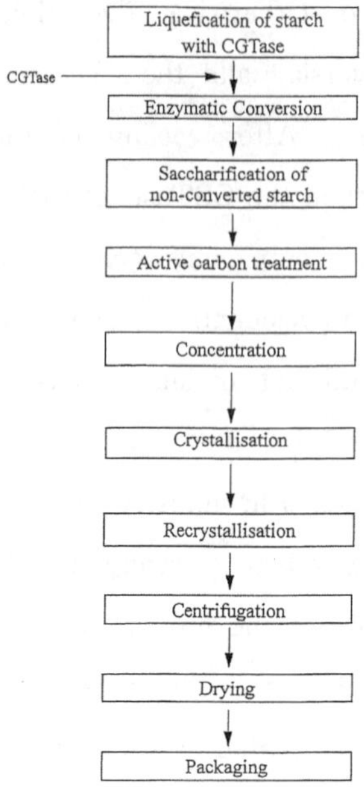

Fig. 2 "Non–solvent process" for production of cyclodextrins

cyclodextrin without use of any organic solvent. Due to the fact that beta-cyclodextrin produced according to the "non-solvent process" is approved in Japan as food additive, a 11 Japanese producers use the "non-solvent process". However, outside of Japan all CD-manufacturer have developed more economical "solvent" processes. A typical "non-solvent process" is shown in Fig. 2.

– Liquefication of starch

A potato starch suspension (15%) containing 10 mM $CaCl_2$ was liquefied by the CGTase of Bacillus No. 38-2 at 85-90℃ for 10 min at pH 8.5 and then cooled to 60-65℃.

– Enzymatic conversion

The starch solution was readjusted to pH 8.5 with $Ca(OH)_2$ and the CGTase was added. The conversion was performed at 60℃ with continuous stirring for 30 hours. After the reaction the enzyme was inactivated by heating at 100℃ to 120℃.

– Saccharification of non-converted starch

Glucoamylase is used for saccharification. The pH is adjusted to 6.5 before the glucoamylase is added. After hydrolysis of the non-converted starch to maltose and glucose the digest was decolorised with active carbon, filtered and concentrated to about 60% (w/w) under reduced pressure.

- Crystallization/Recrystallization

The crystallization was started by inoculation with a small amount of crystalline beta-cyclodextrin under cooling conditions. The crude crystalline beta-CD was separated by a basket type centrifuge and washed with a small amount of water. The beta-CD was then re-crystallised from water by conventional methods. After collecting the beta-CD by centrifugation, the product was dried and packaged.

The typical "non-solvent" process has major disadvantages compared to the "solvent" process:

(i) The "non-solvent" process allows only to produce beta-cyclodextrin. Even for beta-CD the yield is at maximum only 20% (based on starch) which is less than half of the yield of the solvent process. The isolation of alpha-and gamma-CD out of the filtrate after crystallization of beta-CD is highly sophisticated. It involves chromatographic procedures and the yield is poor (<5% based on starch).

(ii) The crystallization of beta-CD out of the concentrated sugar solution (after saccharification) is difficult and inefficient. It needs cooling which is an additional cost factor.

(iii) The process generates a big amount of by-products containing a significant amount of non-crystallisable cyclodextrins for which an adequate use is necessary.

Overall the Conclusion can be drawn that the typical "non-solvent" process is not economical, and is existing only in Japan due to the specific food approval for beta-CD in Japan which is linked to the "non-solvent" process.

2.3 Improvement of the "Non-solvent" Process

An improvement of the "non-solvent" process was achieved by using ultrafiltration to remove cyclodextrins and small acyclic dextrins during the enzymatic reaction. Laboratory work was published in the early 80's by Flaschel et al.[30] and Hokse et al.[31]. A technically feasible process was developed by RingdeX, a former J. V. of Orsan and Mercian Corporation[32].

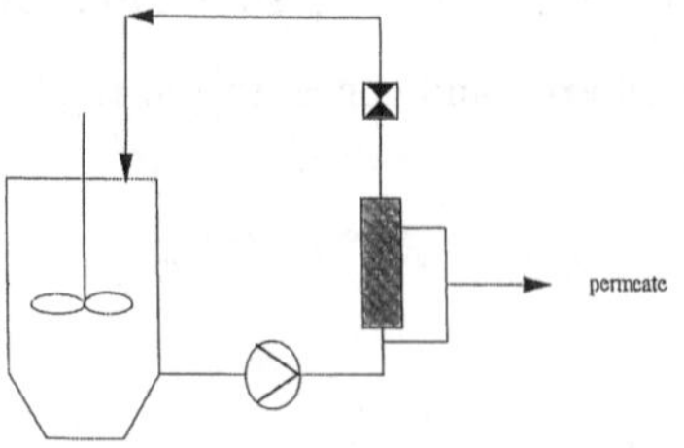

Fig. 3 The ultrafiltration step of the RingdeX-process

Their elegant process had to use potato starch because of the purity of this substrate to avoid permeation flow rate loss at the ultrafiltration membrane. Typically, a concentration of 8-10% of starch was used. The temperature was 60℃ and the pH was kept at 7.5 to 8.2.3 units (per g starch) of the CGTase of Bacillus ohbensis[33] were applied. This enzyme is a beta-CGTase which produces only beta-CD, small amounts of gamma-CD and rather no alpha-CD. The reaction was started in a stirred tank which was connected to an ultrafiltration system as shown in Fig. 3. The system contained a circonium membrane with a molecular exclusion limit of 15,000 Dalton. The permeation rate was 20 l/h. After seven to eight hours reaction time, the yield after conversion was about 40% of beta-CD and about 10% of gamma-CD.
The ultranltration step provided (i) a significantly higher yield, (ii) a facilitation of the separation of non-converted starch from cyclodextrins and (iii) an easier crystallization procedure.
The separation of beta- and gamma-CD was performed by fractionate crystamzation. All other downstream processing was done similarly previously described.
A major drawback of the system is that the permeate, the CD-containing flux after ultramtration, has a very low CD-concentration of about 1%. For crystallization this solution has to be concentrated at least by a factor of ten. In large scale production this is a handling of enormous volumes of water and a costly continuous distillation of a major part of the process water.

3 PRODUCTION OF ALPHA-CD (SOLVENT TECHNOLOGY)

As described earlier the combination of a alpha-CGTase with a complexing agent for alpha-CD is the basis to develop an economical process for production of alpha-CD. The enzyme of Klebsiella oxytoca, first characterized by Bender[36], is the best alpha-CGTase known up to now. The initial reaction product is predominantly alpha-CD. Beta-CD and gamma-CD start to accumulate at longer reaction times. The enzyme is unique in its different kinetics to catalyze the formation of alpha-, beta- or gamma-CD, as well as in its molecular characteristics (see chapter 21).

If a complexing agent like ethanol is used, the conversion of liquefied starch (DE 5) with 5 units/g starch of alpha-CGTase of Klebsiella oxytoca a yield of 35% (based on starch) was achieved in 6 h. Ethanol is forming a soluble complex with alpha-CD, therefore the separation of alpha-CD from the reaction mixture has to be done by ultrafiltration or by sacchanfication of non-converted starch with glucoamylase and a following crystallization of alpha-CD.

Easier methods are to use complexing agents which from insoluble complexes with alpha-CD. Two industrially used processes will be discussed, a decanol process and a cyclohexane process.

Decanol seems to be the most appropriate complexing agent for alpha-CD production since it is essentially insoluble in water, it can be stripped off by steam distillation and its approved up to 5 ppm as a food additive. The solubility of alpha-CD in decanol saturated water at 40℃ is only 6.5 mg/ml[16,17]. The use of decanol as a complexing agent for alpha-cyclodextrin has shown that the equilibrium of the reaction system can be shfted towards alpha-CD. In case of the alpha-CGTaseof Klebsiella oxytoca the isolated, precipitated CD-complex after the conversion contains 96-97% alpha-CD. Obviously, this combination of enzyme and complexing agent results in a already highly pure alpha-CD-solution after decomplexation which reduces downstream purincation steps and increases the overall yield. In industrial scale starting with a 30% (w/v) liquefied starch solution an overall yield of about 50% based on starch is achieved by the above mentioned process.

From an economical view it is very important to minimize any loss of complexlng agent. In this process decanol can be used only in a small excess necessary for getting maximum yield. The decomplexation by steam-distillation is very efficient so that nearly all decanol can be recovered and re-used in the process.

Recently another process for production of alpha-CD was published[37]. The process depends on the use of the CGTase of Bacillus macerans in combination with cyclohexane. Cyclohexane as well as l-Decanol are forming insoluble complexes with alpha-and beta-CD. Therefore, enzymes, even they are alpha-CGTases like from Bacillus macerans or from Thermoanaerobacter[39] forming alpha-and beta-CD from the beginning of the reaction,

Table 2

Temperature (℃)	Total amount (gr/100 ml)	Alpha (%)	Beta (%)
20	11.69	39.8	60.2
30	12.75	26.7	73.3
40	14.42	13	87
50	8.27	23	77
60	8.05	0	100

produce in presence of those complexants alpha- and beta-CD.

If the reaction is performed at the optimum temperature of 60℃ of the CGTase of Bacillus macerans, with cyclohexane 100% beta-CD are precipitated. Shieh and Hedges found that decrease of the reaction temperature to 20-30℃ increases the alpha-CD yield significantly (Table 2).

Their process is as follows: The starch substrate was a waxy corn starch hydrolysate having a DE of 5. In order to prepare the cyclodextrins, a 30% (dry basis) starch hydrolysate solution was prepared. The pH was adjusted to 6.0 ± 0.2 and cyclohexane was added to the solution in an amount of 5% of total reaction volume. CGTase was applied at a level of 800 Tilden-Hudson units per 100 g of starch solids. The reaction mixture was incubated at the different temperatures mentioned in Table 2. The conversions were continued with agitation for three days. After the cyclodextrins were separated from the acyclic materials by filtration, the CD-solution adjusted to about 30% of solids and subjected to distillation to drive off the cyclohexane. This leaves a solution of alpha- and beta-CD which is subsequently treated with active carbon. Then crystallization is used to recover most of the beta-CD. The remaining solution is then treated with a limited amount of cyclohexane to differentially complex the alpha-CD. The complex was separated from solution by filtration. Next, the complex of cyclohexane and alpha-CD is separated by means of distillation. The alpha-CD is then treated with active carbon and crystallized to obtain pure alpha-CD, The cyclodextrins produced were analyzed by HPLC.

The total amount listed in Table 2 is the total weight of cyclodextrins produced in grams. The percents of alpha-and beta-CD are also listed. No other measurable cyclodextrins were produced e. g. no gamma-CD was formed. The overall alpha-CD yield of this process according to Table 2 is 15.5% based on dry starch.

4 PRODUCTION OF BETA-CD (SOLVENT TECHNOLOGY)

Toluene is a very useful complexant for beta-CD. It can be removed easily by distillation and forms nicely insoluble complexes with beta-CD. This is the reason that with nearly all CGTases a high yield of beta-CD is achieved. A typical process is as follows[38]:

The pH of a 33% (w/w) corn starch suspension was first adjusted to pH 6.2 with 10% hydrochloric acid then to pH 7.2 with a 10% calcium hydroxide suspension. After this, alpha-amylase from Bacillus subtilis was added in an amount of 0.9-2.0 SKB units per 1 g of starch. After heating the suspension for 10 min at 80℃ in order to achieve partial hydrolysis, the solution was heated up to 120℃ with direct steam injection and maintained for 30 min at this temperature. During this treatment the starch completely dissolved and alpha-amylase was inactivated. The viscosity optimum is 120-300 cP. The solution was then cooled to 50℃ and 50 Tilden-Hudson units/ml of CGTase enzyme were added. After 30 min and further cooling to 45℃, 5% (v/v) of toluene were added and the conversion was allowed to proceed for 105 h, under vigorous stirring. After having completed the conversion the beta-CD-toluene complex was separated from the non-converted starch (acyclic dextrins) by filtration. The toluene was recovered from the filtrate by vacuum-distillation, and reused for CD-conversion. The starch and acyclic dextrin-free of toluene-is used as carbohydrate source in different fermentation processes (alcohol, or antibiotics), The water insoluble beta-CD-toluene complex is thoroughly washed with water, resuspended in water and the complex is decomposed by boiling and the toluene is removed by distillation. The beta-CD solution is concentrated by vacuum distillation, mixed with charcoal, filtered and let to crystallize. The purity of the beta-CD is over 99.7% (based on dry substance), the yield is about 33% of corn starch.

An improvement of this process was published recently by Stames et al.[39] and Nielsen[40]. The process is based on a new, thermostable CGTase of Thermoanaerobacter sp. ATCC 53 627. A major advantage of the enzyme is that it can be used in industrial starch liquefication processes which is done by "jet-cooking" in the primary phase. The enzyme survived temperatures of 105℃ for 5 min (Fig. 4 a). During secondary liquefication (2 h at 95℃ or 4 h at 90℃) a rapid reduction in viscosity was observed. At 90℃, the viscosity reduction was monitored over time with a Nametre viscosimeter. The results demonstrated there was a rapid reduction in viscosity at 400 centipoise × qm/cm^3 kg 7 minutes into secondary

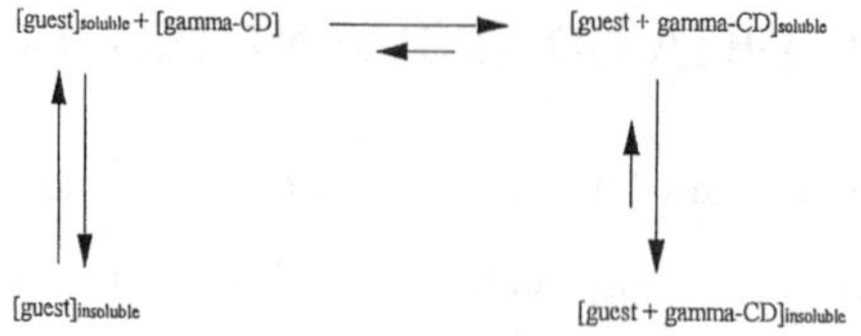

Fig. 4 Equilibria influencing inclusion compound formation

liquefication (Fig. 4 b). After secondary liquefication the DE values are <1.0 indicating the absence of reducing end-groups consistent with disproportionation-and cyclization-the mechanism of a CGTase. Furthermore, Novo Nordisk is claiming that at higherreaction temperatures the reaction time is shortened from 1-3 days to typically 3-6 hours which is certainly to more extend a function of the amount of enzyme than of the temperature.

In solvent processes e. g. with toluene as complexing agent the increase in reaction temperature is limited by adverse effect of temperature on complex formation. Already at about 70℃ the CD-yield is decreasing while it is more or less constant between 35-65℃.

5 PRODUCTION OF GAMMA-CD

5.1 Review of Existing Processes

Horikoshi et al.[10] developed a production process for gamma-cyclodextrin without using organic complexing agents (non-solvent process). Typically in a 15% (w/v) solution, starch is degraded by a CGTase enzyme of Bacillus No. 38-2. After inactivation of the CGTase by heating to 80℃, residual starch was hydrolyzed to oligosaccharides by alpha-amylase. The digest was refined by passing through activated carbon and ion exchangers. The refined digest was concentrated to 45% (w/v) and beta-cyclodextrin crystallized by cooling. The solid contents of the mother liquor are 8% gamma-, 7% beta-, 3% alpha-cyclodextrin and 80% glucose and oligosaccharides. This mother liquor is used fbr isolating gamma-cyclodextrin. After dilution glucoamylase is added to hydrolyze the acyclic dextrins. Glucoamylase is inactivated by heating to 85℃, and the dextrin solution is concentrated. After passing the concentrate through an ion exchanger, the gamma-cyclodextrin is isolated by gel filtration on Tojo Pearl HW-40. The fraction of gamma-cyclodextrin is concentrated to 45 to 50% (w/v) and crystallized directly from water. From 1 t to mother liquor, 14 kg of pure gamma-cyclodextrin was produced, and the purity was higher than 98.5%. Higher yields can be obtained by using complexing agents for gamma-cyclodextrin. Seres et al.[41] developed a procedure based on the combined use of two complexing agents, e. g. methyl ethyl ketone and alpha-naphtol. These two guests form a stable complex with gamma-cyclodextrin. The insoluble complex is removed from the conversion mixture by filtration. The crude complex is resuspended in water and extracted with methanol to remove the alpha-naphtol. After ion exchange chromatography and activated carbon treatment, the gamma-cyclodextrin can be crystallized from water. The maximum yield is 20% based on starch.

Hans Bender[20] obtained similar gamma-cyclodextrin yields by using bromobenzene as the complexing agent. To a 15% solution of potato or corn starch containing 200 mmol/l sodium acetate and 5 mmol/l calcium chloride, CGTase of Klebsiella oxytoca (25 U/g) was added. After 7 hours reaction time 3% bromobenzene was added to the conversion mixture and the batch was reacted for a further 15 h. The insoluble complex was separated by centrifugation, resuspended in water, and bromobenzene was removed from the complex by steam distillation. The resulting solution containing beta-cyclodextrin and gamma-cyclodextrin was concentrated to about a 20% content of gamma-cyclodextrin. By cooling, beta-cyclodextrin crystallized and was collected by centrifugation. Bromobenzene was added to the supernatant, and the mixture was stirred for 6 h. The precipitate was then isolated by centrifugation, resuspended in a small amount of water, and bromobenzene was again removed by distillation. The gamma-cyclodextrin solution was lyophilized. The yield was 17% based on starch.

Sato et al.[42] published a procedure for the production of gamma-cyclodextrin using tetra-or pentacyclic triterpenoids (e. g. glycyrrhizin). These complexing agents are selective for gamma-cyclodextrin, and the yields of gamma-cyclodextrin are therefore significantly higher than in the above-mentioned procedures. Up to 25% gamma-cyclodextrin yield can be achieved with this method.

A clear drawback of the method is the formation of a very soluble complex of, for example, glycyrrhizin and gamma-cyclodextrin. The purification of the highly-soluble gamma-cyclodextrin is time-consuming and expensive.

5.2 Selective Macrocyclic Complexing Agents for Gamma-Cyclodextrin

It is obvious by comparing the state of the art of the production processes of gamma-cyclodextrin that no technically feasible process has been developed that facilitates the large-scale, low-cost production of gamma-cyclodextrin. The main problem arises from the fact that beta-cyclodextrin is the thermodynamically favored product of the conversion of starch to cyclodextrins, catalyzed by the enzyme cyclodextrin glycosyltransferase.

A possible means of circumventing this problem would be to shift the thermodynamic equilibrium of the enzymatic reaction in favor of gamma-cyclodextrin by inclusion of a compound that selectively complexes gamma-cyclodextrin. The higher gamma-cyclodextrin yield obtained according to the "glycyrrhizin" method confirms this theoretical approach.

Additionally, if the inclusion compound is very insoluble, two further advantages are obvious. First, according to the equation in Fig. 4, the formation of an insoluble complex shifts the equilibrium towards complexed gamma-cyclodextrin, and consequently lowers the concentration of free gamma-cyclodextrin. An increase in the gamma-cyclodextrin yield can therefore be expected. Secondly, the purification of gamma-cyclodextrin is straightforward, since the insoluble complex can be separated easily from the conversion mixture, and this complex mainly consists of complexed gamma-cyclodextrin, tiny amounts of beta-cyclodextrin and residual starch.

Ruzicka[43] proposes that some macrocyclic compounds resemble steroid or other triterpenoid

Table 3 Precipitation of beta-and gamma-cyclodextrin by the formation of insoluble inclusion complexes with macrocyclic compounds

macrocyclic complexing agent	amount of cyclodextrin beta-CD (%)	precipitated gamma-CD (%)
cyclodecanone	97	88
cyclododecanone	91	93
cyclotridecanone	3	72
cyclotridecan-2-aza-1-one	1	74
cyclotetradec-7-en-1-one	2	95
cyclohexadec-8-en-1-one	4	99
cyclohexadecan-1, 9-dione	1	94
9, 18-dioxa-tricyclo[15.1.0.0^{8,10}]cyclooctadecane	7	89
cycloheptadec-9-en-1-one	1	90
2, 8-dioxa-1-oxo-cycloheptadecane	1	98
2-oxa-1-oxo-cycloheptadec-7-ene	5	88
2, 5-dioxa-1, 6-oxo-cyclohexadecane	3	97
cyclotetracosa-1, 8, 16-trione	1	70

The analysis was performed by stirring a mixture of 1% beta-cyclodextrin, 3% gamma-cyclodextrin and 0.5% of a complexing agent in water for 4 h at a room temperature. An aliquot thereol was centrifuged, and the clear supernatant was analyzed for cyclodextrins by high-performance liquid chromatography.

molecules in their three-dimensional shape, and are thus capable of complex formation with gamma-cyclodextrin. In a simple precipitation test, a large number of macrocyclic substances were tested (Table 3). Almost all macrocyclic molecules tested, which have more than twelve atoms in the ring, form insoluble inclusion compounds exclusively with gamma-cyclodextrin. On the contrary, molecules such as cyclododecanone or cyclodecanone, with respectively twelve or ten atoms in the ring, produced complexes mainly with beta-cyclodextrin[44].

Selective complexing agents for gamma-cyclodextrin are included in the reaction mix in which starch is converted to cyclodextrins by CGTase. In Table 4, the results of experiments are listed.

In accordance with previous data, cyclododecanone, a molecule with twelve carbon atoms in the ring, promoted the accumulation of beta-cyclodextrin during the enzymatic reaction. A high crude yield of 58% was obtained, calculated with respect to the conversion of the substrate starch. More than 98% of the converted material was beta-cyclodextrin, and only small amounts of gamma-cyclodextrin could be detected. However, inclusion of macrocyclic cyclotridecanone resulted in 98% of the precipitable cyclodextrin being gamma-cyclodextrin, whereas only negligible amounts of beta-cyclodextrin were formed. The total yield of cyclodextrins was 43%, which was somewhat lower than the cyclodextrin yield with

Table 4　Yield of cyclodextrins using selective macrocyclic complexing agents in an enzymatic conversion of starch to cyclodextrins

complexing agent	starch concentration (g/100 ml)	*crude CD yield (precipitate) (g/100 ml)	beta-CD (%)	gamma-CD (%)
cyclododecanone	10	5.8	98.5	1.5
cyclotridecanone	10	4.3	2	98
cycloteradec-7-en-1-one	10	4.5	1	99
cyclohexadec-8-en-1-one	10	4.6	1	99
cyclohexadec-1, 9-dione	10	4.3	1	99
2, 8-dioxa-1-oxo-cycloheptadecane	10	4.0	1	99
2, 5-dioxa-1, 6-dioxo-cyclohexadecane	10	3.8	1	99

Conversion of a 10% starch solution was generally carried out using 20 U**CGTase from *Bacillus macerans* per gram of starch. 1% (w/v) of the complexing agent was applied in each case. The reaction time was 48 h, and the reaction temperature was kept at 40℃.

*Crude CD yield means the amount of cyclodextrins which could be determined from the washed precipitate (insoluble inclusion compound). The complex was destroyed by water steam distillation.

**1 unit is defined as the enzyme activity that forms 1 μmol of cyclodextrin per minute from potato starch at 40℃ and pH 7.2.

cyclododecanone.

Clearly, the complexing preference of macrocyclic compounds for beta- or gamma-cyclodextrin is dependent on whether twelve or thirteen atoms are present in the ring structure. The highest gamma-cyclodextrin yields were obtained with the macrocyclic compounds cyclotetradec-7-en-1-one and cyclohexadec-8-en-1-one.

Different CGTase enzymes were analysed with regard to their applicability for the production of gamma-cyclodextrin using macrocyclic complexing agents. Nearly the same yield of gamma-cyclodextrin could be achieved using either alpha-CGTases or beta-CGTases. One exception is the alpha CGTase enzyme of Klebsiella oxytoca M 5 a 1[36,45]. This enzyme gave a yield of only 15% gamma-cyclodextrin using cyclohexadec-8-en-1-one as the complexing agent. Presumably the enzyme is inhibited by the complexing agent. A clear difference between alpha-and beta-CGTases was detectable with respect to the reaction time required to reach the optimal yield. For example, using alpha-CGTase of Bacillus macerans, a reaction time between 44 and 48 h is required to obtain a gamma-cyclodextrin yield of about 45%. By contrast, only 20 to 24 h is required to obtain the same yield when the same amount of the

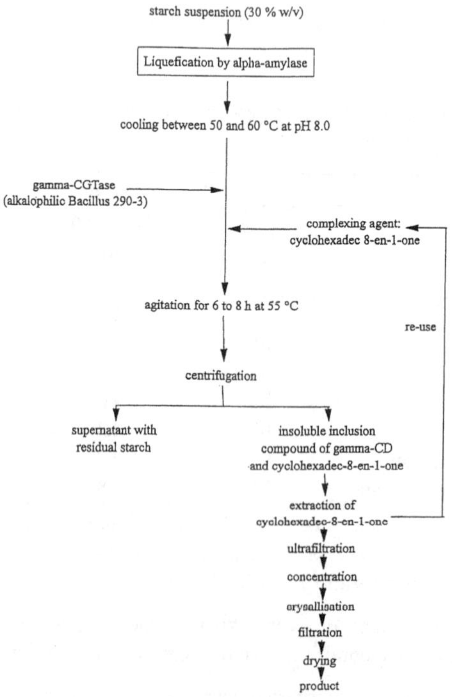

Fig. 5 Flow diagram (gamma-CD)

beta-CGTase of the alkalophilic Bacillus 1-1 was added to the reaction mixture.
According to these results, it is to be expected that (alpha-) CGTase characterized by producing kinetically favored gamma-cyclodextrin allows a shortening of the reaction time. We therefore screened microorganisms and isolated an alkalophilic Bacillus strain, 290-3, which secretes a gamma-CGTase[46]. The time-dependent product formation of the gamma-CGTase of Bacillus firmus 290-3 using 10% potato starch as substrate is shown in Fig. 5. Primarily gamma-cyclodextrin is formed, but after slightly longer reaction times, beta-cyclodextrin is the dominating product Obviously, by removing the first gamma-cyclodextrin product by selective complexation, a fast production of gamma-cyclodextrin is achieved. In fact, the reaction time for the production of gamma-cyclodextrin in optimal yields could be significantly shortened to 5-6 h.

5.3 New Process for the Production of Gamma-Cyclodextrin

By the combined use of a selective complexing agent for gamma-cyclodextrin, and a gene-technologically overproduced gamma-CGTase, an efficient and economical process for the production of gamma-cyclodextrin has been achieved. A simplified flow diagram in Fig. 5 shows some details of the process. After liquefication of starch, the reaction mixture is cooled to 55℃. Gamma-CGTase of Bacillus firmus 290-3 and the complexing agent cyclohexadec-8-en-1-one are added. After 5 to 6 h, when the optimal yield of gamma-cyclodextrin is reached, the insoluble complex of gamma-cyclodextrin and cyclohexadec-8-en-1-one is isolated by centrifugation. After resuspending the complex in a small amount of water, the complexing agent is extracted. The solution is then concentrated, and the gamma-cyclodextrin is crystallized. Due to the high selectivity of the complexing agent, this simple procedure enables the production costs for gamma-cyclodextrin based on this process are comparable to those of beta-cyclodextrin.

6 EFFECT OF DEBRANCHING ENZYMES

Branching points in amylopectin consist of alpha-1,6 glucosidic bonds and are blocking the action of CGTase. Debranching enzymes like pullulanase and isoamylase are breaking these bonds. By application of these enzymes prior to the conversion of starch to cyclodextrins the CD-yield improves by 4-6%[47]. Pullulanase of Klebsiella pneumoniae is strongly inhibited especially by beta-CD, therefore the pretreatment of amylopectin with pullulanase is reasonable[48].

7 DEPENDENCY OF THE CD-YIELD FROM THE SUBSTRATE

Amylose as substrate for CD-production is resulting in low yield and long reaction times. Amylopectin gives much better reaction kinetics as well as higher yields. The reason is that the CGTase is acting from the non-reducing end of starch molecules. Amylopectin provides a lot more non-reducing ends than amylose. Furthermore, amylose chains are retrograding easily after shortening by enzyme reaction, thus the yield is limited by precipitating of amylose chains.

Additionally, the retrograded starch molecules make the down-stream processing much more difficult because they are responsible for the turbidity of aqueous cyclodextrin solutions and therefore have to be eliminated completely.

The different starch sources vary in their amylase/amylopectin ratio[49] which has some impact on yield as discussed before.

For the industrial production of cyclodextrins it is very important to use a raw material which contains only a small amount of impurities. For example potato starch contains only minor amounts of lipids and proteins. Furthermore, the amylopectin content of potato starch (79% versus 21% amylose) gives higher reaction yields and facilitates the purification of cyclodextrins. Corn starch in contrast has an approximately 10-fold higher content in lipids and 5-fold higher content in proteins. These impurities have to be removed carefully during the production of cyclodextrins to achieve a sufficient product quality. Corn starch consists of 72% amylopectin and about 28% amylase and for that reason shows a much higher tendency of retrogradation and the reaction yields are lower.

Wheat starch has about the same composition as corn starch regarding amylose and amylopectin. The lipid and protein impurities are even higher than in corn starch and differ also in their nature. Whereas in corn starch the lipids are mainly free fatty acids wheat starch contains predominantly lysophospholipids (partially complexed in amylase chains) which cause additional problems in cyclodextrin production.

Tapioka starch has an higher content in amylopectin compared to potato starch and also very little impurities. The high price and also problems to obtain tapioca starch in constant quality seem to be a severe disadvantage of this raw material.

In recent years some literature[50] showed that the use of waxy maize starch could be an improvement of the existing production processes. Waxy maize starch consists of nearly 100% amylopectin and also the impurities (fat, protein) are significantly lower than in usual corn starch. Despite the mentioned facts the high price of waxy maize starch counteracts at least up to now the widespread use in cyclodextrin production.

8 PRODUCTION OF CYCLODEXTRINS IN THE TUBERS OF TRANSGENIC POTATO PLANTS

Genetic engineering provides the technology to modify the reserve starch. Starches with altered branching pattems have been produced by genetic engineering[51] similar to previously constructed mutants by classical breeding[52~54].

The first successful attempt to produce cyclodextrins in tubers of potatoes was done by Calgene[55]. They cloned the CGTase gene of Klebsiella oxytoca M 5 a 1 (formerly K. pneumoniae) and constructed a chimeric gene.

In order to restrict the gene expression to the tuber, the primary reserve starch organ in potatoes, the CGTase gene was put under control of a patatin promoter (Fig. 6). Patatin is the major tuber storage protein in potato and its syntheses has been shown to parallel starch accumulation in the tuber[56]. Targeting the protein to the amyloplast, the site of starch synthesis and deposition[57], the leader peptide of the small subunit of ribulose bisphosphate carboxylase (SSU) of pea[58~61] which normally targets the protein to the chloroplast was placed 3′ to the promoter and fused in-frame to the CGTase structural gene. Transcription

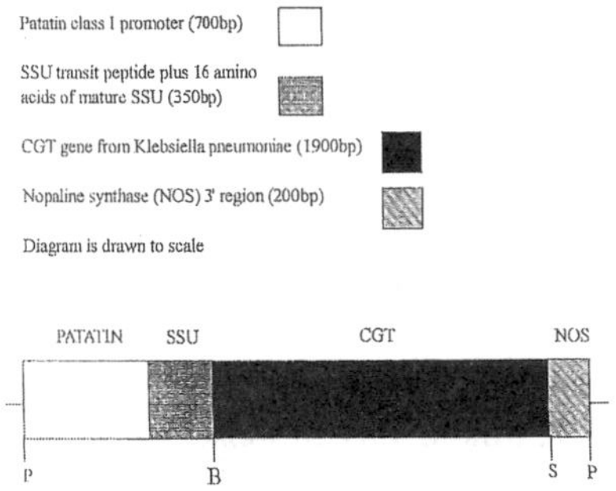

Fig. 6 Diagramatic representation of chimeric gene for expression of cyclodextrin glycosyltransferase (CGT) in potatoes.

termination was encoded by the 3′ sequence of the nopaline synthase (nos) gene of Agrobacterium-tumefaciens[62]. Transgenic potatoes were engineered by using binary Agrobacterium-tumefaciens vectors[63]. Tubers from transgenic plants were harvested 14 days after transfer to the green-house for cyclodextrin analysis.

Extraction of tuber tissue was performed using C 18 Sep-pak (Millipore) column which binds cyclodextrin (but not starch) in an aqueous phase and upon application of a 30% of methanol releases the cyclodextrins. Cyclodextrins were separated by thin layer chromatography (TLC) and stained by iodine vapor[64]. By comparison with controls of alpha-and beta-CD it was estimated that 0.001 to 0.01% of the endogenous starch was converted to cyclodextrins.

The "molecular farming" approach described above was successful in proving that a bacterial CGTase gene can be expressed in potato tubes transported to the amyloplast and in fact is actively producing cyclodextrins. The tiny amounts produced show the difficulties to change the starch production in a high yield cyclodextrin production by genetic engineering. Problems like adjusting the codon usage of the bacterial CGTase gene to that of the potato plant, or increasing of the translation efficiency by a larger patatin promoter fragment, or improving the targeting by a more specific leader peptide may be solved in short time. However, the uncertainty to achieve a reasonable cyclodextrin production with maturing starch granules seems to be a major obstacle of this approach.

CGTases available today are producing at least two kinds of cyclodextrins. Therefore it cannot be expected that a transgenic potato or corn plant is producing a single form of cyclodextrin. The only product with reasonable yield may be beta-CD. The high yield production of alpha-and gamma-CD seems to be highly speculative. Nevertheless, in the long-term this "molecular forming" of cyclodextrins, especially if improved CGTase enzymes are available, maybe an attractive possibility for low-cost production of cyclodextrins.

REFERENCES

1) S. Kitahata, S. Okada and T. Fukui, *Agric. Chem.*, **42**, 2369 (1978).
2) M. Li, Huaxue E., **25**, 106 (1984).
3) N. Nakamura and H. Horikoshi, *Kagaku Keizai*, **29**, 65 (1982).

4) N. Nakamura, *Kagaku Kogyo*, 35, 627 (1984).
5) Nihon Shokuhin Kako Co., *Ger. Offen.* 3 020 614 (1980).
6) Y. Yagi, K. Kouno and T. Inui (Sanraku-Ocean Co.), *Eur. Pat. Appl.* 17 242. (C. A. 94: 45606) (1980).
7) M. Yamamoto and K. Honkoshi, *Starch*, 33, 244 (1981).
8) Y. Chen, and J. Yu, Shipin *Yu Fajiao Gongye* 61 (1984).
9) K. Honkoshi, *Process Biochem.*, 14, 26 (1979).
10) K. Horikoshi, N. Nakamura, N. Matsuzawa and M. Yamamoto in 'Proc, 1st. lnt. Symp. Cyclodextrins', (Ed: J. Szejtli), Reidel, Dordrecht, p. 25 (1982).
11) Kiangsu Inst. Food Ferment., Shih Pin Yu Fa Hsiao Kung Yeh 1 (1980).
12) M. Matsuzawa, M. Kawano, N. Nakamura and K. Horikoshi, *Starch*, 27, 410 (1975).
13) N. Nakamura and K. Horikoshi, *Biotechnol. Bioeng.*, 19, 87 (1977).
14) C. P. Yang and C. H. Huan, *Ta-tung Hsueh Pao*, 14, 95 (1984).
15) C. P. Yang and G. D. Lei, *Ta-tung Hsueh Pao*, 14, 85 (1984).
16) E. Flaschel, J. P. Landert and A. Renken in 'Proc. 1st Inst. Symp. Cyclodextrins', (Ed: J. Szejtli) Reidel, Dordrecht, p. 41 (1982).
17) E. Flaschel, J. P. Landert, D. Spiesser and A. Renken, *Ann. N.Y. Acad. Sci.*, 434, 70 (1984).
18) S. Kobayashi and K. Kainuma, *Denpun Kagaku*, 28, 132 (1981).
19) S. Kobayashi, K. Kainuma and D. French. *Denpun Kagaku*, 30, 62 (1983).
20) H. Bender, *Carbohydrate Res.*, 124, 225 (1983).
21) F. C. Armbruster and E. R. Kooi (Corn Prod. Co.), US Pat. 3 425 910, *Ger. Offen.* 1 643 815 (1969).
22) F. C. Armbruster (Com Prod. Co.), *US Pat.* 3 541 077 (1970).
23) F. C. Armbruster and W. A. Jacaway, *US Pat.* 3 453 260 (1972).
24) S. M. Parmerter, E. E. Allen and D. H. Le Roy (Corn Prod. Co.), *US Pat.* 3 453 259 (1969) (C. A. 71:82875).
25) S. M. Parmerter and E. E. Allen (Corn Prod. Co.), *US Pat.* 3 453 260 (C. A. 71: 82872) (1969).
26) S. M. Parmerter, E. E. Allen and G. A. Hull (Corn Prod. Co.), *US Pat.* 3 453 258 (C. A. 7 1: 92872) (1969).
27) J. Szejtli, 'Cyclodextrin Technology', 1st edn., Kluwer Academic Publishers, Dordrecht, Boston, London, p. 37 (1988).
28) Y. Suzuki, H. Iwasaki and F. Kamimoto, *Japan Kokai* 75 89 306 (1975).
29) S. Vano. T. Miyauchi, H. Hitaka and M. Sawata, *Japan Kokai* 71 09 224, 71 02 380 (C. A. 118539) (1971).
30) K. Horikoshi (Rikagaku Kenkyusho), *US Pat.* 3 923 598 (1975).
31) H. Hokse, F. S. Kaspar and J. T. Wijpkema (Avebe), *Netherlands Appl.* NL. 81 04 410 (C. A. 99: 20925) (1981).
32) P. Cami and D. Majou (Orsan; Mercian Corp.), *Eur. Pal. Appl.* 481 903 (C. A. 117:

129975) (1992).
33) Y. Yagi, M. Sato and T. Ishikura, *J. Jpn. Soc. Starch Sci.* **33**, pp. 144-151 (1986).
34) W. S. McClenahan, E. B. Tilden and C. S. Hudson, *J. Chem. Sci.*, **64**, 2139 (1942).
35) F. Cramer, D. Steinle, *Justus Liebigs Ann. Chem.*, **595**, 81 (1955).
36) H. Bender, *Arch. Microbiol.*, **111**, pp. 271-282 (1977).
37) J. W. Shieh and A. R. Hedges (American Maize Techn. lnc.), *US Pat.* 5 326 701 (1994).
38) H. Vakaliu, M. Miskolczi-Torok, J. Szejtli, M. Jarai and G. Seres, *Hung. Pat.*, 16 098 (C. A. 91: 91923) (1979).
39) R. L. Starnes, *Cereal Foods World*, **35**, pp. 1094-1099 (1990).
40) H. K. Nielsen, *Food Technology*, **45**, pp. 102-104 (1991).
41) G. Seres, M. Jaray, S. Piukovich, M. Szigetvary-Gabanyi and J. Szejtli, *Hung. Pat. Appl.* 4406/83 (1983).
42) M. Sato, H. Nagano, Y. Yagi and T. Ishibura (Sanraku Co.), *Japan Kokai*, 85 227 693 (C. A. 104:128250) (1985).
43) V. Prelog and L. Ruzicka, Helv. *Chim. Acta*, **27**, pp. 61-66 (1944).
44) G. Schmid and H.-J. Eberle, *Eur. Pat.* No. EP 290 067 (C. A. 111: 55856) (1988).
45) F. Binder, O. Huber and A. Bock, Gene, **47**, pp. 269-277 (1986).
46) A. Englbrecht, G. Harrer, M. Lebert and G. Schmid, in "Minutes of the 5th. Int. Symp. on Cyclodextrins", ed. D. Duchene, Editions de Sante, Paris, pp. 25-31 (1990).
47) S. Kitahata, M. Kubota and S. Okada, *Kagaku To Kogyo*, 60 335 (1986).
48) J. J. Marshall, Fed. *Eur. Biochem. Soc. Lett.*, **37**, pp. 269-273 (1973).
49) J. J. M. Schwinkels, *Starch*, **37**, pp. 1-5 (1985).
50) J, W. Shieh and A. Hedges, *PCT Int. Pat Appl.* W 0 93/10255 (C. A. 118:253426) (1993).
51) R. G. F. Visser, J. Somhorst, G. J. Kuipers, N. J. Ruys, Wj. Feenstra and E. Jacobsen, *Mol. Gen. Genet.*, **225**, pp. 289-296 (1991).
52) R. L. Whistler, in "Starch Chemistry and Technology", eds. R. L. Whistler, J. N. BeMiller and E. F. Paschall, Academic Press, New York, pp. 1-9 (1984).
53) J. C. Shannon and D. L. Garwood, in "Starch Chemistry and Technology", pp. 25-86 (1984).
54) J. H. M. Hovenkamp-Hermelink, E. Jacobsen, A. S. Ponstein, R. G. F. Visser, G. H. Vos-Scheperkeuter, E. W. Bijmolt, J. N. de Vries, B. Witholt and W. J. Feenstra, *Theor. Appl. Gen.*, **75**, pp. 217-221 (1987).
55) J. V. Oakes, C. K. Shewmaker and D. M. Stalker, *Bio/Technology*, **9**, pp. 982-986 (1991).
56) W. D. Park, *Pl. Mol. Bio. Rept.*, **1**, pp. 61-66 (1983).
57) D. J. Mares, J. R. Sowokinos and J. S. Hawker, in "Potato Physiology", ed. P. H. Li, Academic Press, New York, pp. 279-327 (1985).
58) G. Van den Broeck, M. P. Timko, A. P. Kausch, A. R. Cashmore, M. Van Montagu and L. Herrera-Estrella, *Nature*, **313**, pp. 358-363 (1985).
59) P. H. Schreier, E. A. Seftor, J. Schell and H.J. Bohnert, *The EMBO J.*, **4**, pp. 25-32 (1985).
60) C. C. Wasmann, B. Reiss, S. G. Bartlett and H. J. Bohnert, *Mol. Gen. Genet.*, **205**, pp. 446-

453 (1986).
61) L. Comai, N. Larson-Kelly, J. Kiser, C. J. D. Mau, A. R. Pokalsky, C. K. Shewmaker, K. Mc Bride, A. Jones and D. M. Stalker, *J. Biol. Chem.*, **263**, pp. 15104-15109 (1988).
62) M. Bevan, W. M. Barnes and M.-D. Chilton, *Nucleic Acid Res.*, **11**, pp. 369-385 (1983).
63) S. Sheerman and M. W. Bevan, *Plant Cell Rep.*, **7**, pp. 13-16.
64) H. Bender, in "Proc. Int. Symp. Cyclodextrins", (Ed: J. Szejtli) Reidel, Dordrecht, The Netherlands, pp. 77-87 (1982).
65) H. Hitaka, M. Sawata and S. Yano (Mitsutani Chem. Ind. Co.), *Japan Kokai*, 71 09 223 (CA. 76: 32882) (1972).
66) S. Okada and M. Tsujima (Hayashibara Biochem. Lab.), *Japan Kokai*, 73 40 996, Fr. Demande 2 154 396, US. Pat. 3 812 011 (C. A. 79: 113990) (1973).
67) M. Sato and N. Nakamura (Japan Food Proc. Co.), *Japan Kokai*, 74 92 288 (C. A. 84: 119962) (1974).
68) Y. Suzuki, A. Shima, T. Kochi,T. Kato, F. Misawa, M. Okimoto and N. Saito (Teijin), *Ger. Offen*, 2 532 051, *Japan Kokai*, 76 12 941 (C. A. 84: 162908) (1975).
69) K. Yoritomi and T. Yoshida, *Japan Kokai*, 76 136 889 (C. A. 86: 137968) (1975).
70) National Inst. of Food Res., *Japan Kokai*, 77 08 385 (1977).
71) S. Suzuki, S. Kobayashi and K. Kainuma, *Japan Kokai*, 77 08 038 (C. A. 87: 20639) (1977).
72) M. Kawano, M. Matsuzawa, N. Nakamura and K. Hara (Japan Maize Prod.) , *Japan Kokai*, 77 25 043 (C. A. 86:153972) (1977).
73) S. Kobayashi, K. Kainuma and S. Suzuki (Nat. Inst. Food Res.), *Japan Kokai*, 77 79 039 (C. A. 87:150201) (1977).
74) K. Horikoshi, N. Nakamura and M. Matsuzawa (Inst. Phys. Chem. Res.), *Japan Kokai*, 78 52 693 (C. A. 89: 147188) (1978).
75) Rikagaku Kenkyusho, *Japan Kokai*, 78 52 693 (1978).
76) K. Horikoshi and N. Nakamura (Inst. Phys. Chem. Res.), *US Pat.*, 4 135 977 (C. A. 90: 136264) (1979).
77) Inst. Phys. Chem. Res. and Japan Maize Prod. Co., *Belg. Pat.*, 883 579 (C. A. 94: 49121) (1980).
78) Toyo Jozo Co., *Japan Kokai*, 80 156 595 (C. A. 94: 172894) (1980).
79) S. Kobayashi, K. Kainuma and S. Tsurnura (Nat. Inst Food Res. Co.), *Japan Kokai*, 80 19 013 (C. A. 93: 44384) (1980).
80) Japan Maize Prod. Co., *Japan Kokai*, 80 102 396 (C. A. 93: 219321) (1980).
81) K. Horikoshi, M. Yamamoto, N. Nakamura, M. Okada, M. Matsuzawa, O. Ueshima and T. Nakakuki (Inst. Phys. Chem. Res. and Japan Maize Prod. Co.), *Eur. Pat. Appl.*, EP 45 464 (C. A. 96: 144856) (1982).
82) Ministry of Agric. Forestry and Fishery and Food Res. Inst., *Japan Kokai*, 82 202 298 (C. A. 98: 141869) (1982).
83) Norin Suisansho Shokuhin Sogo Kenkyu Shocho, *Japan Kokai*, 83 81 744 (C. A. 99: 120979) (1983).

84) Japan Maize Prod. Co., *Japan Kokai*, 84 28 490 (C. A. 101: 22016) (1984).
85) H. Bender (Consortium Elektrochem. Ind.), *Ger. Offen*, 3 317 064 (C. A. 102: 26775) (1984).
86) Norin Suisansho Shokuhin Co., *Japan Kokai*, 84 18 702 (C. A. 101: 40171) (1984).
87) H. Hashimoto, K. Hara, S. Kobayashi and K. Kainuma, *Japan Kokai* 87 104 590 (C. A. 107: 174810) (1987).
88) G. Schmid and H. J. Eberle, *Eur. Pat. Appl.*, EP 291 067 (C. A. 111: 55856) (1988).
89) R. P. Rohrbach and D. S. Scherl (UOP Inc.), *US Pat.*, 4 865 976 (C. A. 112: 75355) (1989).
90) Genetics Institute Inc., *Pat.* WO 89/01043 (1989).
91) Y. Sawaguchi, M. Aikawa, K. Kikuchi and K. Sasaki (Sanyo-Kokusaku Pulp Co. Ltd.), *Japan Kokai*, 02 255 095 (C. A. 114: 141647) (1990).
92) D. M. Stalker, C. K. Shewmaker and J. V. Oakes (Calgene Inc.), *PCT Int. Appl.*, US 90-536392 (C. A. 117: 41927) (1991).

第3章　シクロデキストリンの市場と展望

福見　宏*

1　はじめに

シクロデキストリン（以下，CD）は，ブドウ糖が結合した環状オリゴ糖であり，底の抜けたカップ状の構造の機能性糖質の一種である。コーンなどのデンプン類にシクロデキストリン生成酵素を作用させて製造される。一般には，結合するブドウ糖の数により，αCD（6個），βCD（7個），γCD（8個）の天然型CDを基本に，マルトースを付加した分岐CDタイプの酵素修飾型CDやメチル基，ヒドロキシプロピル基などを付加した化学修飾型CDなどが製品化されている。

これらのCDには，様々なゲスト分子を取り込み（包接），ゆっくりと放出（徐放）するユニークな機能がある。CDのカップ状環状構造の内部が親油（疎水）性で外部が親水性であるためである。油性成分である香料（フレグランス），食品香料（フレーバー），食品の呈味成分，あるいは，サプリメントの有効成分などを取り込んで保護（安定化）し，場合によって水溶性にも転換できる。CDの内径は，様々な分子が1個ないし2個入るほどの0.4-1.0 nm（ナノメートル）であり「世界で最も小さなカプセル」といえる。また，220℃位までの耐熱性を備えているのも大きな特徴である。

こうしたユニークな機能が知られ，現在ではCDの応用分野は食品，化粧品，家庭品，医薬，農薬，合成樹脂，繊維，環境など多岐にわたっている。

最も応用頻度が高いのが食品分野である。有効成分を包接し，可溶化，揮発防止，熱や光による劣化防止，異味・異臭のマスキング効果を期待して，古くから利用されている。

ワサビや辛子などに含まれている有効成分アリルイソチオシアネート（AITC）は油性揮発性であり，CDに包接して安定化することでチューブ入り練わさびや練辛子として，長期にわたり辛味を保持した品質を維持できる。また，カテキンは苦味・渋みのある成分であり，高濃度のカテキンを含有する飲料にはCDがカテキンの苦味・渋みを抑えるマスキング効果を与える目的で使用されている。これらの食品用途に関連して，近年市場を大きく伸ばしているのが健康ブームの中で注目されている機能性食品やサプリメントへの応用である。コエンザイムQ10やαリポ酸，アスタキサンチンなどといった生理活性物質のCD包接体が市場に出ている。

---

*　Hiroshi Fukumi　㈱シクロケム　研究開発部　部長

一方で，食品分野に比べ応用頻度は低いものの，世界的にCDの需要量が大きいのが家庭用品分野である。化学修飾型CDが家庭用消臭剤に大量に使用されている。高水溶性の化学修飾型CDの使用目的は天然型CDより消臭能が高いためである。また，米国では，香料CD包接粉末を不織布シートに分散させた「芳香シート」が販売されている。この「芳香シート」は衣類洗濯後，乾燥機に衣類と共に入れて使用する。乾燥の過程で香りを衣類に付着させ，香りの徐放を目的としたものである。様々なCD用途の中で「芳香シート」に使用されているCDは需要量として世界的に最も大きい。

2　市場規模と動向

CDの2005年世界市場規模は133.2百万USドルであり，年間需要量9,000トンの内，βCDが全体の92%を占め，αCDが6%，そしてγCDが2%とみられる（図1）。2004年（8,400トン）から2005年への成長率は7.1%である。2006年の需要量は9,700トンとみられる（図2）。新規で有望な用途開発が数多くあるため正確な成長率予想は困難であるが，今後も今までと同様に毎年7%台の成長率が見込まれている。

CD需要量を国別にみると米国が最も高く，5,500トン/年であり，日本が続いて1,500トン/年

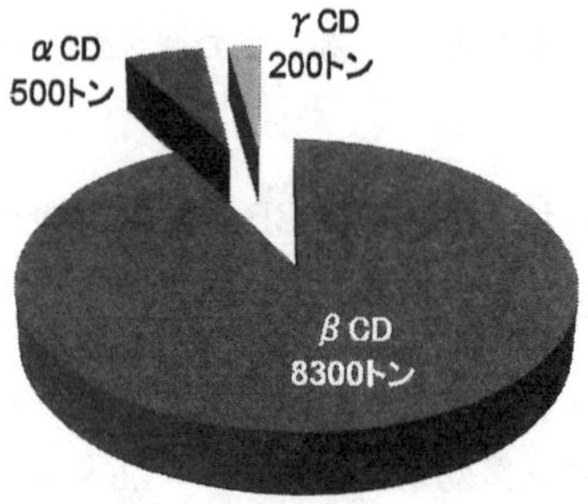

図1　シクロデキストリン種類別年間需要量（2005）

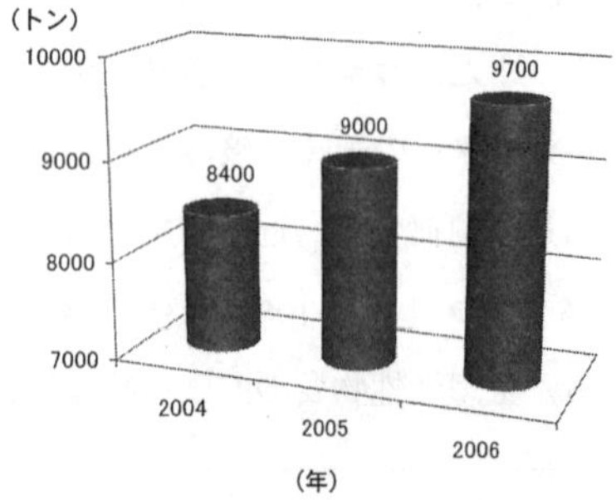

図2　シクロデキストリン年間需要量の推移

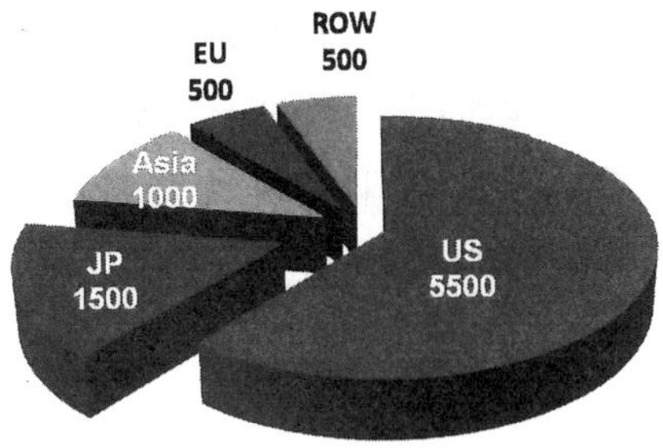

図3　シクロデキストリン地域別需要量（ton in 2005）

であり，アジア（中国・韓国・台湾など）1,000トン/年，欧州500トン/年，その他500トン/年とみられる（図3）。

ワッカーケミカルズコーポレーションは米国に世界最大の生産能力10,000トン/年規模の工場設備を有する。日本では『ナノマテリアル–シクロデキストリン』（米田出版，2005年）に3,000–4,000トン/年のCDが生産されているとの記述があるが，5-20% CD混合物や50% CD混合物およびマルトシルなどの分岐の酵素修飾型CD混合物などを合わせた生産量とみられるので，正確な純品CD生産量の実態は不明である。また，中国では有力CDメーカー4社合計で4,000トン/年以上の生産能力を持っている。尚，中国から日本には200–300トン/年が輸入されているとみられる。

最も需要量の多いβCDの価格の幅は大きい。日本では1,000円–2,000円/kg，欧米では900円–1,000円/kg，そして，中国ではより安価に販売されているとみられる。また，以前は大変高価であったαCDやγCDの価格もワッカー社の製造技術開発と工業生産開始にともない，主要な用途分野である食品分野での利用も可能となってきている。日本では食品用αCDの価格帯は2,000円–3,000円/kg，γCDの価格帯は4,000円–5,000円/kgとみられる。CDの価格は原料であるトウモロコシ澱粉（コーンスターチ）の市場価格変動に影響される。

用途別のCD需要量として最も大きいのは家庭用品，化粧品などの消費者向け製品分野で，全体需要の50%を占めているとみられる。次に食品分野が続き20%を占め，残り30%に医薬，

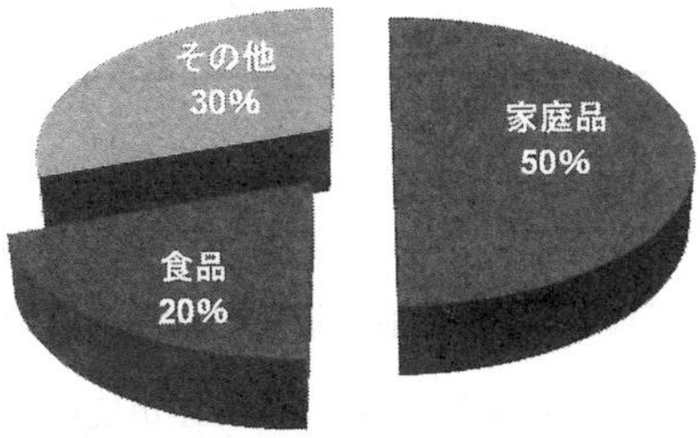

図4　シクロデキストリン用途別需要比（2005）

農薬，環境，廃棄物処理，包装，塗料などの工業用途が含まれる（図4）。

化学修飾型CDの年間需要量は約2,000トン（2005）であり，価格は用途によって大きく異なり，家庭用品向けヒドロキシプロピル化CDは1,500円/kg前後であり，医薬向けスルフォブチル化CDは10万円/kg以上と価格の幅は大きい。

3　注目の用途分野

3.1　家庭用品，化粧品などの消費者向け製品

全体のCD需要量の約半分が家庭用品に利用されている。家庭用品の製造において，最も使用量の大きいCDユーザーは米国プロクター&ギャンブルである。芳香シート「バウンス」にはβCDが，そして，消臭スプレー「ファブリーズ」と衣類用柔軟剤「レノア」には水溶性化学修飾CDであるヒドロキシプロピル化βCDや部分メチル化βCDが使用され，これらの家庭用品は欧米と日本を中心に販売されている。仏国ロレアル社から発売されたシャンプー「エルセーブ」にはβCDが用いられ，使用後の髪に真珠のような輝きがでるとして欧米で人気となり広く使われはじめ，最近日本でも販売されている（表1）。

表1　シクロデキストリンを使用した消費者向け製品例

会社名	商品名	用　途
Procter & Gamble	Febreze Bounce Lenor	消臭芳香剤 洗濯乾燥機用芳香シート 衣料用柔軟剤
Pierre Fabre Demo Cosmetique	Klorane	ドライシャンプー
コサナ	Free sol	抗菌消臭靴中敷
コサナ	ナノラジアンスQ & A	保湿化粧クリーム
ユニチャーム	超立体	マスク
東レ	夢衣夢中	美容パック
Beiersdorf	Nivea Visage Q 10, Eucerin	化粧クリーム
Elizabeth Arden	Lizabeth Arden	口紅
Loreal	Elséve	高級シャンプー

3.2　医薬分野

医薬分野でCDを用いる主な目的は，薬理活性物質の水への溶解度改善，安定化，生体利用率改善である。殆どの場合，βCDあるいはβCD化学修飾体が使用されている。その理由は，これまでβCDが最も安価で経済的に入手しやすいものであったためである。βCDの難水溶性は医薬

表2　シクロデキストリンを使用した医薬製剤例

会社名	商品名	CD	活性物質	剤型
Pfizer	Vfend Ⅳ	Sulfobutyl-βCD	Voriconazole	静脈注剤
Pfizer	Geodon	Sulfobutyl-βCD	Ziprasidone	筋注剤
Janssen	Sporanox	HP-βCD	Itaconazole	経口，静脈注剤
Novartis	Voltaren	HP-γCD	Diclofenac	点眼剤
Novartis	Opalmon	γCD	OP-1206	錠剤
小野薬品	Opalmon	γCD	OP-1206	錠剤
小野薬品	Prostandin	αCD	PGE 1	輸液
小野薬品	Prostavasin	αCD	PGE 1	動脈注剤
小野薬品	Prostarmon E	βCD	PGE 2	舌下錠
Schwarz	Edex	αCD	PGE 1	海綿体注剤
武田薬品	Pansporin	αCD	Cefotiam HCl	錠剤
明治製菓	Meiact	βCD	Cephalosporin	錠剤
UCB	Zyrtec	βCD	Cetrizine	錠剤

製剤化にとって一つの問題点であったが，注射剤にも適用できる数種類の高水溶性βCD化学修飾体が開発され，解決された（表2）。

現在，世界的にみるとCD含有医薬製剤は30製品前後あるとみられる。その内，錠剤型が殆どであり，注射剤型は少ない。しかし最近になってファイザーやヤンセンファーマなどの医薬メーカーはヒドロキシプロピル化CDやスルフォブチル化CDを用いて注射剤を開発し上市した。

3.3　食品飲料分野

食品分野において，日本では2007年にα，β及びγCD全てが食品添加物として認められた。食品香料，色素，ビタミン類など，揮発性物質や熱，光，酸素に不安定な物質の保護安定化の目的で利用されている。αCDは水溶性で難消化性であることから食物繊維としても用いられている。また，βCDは低コレステロール加工食品の製造に用いられている。コレステロール含有率の高い卵黄やバターなどにβCDを添加し，不溶性の包接体を形成させて除去しコレステロール含有率を下げる方法である。

日本では，1970年代後半から既にCDはキャンディー，ガム，スープなどに使用されてきた。最近ではさらに，製パンやケーキ，粉末食品，菓子類，インスタント茶やインスタントコーヒーなどにも広範に利用されるようになってきている。

飲料向けでは，カテキンやイソフラボンなど有効成分の苦味渋味を低減する目的でCDが使用されている。CD含有飲料には花王の「ヘルシア」や日本コカコーラの「大豆のススメ」などがある。

表3　主な機能性食品素材のシクロデキストリン包接体

機能性食品素材	CDによって改善できる特性
コエンザイムQ 10	生物学的利用能，安定性
α-リポ酸	生物学的利用能，味覚，安定性，溶解度
アスタキサンチン	生物学的利用能，安定性，分散性
クルクミン	分散性，安定性
DHA	酸化安定性，無臭化，粉末化

近年市場を大きく伸ばしているのが機能性食品やサプリメントへの応用である。コエンザイムQ 10やαリポ酸，アスタキサンチンなどといった生理活性物質のCD包接体が市場で注目されている（表3）。

4　製造販売業者の動向

独ワッカーケミー社の子会社である米ワッカーケミカルコーポレーションが世界におけるCD全需要量の80%を製造供給しており，残り20%を仏ロケット社，米カーギル-セレスター社，パールエース（塩水港精糖），日本食品化工，中国製造業者が製造供給している。また，CD製

表4　世界のシクロデキストリン製造販売業者とその製造，技術

国	CD製造販売業者	CD製品，技術
米国	Wacker Chemicals Corporation	αCD，βCD，γCD，HPβCD，MCD，MCTCD
米国	Cargill-Cerestar	βCD，HPβCD（製造中止2005）
米国	Cydex Inc	スルフォブチル化βCD（医薬用）
米国	CTD Inc	CD応用開発，CD包接体
仏国	Roquette	βCD，HPβCD（医薬用）
日本	日本食品化工	βCD，5-20% CD混合シロップ，粉末
日本	パールエース・塩水港精糖	βCD，マルトシル化（分岐）CD，CD混合品
日本	シクロケム	CD応用開発，CD包接体，Wackerの日本総代理店
日本	メルシャン	βCD，CD混合物50%品
日本	日研化成	マルトシル化（分岐）CD
日本	純正化学	Cyclolab，Cydexの日本総代理店
ハンガリー	CycloLab R & D Laboratories	CD誘導体，CD応用開発
マレーシア	Stevian Biotechnology Corp.	βCDとCD誘導体
中国	Xi'an Hong Chang Pharmaceuticals	βCD（1000 ton a year）
中国	Yunan Forever Bright Cyclodextrin	βCD（1000 ton a year）
中国	Qufu Tianli Medical supplements	βCD（500 ton a year）
中国	Yiming Fine Chemicals	HPβCD

造業者とともに，ワッカー社のCDを日本に独占供給しているシクロケム社や米サイデックス(CyDex)社，米シクロデキストリンテクノロジーディベロップメント（CTD）社，ハンガリーのシクロラボ社は独自のCD応用研究施設を有し，顧客との共同開発や技術サービスを提供している（表4)。

4.1　米ワッカーケミカルコーポレーション

世界最大のCD製造業者で生産能力10,000トン/年を持つ。親会社はドイツワッカーケミー社でミュンヘンに本社がある。ワッカーケミー社は1914年に設立され，世界各国に20工場，100のオフィス，14,700名の従業員を有する。1999年に米国でCDの工業生産を開始した。

2002年，シクロケム社と日本におけるCDの独占販売契約を締結し，同年，ニュージャージーのInternational Specialty Products Inc.と医薬向けCDの独占販売契約（日本を除く）を締結し，グローバルなパートナーを決定した。

ワッカー社はαCD，βCD，γCDすべての天然型CDを製造できる唯一のCD製造業者であることに加え，親会社が化学品製造業者である利点を活かし化学修飾体製造においても世界的にリードしている。P&G社が製造する家庭用品「ファブリーズ」，「バウンス」，「レノア」向けCD需要量は世界需要の約半分を占めるが，ワッカー社が契約のもと独占的に世界各地のP&G社工場へ全量を供給している。

4.2　仏ロケット

仏ロケット社は1933年創業の世界的なデンプンとデンプン誘導品の大手メーカーである。現在，年間売上は2 billionユーロ（約3,000億円)，6,000名の従業員，650製品を有する。βCDは「Kleptose」という商品名で製造販売されている。ロケット社は，HP-βCDを医薬用途向けにGMP対応で製造している世界唯一のメーカーでもある。

4.3　米カーギル-セレスター

カーギル-セレスターは，世界最大の農業食品会社であるカーギルのグループ会社としてβCDを「Cavitron」という商品名で製造販売している。カーギル-セレスターはカーギルが2002年にセレスターを買収して設立された。それまでのセレスターはMontedisonグループのEridania Beghin-Sayの一部であった。

4.4　パールエース（塩水港精糖）

パールエースは，2006年6月，塩水港精糖の100%子会社となった。親会社マルハが塩水港精糖株を三菱商事に譲渡し，併せて塩水港精糖がパールエース株をマルハから譲り受け三菱商事の傘下に入った。この株譲渡にともない，旧姓の横浜国際バイオ研究所は解散し，営業部門をパールエースが継承し，研究開発と製造部門は塩水港精糖に移管した。

同社製品はβCD「デキシパール」，αCD 高含有α，β，γCD 混合粉末「K 100」，そして，マルトシル化分岐 CD「イソエリート」が主力 CD 製品である。またこれらの CD を利用した包接体製品「デキシエース」シリーズとして，わさび，マスタード，ジンジャー，レモン，ミントフレーバーなどを品揃えしている。

4.5 日本食品化工

コーンスターチからの糖化製品，ブドウ糖，オリゴ糖，コーンオイルなどスターチケミカルを総合展開している。その中で CD 製品としてはβCD「セルデックス」と CD 20% 含有シロップ，CD（5-20%）含有粉末製品を揃えている。

4.6 メルシャン

アルコール飲料や化粧品，医薬，飼料などを事業展開しているが 2007 年にキリングループに加わった。βCD「リンデックス」と CD 50% 含有の加工製品をラインアップし，菓子，食品類への用途開発を中心に展開している。

4.7 シクロケム

独ワッカーケミー社，米ワッカーケミカルコーポレーションの日本総代理店として積極的な用途開発と実績で日本の CD 市場を牽引している。ワッカーグループはもとより，国内企業，大学，公的研究機関とのコラボレーションで，αCD とγCD に力点を置いた市場展開で実績を急拡大している。代表例がコエンザイム Q 10 のγCD 包接体「CAVAMAX CoQ 10 W」である。同社は有効成分の体内吸収性向上について国内臨床機関で実証し，米国栄養学会の学術論文にも投稿し，需要を伸ばしている。さらに，αリポ酸，アスタキサンチン，クルクミンなどの注目成分についても，積極的に国内大手企業と包接体製品の共同開発を進め製品化している。

同社は，国内各県の試験センターや科学技術振興機構（JST）などを通じて，企業，大学と連携，CD 応用研究を意欲的に推進している。青森県では，非水溶性 CD ポリマーにより，水中ダイオキシンをはじめとする有害物質吸着除去法やヨウ素回収法を確立し，石川県では，繊維，プラスチックにメントールやビタミン E，CoQ 10 の CD 包接による固着化技術を確立した。鳥取県では，地域コンソーシアムを組み，梨などの果実に抗菌剤包接の CD 不織布包装に関する研究会を立ち上げている。また，同社社長が客員教授である東京農工大とは共同で，牛乳の栄養成分を損なわない牛乳粉末化技術を開発中で，JSTの顕在化ステージを終え，育成ステージに進める段階にある。

5　展望

CDはホスト分子として様々なゲスト分子を包接することでゲスト分子の機能を高めたり安定化させたりと，いわば主役のゲスト分子に対する脇役として利用されてきた。しかし最近のCD応用開発では，ゲスト分子の包接体のみならず，CDそのものの生理活性が注目されてきている。

αCDは，天然の食物繊維や難消化性デキストリンをしのぐ機能性糖質として多機能を発揮する物質として注目されている。体重減少効果，コレステロール低減効果，便秘改善効果に加え，

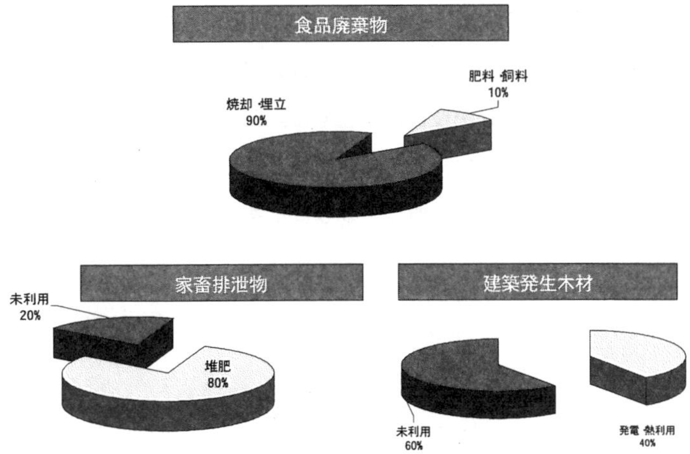

図5　廃棄物系バイオマス利用の現状

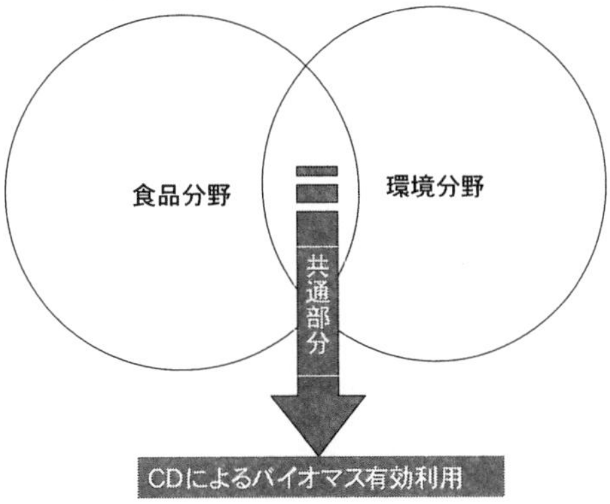

図6　今後CDの活躍が期待される分野

2002年には血糖値上昇抑制効果，2004年にはアレルギー改善効果を確認し，特許出願している。さらには最近では，悪玉中性脂肪である飽和脂肪酸トリグリセリドの選択的な排泄作用に注目している。

また，γCDは膵アミラーゼによって分解する消化性デキストリンであるが，環状構造で末端がないためか，通常の炭水化物より分解速度が遅く，腸内でグルコースがスローリリースすることが分かってきた。よって，γCDも糖尿病患者や予備軍に向けたエネルギー補給剤や腸内環境改善の目的での利用が注目されている。

CDは環境分野でも活躍が期待されている。不溶性CDポリマー，CD固着フィルム，CD固着繊維が開発され，汚染物質をCD包接作用により吸着除去する土壌，水質，そして大気の浄化方法が次々と提案されてきている。また，大量の廃棄物系バイオマスの焼却は地球温暖化の大きな原因の一つであるが，その廃棄物系バイオマスの中でも最も多い食品廃棄物からCDを用いて有価物に変換する検討（CDを用いるバイオマスの有効利用）も行われている（図5）。例えば，これまでほとんどすべて廃棄されていたマグロの頭部にはDHA・EPA，アンセリン，プロテオグリカン等の人体に対する有用成分が豊富に存在する。CDによって有効成分を安定化し，粉末化することで現在健康食品，ペットフード，家畜飼料として利用されている。これらの食品と環境の共有分野でのCDの利用はますます加速するものと考えられる（図6）。

食品・化粧品用途編

第4章　機能性食品，化粧品素材の安定化

上梶友記子*

1　健康食品，代替医療の普及の重要性

最近，40歳代から50歳代の働き盛り世代に，自覚されないほど軽い生活習慣病から突然心筋梗塞を起こすケースが増えている。心筋梗塞は動脈硬化によって引き起こされる。動脈硬化の危険因子は高脂血症，高血圧，高血糖などの生活習慣病であるが，最近の研究からこうした生活習慣病は，一つ一つは極めて軽症でも，その数が重なることで動脈硬化を急激に促進してしまうことがわかってきている。生活習慣病の最大の原因は，生活様式や食生活の欧米化である。食べ過ぎや間食，運動不足によって肥満となり，その結果，コレステロール，血圧，血糖値などのすべての危険因子を悪化させている。

米国では，生活習慣病予防・改善のために健康食品を積極的に摂る人が多く，健康食品市場は現在，3兆円市場にまで急成長している。その要因は，国と国民の健康食品による生活習慣病予防への関心の高まりにある。米国は栄養補助食品の存在価値を明確にするため，1994年10月に「米国栄養補助食品・健康教育法」(Dietary Supplement Health and Education Act；DSHEA)を制定し，ビタミン，ミネラル，ハーブ類などの成分を含む錠剤やカプセルなどを栄養補助食品と定義して，FDA（米国食品医薬品局）の許可なしに体の構造や機能に対する健康表示が可能となっている。結果，健康食品市場は飛躍的な拡大につながり，米国は代替医療の普及により総医療費の大幅削減に成功している。

一方で，日本の国民総医療費は30兆円を突破して破綻の一歩手前にあり，米国に遅れながらも厚生労働省は規制緩和基準の見直しが必要であることを認識し，21世紀の生活習慣病対策として，規制緩和推進計画に則った栄養補助食品のカテゴリー化を進めている。その結果，日本でも健康維持のため，サプリメントなどの健康食品を米国並みに（国民の50%以上）使用する時代が到来しようとしている。

---

*　Yukiko Uekaji　㈱シクロケム　テクニカルサポート

2 健康食品に対する“不安”とシクロデキストリンによる“安心”確保

このような規制緩和による健康食品，代替医療の普及は，大変好ましいことである。しかしながら，現在日本で市場に出回っている健康食品は，安心して摂取できるものばかりとは言い難い。安心が得られない最も大きな原因は，健康食品の製品化において安全性評価を厳密にしているかどうか不明であるという点にある。医薬品の場合，大手企業が莫大な費用を投じて製剤の研究開発が行われており，鍵となる活性成分の光，熱，酸素などに対する安定性や製剤中で他成分との反応によって分解促進されるような配合禁忌性（他の配合成分を混合した際の分解性）などの問題点が厳密に評価検討された上で製品化されている。一方で健康食品の場合には，配合禁忌性などの問題点をまったく無視して，話題となっている人気素材を複数配合しているケースも多い。そして，それらの健康食品が製造，包装，輸送されて，店頭に並ぶころには，既にその活性成分は分解されており，その効能をまったく期待できない場合もある。さらに，もっと大きな問題は，それぞれの食品素材の分解生成物が安全な物質であるかどうかが不明で，逆に毒性が付与されているかもしれない点である。

この“不安”を“安心”に変えるためには，シクロデキストリン（以下，CD）が有用である。活性成分の一分子一分子をCDに包接化することで，熱，光，酸素などに対して安定性を確保できる。また，配合禁忌の関係にある物質同士の配合においても，その物質のどちらか一方を，あるいは双方を包接化することで，その同時配合が可能となる。ここでは，特にコエンザイムQ10やα-リポ酸などの話題となっている機能性食品，化粧品素材のCDによる安定化について，シクロケム社，独ワッカーケミー社，米ワッカーケミカルコーポレーションの検討を中心に紹介する。

3 各種機能性食品，化粧品素材のCDによる安定性改善

3.1 コエンザイムQ10

3.1.1 コエンザイムQ10の問題点

ビタミンQと呼ばれている補酵素Q10（図1，以下，コエンザイムQ10またはCoQ10）には強力な抗酸化作用があるため，最近では驚異の若返りサプリメントとしても知られている。人体内で生合成されるので，厳密にはビタミン類には属さない。コエンザイムQ10の生合成能力は20歳前後から急激に低下してくるため，健康維持や老化防止の目的で毎日摂取する人が増えている。

コエンザイムQ10は光や熱に非常に弱い物質であり，消失しやすく，また他のビタミン類，

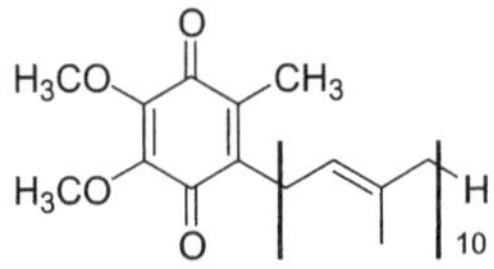

図1　コエンザイムQ10

抗酸化物質とともに配合することによっても速やかに消失する不安定な物質である。未分解のコエンザイムQ10は，ラットによる毒性試験において高い安全性が示されている。しかしながら，コエンザイムQ10の光分解生成物，熱分解生成物，油脂配合で酸化促進され生成した酸化分解物は，その毒性が懸念され，サプリメントなどの健康食品にコエンザイムQ10を配合する際，必ず安定化製剤の検討が必要であろう。

またコエンザイムQ10には，不安定性とともに低吸収性の問題がある。空腹時に通常のサプリメントでコエンザイムQ10を摂取しても，その吸収率は極めて低い。その主な理由は，コエンザイムQ10が長い疎水性のイソプレノイド鎖を有するため，水への溶解性が極端に低いことにある[1)]。

コエンザイムQ10の吸収率改善[2)]については別の機会に述べることにして，ここではγCD包接化による安定化の検討結果について以下に示す。

3.1.2　コエンザイムQ10の安定性改善

安定性の低いコエンザイムQ10をγCDで包接化することで，従来品に比べ驚異的な安定性の向上が確認されている[3)]。

図2は日光露光下，図3は高温下でのコエンザイムQ10の安定性を調べたものである。コエンザイムQ10のデンプン混合物，市販の水溶性コエンザイムQ10，γCD包接体の安定性を比

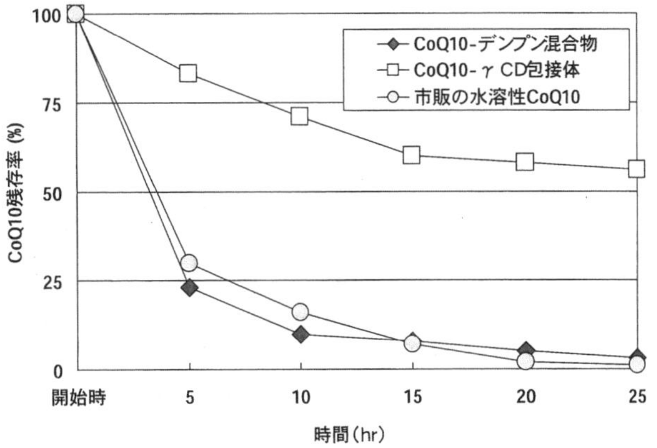

図2　日光露光下（UV-A／UV-B），45℃ でのコエンザイムQ10の安定性改善

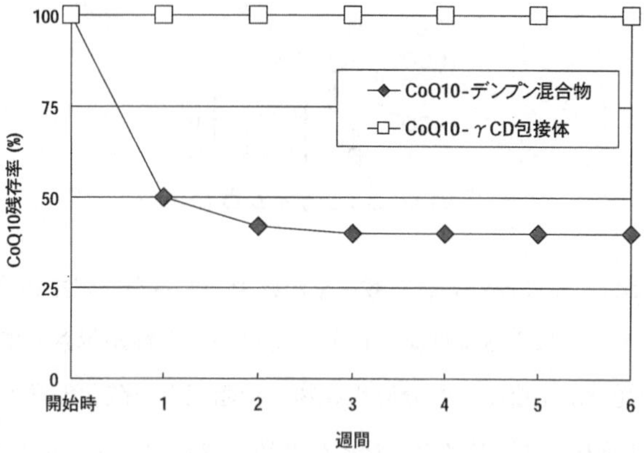

図3　高温下（60℃）でのコエンザイムQ10の安定性改善

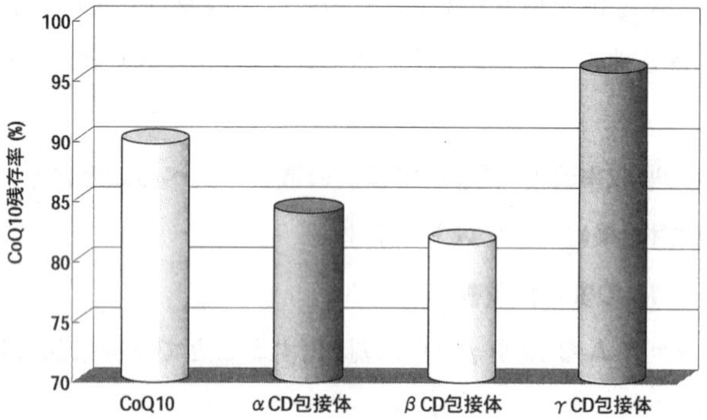

図4　40℃，遮光下でビタミンCを配合した際のCoQ10の安定性
（2週間後）

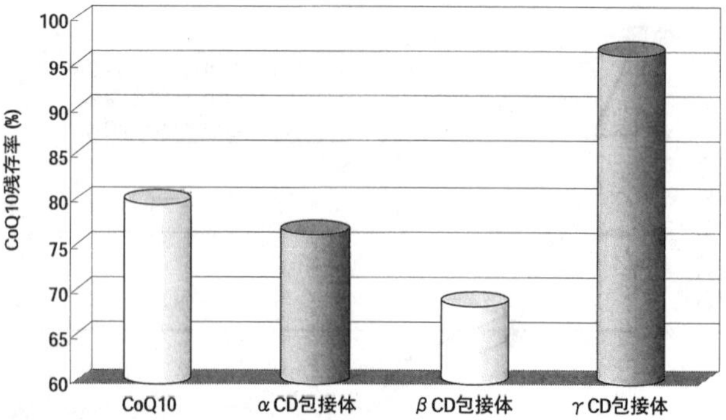

図5　40℃，遮光下でビタミンEを配合した際のCoQ10の安定性
（3週間後）

較すると，日光露光下で，デンプン混合物，及び水溶性コエンザイム Q 10 の場合では，コエンザイム Q 10 は 5 時間で急速に減少し，25 時間後にはほとんどなくなっている。ところが，γCD で包接化したコエンザイム Q 10 は，25 時間後でも 50% の減少にとどまっている。また，高温環境での劣化はまったくみられない。

また CD は，ビタミン類と混ざっているコエンザイム Q 10 の安定性改善にも効果がある。コエンザイム Q 10 の各種 CD 包接体にビタミン C とビタミン E をそれぞれ配合し，40℃，遮光条件下にて保存してその安定性評価を行った。何れの検討結果においても，γCD を用いた包接体で 90% 以上の高い残存率を示した。これより，αCD でも βCD でもなく，γCD で包接化させた場合でのみ安定性が保たれることが確認された（図 4，5）。

3.2　α-リポ酸

3.2.1　α-リポ酸の低安定性

α-リポ酸は，その分子内にジスルフィド結合を有しているために，熱，光などの物理的な影響や，空気（酸素），水，薬理活性物質との共存などの化学的な影響によって重合体を生成しやすく，分解生成物として揮発性硫黄物質を発生する不安定物質である。そこで，安定化のためにはこの物理的，化学的な影響を受けない条件で保存しなければならず，実際には，医薬用としては 1 回の投与量を遮光アンプル中に封入して，冷暗所に保存する方法が採用されている。しかしながら，アンプルの製造ならびにその包装には費用がかかる。α-リポ酸は最近，日本で食品素材として認められたため，α-リポ酸を含有するサプリメントが製造販売され始めたが，この安定性を改善した製品は現在のところ皆無に等しい。

3.2.2　α-リポ酸の γCD による安定性改善

α-リポ酸の各種 CD 包接による安定化を試みた。遮光，温度 70℃，湿度を飽和状態（密閉容器内に水を入れた平らなトレーを静置）にした条件下，それぞれ α-リポ酸を 20% 含有する各種 CD 包接体を 2 時間静置したところ，何れの CD を用いても α-リポ酸の安定性は高まることが分かった。γCD＞βCD＞αCD の順で，γCD によって α-リポ酸の安定性は最も向上する（図 6）[4]。

3.2.3　α-リポ酸と各種食品素材との相性

コエンザイム Q 10 と同様，α-リポ酸もビタミン E などの抗酸化物質存在下で分解していく。α-リポ酸を 5% 含有する各種 CD 包接体と α-リポ酸含有量と等モルのビタミン E を混合し，遮光，室温下という温和な条件下で保存して，α-リポ酸の安定性を検討した。α-リポ酸-γCD 包接体を用いた場合には，ビタミン E の共存下であっても，α-リポ酸の非常に高い安定性が得られている（図 7）。

さらに，さまざまな併用成分による安定性変化（配合禁忌性）を検討した。α-リポ酸を 22.5%

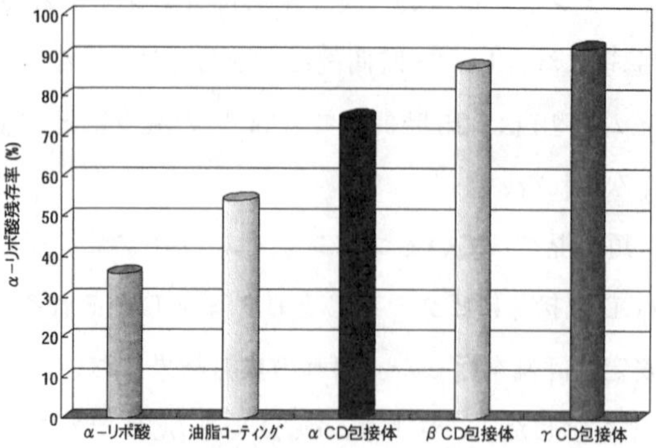

図6　α-リポ酸-CD 包接体の安定性

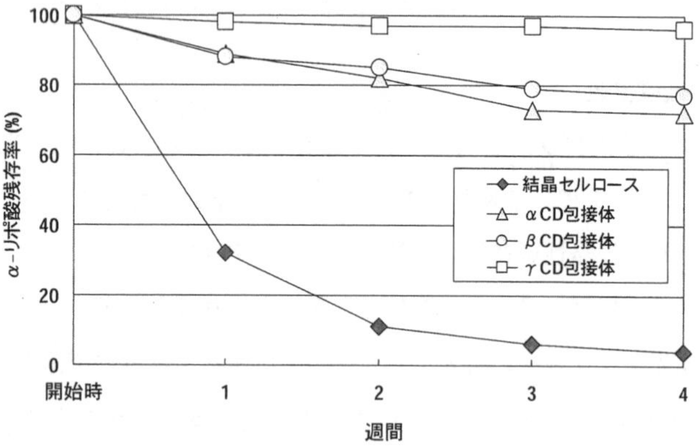

図7　ビタミンEとの共存下におけるα-リポ酸の安定性

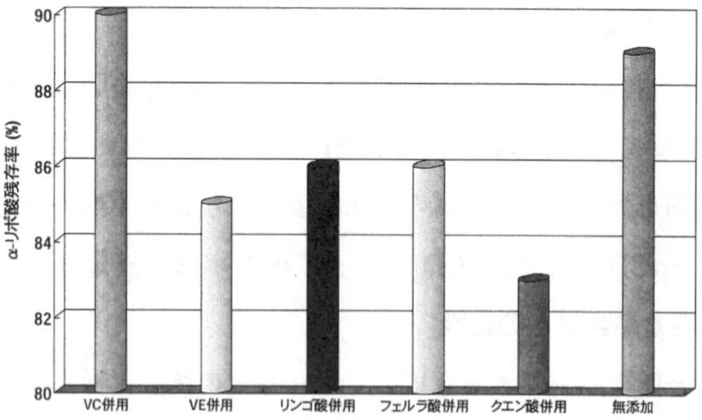

図8　併用成分によるα-リポ酸安定性変化（配合禁忌）

含有するγCD包接体にビタミンC，ビタミンE，クエン酸，フェルラ酸，リンゴ酸をそれぞれ1%混合し，遮光，温度70℃，湿度を飽和状態（密閉容器内に水を入れた平らなトレーを静置）にした条件下，2時間静置し，α-リポ酸の残存率を確認した。α-リポ酸をγCDで包接安定化しているにもかかわらず，ビタミンC以外の併用成分は，何れもα-リポ酸の分解を促進することが分かった（図8）。

3.3　レチノール（ビタミンA）

レチノールは，緑黄色野菜に含有されるβカロテンから体内で必要量だけ，レチノール（ビタミンA）に変換されている。そこで，食品としてレチノールを摂取する必要はないが，化粧品分野では，レチノールは皮膚のしわや傷痕を減少させ表面を滑らかにするなど，老化防止に対して有効な物質である。

しかし，酸化に対して非常に不安定な物質であり，室温で簡単に分解することが化粧品への利用の妨げとなっている。レチノールを酢酸やパルミチン酸でエステル化して安定化させることで，一部商品化されているが，そのエステル類の老化防止効果はレチノールの10分の1以下と言われている。また，リポソームでのマイクロカプセル化や抗酸化物質であるブチルヒドロキシアニソール（BHA），ブチルヒドロキシトルエン（BHT）などを併用する手法も提案されているが，その安定性において満足できるものとは言い難い。γCDを用いることで，レチノールのほぼ完全な安定化に成功している（図9）[5,6]。

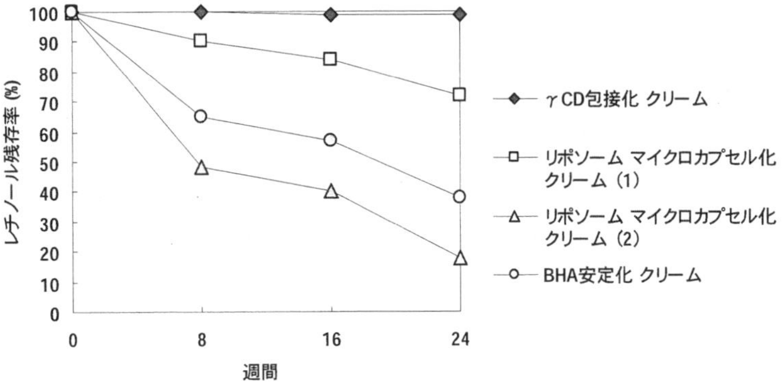

図9　レチノールの室温貯蔵による安定性

3.4　α-トコフェロール（ビタミンE）

α-トコフェロールは脂質の過酸化防止効果による脂質含有食品の保存剤として利用されており，食品中のカロテン類の保護や魚肉製品の酸化防止に有効であることも知られている。医療用途では，脂肪減少，血液流動性の改善，閉塞性動脈硬化症や癌（特に喫煙による）の予防目的で利用されている。また，化粧品分野でもサンケア用に，紫外線によって発生した活性酸素の消去や老年性シミの減少の目的で利用されている。

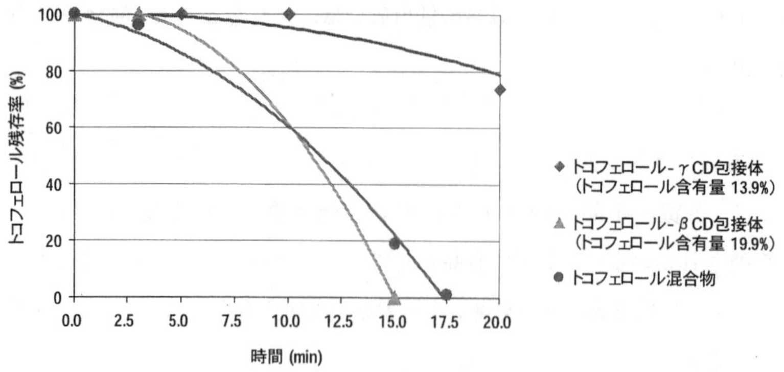

図10 高温下でのトコフェロール-CD包接体の安定性（220℃）

このように，トコフェロールは酸化防止の目的でさまざまな分野で利用されているものの，その安定性は低く，酸化防止効果の持続性に欠けるという問題点がある。そこで，ワッカー社はトコフェロールのCD包接による安定性改善を検討した。220℃という過酷条件下でもγCDに包接されたトコフェロールは安定であることが分かった（図10）。UV-A／UV-Bに対しても安定化が確認されており，太陽光に曝される数時間の外出時に使うサンケア製品の安定化に有効であることが示されている[7]。

また，Zanottiらもトコフェロールを CD で包接させることによる活性の向上について詳しく研究している[8]。トコフェロールは，肌に害を及ぼす化合物を生成するような連鎖反応を引き起こすフリーラジカルを消失できることが知られている。トコフェロールをγCDで包接させると，単独で用いた場合に比べてさらに高いラジカル消去活性を示すこと，そしてその活性が，より長期にわたって保持できることを見出している。この検討結果は，CDがスキントリートメントのみならず，長時間活性を保たなければならないメーキャップ用途においても有用であることを示している。

3.5 メナキノン（ビタミン K_2）

ビタミン K_2（図11）は納豆以外の食品にはほとんど含まれないビタミンで，カルシウムが腸管から吸収された後，骨に運ばれる際に重要な働きをすることが明らかになり，一躍注目を集めている。ビタミン K_2 は太陽光が当たる条件やアルカリ条件下で不安定であること，そして脂溶

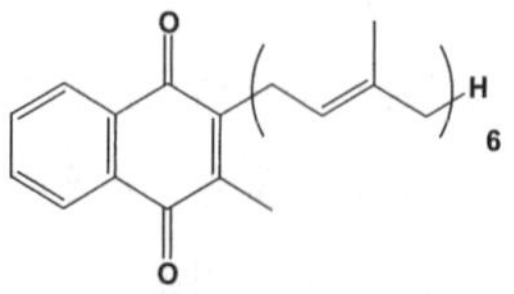

図11 ビタミン K_2

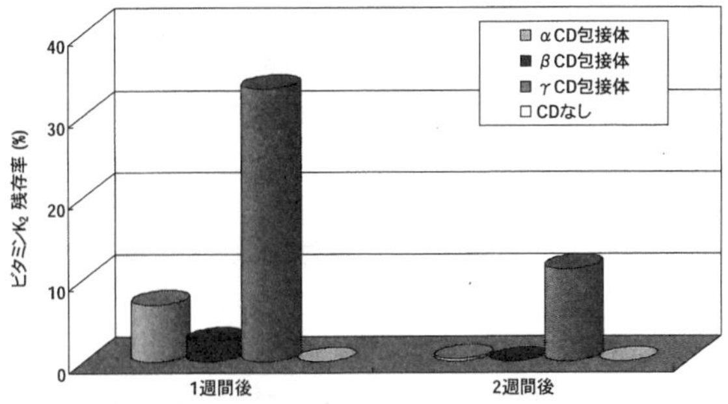

図 12　ビタミン K_2 の γCD による安定性向上

性物質であることから，体内吸収率は極端に低い。そこで，シクロケム社では，αCD，βCD，γCD によるビタミン K_2 の包接体を調製し，その安定性改善を 1,000 ルクスの光照射下で検討したところ，図 12 に示すようにγCD 包接化によるビタミン K_2 の安定性が最も高いことが分かった[3)]。

3.6　ファルネゾール―イソプレノイド類の安定化―

ファルネゾール（図 13）をはじめ，スクアレン，ビタミン K_2，話題のコエンザイム Q 10，モノテルペン類，セスキテルペン類，ジテルペン類など，さまざまなイソプレノイド骨格を有する薬理活性物質が食品，化粧品の機能性素材として利用されている。何れもメバロン酸から生合成される天然物質であるが，そのイソプレノイド骨格は決して安定ではなく，そのイソプレノイドからの分解生成物が安全であるとは言えない。酸や酸素と光によって発生するヒドロキシラジカルが触媒となり，ある条件下ではトランス体から非天然のシス体への平衡反応も進行する。しかもイソプレノイドの場合には，この反応はごく一部に過ぎず，酸化反応による過酸化物質や酸化分解物の形成など，多くの安全性に対する問題がある。つまり，話題のコエンザイム Q 10 を配合したというだけでは，健康食品として健康に配慮したとは言えないのである。

そこで，シクロケム社では，イソプレノイド類の CD による安定化を検討している。そのイソプレノイド類の一つであるファルネゾールの安定化について，ここでは紹介する。図 14 に示すように，ファルネゾールもγCD 包接によって安定性の向上が確認されている。開放系，50℃ において，ファルネゾール-γCD 混合物に比べて，γCD 包接体の方は飛躍的にファルネゾールの安定性が高まっている[3)]。

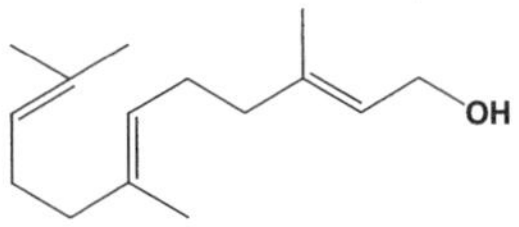

図 13　ファルネゾール

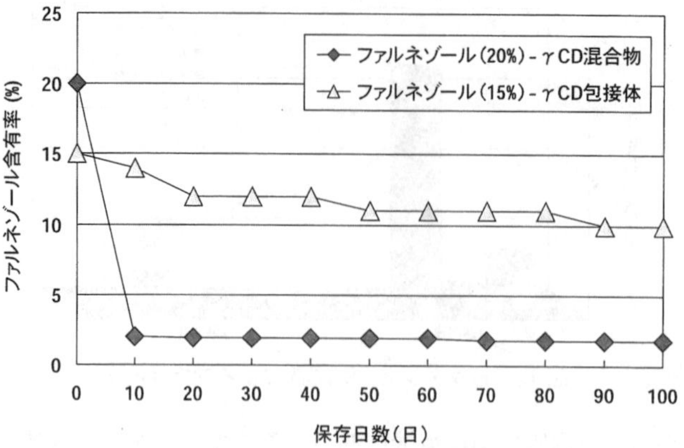

図 14　ファルネゾールの γCD による安定化（開放系，50℃ で保存）

3.7　リノール酸（ビタミン F）—遊離不飽和脂肪酸類の安定化—

リノール酸，アラキドン酸，γ-リノレン酸などの ω6 系不飽和脂肪酸や α-リノレン酸，ドコサヘキサエン酸（DHA），エイコサペンタエン酸（EPA）などの ω3 系不飽和脂肪酸など，何れも体に必須の脂肪酸として広く食品分野で利用されている。これらの脂肪酸は，空気中の酸素によって過酸化物へ変換されやすく，その空気酸化は，味・においや安定性に悪影響を及ぼす。さらには，過酸化物の人体への毒性も懸念されている。

このような理由から，遊離脂肪酸類の CD による安定化が検討されている。ここでは，その一つであるリノール酸の安定性改善について紹介する。リノール酸は，ビタミン F として生理活性物質エイコサノイド合成の必須成分であるが，最近ではメラニン生成抑制作用（シミ改善，美白効果）も明らかとなっている。

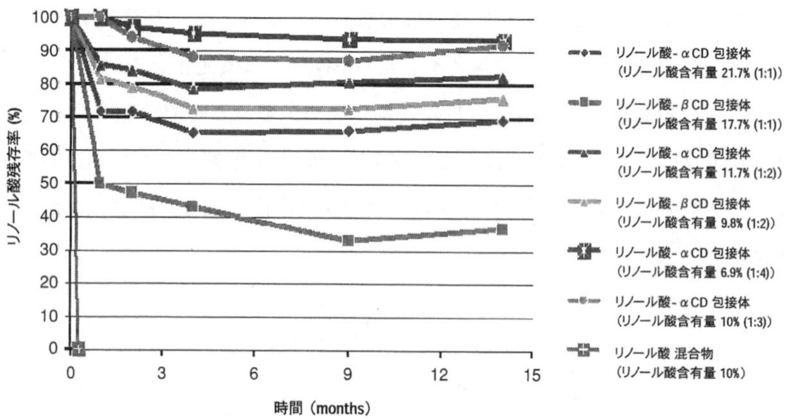

図 15　リノール酸-CD 包接体の熱安定性（開放系，45℃ で保存）

遊離脂肪酸であるリノール酸の安定化には，CDの中でαCDが最も有効であった。そこで，リノール酸に対してαCDを1～4当量用いて包接体を作製し，空気中45℃の条件下で，そのリノール酸の安定性を評価したところ，リノール酸-αCD（1：4）包接体の場合，ほぼ完全にリノール酸が安定化することが分かった（図15）。

3.8　不飽和脂肪酸トリグリセリド類

不飽和脂肪酸の酸化されやすさを測定する方法に，ランシマット法がある。図16のようにサンプルの不飽和脂肪酸を100℃の高温にした状態で，一定速度（20 L/時間）で乾燥空気を送り込むと，不飽和脂肪酸は酸化されて，低分子のアルデヒドなどの揮発性物質（VOCs）に変換される。VOCsが水に溶け込むと電気伝導が変化し，センサーで検知され，変化した時間を測定する方法がランシマット法である。この方法では，センサーに反応が現れ始めるまでの時間が大きければ大きいほど，その不飽和脂肪酸は酸化されにくいことが分かる。このランシマット法で不飽和脂肪酸トリグリセリドとそのCD包接体を測定していった結果，γCDで適切に安定化できることが確認されている[9]。

DHAやEPAなどの不飽和脂肪酸比率の高いトリグリセリドを多く含有する植物油や魚油は酸化されやすく，貯蔵安定性が一般的に低い。トリグリセリドは分子が大きく，CDによる安定

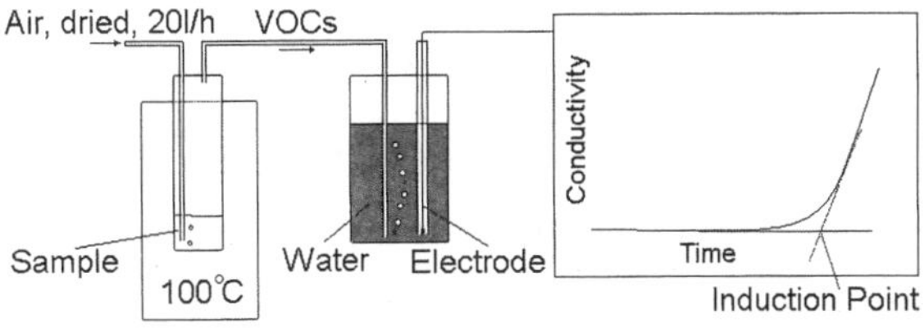

図16　ランシマット法　油-CD包接体の安定性測定

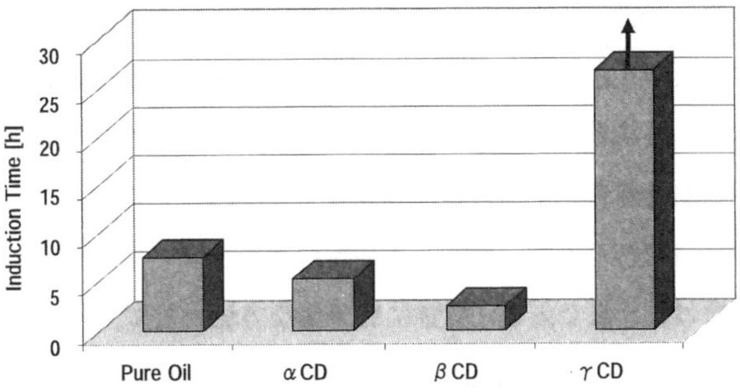

図17　20％ニシン油-CD包接体の安定性

化は不可能であろうと考えられていたが，γCDを用いることでこれらの植物油や魚油の安定化が可能となった。図17は魚油（ニシン油)-CD包接体の安定性の検討結果である[10]。

これらの植物油や魚油の安定化技術を応用して，八洲水産社とシクロケム社は共同で鮪頭部からのペースト粉末の製品化に成功した[11]。

鮪頭部は現在約8万トンが廃棄処分されているが，赤身部分以上に，現代人にとって有効な生理活性物質であるDHAやEPAなどω3不飽和脂肪酸をはじめとして，フィッシュコラーゲンやコンドロイチンといったアミノ酸スコアが100の良質な蛋白質，ビタミンB_1，ビタミンD，アンセリン，カルノシン，ナイアシン，タウリン，ルテイン，そしてカルシウム，亜鉛，セレンなどの各種ミネラルが豊富に含まれている。しかし，その有効成分であるDHA・EPAなどは酸化を受けやすく，室温では短時間で新鮮さを失い不快な魚臭を発生することや，鮪頭部が食をそそる形状でないことなどから，その有効利用はこれまで困難とされてきた。この鮪頭部をペースト化し，ペーストをγCD包接化することで，見事に悪臭を除去し，DHA・EPAが安定化された鮪頭部の粉末製造が可能となった。

3.9　クマザサ成分，クロロフィル色素—色素の安定化—

クマザサには，これまでに食べ物の鮮度を保つ防腐効果をはじめ，口臭や体臭などの消臭作用，疲労回復，食欲増進，便秘，貧血，歯周病，歯槽膿漏，冷え性，肩こり，生理不順，更年期障害などの予防，細胞賦活，抗腫瘍作用など，さまざまな作用が知られている。クマザサの有効成分であるクロロフィルやポリフェノールなどの効率的な抽出方法や露光下での安定性改善において有効な手段は，未だ工業的に確立されていないのが現状である。また，クロロフィルは分子中のフィトールとのエステル結合が加水分解されるとクロロフィライドに変化し，さらにMgが脱離することによって生体に影響を及ぼす恐れのある有害性のフェオホルバイトに変化することが知られており，クロロフィル色素の安定化方法の確立は，クロロフィルを含有する食品を開発するにあたり，極めて重要で緊急な問題である。クマザサをそのまま微粉末化したパウダーは水に不溶，吸収効率が低いなどの問題点がある。また，市販されているクマザサエキスには，変色しやすい，有効成分濃度が低い，色素成分が不安定で分解しやすいなどの問題点がある。そこで，ケンテック社とシクロケム社は共同で，クロロフィル含有率の高いクマザサエキスを各種CDで粉末化し，その粉末体の日光露光下での色素安定化について検討した[12,13]。

クマザサエキスは，青緑色のクロロフィルaや黄緑色のクロロフィルb，その他ポリフェノール，アミノ酸，多糖類の混合色である。検討には簡便な方法として，市販されているデジタルカメラを用い，そのRGB総合色評価法を採用した。その結果，さまざまなCD粉末体の中でγCD粉末体の退色率が最も低く，その色素安定性の高いことが判明した（図18)。

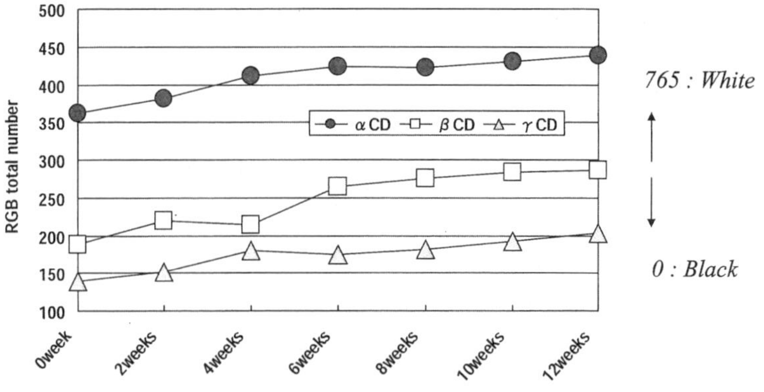

図18　CDによる包接化されたクマザサエキス粉末の色変化の比較

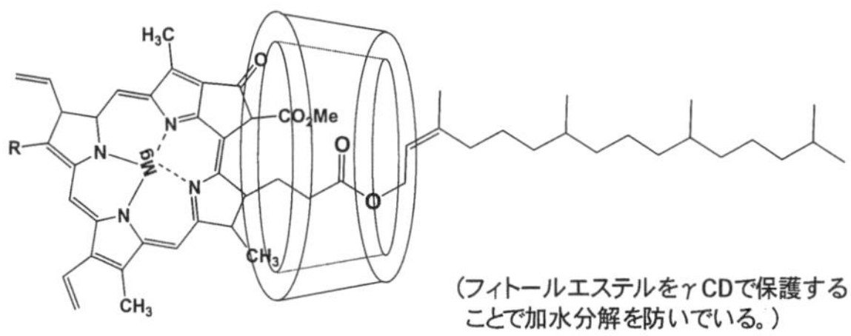

図19　クロロフィル色素のγCD包接による安定化

検討方法：クマザサエキス40mLに各種CDを2.5g加え，水1mLを加えた後，エバポレーションによって粉末を得る。日光露光下，それぞれの粉末の色変化をデジタルRGB総合数で評価。

この安定性は，クロロフィルのフィトールエステル結合部位がγCDで包接されることによって得られたものと考えられる（図19)。このγCDを用いたクマザサエキスパウダーは，色素の難溶性と安定性が著しく改善されたもので，吸収効率の高い，まったく新規なクマザサ食品素材と考えられる。さらに，このクマザサエキスパウダーの血漿コレステロール値，血漿トリグリセリド値に及ぼす影響を検討したところ，クマザサエキスパウダーを使ったものと使わなかったものとでは，顕著な違いがあり，クマザサエキスパウダーにコレステロール，及び中性脂肪の低減効果のあることが示されている。

4　おわりに

以上，食品，化粧品分野における不安定な機能性物質の安定化の重要性，及びCDによる機能性物質の安定化について述べた。さらにCDは，酸素や紫外線で分解する物質の安定化のみならず，ヨウ素，ワサビ成分のアリルイソチオシアネート（AITC）などの昇華や気化しやすい揮発性物質の保持安定化，オレオレジンやエッセンシャルオイルなどの吸湿性物質の吸湿性を防止した粉末安定化にも有用である。こういった機能性食品，化粧品素材の安定化には，リポソームや脂肪酸グリセロールなどのマイクロカプセル化が一般的である。しかし場合によって，CDによる一分子一分子を包み込む“分子”マイクロカプセル化のみが不安定物質を安定化できることが多々あることをご理解頂ければ幸いである。

機能性食品の開発にあたり，独ワッカーケミー社と米ワッカーケミカルコーポレーションの日本総代理店であるシクロケム社をはじめ，日本国内の各CD製造，及び販売業者は，各種CD製品の販売だけでなく，機能性素材として知られているさまざまな生理活性成分のCD包接体製品の開発や販売も手掛けており，食品会社各社の良き技術開発パートナーとなっている。

CDが利用できるかどうかを判断し，CDを用いた検討を開始するためには，まずはこれまでに開発されてきたCDを用いた機能性食品についての調査，特に各種生理活性成分と各種CDの相性についての事前調査が必須である。そこで，CDの過去の開発に関する情報を詳しく載せ，最近の食品への利用動向を具体的に紹介している「食品開発者のためのシクロデキストリン入門」（寺尾啓二著，日本食糧新聞社発行）[14]をご一読頂ければ幸いである。

文　献

1） 寺尾啓二，小西真由子，中田大介，上梶友記子，*Foods & Food Ingredients Journal of Japan*, **210** (3)，222-243 (2005)

2） 高旭軼，平山文俊，有馬英俊，上釜兼人，中田大介，寺尾啓二，池田和隆（熊本大学，株式会社シクロケム，株式会社日清ファルマ），第22回シクロデキストリンシンポジウム講演要旨集，P 67-69，熊本（2004）

3） 寺尾啓二，中田大介，上梶友記子（株式会社シクロケム），特開2006-249050

4） 寺尾啓二，中田大介，小西真由子（株式会社シクロケム），特開2006-316039

5） T. Wimmer, M. Regiert, J. P. Moldenhauer, 9th International Cyclodextrin Symposium, Santiago de Compostela, Spain, May 31-June 3 (1998)

6） M. Regiert, J. P. Moldenhauer, DE 19847633

7） M. Regiert (Wacker Chemie GmbH), PCT（国際出願）

8） F. Zanotti, I complessi di ciclodestrina in cosmesi, *Cosmetics & Toiletries Italian Edition*, **6**, 17-32 (1990)

9） T. Wimmer, M. Regiert (Wacker Chemie GmbH), PCT（国際出願）EP 97/01581

10） G. Schmid, M. Harrison (Wacker Biochem Corp.)，特開2000-313897

11） 寺尾啓二，中田大介，舘巌，山本淳二（株式会社シクロケム，八洲水産株式会社），第21

回シクロデキストリンシンポジウム講演要旨集，P 169-170，札幌（2003）
12）寺尾啓二，中田大介，鈴木利佳，佐々木優樹，堀内哲嗣郎（株式会社シクロケム，株式会社ハーツ，株式会社ケンテック），第20回シクロデキストリンシンポジウム講演要旨集，P 182-183，千葉（2002）
13）寺尾啓二，米田憲司，堀内哲嗣郎（株式会社ケンテック），特開 2003-321474
14）「食品開発者のためのシクロデキストリン入門」，服部憲治郎監修，寺尾啓二著（発行：株式会社日本出版制作センター，発売：株式会社日本食糧新聞社）

第5章　αシクロデキストリンの物性と生体機能改善

中田大介*

1　はじめに

αCDは，トウモロコシや馬鈴薯デンプンからαCD生成酵素（α-cyclodextrin glucanotransferase，αCGTase）による酵素変換によって得られるグルコース6分子がα-1,4グルコシド結合で環状に結合したオリゴ糖である。外側は親水性，内側は疎水性を示す環状構造で，中央の疎水性空洞内に様々な有機物を取り込んで包接体を形成するというきわめて特異な性質を持つ機能性食品素材である（図1）。近年，この物性を活かして，薬理活性物質の安定化や食品の苦味や不快臭の低減など，医薬品や食品をはじめとした様々な分野で利用されている。

グルコース7分子が環状結合したβCDは，1970年代に工業生産が開始されたが，αCDの製造は困難でその工業生産技術は長年確立できなかった。そこで，αCDは「価格が高く，低価格帯商品開発には使えない素材」というのがいわば常識であった。しかし，1999年に，米ワッカーバイオケム社が，親会社の独ワッカーケミー社が確立したαCD製造技術を用いて，トウモロコシの世界的な供給地であるアイオア州にcGMP対応製造工場を建設し，経済的な大量生産を開始した。さらに，2006年3月，この工場はCD製造工場として世界で唯一のFDA認可工場となり，経済性に加え，高品質食品素材としてのαCD供給体制が実現した。

また，1990年代には不十分であったαCD安全性データも2000年までには十分に蓄積され，2001年，世界食品添加物合同専門家会議（JECFA）でαCDの安全性が厳密に評価された。その結果，1日許容摂取量（ADI）を設定する必要のない安全な食品添加物と判断され，現在では，世界各国で安全性の高い食品素材として利用されている[1~3]。

ここでは，αCDの物性と最近解明されてきた生理活性作用について紹介する。

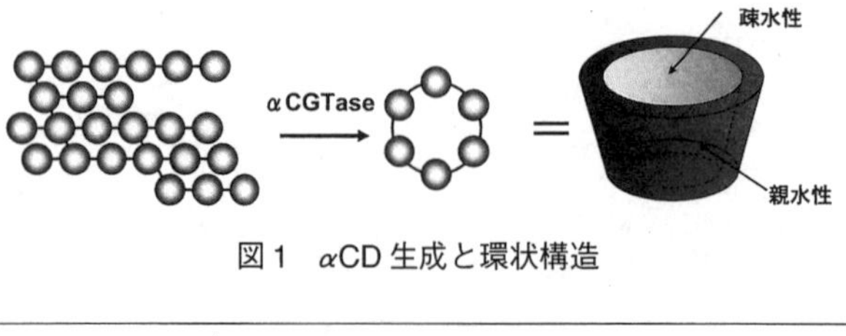

図1　αCD生成と環状構造

*　Daisuke Nakata　㈱シクロケム　テクニカルサポート　主任研究員

2　αCD の物性

αCD は，最近になって水溶性食物繊維としての様々な機能が解明されてきている。そこで，先ず，食物繊維としての用途開発を目的とした場合に必要な物性に関するこれまでの知見を以下に記述する。

2.1　基本的物性

2.1.1　水溶性

デンプンの酵素変換による βCD の製造が αCD や γCD の製造に比較して容易な理由は，酵素存在下における βCD の高い安定性にある。αCD や γCD は，酵素変換による環形成後も開環反応などの酵素の影響を受けるが，βCD は，構造上，隣接する水酸基同士が空間的に水素結合しやすい配列となっており，水素結合によって安定化している。αCD や γCD は，βCD と比較すると，隣接する水酸基同士の水素結合の割合が低い。よって，水分子との水素結合に関与できる水酸基の割合が高く，αCD と γCD の水への溶解度は βCD 比べて高いと説明されている（図2)。

2.1.2　低粘度

食物繊維の高い粘性は，食品開発おいて，しばしば，その使用用途が限定される要因となっている。図3に示すように，αCD は，アラビアガムや市販の難消化性デキストリンよりも低粘度で，ショ糖の粘度と同等であることから，水溶性食物繊維としての利用に適している。

2.1.3　低吸水性

水溶性食物繊維は，朝食用のシリアルやスナック菓子など固形食品へ添加した際に，その高い吸水性が問題となる。αCD は数多くの水溶性食物繊維の中で唯一の低吸水性食物繊維であり，逆に，他の食品素材や薬理活性成分の吸水性を低減する目的でも利用されている（図4)。

2.2　難消化性

αCD の消化性については，α と γ の C 14 ラベル化 CD を用いた二酸化炭素発生量の比較で検

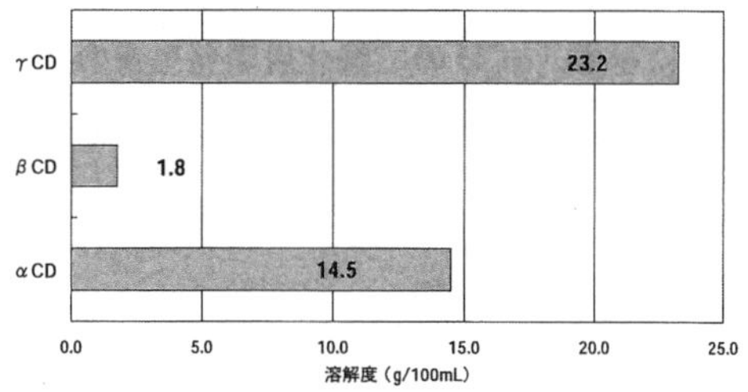

図2　CD の溶解度（25℃，水）

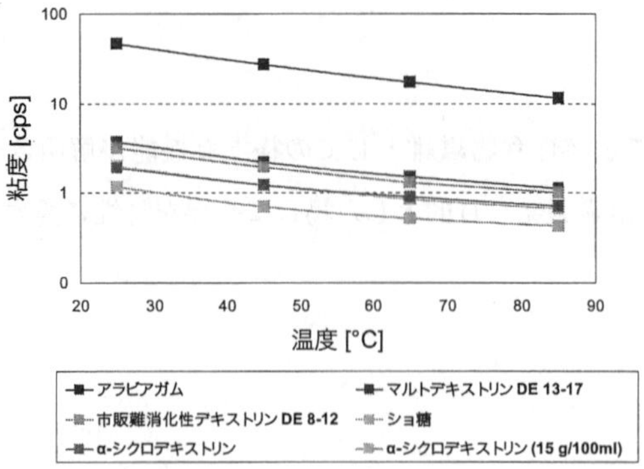

図3　各種糖質の粘度比較（30 g/100 ml 水溶液中）

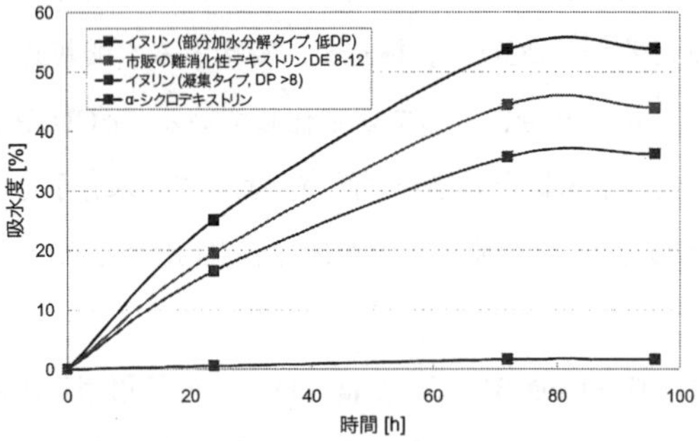

図4　各種糖質の吸水性比較（100% RH）

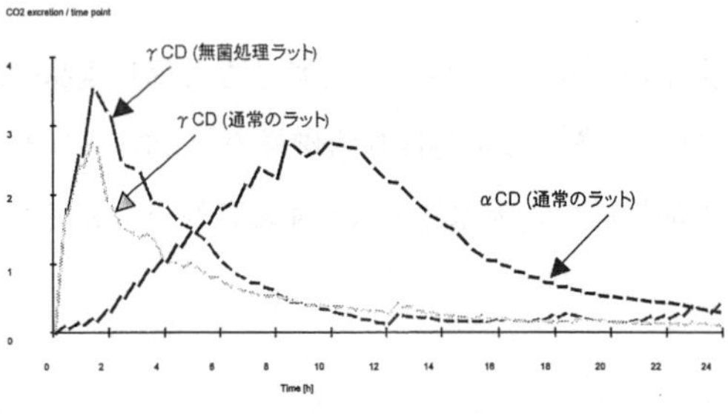

図5　αCD とγCD 経口投与後の二酸化炭素排出量

討している。その結果を図5に示す。αCD の二酸化炭素発生量のピークは経口投与の 9〜10 時間後にみられる。これはαCD が，腸内細菌叢により盲腸と結腸でのみ分解されることを示している。無菌ラットにαCD を給餌した場合，放射性二酸化炭素はまったく観測されない[4]。よって，αCD は，難消化性であることが示された。

2.3　過酷条件下での高い安定性

αCD の各種条件下での安定性を確認した。強酸性加熱処理（図６）や酢酸，炭酸存在下（図７）など，様々な過酷条件下でもほとんど分解されず，炭酸飲料をはじめ新しいタイプの健康飲料や食品開発の可能性を秘めていることが示された。特に，酸性水溶液（pH 4.5）や塩基性水溶液（pH 8.5）中で 100℃ に加熱した場合，ブドウ糖や市販の難消化性デキストリンなどの通常の糖質 10% 水溶液は，メイラード反応によって褐色に変化するが，同条件下での αCD の褐変はみられない（図８，９）。

2.4　乳酸菌による CD 類，難消化性デキストリンの資化

最近では，乳酸菌やビフィズス菌など「生きて腸に届く」“プロバイオティクス”とオリゴ糖や食物繊維である“プレバイオティクス”を組み合わせた“シンバイオティクス”が高い整腸作用を示す原料として提案されているが，この“シンバイオティクス”には，摂取前に使用したオリゴ糖や食物繊維が乳酸菌やビフィズス菌などに資化されてしまう問題が残されている。そこで，

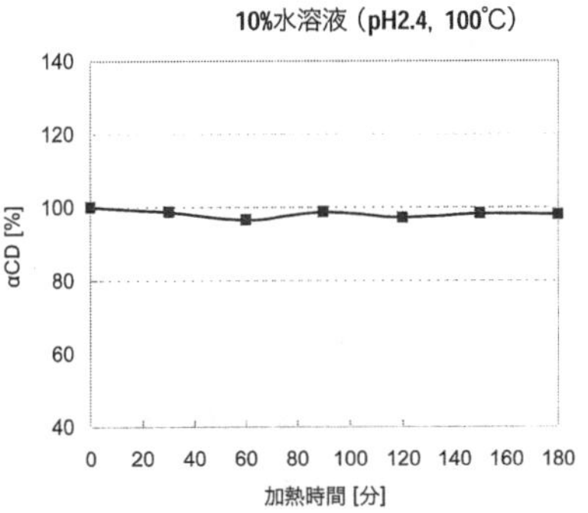

図６　αCD の強酸性加熱下での安定性

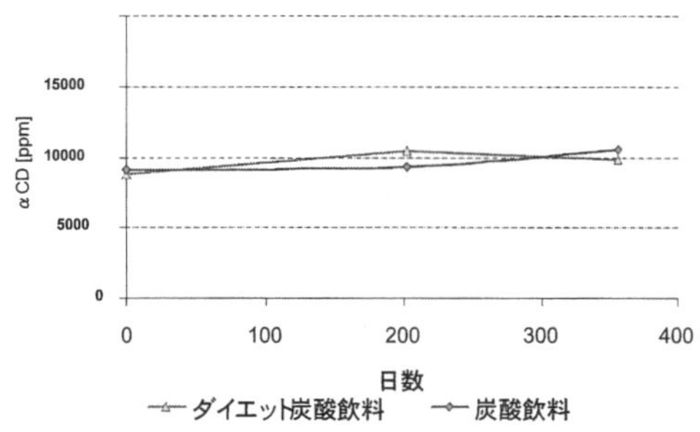

図７　αCD の炭酸飲料中での安定性

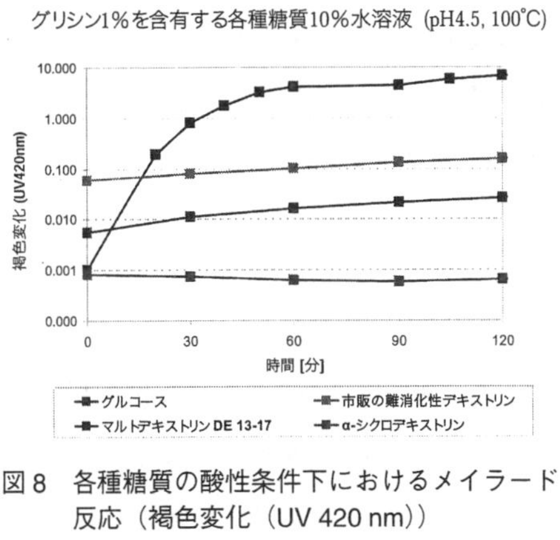

図８　各種糖質の酸性条件下におけるメイラード反応（褐色変化（UV 420 nm））

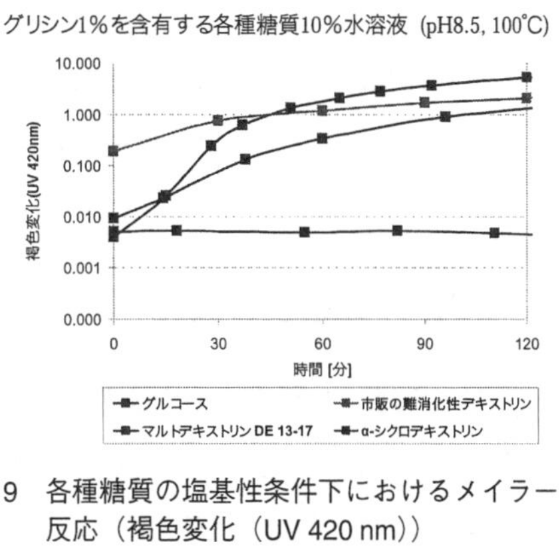

図９　各種糖質の塩基性条件下におけるメイラード反応（褐色変化（UV 420 nm））

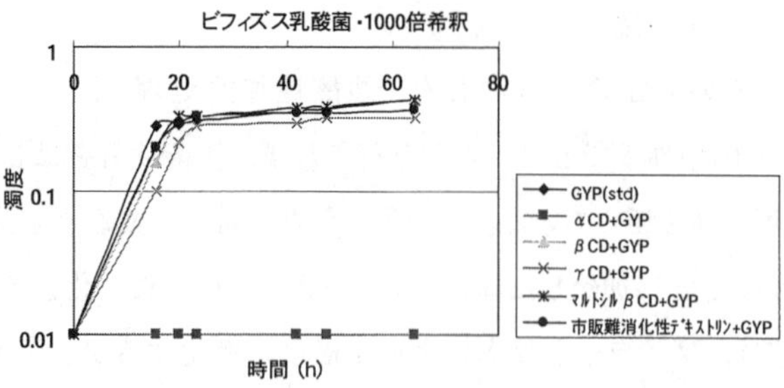

図10　ビフィズス乳酸菌（1000倍希釈）による各種糖質の資化

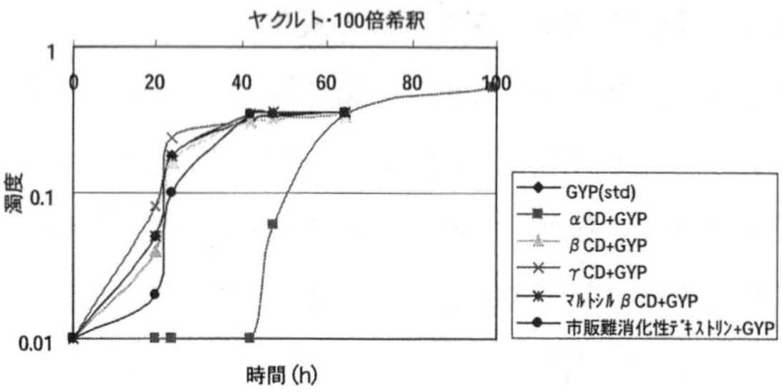

図11　ヤクルト菌（100倍希釈）による各種糖質の資化

2種類の培地（MRS培地とGYP培地）における乳酸菌の各種CD，難消化性デキストリンによる増殖作用を検討した[5)]。

図10（使用したヨーグルト：ビフィズス乳酸菌，カゴメ：1000倍希釈，ビフィズス菌，ラクトバシルス，カゼイ菌，GYP培地：D-グルコース2%，イースト抽出物0.5%，ポリペプトン1%）に示すようにαCDが最も資化されにくいことが判明した。尚，乳酸菌の増殖は濁度をもって判断した。長時間，高濃度の培養によって最終的にはαCDも資化されることを確認した（図11．ヤクルト菌（ヤクルト）：100倍希釈，ラクトバシルス，カゼイシロタ株，GYP培地）。以上の結果より，大腸においては腸内細菌叢と豊富な栄養源からαCDも部分的に分解，資化されると考えられる。実際，健康な男女10名にαCDを1日当たり3g，3週間摂取すると，便中のビフィズス菌が3倍以上に，排便回数は約1.5倍になることが判明している[6)]。

3　αCDの健康改善機能

αCDはこれまでに様々な健康改善機能が発見されている。その発見の歴史を振り返ると，1983年には既に，体重減少効果，中性脂肪低減効果，コレステロール減少効果が発見され，特許出願もされている[7)]。しかし，当時，αCDは高価格でダイエット素材としての利用は困難であった。

2000年に米ワッカーバイオケム社が量産化に成功し，安価な供給が可能となった。2003年，シクロケム社は，αCDが水溶性で難消化性のデキストリンであることに着目し，血糖値上昇効果と便秘改善効果を発見，特許出願した[8,9]。同年，血糖値が気になる糖尿病患者やその予備軍，体重の気になる肥満者向け健康食品としてαCDの販売が開始された。そして，2004年には，このαCD服用者で，アレルギー疾患に悩む数多くの人からの報告によって，アレルギー疾患治癒効果の発見となった[10~12]。ここでは，αCDの様々な健康改善機能について紹介する。

3.1　体重減少効果，中性脂肪低減効果，コレステロール減少効果

最近，日本においても「メタボリックシンドローム」という言葉が頻繁に使用されている。このメタボリックシンドロームとは，内臓脂肪型肥満（内臓肥満・腹部肥満）に高血糖・高血圧・高脂血症のうち2つ以上を合併した状態をいい，この定義を満たすと相乗的に動脈硬化性疾患の発生頻度が高まるとの指摘があり，ハイリスク群として予防・治療の対象とされている。αCDに，その予防としての肥満防止（体重減少）効果や内臓脂肪低減効果のあることが，動物実験だけでなく，ヒトによるデータからも明らかになっている。これらのデータについて，本項にて紹介する。

3.1.1　動物実験による検証

（1）　αCDによる脂肪分の排泄[13]

ウィスターラット雄を以下の4グループに分け，6週間飼育した。①低脂肪食餌（LF：脂肪分4% wt/wt），②αCD添加低脂肪食餌（LF-CD），③高脂肪食餌（HF：脂肪分40% wt/wt），④αCD添加高脂肪食餌（HF-CD）。

αCDは食餌中の脂肪分に対して10% wt/wtの割合で添加し，体重と摂取食餌量を週三回記録した。HFの食餌にαCDを添加したことでHF食餌群と比較すると顕著な体重増加の抑制がみられている（$p<0.01$）（図12）。

脂肪吸着作用の検討の為に糞便中の脂肪%を調べたところ，HF食餌にαCDを添加（HF-

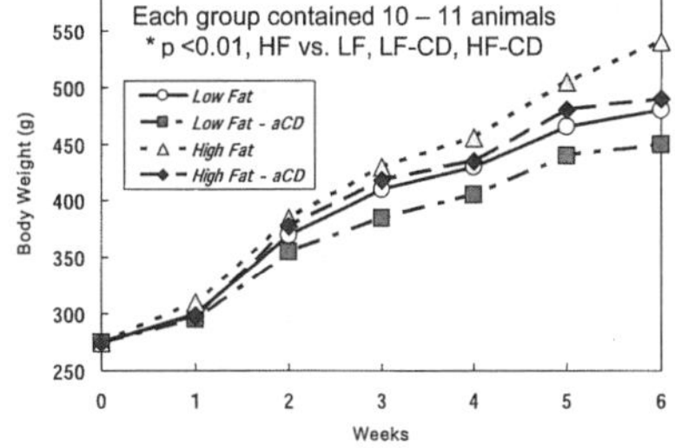

図12　各食餌によるラットの体重変化

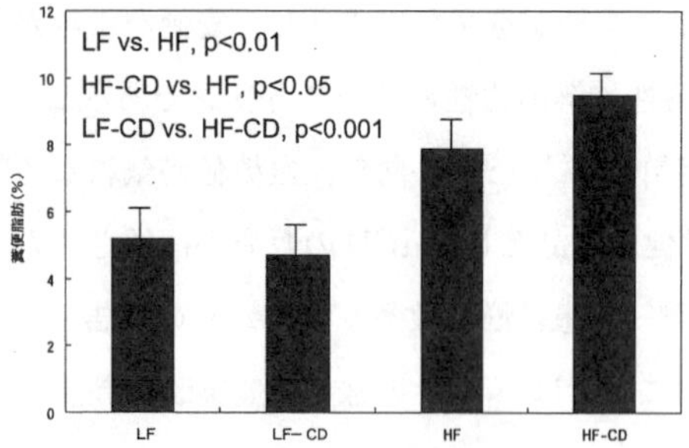

図 13　糞便中の脂肪重量率変化

CD）することで，αCD 無添加（HF）の場合に比べその有意性が示された（$p<0.05$）（図 13）。キトサンも同様に食物中の脂肪を吸着して排出し，脂肪吸収を防ぎ，体重が減少すると言われてきた。しかし，その "Fat Trapped" 効果を学術的に検証すべく検討した報告があるが，健常男性，肥満男性の糞便中の脂肪を調べたところ，キトサンにその効果はみられなかったとのことである[14]。図 13 に示された結果は，キトサンで学術的に検証できなかった "Fat Trapped" 効果をαCD が有していることを意味している。腸内においてαCD の空洞内に脂肪分が包接され，体外に排出されたものと考えられる。

(2)　αCD による飽和脂肪酸と不飽和脂肪酸の選択的な排泄効果[15)]

脂肪分は主に脂肪酸トリグリセリド形で食事から摂取されるが，その中には，トリパルミチンなどの飽和脂肪酸からなるもの，及び DHA，EPA などの体にとって有益な不飽和脂肪酸からなるものがある。Gallaher 等は次に示すような検討を行い，αCD によって飽和脂肪酸のみを選択的に排泄することを確認した。

ウィスター系ラット（125～150 g）を 1 群あたり 10 匹とし，AIN-93 G にセルロースを 5% 添加した飼料（ネガティブコントロール），キトサンを 5% 添加した飼料（ポジティブコントロール），αCD を 5% 添加した飼料，及び脂肪分をあらかじめ包接させた後に添加した飼料の 4 種類を各群に 7 日間自由に給餌させた。1 晩絶食させた後に，^{14}C でラベルしたトリオレイン，及び^{3}H にてラベルしたトリパルミチンを含む飼料を 5 g 投与した。投与終了 4 時間後から糞の採取を開始し，糞便中に含まれる脂肪酸組成を確認した。その結果，キトサンとαCD 包接体を投与した群においては，トリパルミチン（飽和）及びトリオレイン（不飽和）の両方において排泄量の増加が確認された（図 14）。このとき，それぞれの排泄量を比較すると，αCD そのまま，及び予め包接体を形成させたαCD において，トリオレインに比べトリパルミチンが多く排泄されており，脂肪酸トリグリセリドのαCD による選択的な排泄が確認された（図 15）。

3.1.2　ヒトによる検証

体重 123 kg の 50 歳男性に，食事に含有する脂肪分 9 g に対して 1 g の割合でαCD を添加し

Fat Excretion in Rats Fed Chitosan or α-Cyclodextrin
(Experimental Biology Conference 2007, Washington)

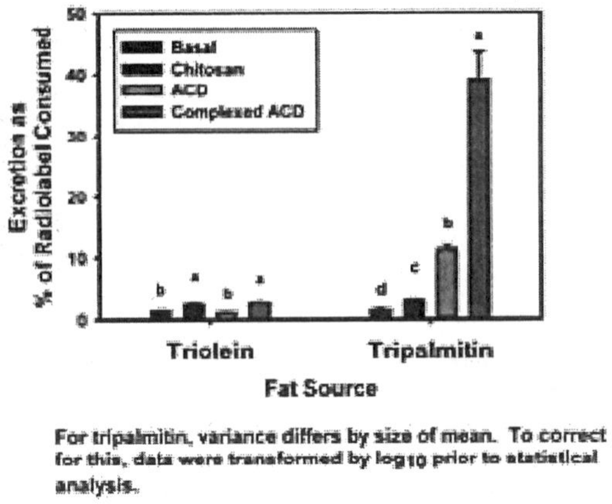

図14　糞便中の脂肪酸排泄量

Ratio of Excretion of Radiolabeled Tripalmitin to Triolein
(Experimental Biology Conference 2007, Washington)

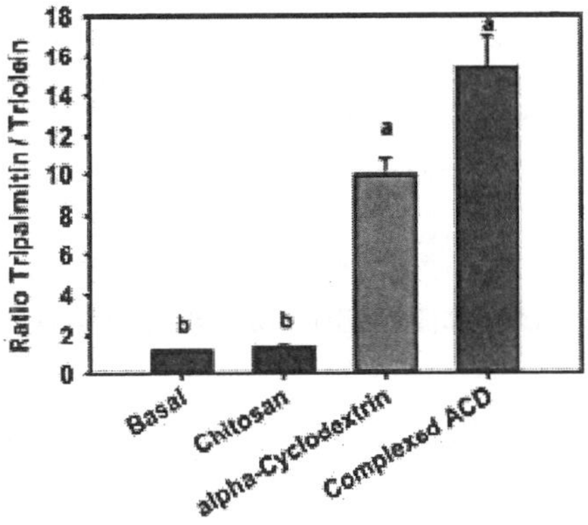

図15　トリオレインに対するトリパルミチン排泄量の比率

て200日（約6ヶ月）間，その食事を継続してもらった。その体重減少作用を図16に示す。体重減少とともに中性脂肪量は最初の1ヵ月後に23%，6ヶ月後には46%減少していることが判明した。

健常人5名に3度の食事のうち1度のみ，食事前にαCD 5gを1ヶ月間に渡って摂取してもらった。その摂取前と摂取後のボディ・マス・インデックス（体格指数BMI）値の変化を図17に示す（BMI＝体重(kg)÷[身長(m)]^{2}で，BMIが20以下は痩せすぎ，21～25は理想的，26～30は肥満1，31～35は肥満2，36～40は肥満3，41以上は肥満4とされている)。BMI値が高い

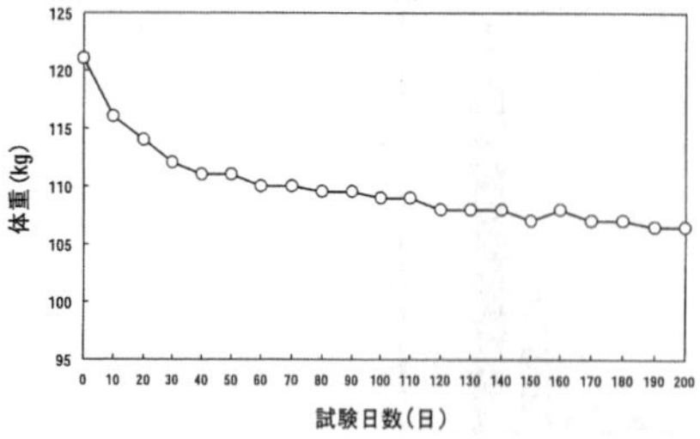

図16　αCDの体重減少作用
（50歳男性の場合）

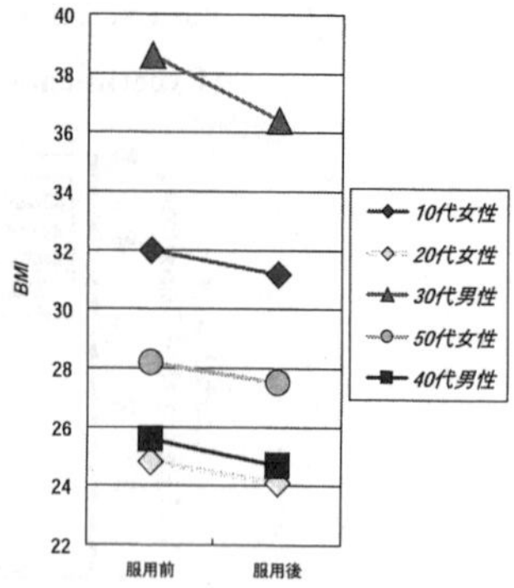

図17　αCD服用による
BMI値の変化

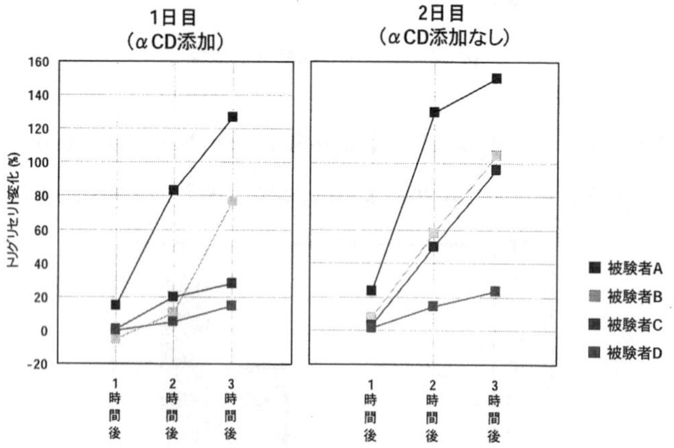

図18　血清中性脂肪に及ぼすαCDの影響

人ほど，αCD摂取によってBMI値は低減している。つまり，肥満度の高い人ほどαCD摂取の効果が示されている[15]。

4名のボランティアに2日間に渡って卵チーズオムレツ（54 g）とミルクセーキを全脂肪量として47 g摂取してもらった。1日目のみαCDを約5 g添加した。両日とも各々のボランティアから血液サンプル10 mLを食事直後，1，2，3時間後にカテーテルで採取した。食事直後の血清中性脂肪レベルを基準値として1時間から3時間後の変化のパーセンテージを計算しグラフ化した（図18）。4名全員のαCD添加による血清中の中性脂肪上昇が抑制されている。

年齢30歳以上，高脂血症患者で肥満体型（BMI≧30）22名を被験者とし，無作為に2グループ（αCDグループとプラセボグループ）に分けた。αCDグループは食事毎にαCDを2 gずつ3ヶ月間服用してもらい，プラセボグループと血中のコレステロール値（mmol/L）の変化を比較したところ，αCDグループの平均コレステロール値は有意に減少した（$p<0.05$）。

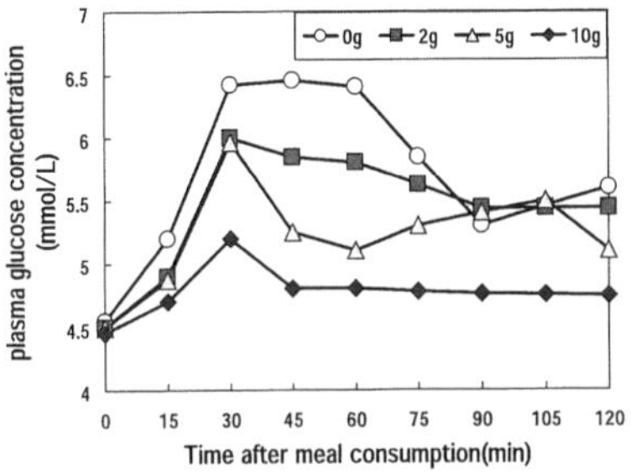

図19　血漿グルコース濃度変化

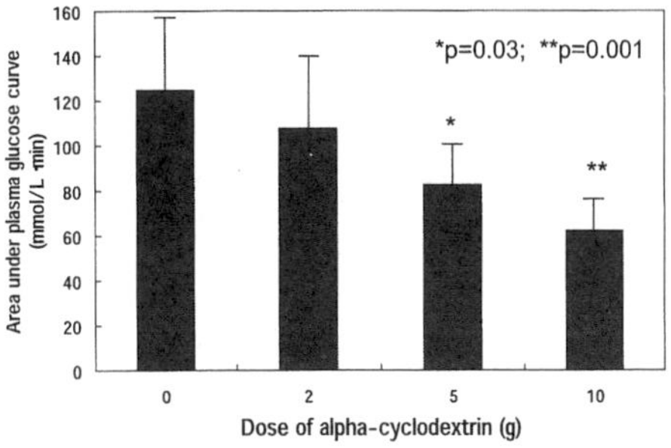

図20　血漿グルコースのiAUC比較

- αCDグループのコレステロール値変化：-0.48 ± 0.24（mmol/L）
- プラセボグループのコレステロール値変化：$+0.25 \pm 0.27$（mmol/L）

3.2　血糖値上昇抑制作用[16)]

健康な男女10名に対してαCD，0（コントロール），2，5，10 gをそれぞれ添加した消化性炭水化物50 g含有する白米を摂取させた際の血漿グルコース濃度の変化を，二重盲目，無作為，クロスオーバー法に基づいて調べている。αCDの摂取量増大にともなって，血糖値の上昇が抑制される傾向がみられる（図19）。また，血漿グルコース濃度曲線下面積（iAUC）は，図20に示すように，消化性炭水化物50 g含有する白米に対して，αCDの添加量が5 g，10 gと高い場合，コントロールと比較すると有意に低下した（$p<0.03$，$p<0.001$）。

3.3　アレルギー疾患治癒効果

アレルギー症状とは，体に入ってきた異物，病原体，毒素などに対して体を守る為に働く免疫系に異常が生じ，自分自身に対して攻撃することによって引き起こされる症状である。統計によると，皮膚，呼吸器，目鼻などになんらかのアレルギー症状を有している人の割合は3分の1以上に上り[17)]，まさに社会的な問題ともなっている。こういった状況の中，シクロケム社は，2004年にαCDの新たな機能性としてアレルギー疾患治癒効果を見出した。ここでは，マウスを用いたαCD摂取によるIgE抗体産生抑制試験とヒトデータとしてアレルギー疾患患者の治癒効果について紹介する。

3.3.1　αCDによるマウスを用いたIgE抗体産生抑制[11,12)]

NC/Ngaマウス（アトピー性皮膚炎モデルマウス）に接触性皮膚炎を引き起こす物質の1つであるピクリルクロライドを高濃度で腹部と手足に1回塗布する。その4日後から低濃度のピクリルクロライドを背中と耳に1週間に1回，7週間塗布することにより皮膚炎を発生させ，意図的に症状を悪化させた。試験飼料であるαCD，グルコマンナンはピクリルクロライド塗布する

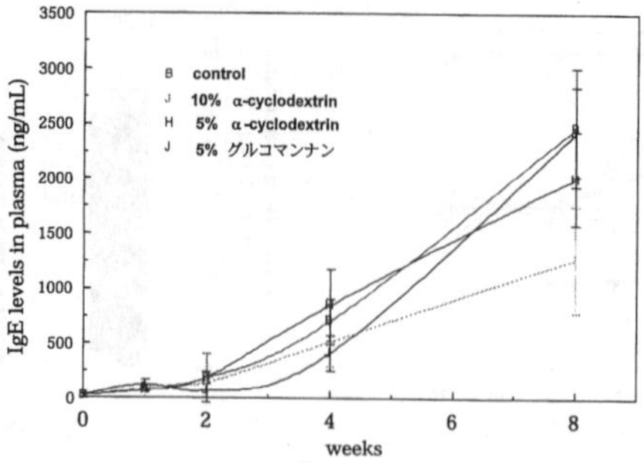

図21　αCD 含有飼料で飼育した
マウスの IgE レベル変化

3日前より継続的に自由に摂取させた（IgE レベルが低減することが知られているグルコマンナンを比較飼料として用いた[18]）。

一定期間飼育した後に血液を採取しIgE抗体の血中レベルを測定した結果，αCD を摂取させたマウスでは，コントロールに比べて血漿中の IgE レベルが低いことが観察された。さらに，グルコマンナンを摂取させた群では，初期の IgE レベルは低く保たれていたが，試験期間が長くなるとコントロールと差異がなく，αCD の効果が優れていることが見出された（図21）。

3.3.2　ヒト臨床試験によるアレルギー疾患治癒効果

(1)　アトピー性皮膚炎治癒に関する検討

（試験方法）試験期間中，アトピー性皮膚炎患者である被験者15名は αCD を1回2.5 g，1日2回，朝夜の食事と共に摂取してもらい，一定期間ごと（摂取前，1ヵ月後，2ヵ月後，3ヵ月後）に，医師により観察部位の診断を行った。観察部位は摂取前の診断時に医師によって決定し，デジタルカメラにて診断時ごとに撮影を行った（試験機関：㈱総合健康開発研究所，摂取期間：2005年7月1日～9月30日）。

（結果と考察）アトピー性皮膚炎患者の αCD 摂取による血液中特異 IgE（スギ）の推移（15人の平均値）を図22に示す。血液中特異 IgE の減少とともに医師の診断，評価によって，アト

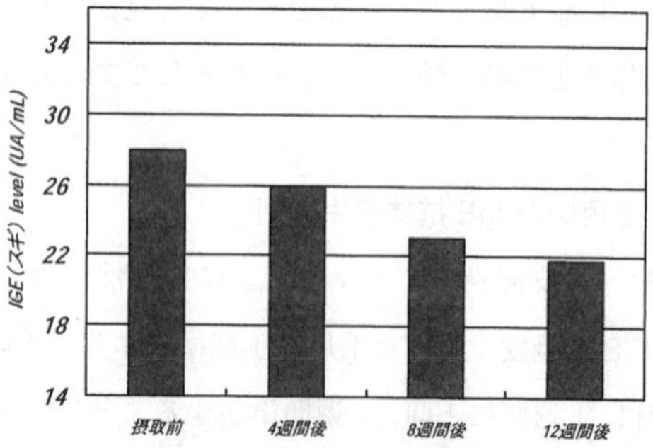

図22　血液中特異 IgE（スギ）の推移（15人平均）

ピー性皮膚炎の各症状である瘙痒（そうよう），掻破痕（そうはこん），乾燥（かんそう），紅斑（こうはん），腫脹（しゅちょう），鱗屑（りんせつ），丘疹（きゅうしん）の何れにおいても試験期間中に改善がみられた（治癒例の写真）。

(2)　喘息患者発作低減に関する検討

（試験方法）試験期間中，喘息患者である被験者16名はαCDを1回2.5 g，1日2回，朝夜の食事と共に摂取してもらい，一定期間ごと（摂取前，1ヵ月後，2ヵ月後，3ヵ月後）に，医師の問診に基づき判断した（試験機関：㈱総合健康開発研究所，摂取期間：2005年7月12日～10月28日）。

（結果と考察）喘息患者のαCD摂取による発作回数低減効果について，医師の問診により得られた情報を「全くない」：0，「咳発作」：1，「小発作」：2，「中発作」：3，「大発作」：4として算出した結果を図23に示す。試験期間中において発作回数の低減がみられた。

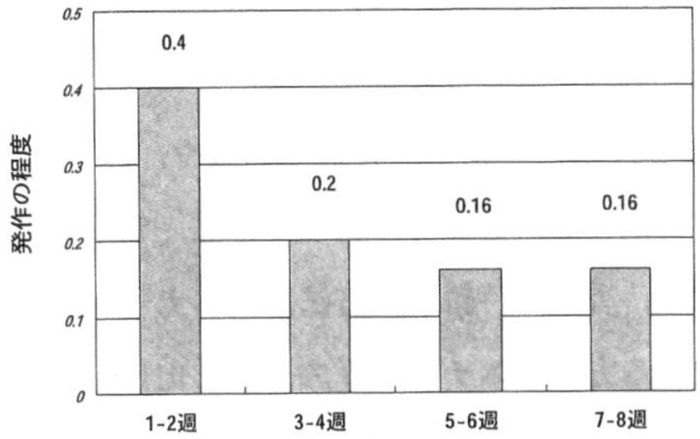

図23　αCD摂取による喘息発作低減効果

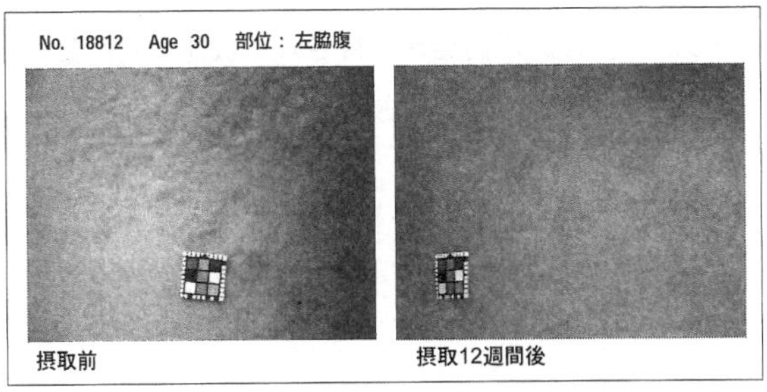

図24　被験品摂取前後の観察画像（Degital camera）

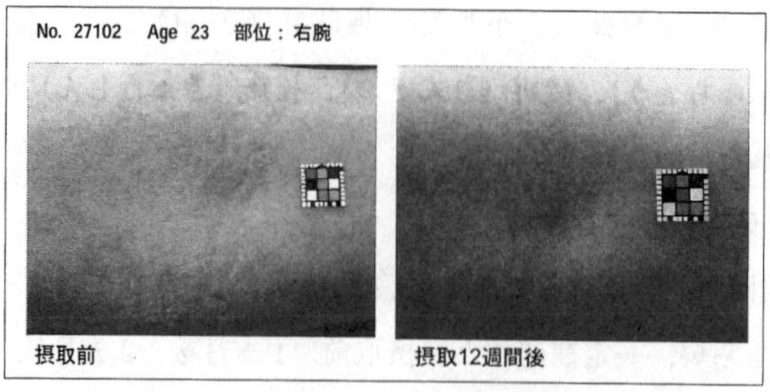

図25 被験品摂取前後の観察画像（Degital camera）

4 おわりに

CDはこれまで主役（ゲスト分子）を助ける脇役（ホスト分子）として利用されてきた。3種の天然型CDの中でもαCDは最も狭い内径でわずか0.5 nmの空洞を有することから，主役ゲスト分子として，気体・揮発性低分子を包接安定化するために利用されている。例えば，わさび成分のAITCを包接粉末化して持続性の高い防腐剤の製造や，肉の旨味成分として知られる揮発性のジメチルスルフィドを安定化し，旨味を持続する方法，ライスフレーバーやミルクフレーバーなどの食品香料を安定化し，香りを持続する方法，ノネナールなどの加齢臭やにんにく臭などのいやな臭いを脱臭・除去する方法，エチレンガスを粉末化し徐放する安全なバナナ追熟方法，等が知られている。これらの方法は何れもゲスト分子が主役であり，αCDは脇役である。しかし，本稿で紹介したように，αCDには一般の食物繊維にはみられない様々な生体機能改善効果のあることが解明されたことによって，主役としての利用も可能となってきている。αCDは主役，脇役，双方の立場から，今後の応用開発が期待される機能性食品素材と言える。

文　　献

1) *WHO Food Additives Series*: 32 Toxicological evaluation of certain food additives and contaminants 41. Meeting of the joint FAO/WHO Expert Committee on Food Additive, Geneva, IPCS techn. information, (1993)

2) *WHO Food Additives Series*: 35 Toxicological evaluation of certain food additives and contaminants 44. Meeting of the joint FAO/WHO Expert Committee on Food Additive, Rome (1995)

3) Wacker–Chemie GmbH, 1987–1995 : Toxicity Studies on α–CD, γ–CD and Methyl–β–CD, unpublished
4) Wacker–Chemie GmbH : ADME–Studies with α–, γ–CD and Methyl–β–CD DS 1.8 (RA-MEB) in rats, unpublished
5) Wacker–Chemie GmbH, unpublished
6) 東洋クリエート株式会社，日農化学工業株式会社，塩水港精糖株式会社，特開昭 60-94912
7) 株式会社シクロケム，特開 2004-248514
8) 中田大介，寺尾啓二，村井奈美，国嶋崇隆，第 21 回シクロデキストリンシンポジウム講演要旨集，203-204
9) 株式会社シクロケム，特開 2006-008568
10) 中田大介，小西真由子，上梶友記子，寺尾啓二，中西邦夫，第 23 回シクロデキストリンシンポジウム講演要旨集，P 126-127
11) Kunio Nakanishi, Daisuke Nakata, Mayuko Konishi, Yukiko Uekaji and Keiji Terao (Setsunan Univ., CycloChem Co., Ltd.) The 13th International Cyclodextrin Symposium (May 2006, Turin)
12) J. D. Artiss, *et al.*, *Metabolism Clinical and Experimental* 55, 195–202 (2006)
13) Gades M, Stern J., *Obes Res* 11, 683 (2003)
14) 株式会社シクロケム，αCD 服用による BMI 変化，unpublished
15) Experimental Biology Conference (2007, Washington)
16) J. D. Buckley, *et al.*, *Annals of Nutrition & Metabolism*, 50, 108–114 (2006)
17) 保健福祉動向調査（平成 15 年，厚生労働省）
18) 清水化学株式会社，西川ゴム工業株式会社，特開 2003-055233

第6章　γシクロデキストリンによる生物学的利用能の向上

城　文子*

1　はじめに

シクロデキストリンの工業生産は，日本で1976年に世界に先駆けて，開始された。しかし，当時，工業的に使用できるCDは，グルコース単位が7個のβCD，或いは，グルコース単位，6個から8個のαCD，βCD，γCDの混合物であった。純粋なαCDやγCDは非常に高価であり，特にγCDは，kg当り100万円以上するものであり，実際上，工業的な利用は不可能であった。

ところが，近年になって独ワッカーケミー社が，3種類のCDを選択的に生産する酵素（αCDを選択的に生産するα-CGTase，βCDを選択的に生産するβ-CGTase，γCDを選択的に生産するγ-CGTaseの3種類）を発見し，各種CDと不溶性の包接体を形成する有機物質存在下で，これらCGTaseに酵素反応を行わせ，生成してくるCDを沈殿物として系から分離するという高選択的製造プロセスを開発した。2000年に現ワッカーケミカルコーポレーションが，原料となるとうもろこしデンプンが最も安価なアメリカにcGMP対応のCD製造設備を導入し，食品，医薬向けに3種すべてのCDの工業生産を始めた。これにより，現在では，従来の10-100分の1以下の製造コストで高純度のγCDがβCDとほぼ同様の価格で供給できるようになり，世界のCDの利用状況は大きく変わりはじめたのである。CD応用開発研究に関しても，世界の3大ビジネス拠点である米国においては，ワッカーケミカルコーポレーション，欧州においては，独ワッカーケミー社，そして，日本においては，株式会社シクロケムと，それぞれに研究所を置き，ニーズとシーズを情報交換しながらの積極的な活動に入っている。

ここでは，最近供給体制が整ってきたγCDの物性と安全性について記述した上で，食品分野への利用の中でも，特に，コエンザイムQ10をはじめ，話題の機能性素材のγCDによる生物学的利用能（バイオアベイラビリティ）の向上や薬効持続性の向上等，特性改善について詳述したい。

---

*　Ayako Jo　㈱シクロケム　テクニカルサポート

2　各種CDの水溶性の比較

CDのグルコース水酸基は，その環状構造のため，隣接する水酸基と水素結合で結ばれており，その水素結合の環によって安定化されている。中でも，グルコース単位が7個のβCDは最も理想的な水素結合の環を形成し安定化しており，周囲の水分子との水素結合が少なく，水溶性が低い。しかし，グルコース単位が6個のαCDと8個のγCDは，そのグルコース基のコンフォメーションがβCDと比較してほんの僅かなズレを生じているため，その水素結合は少々緩やかになる。その結果，γCDはβCDに比べて10倍以上の水溶性を有する（図1）。

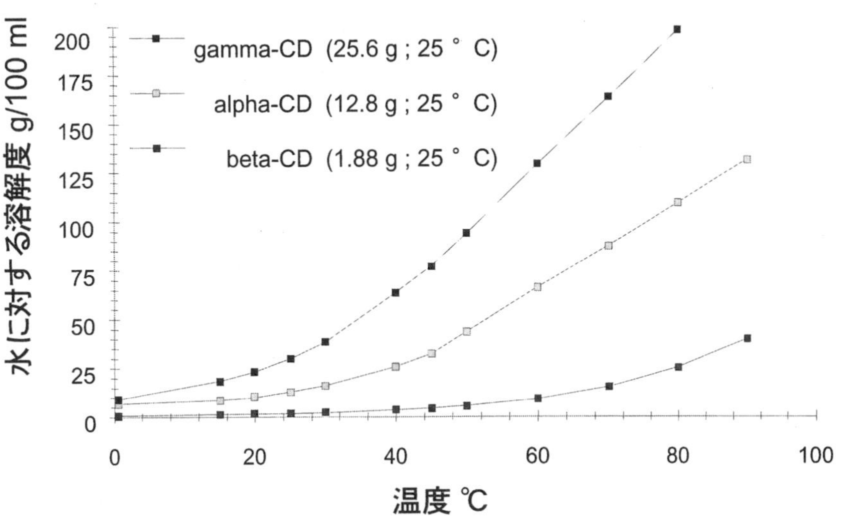

図1　シクロデキストリンの水に対する溶解度

3　γCDの安全性

ワッカーケミカルコーポレーションは，γCDの安全性データを百万ドル以上の費用をかけて取得した。その結果，γCDが非常に低毒性で安全なCDであることが判明している。世界食品添加物合同専門家会議（JECFA）は，その安全性データに基づいて，γCDの安全性は厳密に評価し，一日許容摂取量（ADI）を特定する必要のない物質であると判定している[1~5]。現在，ワッカーケミカルコーポレーションは医薬品製造管理及び品質管理基準（cGMP）に基づいてγCDを製造している。

4　γCDの消化性

消化性は，αとγのC 14ラベル化CDを用いて二酸化炭素発生量で検討されている（図2）。αCDの二酸化炭素発生量のピークは経口投与の9-10時間後にみられる。これはαCDが，腸内細菌叢により盲腸と結腸でのみ分解されることを示している。無菌ラットにαCDを給餌した場合，放射性二酸化炭素は全く観測されない[6]。アンダーセンらの検討からβCDもαCDと同様の難消化性を示すと考えられる[7]。これと対照的に，無菌ラットにγCDを給餌した場合，二酸化炭素発生量は通常のラットの場合，およびデンプンの場合と同じである（図3）。これは，γCDが腸管上部で膵臓から出る澱粉消化酵素によって消化される証拠となる。よって，非損傷のγCDは大腸にはほとんど届かないので，盲腸の膨張，酸性化などを引き起こさないこと，さらに，澱粉消化酵素の競合的阻害による澱粉の消化が妨げられることもないことを示している[8]。γCDのこうした高い消化性はラットとともに犬への給餌調査でも確認されている[9]。

5　包接現象と薬理活性物質の特性改善について

CDはその疎水性空洞内に，脂溶性物質を中心とした各種の分子を包み込む性質（包接作用）を有する。すなわちCDは分子内に疎水性空洞を有する単分子的ホスト分子に分類され，様々なゲスト分子を取り込んで包接複合体を形成する。CDはゲスト分子を包接していない時は水分子

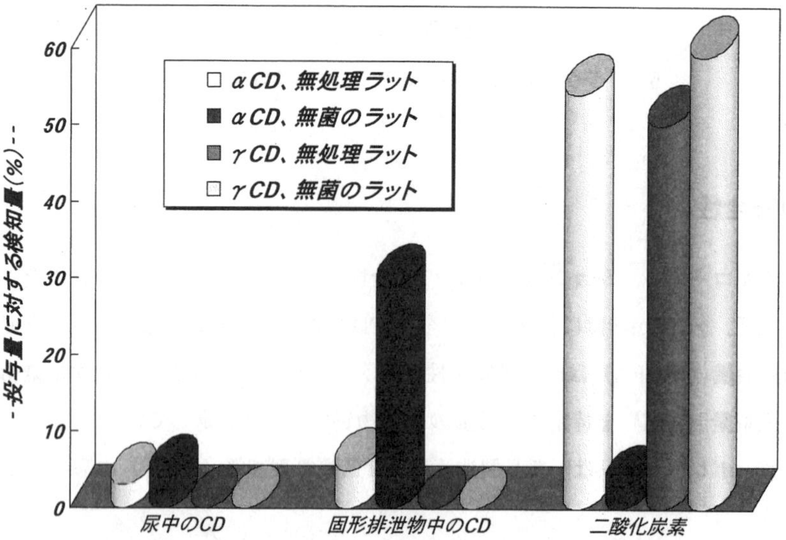

＊ αCD、無菌ラットにおいて固形排泄物中に29%、腸内に68%のCDを無変化で検知。

図2　ラットに対するα，γCDの代謝

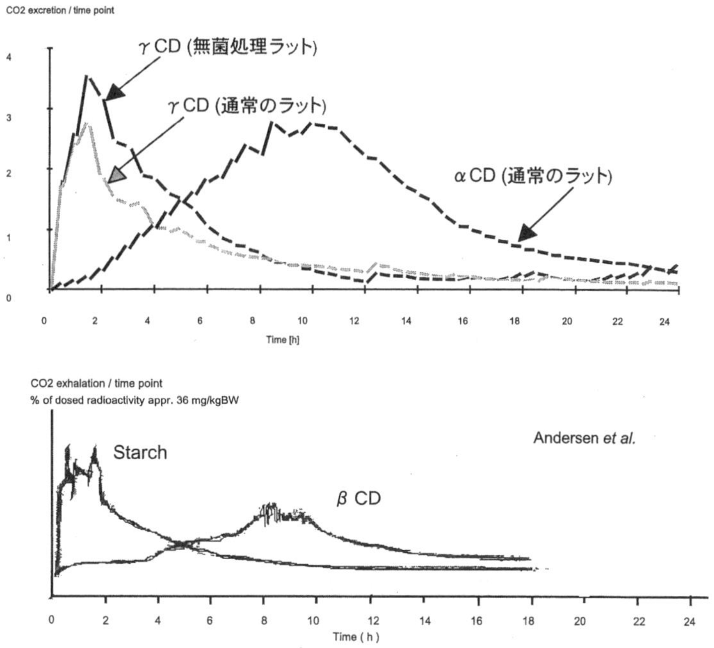

図3　CDとでんぷん経口投与後の二酸化炭素排出量

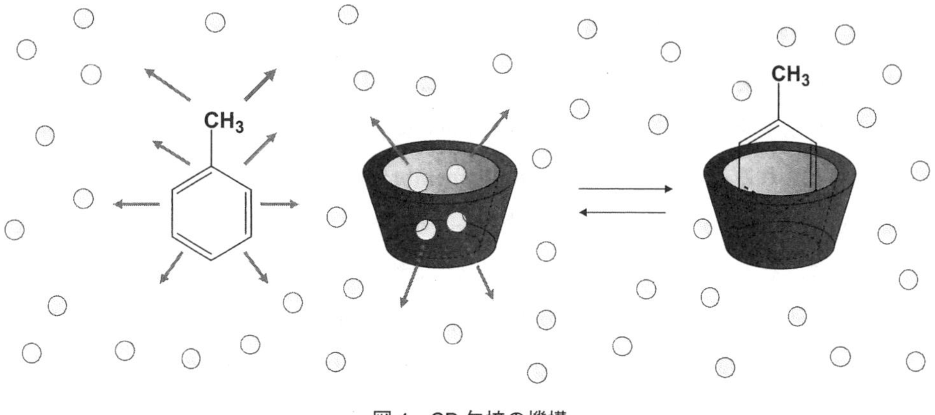

図4　CD包接の機構

を取り込んで，僅かな歪みを生じている[10]。そこへゲスト分子が近づくと水分子と入れ替わって安定なエネルギー状態になろうとする（図4）。この包接現象にはvan der Waals力，水素結合力，イオン双極子間力，疎水性結合力などが総合的に複雑に関与している。

このCDの包接現象を上手に利用することによって，様々な薬理活性物質の目的に応じて下記のような特性改善ができる。

安定：光，紫外線，熱に不安定な物質や，酸化，加水分解されやすい物質を包接化し安定化する。

徐放：食品香料などの有用成分をあらかじめ包接化しておき，徐々に放出する。

生物学的利用能（バイオアベイラビリティ）の向上：有効成分を包接化することで分子間力を断ち切り，分子レベルで効果を発揮できるようにする。これにより，有用成分の使用量を軽減する。

マスキング：嫌な臭い，味などを包接化によって改善する。

可溶化：水に溶けにくい物質を包接化し，水に溶解させる。

粉末化：気体，液体を包接して安定な粉末にしてそれらの利用を容易にする。

吸湿性防止：吸湿性の高い物質を包接化して吸湿性，潮解性を防止する。

ここでは，これらのCD包接作用による様々な機能の中で，特に，γCDを用いる生物学的利用能の向上に焦点を当てる。

5.1 γCDによる生物学的利用能の向上について

既述のようにγCDは工業的に利用可能な天然型CDの中で最も水溶性が高く，唯一の消化性CDである。この水溶性で消化性のγCDを用いると，薬理活性成分の生物学的利用能が向上する場合が多々知られている。その具体例に入る前に，その理由についてPlausible Explanation（もっともらしい説明）をしたい。

CDによって生物学的利用能が改善された薬理活性成分の多くは疎水性物質（油性物質）である。油性物質は，胃腸管内では凝集する性質があるが，CD包接によって，その分子間力を断ち切ることで1分子1分子が腸管などのBiomembraneに接近しやすくなり，生物学的利用能が改善できると考えられる。CD包接体の形ではBiomembraneを通過して毛細血管などの体内循環系（Systemic circulation）に入ることは出来ない。経口投与された固形CD包接体（Solid Complex）は，先ず，その包接体の持つ溶解速度（kd）で溶解する。溶解したCD包接体から，ある安定化定数（Kc）の平衡で解離した薬理活性成分は，その吸収速度（ka）で体内循環系に吸収される。ここで，もし薬理活性成分のCD包接体と同時にCD包接可能な他の分子（Competing agent）を経口投与すると，薬理活性成分が解離して空になったCDとその分子の包接体がある安定化定数（Ki）で生成することになる。溶解速度（kd）が大きく，各包接体の安定化定数が，Ki＞Kcの場合に，その薬理成分はCDから解離したフリーの状態で存在しやすく，吸収性は高い（図5）。CDで吸収率を向上させる為の必要と考えられる条件を下記する。

a)　固形CD包接体の溶解速度（kd）が大

b)　競合ゲスト分子の安定化定数（Ki）＞薬理活性成分の安定化定数（Kc）

c)　CDによる疎水性の薬理活性物質の可溶化

補足説明：食品分野で利用できる天然型CDの中で最も水溶性の高いγCDの利点である。胃

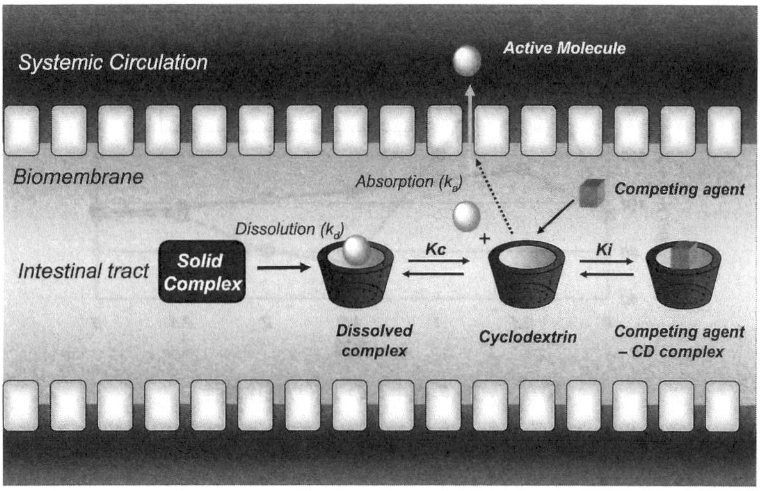

図5　CDによる薬理活性成分の吸収性変化

腸内で消化されやすい不安定物質を口内ですばやく溶解し，舌下吸収しやすい。

d）　過剰な量のCDを添加しない（フリーな薬理活性物質を包接する為）。

補足説明：天然型CDの中で唯一の澱粉消化酵素で分解を受ける消化性CDであり，薬理活性分子解離後に消化されるので，ゲストをフリーに出来る。

e）　不安定物質のCDの安定化

補足説明：胃液による薬理活性物質の加水分解を防ぐ。この場合は，不溶性CD包接体が好ましい。

医薬分野では，注射，経口投与の他，直腸から，鼻から，眼から，そして，皮膚からと，様々な投与形態をとることが出来る。また，厳密な臨床試験に基づくことから，天然型CDのみならず，機能性を高めた化学修飾型CDも安全性が確認された投与量で利用されている。しかしながら，食品分野においては，活性成分の投与形態は，経口による投与に絞られ，使用できるCDも天然型CDに限られる。これらの制限の中，食品分野でγCDを用いた様々な機能性物質の生物学的利用能改善に関する検討が行われ始めている。γCDは長い消化管（6 mの小腸）の中で，ゆっくりと構成ユニットであるブドウ糖を放出しながら分解していくが，無損傷で大腸に届くことはなく完全に小腸内で分解する。よって，他の糖質に見られるような血糖値の急激な上昇はなく，長時間に渡って体にエネルギー補給できる機能性糖質である（図6）。このγCDの消化管における緩やかな消化特性は，様々な生理活性物質のγCD包接体からの徐放を可能とし，結果，その生理活性物質の生物学的利用能を向上させる場合がある（図7）。以下に，γCDを用いた生物学的利用能の向上について，食品分野のみならず医薬分野での検討も含めて，具体例を挙げながら紹介する。

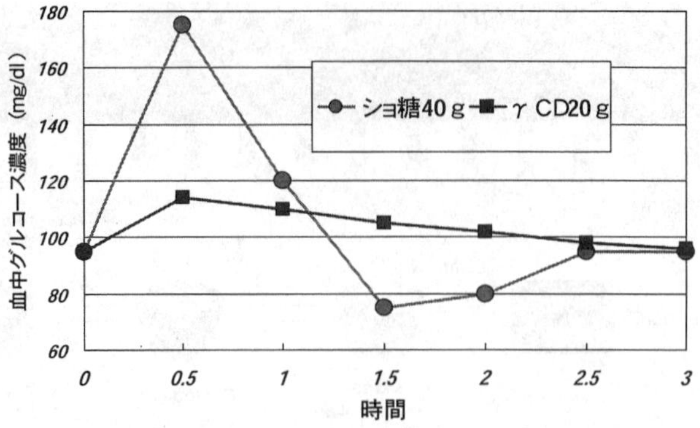

図6　γCDの血中へのブドウ糖徐放性

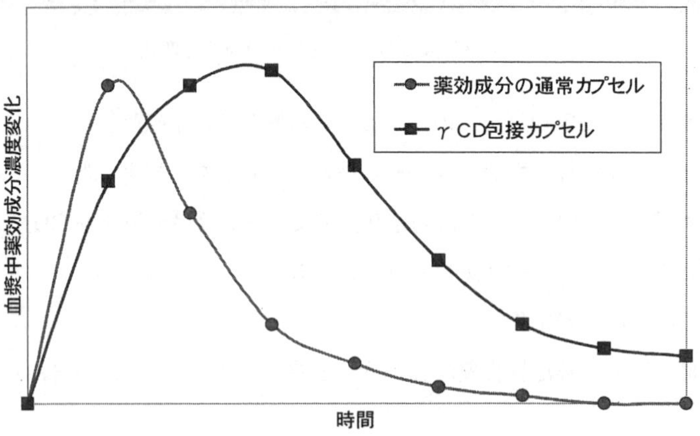

図7　γCD包接化による生物学的利用能の向上

5.2　コエンザイムQ10

5.2.1　コエンザイムQ10の特長と問題点

ビタミンQと呼ばれている補酵素Q10（以下，コエンザイムQ10またはCoQ10）には，強力な抗酸化作用があるため，最近では驚異の若返りサプリメントとしても知られている。人体内で生合成されるので厳密にはビタミン類には属さない。コエンザイムQ10の生合成能力は20歳前後から急激に低下してくるため，健康維持や老化防止の目的で毎日摂取する人が増えている。

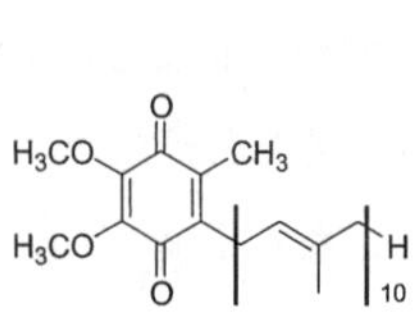

コエンザイムQ10

コエンザイムQ10は光や熱に非常に弱い物質であり消失しやすく，また，他のビタミン類，抗酸化物質とともに配合することによっても速やかに消失する不安定な物質である。さらに，コエンザイムＱ10は，空腹時に通常のサプリメントで摂取しても，その吸収率は極めて低い。その主な理由は，コエンザイムＱ10が長い疎水性のイソプレノイド鎖を有する為，水への溶解性が極端に低いことにある。

コエンザイムＱ10の安定化[11]については別の機会に述べることにして，ここでは，γCD包接化による吸収率改善の検討結果について以下に示す[12]。この結果は，熊本大学上釜教授の研究室と株式会社シクロケムの共同で学会発表されたものである。

5.2.2　コエンザイムＱ10の生物学的利用能の改善

コエンザイムＱ10 30 mg相当量のγCD包接複合体，及び，γCD混合物を，それぞれ，ビーグル犬に対して経口投与し，時間ごとに血漿中のCoQ10濃度を測定した結果，包接複合体を使用した場合に，顕著に血中濃度が向上した（図8）。コエンザイムＱ10-γCD包接複合体で与えた場合の血中Ｑ10濃度増加量は，10時間後のピーク時（Cmax）に，混合物で与えた場合のコエンザイムＱ10濃度増加量の約18倍になり，その後，長時間高い濃度を維持している。では，なぜ，γCDを複合化することで吸収率がこれほどまでに向上するのか？　その問いに対する明確な回答は持ち合わせないが，以下に示す検討結果から，γCDとコエンザイムＱ10がナノメーターサイズの微細粒子を形成することが，脂溶性薬物であるコエンザイムＱ10の溶解性や経口投与後のバイオアベイラビリティ改善に有効に働いたものと考えられる。

γCDとコエンザイムＱ10混練体を水に添加するとナノサイズの懸濁液が生成する。粒度分布を測定すると，その粒子の平均粒子径は341 nmであった。βCDを用いた場合の粒子の平均粒子径が20,000 nmであることから，コエンザイムＱ10の微細粒子を形成するにはγCDが有効で

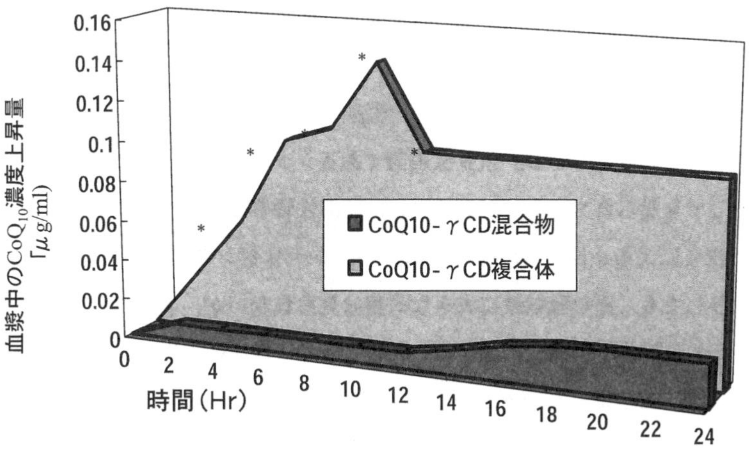

Each point represents the mean ±S.E. of 3 experiments.
* $p<0.05$ *versus* CoQ_{10} γCyD physical mixture.

図8　CoQ 10摂取後の血中濃度上昇量経時変化

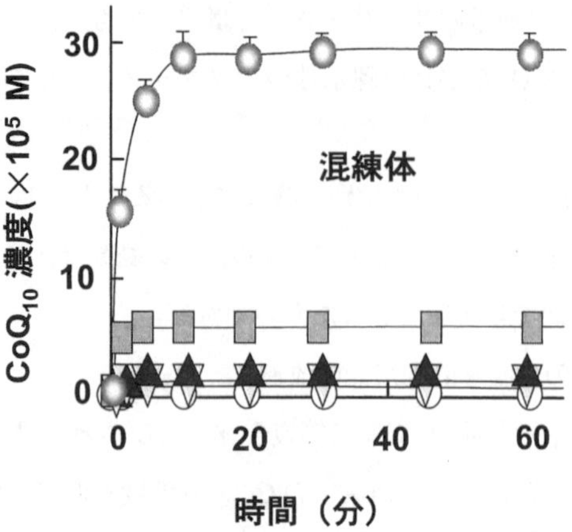

1:10 CoQ_{10}/CyD混練体（水溶液@37℃でCoQ10の溶出量を測定）

○：Q10のみ，▲：α-CyD混練体，■：β-CyD混練体，●：γ-CyD混練体，▽：HP-β-CyD混練体，

Each point represents the mean ± S.E. of 3-4 experiments.

図9　各種CD混練体，混合物からのコエンザイムQ 10溶解度

あることが分かる。その固体混練体からのコエンザイムQ 10溶解速度はHPβCD＜αCD＜βCD＜γCDの順に増大する。特にγCD混練体の場合，見かけの溶解度はコエンザイムQ 10に比べて約300倍増大している（図9）。前述したように，固体溶解速度（kd）が大きいことは，生物学的利用能を向上する為の重要な因子の一つである。

5.3　血管拡張剤シナリジン（Cinnarizin）の生物学的利用能の改善

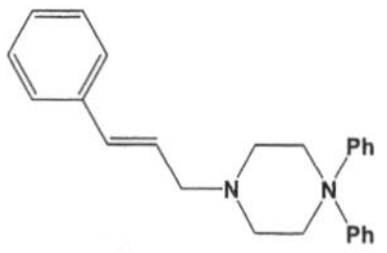

シナリジン

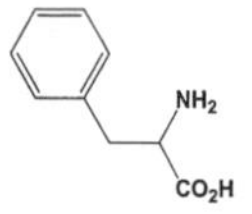

フェニルアラニン

薬理活性成分のCD包接体と同時にCD包接可能な他の分子（Competing agent）を配合することによって，その薬理活性成分の生物学的利用能が向上することが知られている。血管拡張剤であるシナリジンは，抗ヒスタミン剤としても知られている。シナリジンは脂溶性物質であることから，その経口投与による小腸からの吸収性は低い。シナリジンのβCD包接体を経口投与しても，その吸収性に大きな改善は見られないが，フェニルアラニンをその包接体と同時に配合することによって，血中のシナリジン濃度曲線下面積AUCは，251 ng･h/mLから520 ng･h/mLへと2倍以上に上昇することが分かった。これは，競合ゲスト分子であるフェニルアラニンの安定化定数（Ki）が，薬理活性成分であるシナリジンの安定化定数（Kc）よりも大きく，シナリジンがβCDから効率よく解離し腸間膜を通じて体内循環系に吸収されたものと考え

られる[13]（図5）。

5.4　心機能改善に有効なジゴキシンの生物学的利用能の改善

ジゴキシンは，ジギタリス（Digitaris purpurea）の葉に含まれ心機能の改善に有効な生理活性成分である。ジゴキシンには，吸収率，水への溶解度が低い，胃酸によって容易に分解するという問題がある。熊本大学の上釜教授らのグループは，図10に示すようにγCDを用いることによって水への溶解度を改善できることを明らかとし，さらに，ジゴキシン：γCD＝1：4の包接化によって，ジゴキシンの生物学的利用能が大幅に改善できることを確かめている（図11）[14]。犬6匹を用いた経口投与による検討で，血漿中ジゴキシン濃度平均値を求めたところ，濃度曲線下面積（AUC）は，ジゴキシン（50μg）γCD包接体投与の場合の方がジゴキシン100μg投与の場合のAUCより大きいことが判明している。

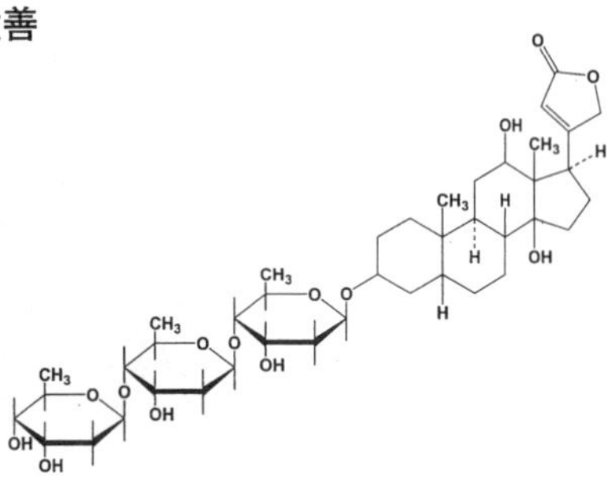

ジゴキシン

5.5　抗うつ薬，塩酸フルオキセチンの生物学的利用能の改善

塩酸フルオキセチンはPROZACという医薬品として知られるSSRI抗うつ薬の活性成分である。塩酸フルオキセチンは，脳内にある神経細胞から神経細胞へ情報を伝えるノルアドレナリン，セロトニンなどの神経伝達物質の働きをスムーズにさせる作用を有する。塩酸フルオロキセチンの吸収率もγCDを用いて改善できることがJ. Geczyらの検討によって明らかにされている[15]。6人の健康人を二つのグループに分け，塩酸フ

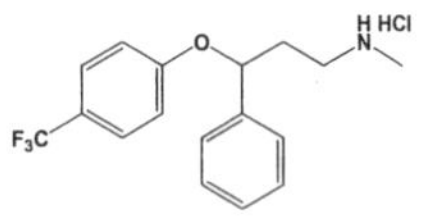

Selective Serotonin Reuptake Inhibitor (SSRI)

塩酸フルオキセチン（PROZAC）

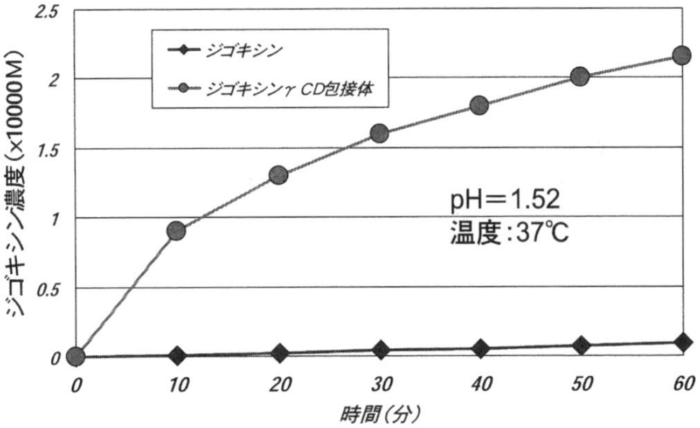

図10　ジゴキシンのγCDによる溶解度改善効果

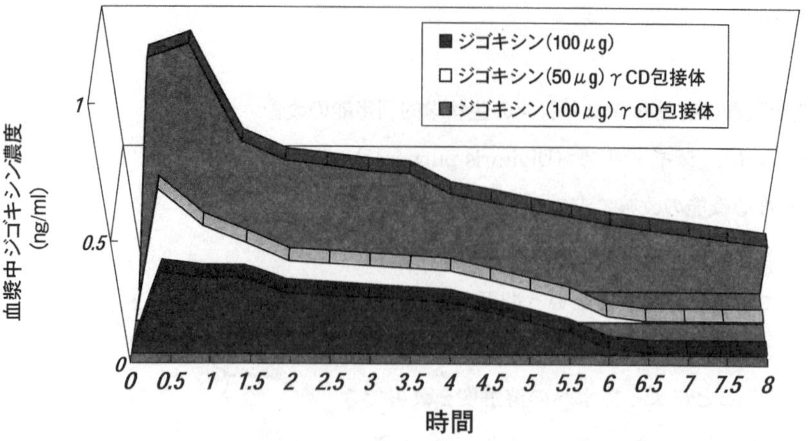

図 11　ジゴキシンのγCD 包接化（1：4）による吸収率改善

	塩酸フルオキセチン	塩酸フルオキセチン γ-CD包接体
Cmax (ng/mL)	8.9±4.7	12.6±3.1
Tmax (h)	4.9±1.8	6.5±2.4
$AUC_{0\text{-}48h}$ (ng.h/mL)	218.2±104.2	343.0±100.1
$AUC_{0\text{-}\infty}$ (ng.h/mL)	301.6±117.8	753.8±367.5

(p<0.05、Means ±SD)

図 12　塩酸フルオキセチン（Fluoxetine）のγ-CD による生物学的利用能の改善

ルオキセチン（FHCl，20 mg）とその包接体（FHCl を 20 mg 含有）をそれぞれ経口投与後の血漿中濃度を測定した結果を図 12 に示す。γCD 包接化によって塩酸フルオキセチンの Cmax，Tmax，AUC がすべて有意に上昇している。

5.6　ビタミン K_2 の安定化と生物学的利用能の改善

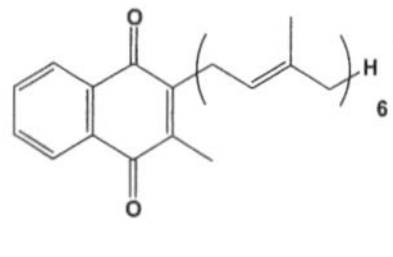

ビタミン K_2

ビタミン K_2 は納豆以外の食品には殆ど含まれないビタミンで，カルシウムが腸管から吸収された後，骨に運ばれる際に重要な働きをすることが明らかになり一躍注目を集めている。ビタミン K_2 は太陽光が当る条件やアルカリ条件下で不安定であること，そして，脂溶性物質であることから体内吸収率は極端に低い。そこで，株式会社シクロケムは，αCD，βCD，γCD によるビタミン K_2 の包接体を調製し，その安定性改善を 1,000 ルックスの光照射下で検討したところ，

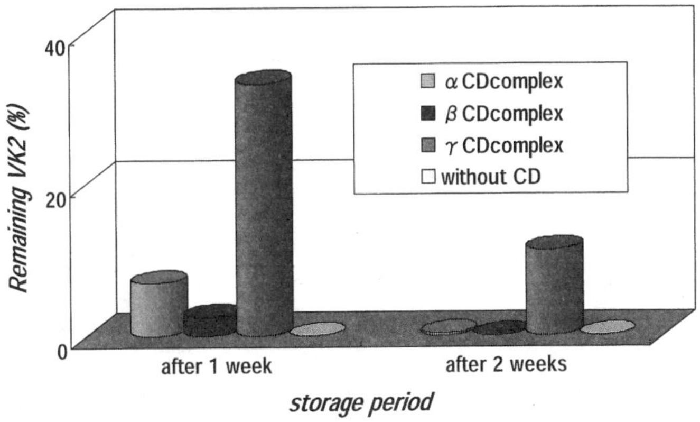

図13　ビタミンK2のγCDによる安定性向上

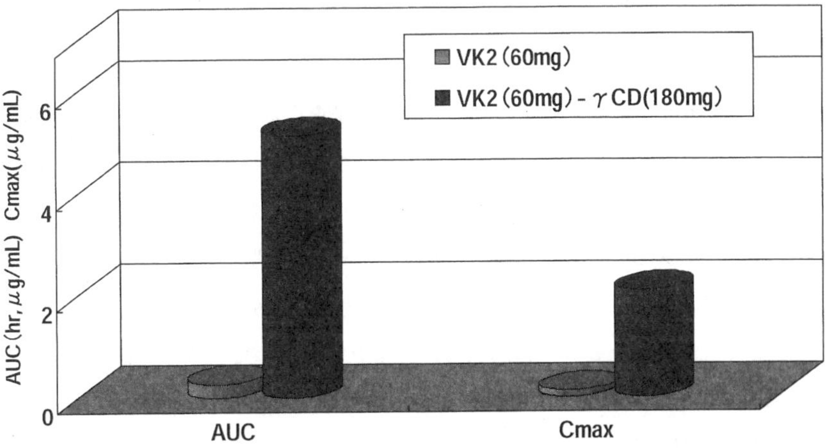

図14　ビタミンK2のγCDによる生物学的利用能の改善

図13に示すようにγCD包接化によるビタミンK_2の安定性が最も高いことが分かった[16)]。さらに，γCD包接化によるビタミンK_2の生物学的利用率も，人ではなく犬（体重13〜15 kg）への経口投与での検討結果ではあるものの，血漿中ビタミンK_2濃度変化から算出したAUC，Cmaxによれば，未包接ビタミンK_2に比べて，驚異的な向上が見られている（図14）。

5.7　オクタコサノールの生物学的利用能の改善

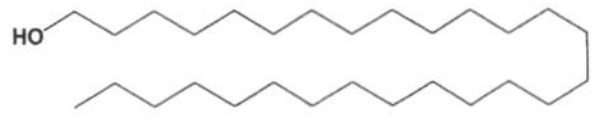

オクタコサノール

高級脂肪族アルコール，特に天然ワックスから得られる炭素数22ないし38の高級脂肪族アルコールは，従来から様々な生理活性を有することが指摘されてきた。これらの中でも，オクタコサノールは脂質代謝の亢進や運動能力の向上，ストレス耐性の向上などに効果を示す[17)]。しかし，これらの高級脂肪族アルコールはいずれも，その化学構造から融点が高く，また水に溶け

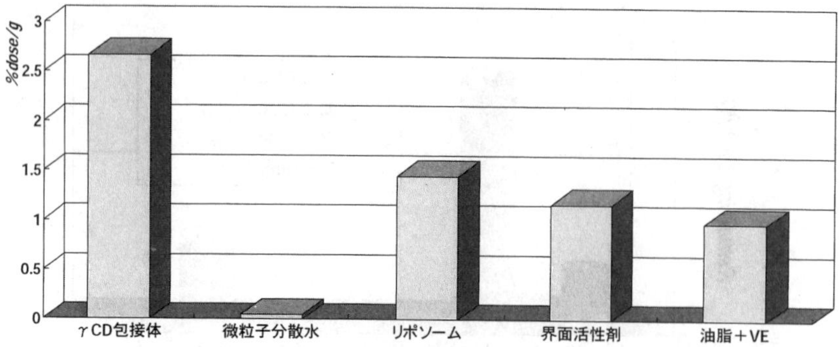

（%dose/g、投与した放射能カウントが血液中に1gあたりのカウント量を%表示。）

界面活性剤：	ポリオキシエチレンソルビタンモノオレート
リポソーム製剤：	コートソームEL－A－01、日本油脂製
油脂：	コーン油（VE：dl－α－トコフェロール）

図15　γCDによるオクタコサノールの生物学的利用能の改善

にくいため生体への吸収率が低い。このため充分な効果を得るためには非常に大量の投与が必要であり，コスト高になるとともに味に影響を与える。また高融点の粉末のため，経口的に摂取しにくいなどの問題点がある。そこで，オクタコサノールの吸収性改善の為にγCDが利用されている[18]。マウスへの投与実験によると，オクタコサノールの吸収性は，リポソーム，界面活性剤，油脂とビタミンEによる溶解液よりもγCDを用いた場合の方が高い（図15。検討方法：試験液を37 KBq/0.2 ml/マウスとなるように調製し，胃ゾンデを用いてマウスに経口投与（1群3匹）。投与後24時間目にエーテル麻酔下で心臓採血後，溶解剤で可溶化し，液体シンチレーションカウンターで放射能を測定)。

5.8　テストステロンの生物学的利用能の改善

テストステロンは，男性および雄の動物の精巣から分泌され，生殖器官の発育やそのほかの性的特徴の維持，および機能などを司るホルモンとして知られているが，その生体内への吸収性は低い。テストステロンの吸収性もγCDを用いることで改善できる。テストステロン1gとγCD 57 gを500 mlの水に加え，25℃で7日間攪拌するとテストステロン-γCD包接体（1：2）が析出する。このテストステロンを10 ng含有する包接体をヒトに舌下投与した結果，図16に示すように包接化によってその吸収率は約2倍に向上することが判明している[19]。

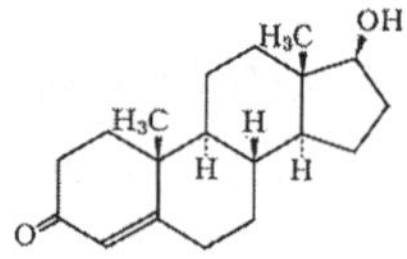

テストステロン

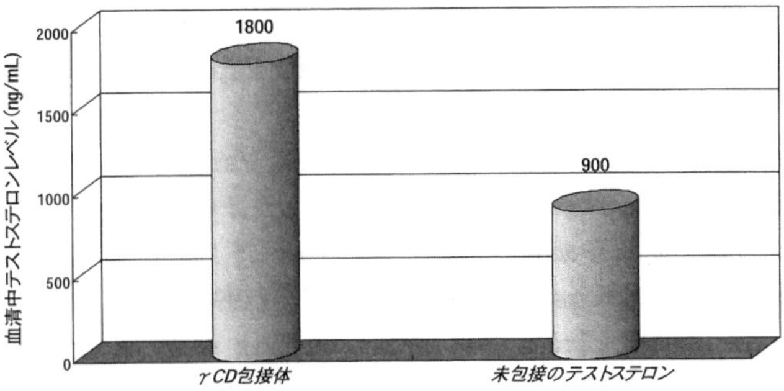

図16　γCDによるテストステロンの舌下吸収性の改善

6　おわりに

工業的に利用できる3種CDの中で，γCDは最も検討例が少なく，その需要もこれまで最も低いものであった。しかしながら，γCDは，水溶性が最も高く唯一の消化性環状オリゴ糖であることから無限の利用可能性を秘めている。ここでは，そのγCDの利用目的の一つとして，“生物学的利用能の向上”に的を絞ってこれまでの検討例を紹介したが，執筆にあたって，改めてそのポテンシャルの高さを感じた次第である。

CDは，これまで生理活性物質の機能，特性を改善する目的で利用されることが多く，脇役的利用が一般的であったが，αCDとγCDは，主役としても利用できる効果効能も見出されている。水溶性難消化性であるαCDの機能としては，中性脂肪，体重減少効果とともに，血糖値上昇抑制効果，アレルギー抑制効果と数多く知られている。γCDの場合，未だ主役としての機能性に関する知見は少ないものの，図6に示したが，最近になって見出されたグルコースの消化管におけるスローリリースは，機能性糖質としての利用可能性を示唆するものである。

CDそのものの機能性に加えて，これまでの添加物の枠を超えた機能性，食品の商品化におけるさまざまな不具合の改善や各種コントロールと，CDには未開拓分野が多く，無限の可能性がある。

文　　献

1)　*WHO Food Additives Series:* 32 Toxicological evaluation of certain food additives and contaminants 41. Meeting of the joint FAO/WHO Expert Committee on Food Additive, Geneva 1993 IPCS techn. information

2) *WHO Food Additives Series:* 35 Toxicological evaluation of certain food additives and contaminants 44. Meeting of the joint FAO/WHO Expert Committee on Food Additive, Rome 1995
3) Coussement W, Van Cauteren H, Vandenberghe J, Vanparys P, Teuns G, Lampo A, and Marsboom R, Toxicological profile of hydroxypropyl β-cyclodextrin (HPβ-CD) in laboratory animals, p 522-4, in Duchene D, Editor, *Mins 5th Int Symp Cyclodextrins:* Mar 28-30 (1990), Paris, Fr., Editions de Sante; Paris, Fr., (1990)
4) Wacker-Chemie GmbH, Chronic (52 weeks) feeding study in dogs with β-CD, unpublished. Multigeneration study with β-CD in rats, unpublished
5) Wacker-Chemie GmbH, 1987-1995: Toxicity Studies on α-CD, γ-CD and Methyl-β-CD, unpublished
6) Wacker-Chemie GmbH: ADME-Studies with α-, γ-CD and Methyl-β-CD DS 1.8 (RAMEB) in rats, unpublished
7) Andersen, G. H.; Robbins, F. M.; Domingues, F. J., Moores & Long, C. L., The utilization of Schardinger dextrins by the rat. *Toxicol. Appl. Pharmacol.*, 5, 257-266 (1963)
8) Fukuda K. *et al.* Specific inhibition by Cyclodextrins of raw starch digestion by fungal glucoamylase, *Biosci. Biotech. Biochem.*, 58 (4), 556-559 (1992)
9) Antlsperger G, New Aspects in Cyclodextrin Toxicology, *Min 6th CD-Symposium, Chicago, April 1992*, Ed. Sante
10) W. Saenger, M. Noltemeyer, P. C. Manor, B. Hingerty and B. Klar, *Bioorg. Chem.*, 5, 187 (1976)
11) 寺尾啓二, 小西真由子, 中田大介, 上梶友記子, *Foods & Food Ingredients Journal of Japan*, Vol. 201, No. 3, 222-243 (2005)
12) 高旭軼, 平山文俊, 有馬英俊, 上釜兼人, 中田大介, 寺尾啓二, 池田和隆 (熊本大学, 株式会社シクロケム, 株式会社日清ファルマ), 第22回シクロデキストリンシンポジウム講演要旨集 P 67-69 (熊本 2004)
13) エーザイ株式会社, 特開昭 61-249922
14) H. Seo, K. Uekama, *J. Pharm. Soc. Japan*, 109 (10), 778 (1989)
15) J. Geczy, J. Bruhwyler, *et. al.*, *Psychopharmacology* 151, 328 (2000)
16) 寺尾啓二, 中田大介, 小西真由子, 上梶友記子 (株式会社シクロケム) 特許申請済
17) "The physiological effect of wheat germ oil on human exercise" Curerton T. K. Jr. (1972)
18) 日本油脂株式会社, 特開平 10-265375
19) J. Pitha, US Patent Appl. US 94, 597 (1988)

第7章　化粧品分野への応用

鴨井一文*

1　はじめに

シクロデキストリン（以下，CD）は1891年に発見され，1970年代に入って初めて日本において工業生産されるようになった。しかし，そのCDが実際に工業的に広く利用されるようになったのはごく最近のことである。1980年以降，世界の中でも日本を中心として様々な分野で用途開発の検討が始められた。そして年々，その用途開発は活発化していく。1980年から2000年にかけてのCDに関する特許や学術論文数を調べてみると，その数は，年々，日本を中心に驚異的に増加していることが判る。化粧品分野においてもまったく同様の傾向にあり，その初期の応用例については幾つかの総説や文献に纏められている[1~3]。しかし現在，CDの製造，及び，用途開発で先導的な立場にあった日本でありながら，欧米に比べ，日本の化粧品業界では，CDは未だ一般的な化粧品成分として認知され広く利用されているものとは云い難い。その最も大きな理由は，日本国内においてCDを化粧品に利用する際，βCDのみが経済的に利用可能であるといった見方をしている研究者が未だに多いところにあるからと言っても過言ではない。

1980年代に入り，バイオテクノロジーの進歩は，αCD，βCD，γCD 3種共に経済性のある高選択的製造法をもたらした[4]。今日では，経済的な製法で3種すべてのCDが，米国ワッカーケミカルコーポレーションによって製造されている。これまで非常に高価であったγCDの価格帯も従来価格の約100分の1以下まで下がったことで，化粧品分野において世界的にはその利用頻度が急増しつつある。また，これまで応用開発に取り上げられる機会の少なかったαCDやγCDは，βCDに比べて，水に対する溶解度（図1）が，それぞれ室温付近で約8倍，約13倍と高く，特性面からしても化粧品用途向けに対しての利用価値も高いものと考えられる。

現在では天然のCDの水酸基を化学修飾して水溶性を改善したヒドロキシプロピル化CDや酵素修飾したマルトシル化CD（分岐型CDと呼ばれている）も工業的に製造され化粧品分野でも利用されている[5]。ここでは，その最近の日欧米のCDの化粧品への利用動向について紹介する。

＊　Kazufumi Kamoi　㈱コサナ　代表取締役

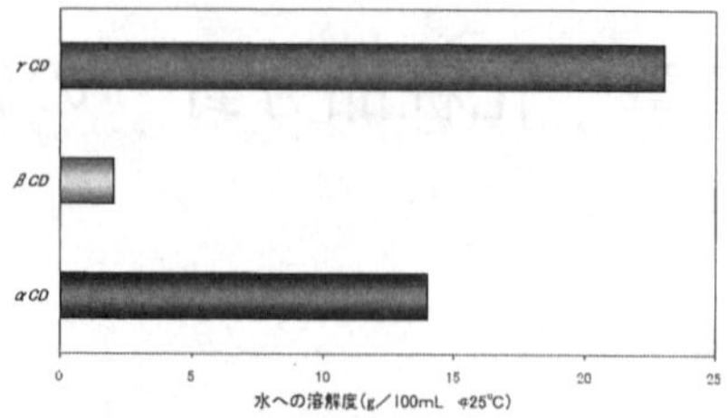

図1　各種 CD の水に対する溶解度（g/100 mL）

2　シクロデキストリンの化粧品分野での利用目的

CD は空洞内が疎水性で外壁表面が親水性であることから，様々な疎水性物質をその空洞内に取り込み，包接体が形成される。例えば，αCD は一般に二酸化炭素やプロパンなどの鎖状炭化水素やガスとの包接体を形成する。βCD は単環芳香族や低分子テルペノイドと包接体を形成し，γCD を用いるとビタミン D_3 や大環状化合物などさらに立体的に嵩高い化合物であっても包接体を生成する[7]。必ずしもゲスト分子全体が包接されていなくて，分子の一部が空洞内に取り込まれていても包接機能によるゲスト分子の安定化，可溶化等が可能になる場合がある。

包接されるゲスト分子の物理的性状が気体，液体，固体等，如何であれ，その包接体は何れの場合も固体粉末となる。安定な粉末は，アロマ油等の揮発性の高い不安定な物質に比べ遥かに取り扱いが容易である。また包接粉体とすることによって，化粧品製造においては適正な量の揮発性や不安定な活性成分を正確に加えることや製造前の活性成分の貯蔵安定性を確保することもできる。

現在，化粧品分野では次のような目的で CD が利用されている。

- 安定化（活性成分，エマルジョン，揮発性成分，酸化に対して，光反応に対して，熱分解に対して）
- 低減化（不快臭，粘膜刺激，皮膚刺激，界面活性剤含量など）
- 徐放化（香料，植物抽出活性成分など）
- 生物学的利用能の向上（ビタミン類，医薬，植物抽出活性成分など）
- 可溶化（水系システムにおける親油性物質）

CD 包接化は可逆であることから活性成分を徐々に放出しながら効果を持続する，所謂，コントロールリリースが可能である。以下にこの特性を利用した最近の化粧品についてまとめる。

- ヘアケア製品（パーマネントウェーブ，シャンプー，ヘアコンディショナー，ヘアローション等）
- スキンケア製品（軟膏，パウダーコスメティック，入浴剤，薬用クリーム，パックコスメティック（洗浄用），パックコスメティック（保湿用），コンディショニングクリーム，セルフ―ターニングクリーム，化粧水等）
- ネイル用製品（除光液）

3　安定化について

化粧品は，家庭内で長期に渡って保存され，温度変化，酸化反応，UV照射など様々な悪条件下に置かれていることも多く，常に変質する危険性を持っている。よって，製品の安定化は非常に重要である。CDは活性成分の安定化とともに様々な成分が混合されている製品の安定化にも利用できる。

エマルジョン安定化へのCD利用技術は，界面活性剤量の低減，或いは，一切使用しない為の手法として重要である。ただ，この手法は，エマルジョンに含有されている種々成分によって異なった挙動を示す場合があるので，すべてのエマルジョンシステムに対して使用できるものではない。

一方，揮発性成分や不安定な活性成分の安定化に対するCDの利用は殆どの場合において有効である。CD包接体は，そのゲスト分子である活性成分そのものと比較して，酸素やUV存在下でも非常に安定化される場合が多い。また，製剤に含まれる他成分と相性が悪く分解が進むような場合でも一方を包接化することで，安定な製剤に仕上げることが出来る。例えば，ビタミンCとアントシアニンは相性が良くないが，アントシアニンをγCDで包接することで両物質を同一の製剤内に混合できることが知られている[8]。

3.1　不飽和脂肪酸トリグリセリドを含有する植物油

月見草油やボラージ油など不飽和脂肪酸トリグリセリド含有量の高い植物油は酸化されやすく貯蔵安定性が一般的に低い。RegiertらはγCDを用いることで，これらの植物油の安定化に成功している[9]（図2）。また，γCD：植物油：水＝1：2：7の割合で混合することによって，乳化剤を使わなくても安定なエマルジョンが形成できる。

3.2　ビタミンA（レチノール）

レチノールは，皮膚のしわや傷痕を減少させ表面を滑らかにするなど，老化防止に対して有効

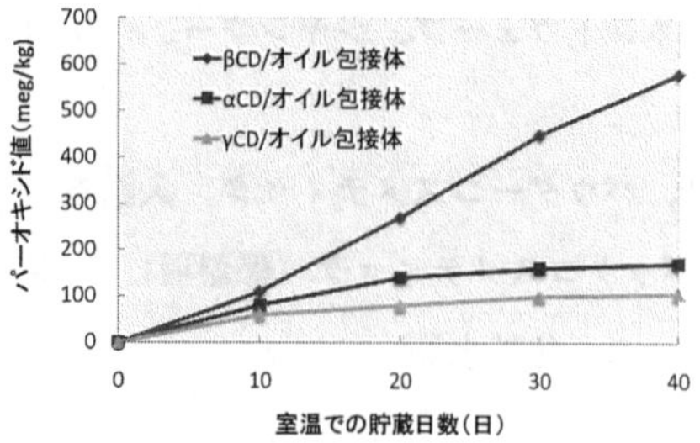

図２　日光露光下での月見草油—CD 包接体の貯蔵安定性

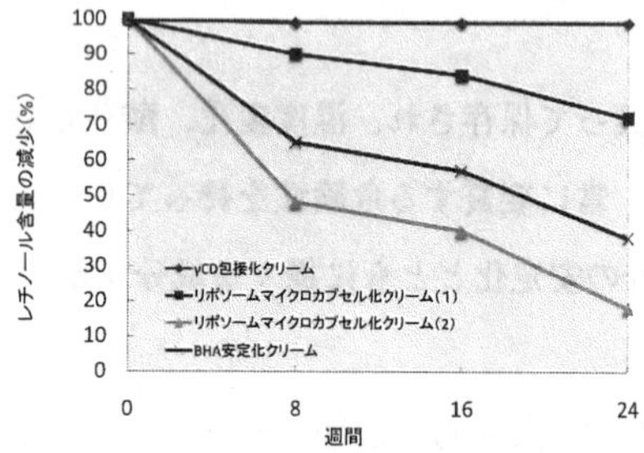

図３　レチノールクリームの室温貯蔵による安定性比較

な物質として知られている。しかし，不飽和脂肪酸よりもさらに酸化に対して不安定な物質であり，室温で簡単に分解することが化粧品への利用の妨げとなっている。レチノールを酢酸やパルミチン酸でエステル化することで安定化させることで，一部商品化されているが，そのエステル類の老化防止効果はレチノールの 10 分の 1 以下と言われている。また，リポソームでのマイクロカプセル化や抗酸化物質であるブチルヒドロキシアニソール（BHA）やブチルヒドロキシトルエン（BHT）を併用する手法も提案させているが，その安定性において満足できるものとは言い難い。Regiert らは不飽和脂肪酸の安定化と同様に γCD を用いることで，レチノールのほぼ完全な安定化に成功している[10,11]（図 3）。

3.3　フタルイミド過酸化カプロン酸（PIOC）

PIOC は，パーソナルケア製品用としてイタリアの Ausimont 社によって開発された美白，消毒，消臭の効果を有する肌に優しい活性成分である。しかしながら，その貯蔵安定性が高くないことが新製品開発のネックとなっていた。最近になって，βCD で PIOC を包接することで安定性を高めた製品が開発されて，EURECO®HC W 7 という商品名で販売されている[12]。

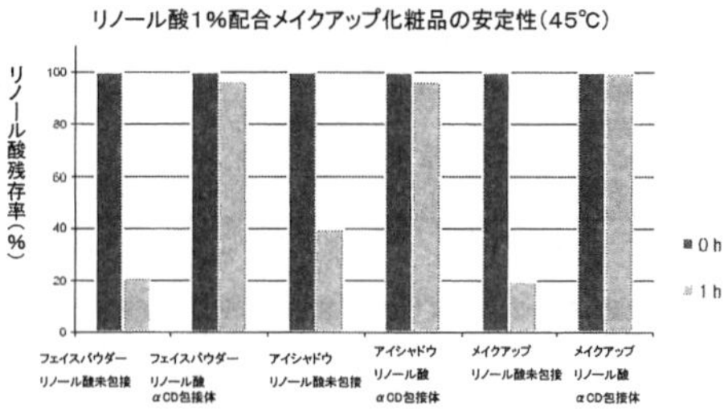

図4　αCDによるリノール酸のUV-A／Bに対する安定性

3.4　リノール酸（ビタミンF）

リノール酸はメラニン生成抑制作用（シミ改善，美白効果）が確認された最近注目の必須脂肪酸である。しかし，不飽和脂肪酸であることから空気酸化を受け変質しやすい不安定な物質である。不飽和脂肪酸トリグリセリドの場合はγCDが最も安定化に有用であることは前述したが，遊離の不飽和脂肪酸の安定化にはαCDが有効であることが判明した。各種メイクアップ化粧品にリノール酸とリノール酸αCD包接体を配合しリノール酸の安定性評価した結果を図4に示した[13]。尚，リノール酸-αCD包接体は2006年度の欧州で優秀パーソナルケア素材賞に選ばれている。

4　低減化について

4.1　不快臭の低減化（消臭効果）

CDは様々な臭い成分と容易に包接体を形成できることから，空のCDは，それ自体が消臭効果を有している。例えば，欧米の若い女性向けに小麦色の肌に見せるセルフターニングクリームが長期に渡って人気商品となっているが，このクリームには，使用した時に発生する不快な臭いを除去する為にγCDが配合されている。また，ヒトの足から発生する皮脂等の脂質由来の悪臭に対して有効な“臭い吸収パウダー”もCDの消臭効果を利用した製品である。この“臭い吸収パウダー”に，場合に応じて香料—βCD包接体をさらに配合して，足の悪臭除去と共にさわやかな香りを持続させることも出来る。図5に臭い吸収パウダーの配合例を示す。

ヨウ素

ヨウ素化学品メーカーである日宝化学㈱とワッカー社が共同でヨウ素-CD包接品（CD-I）を天然抗菌消臭剤として開発し，化粧品分野を含む様々な分野での利用が検討されている[14,15]。昇華性のヨウ素をCDで包接安定化させて，ヨウ素本来の持っている広い抗菌活性や消臭能を有効

臭い吸収パウダー	
1）微粒化タルク	70.0%
2）澱粉	20.0
3）香料－βCD包接品	6.0
4）γCD	4.0
	100.0

配合法：均一になるまで上記4種の粉末を混合攪拌する。

図5　臭い吸収パウダーの配合例

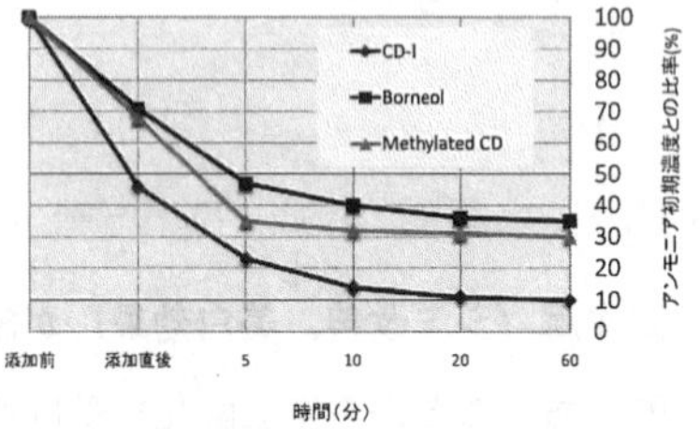

図6　各種消臭剤のアンモニア消臭作用
（ガス検知管による検討）

に引き出すことに成功したものである。図6にさまざまな臭い成分のCD-Iによる消臭効果の一例としてアンモニアの消臭効果を示した。

このCD-Iは，ヒトに最も安全な抗菌消臭剤として，飼料添加物，水処理剤，土壌改良剤等，現在様々な分野で用途開発が行われているが，化粧品分野でも，その安全性や抗菌消臭特性から興味深い新規材料と考えられている。例えば，CDは口臭防止ブレスケア製品に配合されており，魚やニンニクを食した後にその消臭効果を示すものであるが，CD-Iを用いることによって，より一層の効果が確認されている[16]。また，CD-Iは入浴剤や消臭制汗スプレーに配合することで体臭防止効果を発揮することが知られている。これは，CDが本来持っている悪臭成分の包接による除去機能とともに，体表面に存在する脂質分解菌の活動による悪臭の発生をCD-Iが抑制（制菌作用）した為と考えられている。

4.2　刺激の低減化

シャンプーにはローズ油やレモン油などの香料を添加している為に，洗髪の際，目に刺激を与える場合がある。シャンプーにCDを配合すると香料の包接化に伴ってその刺激を抑えることが出来る。γCDは，その粉末そのものをヒトの目に添加してもまったく刺激がなく安全な物質である。

サリチル酸

防腐剤，皮膚病治療薬に用いられているサリチル酸は，CDで包接することによって，皮膚の刺激性を改善し，昇華に対する安定性を向上することが可能である。また，CDを用いることで容易に高分散化できるので，欧米では，この包接体をにきび治癒用スキンケア製品に配合することが検討されている。

5　徐放について

CDとゲスト分子の包接化は水分子が介在することによって起こるが，そのゲスト分子とCD包接体の解離反応も同様に水分子によって進行する。肌表面は，常にその発汗作用等で水分を保っており，この解離反応が起こりやすい状態にある。そこで，解離反応を起こしてほしい時，例えば，臭いの発生する発汗時等に，揮発性物質である香料や酸素や光に対して不安定な物質である植物抽出活性成分をCD包接体から徐放できる。この徐放作用によって，香りや薬理活性などのそれぞれの持っている効果を長期に渡って持続することが可能となる。

5.1　メントール

メントールは，芳香・清涼剤，局所鎮痛剤，消炎剤として知られている水に不溶で有機溶剤に可溶な物質で，βCDやγCDと容易に包接体を形成する。γCDとの安定化定数はβCDのそれよりも低く，比較的緩やかに包接体を形成しているので徐放も速やかに進行する（図7）。そこで，用途に応じてγCDとβCDが利用されている。例えば，歯茎の炎症を抑える薬用チューインガムにはγCDが配合されている。

5.2　ティーツリーオイル

天然抗菌剤として最近話題になっているティーツリーオイルは，にきび治癒効果等でスキンケア製品に利用されている。オイルの持つ強い特有の臭いの為に，その利用には制限があったが，αCDあるいはβCDで包接化させることによって臭いの改善と徐放が可能となった。また，活性物質の安定性向上や抗菌活性の持続も確認されている。

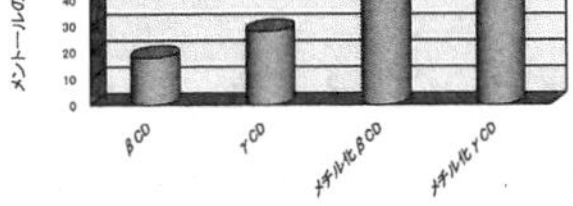

図7　高温貯蔵（100℃，30日間）下での各種シクロデキストリンによるメントール放出抑制

6　バイオアベイラビリティの向上について〔ビタミンE（トコフェロール）とコエンザイムQ 10を例に〕

Zanottiらは天然トコフェロールやδ-トコフェロールをCDで包接させることによる活性の向上について詳しく研究している[17]。δ-トコフェロールは肌に害を及ぼす化合物を生成するような連鎖反応を引き起こすフリーラジカルを消失できることが知られている。このδ-トコフェロールをCDで包接させると，単独で用いた場合に比べてさらに高いラジカル消去活性を示すこと，そしてその活性が，より長期に渡って保持できることが判明した。この検討結果は，CDがスキントリートメントのみならず，長時間活性を保たなければならないメイキャップ用途においても有用であることを示している。

コエンザイムQ 10（以下CoQ 10）は2004年から日本国内での化粧品への利用が可能となった。しかし，CoQ 10は脂溶性物質のため水への溶解度が極めて低く，光分解性があり，空気中においても安定性が低いため，化粧品製造にあたりその取り扱いが難しい。さらに，日本国内での化粧品への使用制限は0.03％以下と定められている為，CoQ 10の抗酸化活性を効果的に利用できる方法が求められている。そこで，株式会社シクロケムはγCDのCoQ 10包接化によるCoQ 10の抗酸化活性に及ぼす効果を，1，1-ジフェニル-2-ピクリルヒドラジル（DPPH）ラジカル消去活性試験法を用いて検討した。図8に示すように，γCD包接化によりラジカル消去活性は最大4.3倍上昇することが明らかとなっている[18]。

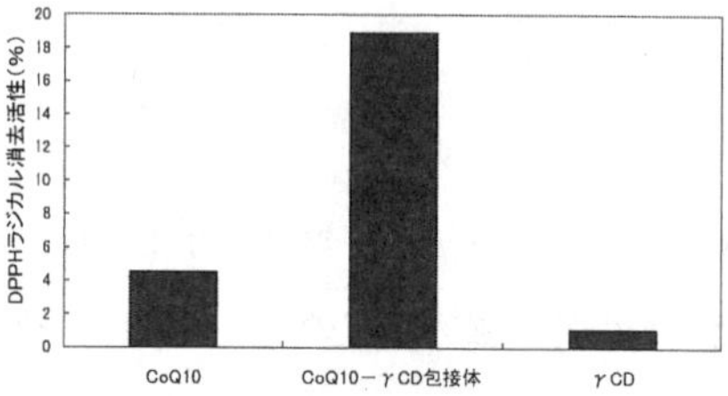

図8　γCD包接によるCoQ 10抗酸化活性の向上

7　おわりに

CDが工業的に生産され始めた当初，CDメーカーはCDの製造販売を中心としており，CD包接品の開発検討は主に各応用分野のユーザー側に委ねられていた。ところが最近では，CDメーカーが，各種包接品を開発し商品化したものをユーザー側で利用する場合が多くなっている。これは，メーカー側が各応用分野の要求に応じるべく，様々な機能性成分の包接方法を熟知して

表1　パーソナルケア用CD包接品

機能性成分	CDの種類
レチノール	γCD
コエンザイムQ10	γCD
αリポ酸	γCD
アスタキサンチン	γCD
メントール	γCD
リノール酸	αCD
ファルネゾール	βCD
ティーツリーオイル	βCD
植物油（月見草など）	γCD
ヨウ素	βCD
フタルイミド過酸化カプロン酸	βCD
スクアラン	γCD
トコフェロール（ビタミンE）	γCD
パラソル1789	βCD
フェルラ酸	γCD
オレンジオイル	γCD
ヒノキチオール	γCD
シトロネラール	βCD
ラベンダーオイル	βCD

きたからであろうと考えられる。時には包接化において，一般的な混練法や水溶液法のみならず，メーカー独自で開発された様々なトリックが必要になってくる場合がある。また，冒頭でも述べたが，ワッカー社によって現在ではβCDのみならず，αCDとγCDが検討材料として利用できるようになった。このようにCDの利用技術が進歩した今日，これまでの研究開発で“魔法の粉”の言葉を信じてβCDを用いたものの不成功に終わってしまったアイテムをもう一度αCD，γCDそして修飾CDを用いて検討を見直す時期に来ているのではないかと考える。最後に，ユーザーの要望に応じて最近製品化されたパーソナルケア用CD包接品を（本文中にも触れた包接品を含め）表1に列記した。今後の化粧品開発の参考にして頂きたい。

文　　献

1) D. Duchene, D. Wouessidjewe and M-C Poelman, Dermal uses of cyclodextrins and derivatives, in New Trends in Cyclodextrins and Derivatives, D. Duchenes, ed, Paris : Edition de Sante（1991）pp 449-481
2) C. Vaution, M. Hutin and D. Duchene, The use of cyclodextrins in various industries, in

Cyclodextrins and their Industrial Uses, Paris : Edition de Sante（1987）pp 297-350
3) J. Szejtli, Cyclodextrins in food, cosmetics and toiletries, *Starch/Staerke*, **34**, 379（1982）
4) G. Schmid, O. S. Huber and H. J. Eberle, Selective complexing agents for the production of γ-cyclodextrin, Proc. International Symposium Cyclodextrins, 4th, 87-92（1988）
5) 株式会社資生堂，公開特許公報 平 3-58906
6) C. Klein and G. Schulz, Structure of cyclodextrin glucosyltransferase refined at 2 A resolution, *J. Mol. Biol.*, **217**, 737-750（1991）
7) M. Amann and G. Dressnandt, Solving problems with cyclodextrins in Cosmetics, *Cosmetics & Toiletries*, **108**, 90-95 November（1993）
8) M. do Carmo Guedes, INF/COL-Ⅲ, USA, 19-22 April（1998）
9) M. Regiert, T. Wimmer and J. -P. Moldenhauer, Application of γ-cyclodextrin of vegetable oils containing triglycerides of polyunsaturatedacids, 8th International Cyclodextrin Symposium, 575-578（1996）
10) T. Wimmer, M. Regiert, J. P. Moldenhauer, 9th International Cyclodextrin Symposium, Santiago de Compostela, Spain, May 31-June 3.（1998）
11) M. Regiert, J. P. Moldenhauer, DE 19847633.
12) U. P. Bianchi, P. Iengo, 10th International Cyclodextrin Symposium, Ann Arbor, Michigan, USA, May 21-24（2000）
13) M. Regiert, *Cosmetics and Toiletries magazine*, Vol. 121, No. 4 P.43-50/April（2006）
14) 寺尾啓二，舘巌，鈴木久之，国嶋崇隆，谷昇平，日本防菌防黴学会第 28 回年次大会予稿集，PS 36（2001. 5. 24. ）
15) 公開特許公報 昭和 51-88625，昭和 51-100892，昭和 51-101123，昭和 51-101124，昭和 51-110074，昭和 51-112538，昭和 51-112552，昭和 51-118643，昭和 51-118859，昭和 51-140964，昭和 52-28966，昭和 52-15809（東洋インキ製造株式会社）
16) 寺尾啓二，中田大介，舘巌，萩原滋，鈴木久之，国嶋崇隆，谷昇平（株式会社シクロケム，日宝化学株式会社，神戸学院大学）第 19 回シクロデキストリンシンポジウム講演要旨集 P 44-45（京都 2001）
17) F. Zanotti, I complessi di ciclodestrina in cosmesi, *Cosmetics & Toiletries* Italian Edition, **6**, 17-32（1990）
18) 森田潤，中田大介，寺尾啓二，国嶋崇隆，谷昇平（株式会社シクロケム，神戸学院大学）第 23 回シクロデキストリンシンポジウム講演要旨集 P 124-125（西宮 2005）

生活用品用途編

第8章　抗菌剤におけるシクロデキストリンの利用

近藤基樹*

1　はじめに

日本国内において，保健所等へ届けられているものだけでも食中毒発生件数は年間1,000件を超えており[1]，報告されていないものを含めるとさらに大きな数になると予想される。我々は食中毒以外にも鳥インフルエンザをはじめとする新再興感染症，薬剤耐性菌による院内感染，アレルギー，悪臭問題など日常生活および産業面において多くの微生物学的危害にさらされている。また微生物以外にも，シロアリ，蚊，ハエ，ネズミなどの衛生動物による危害も多く発生している。日常生活における清潔志向の高まりや産業上の必要性と相俟って抗菌剤，殺虫剤および動物忌避剤などの重要性はますます高まっており，多くの分野でこれらの研究開発が行われている。

抗菌剤単体でみると，国内での市場規模は約2,000 t，約300億円であり，合成有機系抗菌剤が約80%，無機系抗菌剤が約15%，天然有機系抗菌剤が約5%を占めている[2]。抗菌加工製品の販売額は[3]，1996年において年間8,000億円を上回り，成長率では，1996年で約10%であり，その後も成長率はプラスを示している。製品分野別では繊維，家電，住宅設備の分野で販売額が多いが，幅広い製品分野で抗菌加工製品の市場が拡大している。

抗菌剤をその抗菌性能を損なうことなく製品へ加工するに際し，シクロデキストリン（CD）を利用する方法がこれまでに数多く提案され実用化されてきた。本章では，CDを用いた抗菌剤の技術開発について具体例を挙げて述べる。なお，ここで述べる抗菌剤とは，特に断りのないかぎり，動物忌避剤，殺虫剤なども含むものとする。

2　抗菌剤におけるシクロデキストリンの利用目的

2.1　利用目的

抗菌剤や忌避剤を使用するにあたっては，少量で効果を発揮すること，使用するにあたって取り扱いが容易であること，持続性が長いこと，安全であることなどが求められる。そこで，これらの要求をクリアするためにCDが抗菌剤の開発に以下のような目的で用いられる。表1および

---

*　Motoki Kondo　㈱シクロケム　テクニカルサポート

表2にCDを用いた合成有機系抗菌剤と天然有機系抗菌剤の最近の主な開発例を示す。これらから窺えるように，医薬品，工業用から生活用品にいたるまで幅広い分野でCDは抗菌剤含有製品に利用される可能性を秘めている。

① 揮発性物質の安定化

② 水溶性，分散性向上

表1 シクロデキストリンを用いた合成有機系抗菌剤の最近の開発例

特　許	開発者	抗菌性物質	CD	目　的	用途
特開平05-247011	Perchem Asia Ltd.	イソチアゾリン化合物	α，β，γCD	皮膚刺激性低減	工業用抗菌剤
特開平7-69887	武田薬品工業㈱	ペネム系化合物	βCD	水溶化，消化管吸収性向上	抗生物質
特開平8-271406	㈱ノエビア	N-長鎖アシル塩基性アミノ酸誘導体	αCD	皮膚刺激性低減，運搬時の泡立ち低減	化粧品
特開平8-151332	千寿製薬㈱	エリスロマイシン，テトラサイクリン，スルフィソキサゾール	αCD	バイオアベイラビリティー向上，鼻粘膜での貯留性向上	点鼻薬
特開平8-59483	ヒゲタ醤油㈱	アムホテリシンB	γCD	溶解性改善，溶血活性低減	抗真菌剤
特開平9-502989	ヤンセンファーマ	イトラコナゾール，サベルコナゾール	HP-βCD	水溶化，バイオアベイラビリティー向上	経口用抗真菌剤
特開平10-33043	㈱ヤマサン	2-ベンズイミダゾール（TBZ）	α，β，γCD	熱安定性，持続性向上	熱可朔性樹脂
特開平11-151288	㈱サンコンタクトレンズ	塩化ベンザルコニウム，グルコン酸クロルヘキシジン	HP-βCD	コンタクトレンズへの消毒剤吸着阻止	コンタクトレンズ消毒液
特開平11-116756	㈱クラレ	イミダゾール系化合物，ピレスロイド系化合物	α，β，γCD	ポリビニールフィルムの透明性確保	防虫抗菌衣類包装用フィルム
特開2000-302601	武田薬品工業㈱	イソチアゾリン系化合物，有機よう素系化合物，トリアゾール系化合物，トリアジン系化合物，オキサチアジン系化合物，アルコール系化合物	メチル化βCD	泡立ち軽減，水溶透明化，塗沫後の雨などによる溶脱防止	水系塗料
特開2003-531869	セラヴァンスインコーポレーテッド	グリコペプチド系化合物	HP-βCD	抗生物質の組織蓄積抑制	抗生物質
特開2004-538096	ボシュロムインコーポレイテッド	ビグアニド系	α，β，γCD	コンタクトレンズへの消毒剤吸着阻止	コンタクトレンズ消毒液
特開2005-22995	大塚製薬㈱	オラネキシジン酸付加塩	α，β，γCD	水溶化，バイオアベイラビリティー向上，皮膚刺激性低減	殺菌消毒剤

表2　シクロデキストリンを用いた天然有機系抗菌剤の最近の開発例

特　許	開発者	抗菌性物質	CD	目　的	用途
特開平5-201821	日本月桃㈱	月桃精油	α，β，γCD	徐放	農薬，塗料
特開平5-284952	㈱旭東クリエイト	グレープフルーツ種子抽出物	βCD	水溶化	麺つゆ
特開平5-15356	丸善化成㈱	シソ科植物抽出油	α，β，γCD	水溶化	食品保存剤
特開平6-153779	積水化成品工業㈱他	イソチオシアン酸エステル	βCD	徐放	食品用ドリップシート
特開平6-253741	本州興産㈱	リモネン	α，β，γCD	飴基材への安定的配合	抗菌性のど飴
特開平8-66172	平野醤油㈱	ヒノキチオール	βCD	徐放	食品保存剤
特開2001-348307	王子製紙㈱他	ユーカリ抽出物	α，β，γCD	臭いと色のマスキング	飲食料，化粧品，生活用品
特開2001-348307	マイクロサイエンステックコーポレーションリミテッド	牡丹皮抽出物	α，β，γCD	臭いのマスキング	抗真菌剤，化粧品，洗剤
特開2005-232043	㈱ジーシー	グレープフルーツ種子抽出物，柿渋抽出物	α，β，γCD	持続性向上	歯科材料
特開2006-169152	東洋インキ㈱	竹笹抽出物	βCD	臭いと色のマスキング	フィルタ，マスク
特開2006-67896	三井農林㈱	ポリフェノール	βCD	渋味，苦味低減	食品
特開2007-119411	阪本薬品工業㈱	カピリン（カワラヨモギ抽出物）	αCD	徐放	化粧品，工業製品

③　熱，光など物理的要因に対する安定性向上

④　バイオアベイラビリティーの向上

⑤　紙，樹脂，繊維などへの練りこみによる抗菌性付与

⑥　塗料，コンクリートなどへの配合，含浸による大型構造物の保護

⑦　色，臭いのマスキング

⑧　抗菌剤の吸着防止

2.2　これまでに開発されてきたシクロデキストリンを用いた抗菌製品

①　除菌消臭スプレー

②　繊維

③　衛生生理用品，紙おむつ，マスク

④　食品包装用シート

⑤　電気製品フィルター

⑥ 化粧品
⑦ 洗剤，石鹸
⑦ 食品（飲料，ノド飴）
⑧ 塗料
⑨ 農薬，木材防腐剤
⑩ 医薬品（抗生物質，抗真菌剤）
⑪ 歯科材料
⑫ 工業用抗菌剤

3 合成有機系抗菌剤

3.1 揮発性合成有機系抗菌剤の安定化

3.1.1 α-ハロシンナムアルデヒドの特性

帝三製薬株式会社[4]によってα-ハロシンナムアルデヒド（HCA）（図1）の安定化を目指した開発が行われている。HCAは広い抗菌スペクトルを持ち，細菌のみならず真菌に対しても強力な抗菌力を有する物質である。安全性の面ではLD_{50}値からみても，他の防菌防カビ剤に比較して毒性の弱い部類に属する。衣類，皮革製品，クリーニング用品，塗料，接着剤，建築内装剤等の防菌防カビ剤として利用されている。しかしHCAは常温で徐々にハロゲンガスを発生しながら分解するという不安定な性質を持つ。そこで，HCAをCDに包接させて安定化させたものが開発されている。

3.1.2 α-ブロモシンナムアルデヒドにおける実施例

βCD 50 gに40℃の水250 mlを加えたペーストにα-ブロモシンナムアルデヒド（BCA）を加え40℃で30分以上混錬，乾燥し包接体を作製した。この包接体の抗菌活性と包接体中のBCAの残存率を測定した（表3）。BCA単体，BCAをシリカゲル（BCA／シリカゲル）に吸着させたものおよびBCA-βCD包接体は，ハロー試験においていずれも黄色ブドウ球菌に対して阻止円を形成した。さらにこれらHCA化合物を6ヶ月間室温に放置し，再び同じ試験を行ったところ，BCA-βCD包接体のみ阻止円半径の減少は認められなかった。同様に6ヶ月間放置後の，化合物中のBCAの残存率を測定したところ，BCA-βCD包接体は90%以上の値を示した。

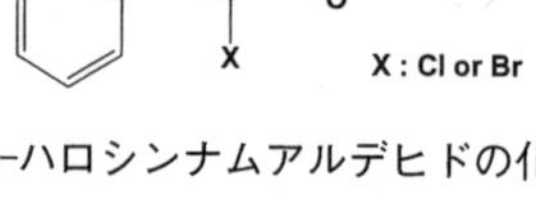

図1 α-ハロシンナムアルデヒドの化学構造

表3　α-ブロモシンナムアルデヒド（BCA）のβ-シクロデキストリン包接体の安定性と抗菌活性

サンプル	サンプル量(mg)	BCA量（mg)	製造直後の阻止円直径（mm)	製造半年後の阻止円直径(mm)	製造半年後のBCA量（mg)
BCA／βCD包接体	50.5	5.0	24.8	24.5	4.8
	94.3	5.0	23.8	24.3	4.8
	185.2	5.0	22.4	22.8	4.9
BCA／サイロイド244(シリカゲル)	58.8	5.0	41.3	13.5	0.3
BCA／カープレックス(シリカゲル)	56.8	5.0	40.9	13.0	0.3
BCA粉末	5.2	5.0	36.9	14.5	0.8

6種類のサンプルについて，ハロー試験を実施。形成された阻止円の直径を測定した。更に，テストに用いた各サンプルを，アルミニウムカップに入れたまま室温で6ヶ月間開放した室内に放置した後，同様なテストを実施して阻止円の直径を測定するとともに，残存しているHCA量を定量した。
※出典　帝三製薬㈱：特許公開昭60-188302「安定化された抗菌組成物及びその製造法」

3.2　抗カビ剤の水溶化とバイオアベイラビリティー向上

3.2.1　抗カビ剤への利用

有機系抗カビ剤（抗真菌薬）には，1個以上の窒素原子を含む5員環をもつアゾール系化合物が用いられることが多い[5]。しかし，これらの多くは水に対する溶解性が低く，この問題を解決するためにCDを用いた研究開発が多く行われている[6,7]。

木材の変色，セルロースの分解などによる木質の変化は木材の価値および機能を損ねることになる。これらの現象は，カビによって引き起こされる。このため木材防腐剤として，油性のコールタール，水溶性の無機塩または抗カビ性をもった有機系の物質が用いられる。しかし，コールタールおよび重金属を含む無機塩は安全性に問題があるため，アゾール系化合物のような有機系の抗カビ剤が望まれる。

これらの化合物は水に対して難溶性であるために，乳化剤または界面活性剤とともに用いられることが多いが，木材への浸透性において劣っている。また，溶剤とともに用いられることもあるが，この場合有機溶剤が環境中に蒸発することが問題となる。CDメーカーであるワッカーケミー社では，安定性および木材への浸透性に優れたCDを用いた木材防腐剤の開発を行っている[8]。

3.2.2　水溶化

リン酸緩衝液を用いて，メチル化α，βおよびγCDの1-10%溶液を作製し，抗カビ剤プロピコナゾールおよびテブコナゾールをCD溶液に加え，48時間振とう後，試料を0.2 μm pore-sizeフィルターを用いて精密濾過し，濾液中のプロピコナゾールまたはテブコナゾール濃度をHPLCにより測定した（図2，3)。結果より，CDを用いてプロピコナゾールおよびテブコナゾールを

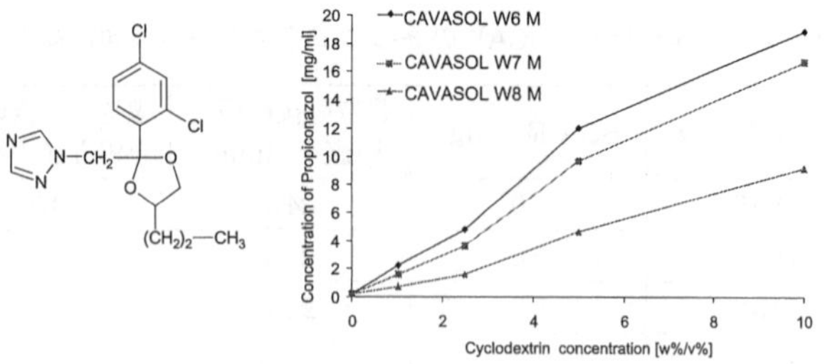

図２　CD を用いた場合のプロピコナゾールの溶解度
出典　Wacker-Chemie GmbH：特許公開 2001-131007「水性または水で希釈可能な木材保護剤，木材保護剤濃縮物，木材保護剤の製造法ならびに木材および木質材料の保護法」

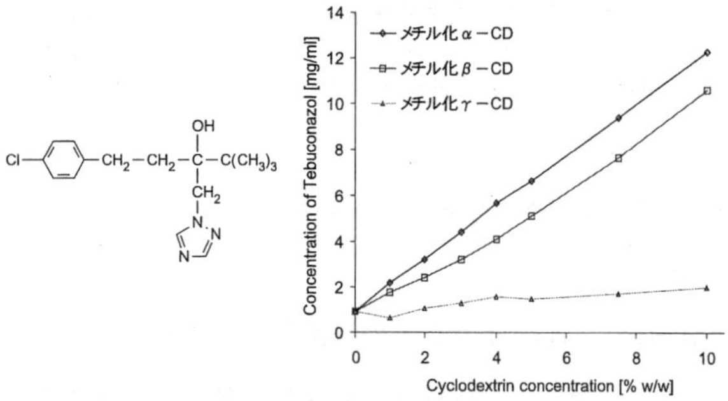

図３　CD を用いた場合のテブコナゾールの溶解度
出典　Wacker-Chemie GmbH：特許公開 2001-131007「水性または水で希釈可能な木材保護剤，木材保護剤濃縮物，木材保護剤の製造法ならびに木材および木質材料の保護法」

水溶化することが可能であることがわかる。

3.2.3　木材への浸透性

抗カビ剤プロピコナゾールおよび 3-ヨードプロパルギル-N-ブチルカルバメート（IPBC）をメチル化 βCD で水溶化した薬剤 A および乳化剤で乳化した薬剤 B にトウヒ木材を浸漬し，乾燥および滅菌後，青変菌（*Aureobasidium pullulans*）を接種した。温度 23℃，湿度 65% で 3 週間培養後，木材を 5 mm ごとに薄切し，薬剤の浸透の有無を確認したところ，薬剤 A は薬剤 B よりも木材内部の深くまで浸透していることが確認された（表 4）。

3.2.4　バイオアベイラビリティー（抗菌活性）向上

抗カビ剤プロピコナゾールおよび IPBC を含む配合物にマツ木片を浸漬し，乾燥，滅菌後，青変菌（*A. pullulans*）を接種し，温度 23℃，湿度 65% で 3 週間培養後，菌の発育の有無を確認し，発育を阻止した最も低い薬剤濃度を求めた（表 5）。試験の結果，抗カビ剤をメチル化 βCD で可溶化したものが，抗カビ剤を有機溶媒で可溶化したものや乳化剤（エトキシル化ノニフェノール）で乳化したものよりも低い濃度で青変菌の発育を阻止した。

表4　メチル化βシクロデキストリンを用いた抗カビ剤の木材への浸透性

	組　　成	抗カビ剤の木材内部浸透深度（cm）
薬剤 A	0.25% プロピコナゾール 0.25% IPBC 2.50% メチル化α-CD 97.00% 水	4.00
薬剤 B	0.35% プロピコナゾール 0.35% IPBC 0.50% エトキシル化ノニフェノール 6.50% Berol 278 1.00% N-メチルピロリドン 91.30% 水	2.00

出典　Wacker-Chemie GmbH：特許公開 2001-131007「水性または水で希釈可能な木材保護剤，木材保護剤濃縮物，木材保護剤の製造法ならびに木材および木質材料の保護法」

表5　メチル化β-シクロデキストリンを用いた抗カビ剤の抗菌活性

	薬剤 A（プロピコナゾールおよび IPBC を有機溶剤 Varsol 60 で溶解）	薬剤 B（プロピコナゾールおよび IPBC をエトキシル化ノニフェノールおよび Berol 278 で乳化）	薬剤 C（プロピコナゾールおよび IPBC をメチル化β-CD 4% に加え水溶化）
最小発育阻止濃度※	0.20%	0.10%	0.05%

※濃度はプロピコナゾール：IPBC＝1：1 混合物の濃度
出典　Wacker-Chemie GmbH：特許公開 2001-131007「水性または水で希釈可能な木材保護剤，木材保護剤濃縮物，木材保護剤の製造法ならびに木材および木質材料の保護法」

表6　メチル化βシクロデキストリン水溶化抗カビ剤のカビによる木材腐食防止濃度

	※1 乳化抗カビ剤		メチル化βCD 水溶化抗カビ剤	
試験菌	薬剤処理後試験木材を熱処理※2	薬剤処理後試験木材を含水処理※3	薬剤処理後試験木材を熱処理	薬剤処理後試験木材を含水処理
Coniophora puteana	4.40	6.60	3.65	6.30
Coliolus versicolor	15.00	14.00	9.60	8.50

※1　乳化剤：エトキシル化ノニフェノール
※2　熱処理：試験木材を 80℃ で 1 週間静置
※3　含水処理：試験木材を流水下に 72 時間放置
出典　Wacker-Chemie GmbH：特許公開 2001-131007「水性または水で希釈可能な木材保護剤，木材保護剤濃縮物，木材保護剤の製造法ならびに木材および木質材料の保護法」

さらに，抗カビ剤プロピコナゾール，テブコナゾールおよび IPBC をメチル化βCD で水溶化した薬剤と乳化剤（エトキシル化ノニフェノール）で乳化した薬剤を真空中で木材に含浸させた。これらの木材に木材を腐食する担子菌類を接種し，16 週間後に木材の腐食重量を測定した。さらに重量損失が 3％未満である木材の抗カビ剤濃度（抗カビ剤 kg／木材 m^3）を求めた（表6）。試験木材を薬剤処理後熱処理または含水処理したにもかかわらず，メチル化βCD で水溶化した抗カビ剤は乳化した抗カビ剤よりも低い濃度で2種の担子菌（*Coniophora puteana*，*Coliolus versicolor*）に対して，木材の腐食を防いでいることが確認された。

4　天然有機系抗菌剤

近年，抗菌剤や忌避剤に対して安全性が求められるようになっている。そこでヒトや環境に対して比較的安全な植物からの抽出物（フィトンチッド）など天然由来の有機系抗菌剤が注目されている。しかし，これらの物質は光や熱などに対して不安定であることや揮発性を有することが多くある。このため，これらの物質の安定化のためにCDが用いられている（表7）。CDを利用することにより水溶化，徐放，持続時間延長，バイオアベイラビリティー向上，臭いや色のマスキング，繊維や樹脂などに加えるといったことが可能となる。

4.1　10-Undecyn-1-ol

10-Undecyn-1-olはニームの木インドセンダンの種子，樹皮および葉から抽出されるニーム油に含まれる揮発性成分であり，害虫忌避剤などに用いられている。CDで包接することにより，抗菌効果の持続性を向上させることができる。10-Undecyn-1-olをメチル化βCDまたはヒドロキシプロピル（HP）-βCDを用いて包接体を作製し，子嚢菌類の一種でナシの木などの紋羽病原因菌（*Rosellinia necatrix*）に対する抗菌活性を調べた。紋羽病菌を接種したポテトデキストロース寒天培地上に10-Undecyn-1-olのメチル化βCD包接体を含むろ紙を置き，増殖阻止円の形成を調べた（図4）。メチル化βCD／10-Undecyn-1-olのモル比が0.2以上の包接体では，培養開始から14日間，寒天培地上に紋羽病菌の発育は認められなかった。一方，包接をしていない10-Undecyn-1-olでは培養開始14日目に寒天培地上に発育が認められた。

表7　主な天然有機系抗菌剤におけるシクロデキストリンの利用

物　質　名	CDの種類	目的
アリルイソチオシアネート	トリアセチル化αCD	抗菌，忌避
ヒノキチオール	βCD，γCD	抗菌，忌避
DEET	メチル化βCD	忌避
メントール	メチル化βCD	忌避
ティーツリーオイル	メチル化βCD	抗菌，忌避
シトラール	メチル化βCD	抗菌
シダーオイル	メチル化βCD	忌避
ベルガモットオイル	メチル化βCD	忌避
ニームオイル	メチル化βCD	忌避

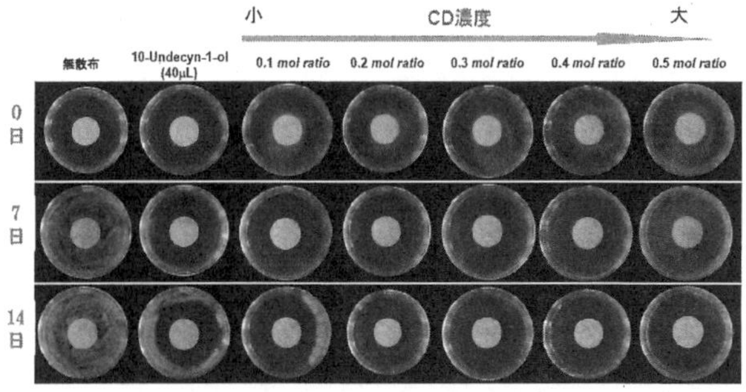

図4　紋羽病原因菌に対する 10-Undecyn-1-ol のメチル化β-シクロデキストリン包接体の抗菌活性

4.2　アリルイソチオシアネート（AITC）

4.2.1　特性

食品として用いられるワサビの根の部分にはシニグリンという物質が含まれており，ワサビをすりおろした際に加水分解されアリル辛子油（アリルイソチオシアネート：AITC）に変化する。AITC は油性の揮発性物質であり，抗菌活性や動物に対する忌避効果を持つことが知られている。

海水を利用する発電所や工場の通水口，漁網および船底にはフジツボ類や二枚貝などの海洋生物が付着し，操業に大きな被害をもたらす。従来海洋生物の付着防除には有機スズ化合物や重金属が用いられてきた。しかし，これらの物質は環境ホルモンとして他の多くの生物にも影響を与える危険性が指摘されている。AITC は生物由来で食品中にも含まれている物質であり，環境や生態系への影響が少ない。しかし，AITC の揮発性，易水溶性のため海水中で長期間忌避効果を持続することが難しい。そこで，非水溶性または難水溶性の CD で包接してこれらの問題を改善した。

4.2.2　海洋生物付着忌避効果

AITC を包接するための非水溶性または難水溶性 CD は水溶性天然型 CD の水酸基をすべてアセチル化したトリアセチル化 CD 類である[9]（図5）。トリアセチル化αCD（TAA）5.2 g をジオキサン 10 ml に溶解させた後，AITC 100 mg を加え，混和して試験溶液（AITC-TAA）を作製し，試験用ボード上の4箇所に塗布した。AITC-TAA 乾燥後，塗布部分と非塗布部分の境界にムラサキイガイを接着剤で固定した（図6）。ムラサキイガイは固着されているため移動することは不可能であるが，AITC-TAA 塗布部分と非塗布部分に触手を自由に伸ばすことが可能である。この試験用ボードを海水中に沈め，3時間後に AITC-TAA 塗布部分と非塗布部分に伸びた触手の本数を測定した（図7）。試験の結果，AITC-TAA 塗布部分にはムラサキイガイの触手が伸びていることは確認されなかった（図7）。

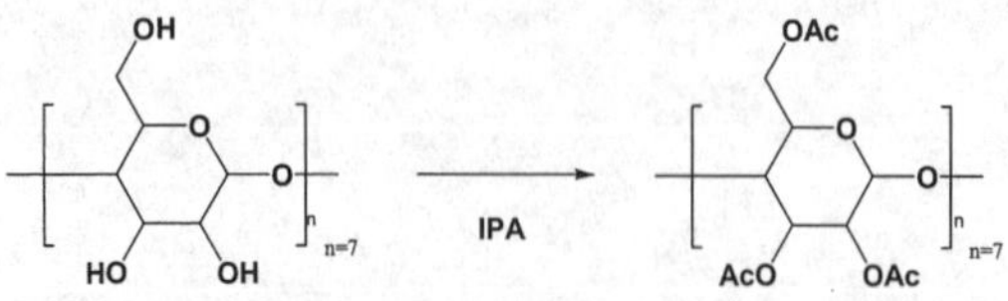

図５　非水溶性トリアセチル化シクロデキストリン
IPA：酢酸イソプロペニル，n＝6，7，8

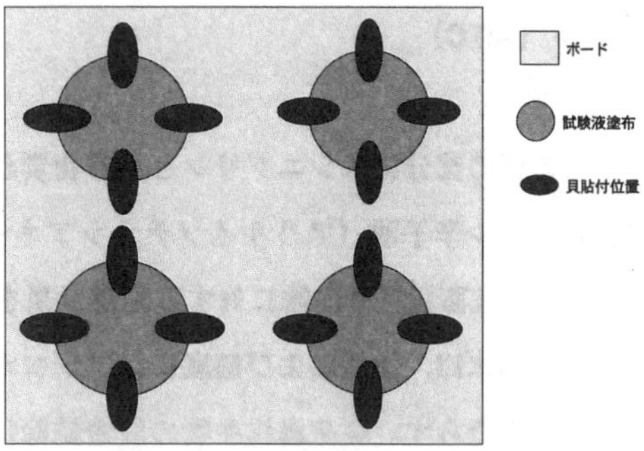

図６　AITC-TAA による貝類忌避試験
出典　JETI, 2004, 55（7）, 73-79.

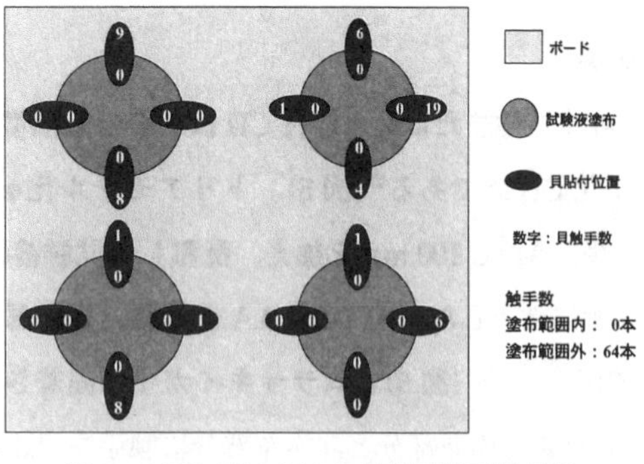

図７　AITC-TAA による貝類忌避試験結果
出典　JETI, 2004, 55（7）, 73-79.

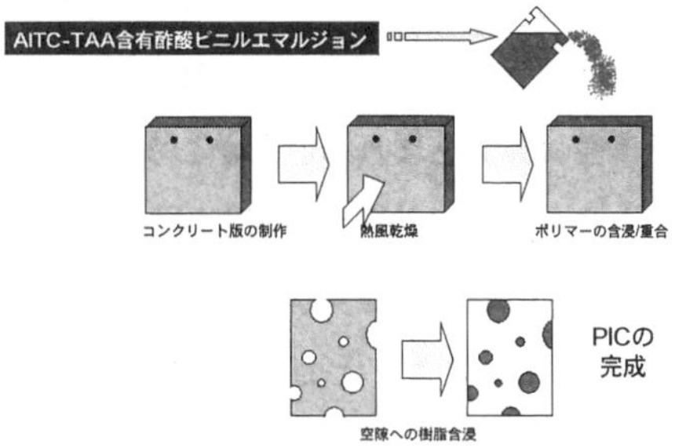

図 8　Polymer Impregnated Concrete（PIC）
工法の適用
出典　JETI, 2004, 55（7）, 73-79.

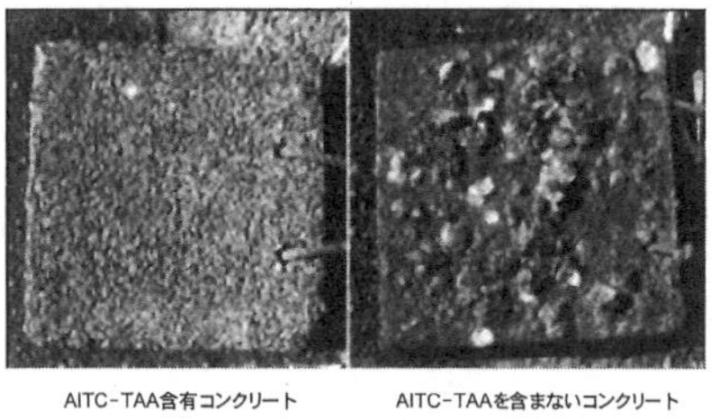

図 9　1 年半後の AITC-TAA 含有コンクリート
の付着生物忌避効果
出典　JETI, 2004, 55（7）, 73-79.

さらに，AITC-TAA の実用化検討を行った。AITC-TAA 含有酢酸ビニルエマルジョンをコンクリート版の空隙に含浸／重合させた AITC-TAA 含有コンクリート（AITC Impregnated Concrete 版（50 cm×50 cm×5 cm））を作製した（図 8）。比較のため，AITC-TAA を含有しない酢酸ビニルエマルジョンを同様に空隙に含浸／重合させたコンクリート版を作製した。双方のコンクリート版を海中（水深 2 m）に 3 ヶ月放置したところ，明らかな AITC-TAA の海洋生物付着防止効果が示された（図 9）。

5　シクロデキストリンを用いたヨウ素による抗菌と消臭

5.1　ヨウ素の特性

ヨウ素は強い殺菌力と細菌，カビはもちろんウイルスや寄生虫にいたるまで広い抗菌スペクトルを持つ。比較的人体に安全な優れた天然の抗菌剤である。また，ヒトや動物に対する毒性が低いため，医療および水畜産分野をはじめとする様々な分野で使用されている。しかし，昇華性を持つ物質であるため，容易に揮散し，その独特の臭気を放ち，着色の原因となり，強い酸化力のために周囲を腐食するという問題点がある。これらの問題を解決するためにポリビニルピロリドン-ヨウ素複合体（PVP-I）やヨウ素-βCD包接体（BCDI）に関する検討が行われてきた。これらは粉末状態ではヨウ素の昇華性は抑え込まれる。しかし水溶液にした場合，ヨウ素は安定に保たれず，水溶液から揮発し，上述のヨウ素と同じ問題を引き起こす。そこでシクロケム社では，さらにヨウ素の遊離を抑えた安定なヨウ素水溶液の開発を行い，ヨウ素単体，ヨウ素-CD包接体（CDI）またはPVP-IにαCDを加えることにより，更にヨウ素を安定に維持できることに成功した。

5.2 βシクロデキストリンおよびβシクロデキストリン誘導体によるヨウ素の安定化

ヨウ素1.2 gとヨウ化カリウム0.8 gを水20 mlに加えてヨウ素を水に溶解させる。5 gのβCDまたはβCD誘導体（メチル化βCD）を加え，80℃に加温，30分間攪拌する。攪拌後，1日放置すると茶褐色のヨウ素-βCD包接体（BCDI）またはヨウ素-メチル化βCD包接体（MCDI）が沈殿してくる。ろ過，水洗を繰り返して余分のヨウ素とヨウ化カリウムを除去，乾燥するとBCDIまたはMCDIの粉末が得られる。

5.3 αシクロデキストリンによるヨウ素の安定化

MCDI 10 mLにαCD 1 gを加えると，多量の黒色沈殿が生じた。この生じた沈殿を濾過，乾燥し，黒色粉末を得た。この粉末を水に溶かした水溶液をチオ硫酸ナトリウムで滴定した結果，この粉体重量中の約17%がヨウ素であることが明らかとなった。この黒色粉末を重水中においてNMRスペクトルを測定した結果，メチル化βCDは検出されず，αCDのピークパターンのみが確認された。ケミカルシフトはオリジナルのαCDとはずれていることから，この黒色粉末はαCDがゲストを包接した化合物であることが考えられる。

さらに，この黒色粉末の0.1%水溶液を調製しサランラップで密封した状態において10日以上室温で静置した。この水溶液中にはヨウ素が存在していながら，サランラップの着色はまったく確認されなかった。この黒色粉末はヨウ素とαCDの単なる混合物ではないといえる。以上より，この黒色粉末はヨウ素-αCD包接体（αCDI）であると考えられる。

図10はαCDIとBCDI水溶液におけるヨウ素の残存率を測定したものである。αCDでヨウ素を安定化したαCDIでは，BCDIに比べて大幅にヨウ素の遊離が抑制されている。図11はαCDI，BCDIおよびMCDI水溶液をプラスチックボトルに入れ放置したときの写真である。BCDIおよびMCDIを入れた容器ではプラスチックボトルが赤褐色に変色しているが，αCDIを入れた容器では変色は見られない。このことからも，αCDによりヨウ素が安定化されていることがわかる。

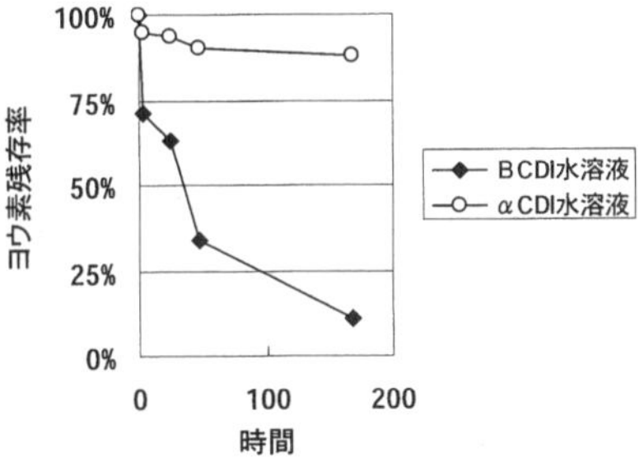

図10　αCDによるヨウ素の遊離抑制
BCDI水溶液とαCDI水溶液（いずれもヨウ素濃度0.02%）をそれぞれビーカーにとり，サランラップで密封し室温で静置後，ビーカー内のヨウ素濃度を時間を追ってチオ硫酸ナトリウム水溶液で滴定。

図11　αCDによるヨウ素の容器への着色阻害
BCDI，MCDIおよびαCDI水溶液（ヨウ素濃度0.02%）をプラスチックボトルに入れ，容器および内蓋の着色ぐあいを比較した。αCDIを入れた容器では，まったく着色していないのがわかる。

5.4　αシクロデキストリンによるヨウ素の安定化の原理

αCDとBCDIまたはMCDIとの間でヨウ素の交換が行われ，αCDIが水溶液内で発生する。通常，水溶液内でヨウ素がCD内に包接されているか遊離の状態であるかは平衡反応であるが，αCDIの場合はこの平衡が強く包接体形成方向へ偏ることによって，ヨウ素の遊離が抑えられたと考えられる。

5.5 ヨウ素-シクロデキストリン包接体の抗菌性

ヨウ素は本来ウイルス，細菌，カビおよび寄生虫など多くの微生物に対して低濃度で抗菌活性を持つ物質である。BCDIおよびMCDIを用いて，細菌およびカビに対する最小発育阻止濃度（MIC）を測定したところ，細菌に対して5-39 ppm，カビの一種である *Candida albicans* に対して39-156 ppmを示した（表8）。殺菌効果を調べたところ，BCDI 20 ppmで1分以内に大腸菌を殺滅した[10)]（表9）。また，日宝化学㈱と鳥取大学の研究グループにより，CDIがトリインフルエンザウイルスおよびコイヘルペスウイルスなどエンベロープを有するウイルスを不活化し，

表8　ヨウ素-シクロデキストリン包接体の細菌およびカビに対する最小発育阻止濃度

菌　種	※1MIC値（ppm）	
	※2BCDI	※3MCDI
Escherichia coli F 1（大腸菌）	20	20
Escherichia coli IFM 3039（大腸菌）	20	20
Salmonella enteritidis IFM 3029（サルモネラ菌）	10	20
MRSA　臨床分離株（メチシリン耐性黄色ブドウ球菌）	5	10
Salmonella marcescsens IFM 3027（サルモネラ菌）	5	20
Klebsiella oxytoca IFM 3046（クレブシエラ菌）	5	20
Pseudomonas aeruginosa IFM 3011（緑膿菌）	10	39
Bacillus subtilis IAM 1211 B（枯草菌）	10	10
Staphylococcus aureus subsp. *aureus* IFM 2014（黄色ブドウ球菌）	5	10
Enterococcus faecalis IFM 2001（腸球菌）	5	20
Lactobacillus casei IFM 2065（乳酸菌）	5	10
Candida albicans IFM 4008 B（カンジダ菌）	39	156

※1　寒天平板希釈法
※2　有効ヨウ素濃度20%
※3　有効ヨウ素濃度3%

表9　ヨウ素-シクロデキストリン包接体による殺菌効果

菌　種	抗菌剤	作用時間（分）	※1MBC（ppm）
Escherichia coli F 1	※2BCDI	1 >3	20 10
Escherichia coli F 1	※3MCDI	1 >3	78 39
※4MRSA　臨床分離株	BCDI	1 >3	>10 10
MRSA　臨床分離株	MCDI	1 >3	>78 78

※1　液体培地法
※2　有効ヨウ素濃度20%
※3　有効ヨウ素濃度3%
※4　メチシリン耐性黄色ブドウ球菌

感染能を失わせることを報告している[11,12]。

5.6　ヨウ素-αCD 包接体による消臭機能

図12および13はαCDIによる悪臭の主成分となるアセトアルデヒドおよびメチルメルカプタンの濃度変化を示したものである。αCDIおよびPVP-Iの水溶液5mlをそれぞれにおい袋に入れ，空気3Lを封入した後，各種臭い成分を添加し，経時的に袋内のガス濃度をガス検知管で測定した。アセトアルデヒドおよびメチルメルカプタンともにαCDIにおいてPVP-Iの場合よりも袋のなかの濃度が減少していることが確認された。このほかにも，同様の試験でトリメチルアミン，硫化水素，ホルムアルデヒド，アンモニアおよびイソ吉草酸においてBCDIによる濃度の減少が確認されている[13]。

生活環境において，トイレ，風呂場および台所の排水口，生ごみなどから悪臭が発生することが多い。これらは湿条件下において細菌やカビが繁殖し，悪臭の原因となる物質を菌体外に産生していることによる場合が多い。CDIでは上に述べたように，細菌およびカビに対して抗菌活性を持っているため，悪臭の原因となる微生物を除菌し，悪臭を断つことができる。このとき，αCDIではヨウ素の遊離が抑えられ安定しているため（図10，11，除菌および消臭効果を長時間持続させることができ，また対象物の腐食および着色を抑えることができる。

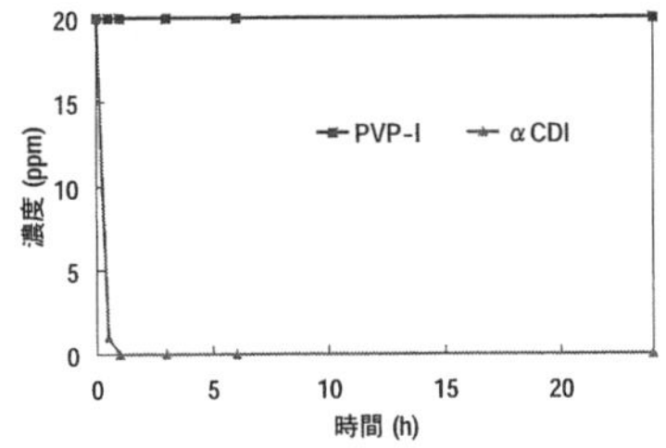

図12　αCDIによるアセトアルデヒド濃度の変化

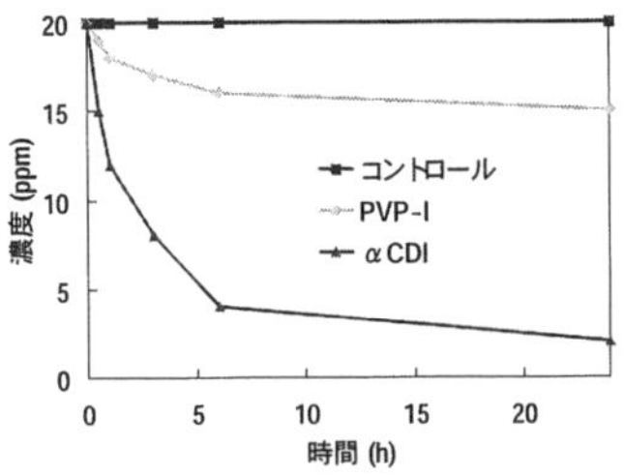

図13　αCDIによるメチルメルカプタン濃度の変化

文　献

1) 厚生労働省，食中毒・食品監視関連情報（http://www.mhlw.go.jp/topics/syokuchu/index.html）
2) 特許庁，技術分野別特許マップ，平成12年度，化学24，抗菌性化合物とその応用
3) 通商産業省生活産業局生活文化産業企画官付生活関連新機能加工製品懇談会，生活関連新機能加工製品懇談会報告書（抗菌加工製品），平成10年12月
4) 帝三製薬㈱，特許公開昭60-188302「安定化された抗菌組成物及びその製造法」
5) 八木澤守正，新規抗真菌薬の探索研究，日本医真菌学会誌，45，77-81（2004）
6) Viviani M. A. *et al*, New approaches to antifungal activity, *Medical Mycology*, 36 suppl 1, 194-206（1998）
7) Viernstein H. *et al*, Solubility enhancement of low soluble biologically active compounds-temperature and cosolvent dependent inclusion complexation, *International Journal of Pharmaceutics*, 256, 85-94（2003）
8) Wacker-Chemie GmbH, 特許公開2001-131007「水性または水で希釈可能な木材保護剤，木材保護剤濃縮物，木材保護剤の製造法ならびに木材および木質材料の保護法」
9) 寺尾啓二他，非水溶性トリアセチル化シクロデキストリンの合成の応用，*JETI*, 55(7)，73-79（2004）
10) 寺尾啓二他，防菌防黴剤としてのシクロデキストリン・ヨード包接体（CD-I）の製造と特性，日本防菌防黴学会第28回年次大会要旨集，2001，p 135.
11) 日宝化学㈱，特許公開2006-328039「鳥インフルエンザ不活化剤」
12) 日宝化学㈱，特許公開2007-039396「ヘルペスウイルス不活化剤」
13) 日宝化学㈱ホームページ（http://www.npckk.co.jp/technology/iodine/cdi/deod.html）

第9章　におい・香りのコントロール

四日洋和*

1　はじめに

近年，過密かつ複雑化した現代社会において，現代特有の都市型生活環境，住居環境，仕事場環境がもたらすストレス付加による人体への悪影響が取りざたされている。我々，現代人は，このストレスの増大に加え，自然志向，健康志向，高齢化の進行，そして，香りブームなどを背景として，効果的・経済的な都市型臭気対策ニーズと共に，快適さ，自然な香り，質の高い芳香製品のニーズを満たすためのアメニティ社会における新しいにおい／香り環境を創造する必要性が生じている。

このような状況下，最近では，悪臭対策から，生活空間を快適にするアメニティ対策に関する研究やその関連物質の開発に至るまで，揮発性臭気物質の制御，換言すれば，不快なにおい（臭い）や良いかおり（香り）のコントロールに関する様々な研究が行われている。特に，香りは人間の生理や心理に大きく影響を与えるもので，ハーブ，ポプリ，フィトンチッド（森林浴）等の効果を利用したアロマテラピー（芳香療法）は，ストレス等の精神医学を中心に香料学，化学等の種々の分野で研究が盛んになってきている。しかしながら，アロマテラピー等に利用できる香料製品の開発は進んでいるものの，香りは放散の調節が難しく，香りの放散の微妙な調節が最も重要な課題である。また，生活環境の中の悪臭対策においては，その悪臭が単一物質ではなく，揮発性の水溶性物質，油性物質，昇華性物質と実に様々な臭気物質の混合であることから，各種消臭剤の複合化による効率的，且つ，効果的な消臭法の開発がもう一つの重要な課題となっている。

ここでは，それらの課題に向けて，最も有用なツールの一つであるシクロデキストリン（以下，CD）を用いた臭気／香気のコントロール技術について，最近の動向を述べる。この総説を基に，におい制御に関する新規技術開発へのアイデア，創造の為の資料として利用して頂ければ幸いである。

＊ Hirokazu Shiga ㈱シクロケム　テクニカルサポート　研究員

2 CDによる消臭について

生活環境の中には，実に様々な種類の悪臭成分が存在する。中でも人体への悪影響をもたらすと考えられ，国が指定した悪臭物質は，その空気中濃度を減少させるべき努力が必要とされている。表1と表2にそれぞれ，1989年に指定された悪臭物質と1994に追加された指定悪臭物質について，その主な発生源と消臭に適したCDの種類を示す。表からも明らかなように，CDはその空洞内に有機性物質を取り込む性質を利用した消臭素材であることから，アンモニア，硫化水素，ホルムアルデヒドなど，水溶性の悪臭物質の除去は不得意であり，他の消臭素材との組み合わせが必要となってくる。ここでは，CDを単独で用いた消臭剤と共にCDを用いた複合タイプの消臭剤の開発状況などについて，以下，具体例を挙げて説明する。

表1　1989年に指定された悪臭物質

物質名	臭　い	主な発生源	CDの有効性と種類
アンモニア	し尿の様な臭い	畜産，し尿	難
メチルメルカプタン	腐ったたまねぎ臭	パルプ製造，し尿	α，メチルβ
硫化水素	腐った卵の様な臭い	畜産，し尿，産業廃棄物	難
硫化メチル	腐ったキャベツ臭	パルプ製造，し尿	α，メチルβ
二硫化メチル	腐ったキャベツ臭	パルプ製造，し尿	α，メチルβ
トリメチルアミン	腐った魚の様な臭い	畜産，水産缶詰製造	メチルβ
アセトアルデヒド	刺激的な青ぐさい臭い	化学工場，タバコ製造	α，メチルβ
スチレン	都市ガスの様な臭い	化学工場，FRP製造	β，メチルβ
プロピオン酸	刺激的な酸っぱい臭い	脂肪酸製造，染色工場	α
n-酪酸	汗くさい臭い	畜産，澱粉工場	α
n-吉草酸	むれた靴下の様な臭い	畜産，澱粉工場	α
イソ吉草酸	むれた靴下の様な臭い	畜産，澱粉工場	α

表2　1994年に指定された悪臭物質

物質名	臭　い	主な発生源	CDの有効性と種類
トルエン	ガソリンの様な臭い	塗装，印刷工程	β，メチルβ
キシレン	ガソリンの様な臭い	塗装，印刷工程	β，メチルβ
酢酸エチル	シンナーの様な臭い	塗装，印刷工程	α，メチルβ
メチルイソブチルケトン	シンナーの様な臭い	塗装，印刷工程	α，メチルβ
イソブタノール	発酵臭	塗装工程	α，メチルβ
プロピオンアルデヒド	甘酸っぱい焦げた臭い	焼き付け塗装工程	α
n-ブチルアルデヒド	甘酸っぱい焦げた臭い	焼き付け塗装工程	α
イソブチルアルデヒド	甘酸っぱい焦げた臭い	焼き付け塗装工程	α，メチルβ
n-バレルアルデヒド	甘酸っぱい焦げた臭い	焼き付け塗装工程	α
イソバレルアルデヒド	甘酸っぱい焦げた臭い	焼き付け塗装工程	α，メチルβ

2.1　CDを単独で用いる消臭

2.1.1　α-，γ-CDによるニンニクの無臭化

ニンニクの脱臭方法としては，ニンニクの鱗茎を水または油あるいは火炎により加熱する方法や，生ニンニクの断片を食用油に浸漬する方法，固形油脂や甘草などと混合する方法が知られている。また，生ニンニク粉末を動物性あるいは植物性油脂とエトキシキンにより処理して脱臭する方法の特許も開示されている。しかし，これら脱臭方法は，加熱によりニンニクの栄養素を消失，破壊してしまう。また，脱臭ができても経口摂取した後，腸に到達する前にニンニクの成分の硫化アリル類が分解して，口臭や体からニンニク臭が発生することがある。

そこで，圧搾ニンニク液中のニンニク臭発生酵素（硫化アリル分解酵素：アリナーゼ）の失活温度下で食用油と混合し，所定時間保冷して硫化アリル分解酵素の分離を行うことで，ニンニク臭を脱臭したニンニク液を取り出す方法も提案されている。しかし，この脱臭ニンニクの製法で製造されたニンニク液は，ニンニク臭のする口臭や体臭が改善されても，ニンニク液そのもののニンニク臭はまだ完全に消えていない。つまり，ニンニク臭そのものを嫌う人には，この脱臭処理ニンニク液を提供できず，ニンニクのもつ優れた効果や味を十分に体験できないという課題が残されている。

そこで，ニンニクの栄養素を極力壊すことなく，摂取後も臭いがしないとともに，摂取前であってもニンニク臭がきわめて検知しにくい消臭方法として，3種CDによる消臭方法を検討した。その結果，α-CD，β-CD，γ-CDの中で，α-CDが最も有効であったが，α-CDとγ-CDの混合CDでさらにその消臭効果が高まることがわかった（図1）。

2.1.2　α-CDによる口臭予防

CDを用いて気になる口臭を消臭する口臭防止剤についての簡単な実験があるので紹介する。口臭源はガーリックとサリチル酸メチルエステルである（図2）。各種CDの口臭防止効果を比較した結果，α-CDの口臭防止効果が顕著に高いことが分かった。α-，β-，γ-CDの中でα-CD

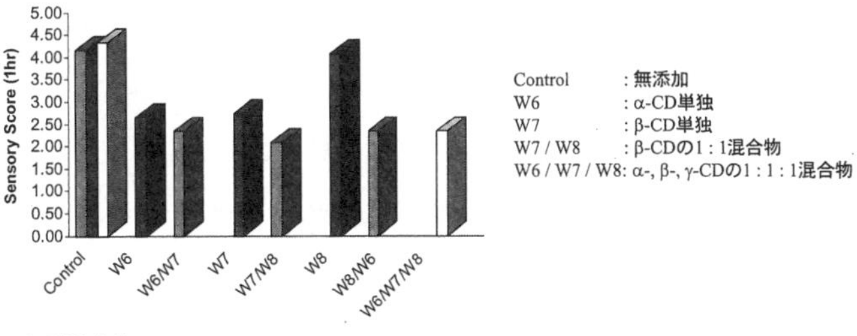

◆ 試験方法

バイアル瓶（100 mL）に、にんにく粉末（0.1 g）とH_2O（10 mL）を入れ、CDを添加してセプタムキャップする。1時間後、空気10 mLを注入し、入れ替わった空気の臭いを嗅ぐ。

図1　各CD単独およびCD混合物によるにんにく臭の低減効果

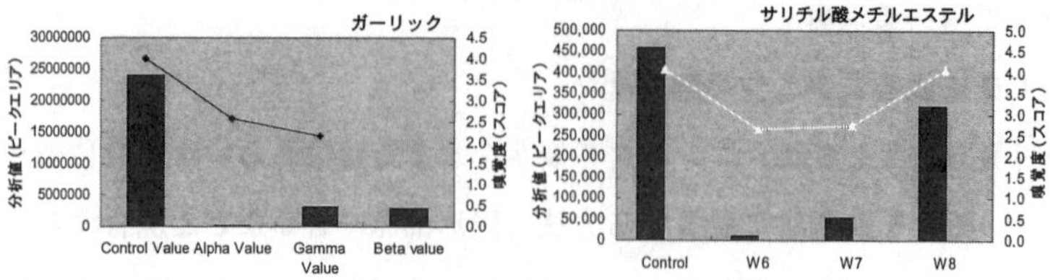

◆ 試験方法

100 mLガラス瓶に水 10 mL、口臭成分0.1 g、CD 1 gを加え、セプタムシールする。1時間後、空気100 mLをガラス瓶内に注入して瓶内ガスを採取し、臭いを嗅ぐ（5＝強、1＝弱）。24時間後、ピークを面積で分析する。

図２　α-CD の口臭低減効果

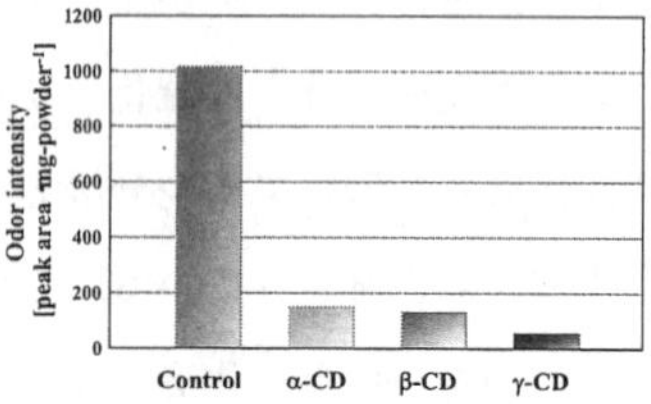

図３　CD によるカキ肉粉末の匂い低減効果

が最も有効である理由としては，α-CD が口臭物質との親和性が最も高いこと，α-CD はβ-CD に比べ水に対する溶解度が高いこと，そして，γ-CD は唾液アミラーゼによって分解するがα-CD は難分解性であることが挙げられる。

2.1.3　γ-CD によるカキ肉粉末のにおい低減

カキ肉にはタウリンを始め，核酸関連物質，亜鉛，グルタチオン，グリコーゲン，ビタミンB群，アミノ酸など健康維持に欠かせない有用成分が多く含まれており，現在，滋養強壮や美肌などをターゲットとしたカキ肉含有のサプリメントや健康食品などが数多く市販されている。しかし，カキ肉には独特の生臭さがあり，このことが原因で食することを嫌う者も多い。そこで，この問題に対し，シクロケムではCD を応用できないか検討を行った。実験はガラスバイアル瓶（50 mm×φ26 mm）にカキ肉粉末500 mg を加え，3 日間室温で静置し，その後，固相マイクロ抽出法（SPME）法を用いて臭気強度を GC から分析した。その結果，何れの CD においても，カキ肉粉末の臭気強度を大幅に低減できることがわかった（図3）。

2.1.4　短鎖脂肪酸の臭いのマスキング

酢酸，プロピオン酸，酪酸，吉草酸などの短鎖脂肪酸は，それぞれ独特の臭いをもっている。この臭いはα-CD の包接化によってマスキングできる。また，α-CD でこれらの短鎖脂肪酸を粉末化できることもわかっている。たとえば，酪酸は整腸作用などが確認されているが，揮発性の臭いがあるので利用が限られてきた。これにマスキングが可能になったことから，現在この酪酸-α-CD 包接粉末の飼料添加物や機能性食品素材などへの利用が検討されている。酪酸はエネル

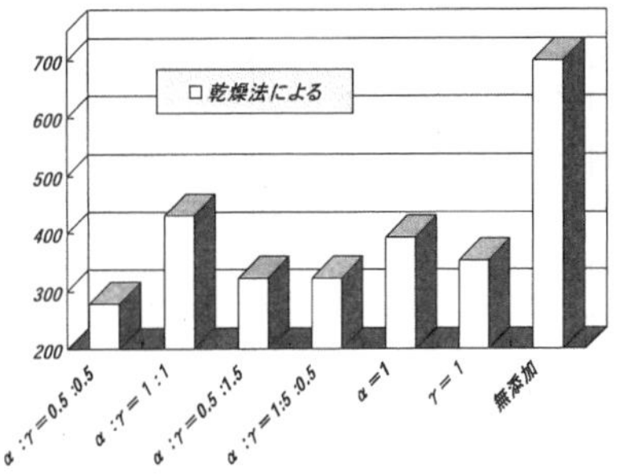

アムラは0.1等量配合、横軸はサメ軟骨抽出物を1としたときの配合比

図4　サメ軟骨抽出物 CD 包接体の臭気変化，
α-CD と γ-CD の配合比検討

ギー源としてだけでなく，腸管内で消化管細胞の増殖を活性化する機能があることが知られている。そして酪酸は，反芻動物第一胃（ルーメン）の内部で短鎖脂肪酸を吸収する絨毛の発育を促進することが確認されている。この他，酪酸が腸管の運動を活発化し，糞便の排出を促進することも動物実験で確認されている。また，プロピオン酸-α-CD 包接体粉末は食品の防腐剤として使用されている。これは，α-CD でプロピオン酸を安定化したものである。このことからα-CD は食品，飼料，ペットフードの長期保存剤として，また腸内改善と糞便の際の無臭化剤としても実用化されている。

2.1.5　サメ軟骨抽出物の CD による無臭化

サメ軟骨抽出物にはコンドロイチンが多く含まれているが，これを抽出して利用する際，サメ軟骨抽出物にはサメ特有の異臭があるので，食するには抵抗がある。この異臭を無臭化する方法を検討した結果，サメ軟骨抽出物に対して，各種 CD および抗酸化物質であるアムラ植物抽出粉末を加え，混練法・飽和水溶液法・乾燥法の何れかの方法で包接化処理を行うことにより臭いを低減できる。さらに，各種 CD を組み合わせて，ニオイモニター（理研計器，OD-85）で臭気強度を比較した。その結果，α-，γ-CD を合わせることで，サメ軟骨抽出物を無臭化できることがわかった（図4）。

2.2　CD を用いた複合タイプの消臭剤

2.2.1　CD とヨウ素との組み合わせ

ヨウ素は抗菌力が強く，広範囲の抗菌スペクトルを有し，従来から防腐，抗菌，殺ウイルス剤の原料として広く利用されている。水溶性の悪臭物質である硫化水素やアンモニアは，嫌気性菌の活動から発生する場合が多い。ヨウ素は，この嫌気性菌の活動を阻止することによって硫化水素やアンモニアの発生を抑制できる。また，硫化水素やアンモニアは，蛋白質の構成成分であるアミノ酸の還元的な分解によって生じるものであるが，ヨウ素は，そのような悪臭物質を酸化し

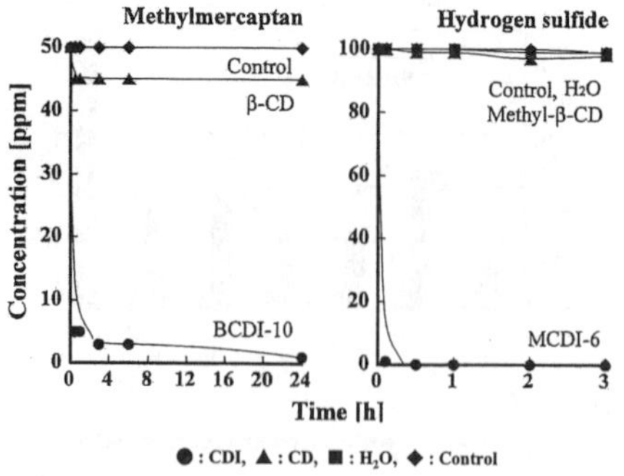

◆ 試験方法

BCDI-10（β-CD / ヨウ素包接体, 有効ヨウ素濃度: 10wt%）5 gまたはMCDI-6（Methyl-β-CD / ヨウ素包接体, 有効ヨウ素濃度: 6wt%）830 μLをそれぞれ臭い袋（ポリフッ化ビニル製）に加え、空気3 Lを封入した後、所定濃度に調整した各種臭い物質を添加し、経時的に袋内のガス濃度を検知管で測定した。BCDI-10, MCDI-6の対象試験としては、検体と同量のβ-CD, 27wt% Methyl-β-CD水溶液をそれぞれ用いた。また、MCDI-6は水溶液であることから水との比較実験も同様に行った。

図５　CDI の臭気物質低減効果

て硫酸塩や硝酸塩など，安全な無機塩に変換できる能力も持ち合わせていることから，悪臭物質の発生後の消臭も可能である。しかしながら，ヨウ素自体は昇華性を有するため，不安定物質でその取り扱いに難点を持っている。そこで，ヨウ素原子を β-CD に包接させると，ヨウ素原子を安定化することが分かった[1~4]。

このヨウ素-β-CD 包接体（BCDI）を用いると，抗菌活性を示す濃度のヨウ素分子を長期に渡る持続的な徐放によって，水溶性の悪臭成分を除去できる（図5）。また，有機性（親油性）の悪臭成分は，ヨウ素が解離した後の β-CD に包接化によって，同様に，その濃度の低減が認められる。ただ，この BCDI には，希釈水溶液にした場合，ヨウ素は安定に保たれず，揮散していくという問題点が残されている。この問題に対して，β-CD よりも小さい空洞を有する α-CD を併用することで，安定化できることが判明し[5~7]，現在，この技術を応用した消臭，抗菌剤の開発が活発に進められている[8]。

（ヨウ素 CD 包接体を使用した製品例）

台所や風呂場のような湿った場所では，雑菌の繁殖により，いわゆるぬめりやそれに伴う悪臭が発生することが問題となっている。例えば，台所の流し台では，排水口の入口には，台所内のゴミが水と一緒に流れ込まないように，ストレイナーが設けられているが，このストレイナー内にはゴミが溜まっており，しかも湿っているために，雑菌やカビ等の微生物が繁殖し，ぬめりを発生したり，悪臭を発生したりするという問題がある。また，男子トイレの小便器には，尿石が付着固化し，臭気が発生し清潔な便器維持に支障が生じている。このぬめりの発生防止，尿石の除去に関する提案も従来多数なされている。しかし，現行では，薬剤としては塩素，臭素系が大半を占めているが，これらはいずれも人体に対する毒性が極めて強く，安全性に問題がある。このため，同じハロゲン化合物であるが人体に極めて安全なヨード化合物がこれに代わるものとして考えられ始めている。そこで，ぬめり止め環境殺菌剤として，ヨウ素CD包接体を用いたところ，殺菌効果を長期間持続させることで，消臭効果も持続でき，しかも金属類への腐食を著しく緩和させることができる製品が市販されている[9)]。

2.2.2　カテキン類との組み合わせ

カテキン類には，抗酸化作用，抗菌作用，抗ウイルス作用，抗アレルギー作用，消臭（脱臭）作用などの薬理作用があることが近年明らかにされてきている。カテキン類の薬理作用は，衣類，家具調度品，食品などに付着・含浸させることによって期待できる。しかしながら，カテキン類には，着色成分，臭気成分が含まれており，付着させた製品は茶褐色などに変色し，茶の臭気が現れるため，その利用は制限されている。そこで，カテキン類，臭気成分，着色成分を含有する茶抽出液に，CD存在下に活性炭を作用させ，該茶抽出液中の臭気成分，着色成分を活性炭に吸着させ除去した抗菌脱臭剤が開発されている[10)]。この抗菌脱臭剤は，カテキンのもつ消臭能力とCDの消臭能力を複合的相乗的に持っており，繊維に染み込ませても，臭気や着色がほとんどなく，優れた抗菌脱臭効果が確認されており，繊維のみならず，プラスチック，塗料などの分野で使用できる。具体的には，通気性の袋・容器などに入れて冷蔵庫，押入，タンス等に入れて用いる。また，紙，繊維，衣料，下着類，衛生用品，手袋，帽子，マスクなど肌と接する衣料品をはじめ，各種食料品，食品包装用フィルム，包装材，抗菌消臭性フィルターその他の各種工業製品などに応用検討されている。

2.2.3　プロピレングリコールとの組み合わせ

生理用ナプキンや使い捨ておむつなどの吸収性物品は，体内から排出された尿・排便，おりもの・経血等の排泄物を吸収するとともに，逆戻りさせることなく吸収性物品内に排泄物を保持することを主な目的としている。しかし，排泄物の匂いは使用者や排泄物を吸収した吸収性物品を処理するものにとって不快なものである。このような不快臭を取り除くため吸収体の表面又は裏面に，脱臭剤として未包接のCDを含んだパンティライナーが提案されている。CDが周囲に存在する臭気物質を包接するため，消臭機能が発現する。しかし，使用前の状態において空気中の水分によりCDが空気中の化合物を包接し，使用時には包接することができる臭気絶対量が少なくなり，消臭機能が落ちるという問題があった。この致命的な問題を解決した手法が開発されている。

この手法とは，消臭機能を持つCDが溶解した状態でプロピレングリコールなどの不揮発性の溶剤によって吸収性物品に固定するものである。使用前においてはCDが不揮発性の溶剤中に存在し，空気中の微量な水分に接することがないため，空気中の臭気物質を包接しない。使用時において排泄物の水分がCDに接すると，臭気物質を包接する。よって，CDが有する脱臭機能を使用前に低下することがなく，使用時には高い消臭機能が発現することが判明している[11)]。

この開発は，シクロケム社の提案に基づいて，ユニ・チャーム社が検討し，成功したものである。CDは，水分子よりもアルコール類等の水溶性溶剤を包接しやすい，そして，水溶性溶剤よりも脂溶性物質の方を包接しやすい，という性質を持っている。そこで，水溶性溶剤CD包接体からのゲスト分子の変換速度は，水分子CD包接体からの速度よりも遅い，という原理をうまく利用した開発である。

2.2.4 金属フタロシアニンとの組み合わせ

最近の気密性の高い家屋では，臭いがこもりやすく，タバコ臭や体臭，ペット臭等を取り除きたいという要望が高まってきている。そのため，脱臭・消臭機能を有するフィルターを，エアコンや空気清浄器などの空調装置に取り入れる提案がなされている。その消臭方法として，光触媒酸化，オゾン酸化によるものが多く利用されている。しかし，光触媒酸化による消臭方法では，消臭速度が遅く，励起光源（紫外線）を設ける必要がある。そして，この励起光源として紫外線ランプを使用すると，コストが高く，電力消費が大きくなるなどの問題が生じる。また，オゾン酸化による消臭方法では，過剰オゾンを分解する装置が必要であり，高価格や電力消費が大きいだけでなく，オゾンそのものが人体に有害なために，安全性上好ましくないなどの問題を有している。そこで，それらの問題点を解決する方法として，鉄フタロシアニン錯体等の遷移金属キレート化合物を用いた酸化触媒法が提案され，現在注目されている。

鉄フタロシアニンは人工の生体酸化酵素として，アンモニア，アミン，硫化水素，メルカプタン類，インドール，カルボニル化合物等を酸化分解する機能を持つ。悪臭分子の多くは移動性水素を有するため，これを脱水素酸化，ダイマー化，水溶性化し，不揮発化させることによる消臭が可能であり，①反応速度が速く分解効率がよい，②常温で反応が進行する，③水系反応であるために環境汚染の心配がない，④サイクル反応であるため，触媒寿命が長い，等の利点を持っている。しかしながら，アセトアルデヒドなどの中性ガスに対する消臭性能が劣っていることが欠点である。そこで，フタロシアニン錯体をメチル化CDやヒドロキシプロピル化CDなどの水溶性が高く包接能の高いCD誘導体と組み合わせて，CDの持つ臭気成分の包接作用で，金属錯体の近傍に臭気成分を寄せ高効率に分解・吸着反応が起こることが分かっている。また，水溶性のCD誘導体は中性ガスを包接によって消臭できることが確かめられ，幅広い様々な臭気の消臭が可能となっている[12)]。

2.2.5 水との組み合わせ

現在市販されているP&G社の「ファブリーズ」のとうもろこし由来の消臭成分とは，CDを部分メチル化やヒドロキシプロピル化させた水溶性のCD誘導体であるが（現在は，ヒドロキシプロピル化β-CDのみ），この「ファブリーズ」に含まれるもう一つの重要な消臭成分は“水”である。水はそれ自体の予想外な臭気抑制効果を有する。一部の極性低分子量有機アミン，酸及びメルカプタンにより生じる臭気の強度は，臭気汚染布帛が水溶液で処理されたときに減少する。水はこれらの極性低分子量有機分子を溶解させて，その蒸気圧を抑え，こうしてそれらの臭気強度を減少させることが確かめられている。よって，「ファブリーズ」は，水の持つ水溶性悪臭分の除去能とCD誘導体の持つ油溶性（有機性）悪臭成分の除去能がうまく組み合わさった消臭剤といえる[13]。

2.2.6　香料との組み合わせ（臭いのマスキング）

近年になって平均寿命が延びたことによって，現代社会は老齢社会へと歩み始めている。この様な状況において，例えば，紙オムツのような衛生用品の需要が延びている。この様な衛生用品は本来乳幼児用に開発された商品のサイズを変えて老人用にそのまま適用しているケースが少なくない。老人と乳幼児では，食べ物の種類やその代謝のシステムが著しく異なるため，異臭（老人特有の臭い）の発生などの問題が生じている。そこで，香料のCD包接体を用いて異臭マスキングを試みている。紙オムツなどの衛生用品やペット用品に用いると，そこから発せられる異臭を抑制できることが明らかとなっている。CDに包接される香料としては，メチルサリシレート，メントール，桂皮アルコール，シス-3-ヘキセノール，バニリン，オイゲノール，イソアミルアセテート，シンナミックアルデヒド，パラクレシルアセテート，リナリルアセテート，ベンジルアセテート，シトロネロール，ゲラニオール，ジヒドロミルセノール，カプロン酸アリル，酢酸ヘキシル，レモンオイル，スペアミントオイル，ユーカリ油等が有効である[14]。

3　CDによる香りの徐放について

CDは，臭い（におい，悪臭）を消す消臭剤であると同時に匂い（におい，良い香り）をゆっくりと放出する徐放剤でもある。ここでは，香水などの人にとっての良い香りだけではなく，虫や動物の忌避効果や抗菌作用を有する揮発性物質も含めて，CDによるフレーバーの包接・徐放ついて述べる。これまでに開発されてきた活性成分徐放性CD包接体には，アリルイソチオシアネート（AITC），ヒノキチオール，DEET，メントール，ティーツリーオイル，シトラール，シダーオイル，ベルガモットオイル，ニームオイル，香料など様々であり，また，これら物質のCD包接化による目的はこれら揮発性物質の貯蔵安定化か粉末化が殆どである。

3.1　CDによるフレーバーの包接と徐放

Reineccius らは[15]，温度20℃，40℃，相対湿度65%，80%におけるα-，β-，γ-各種CDのフレーバー保持能力について比較検討を行った。その結果，各種CD包接体におけるフレーバーの消失量は，一般にγ-CDが最も初期のフレーバー保持能力が高い。しかし，一定期間貯蔵後のフレーバー消失率をみると，γ-CD包接体で最も高く，また，α-CD包接体で最も低く，α-CDが長期のフレーバー保持能力は最も高いことが分かった（図6）。

CD包接体からフレーバーなどゲスト分子の解離には，湿度（水の存在）が大きく関与する。CDの周囲にフレーバーと水分子が存在する環境では，ゲスト分子としてフレーバーと水分子はどちらもホスト分子のCDと包接—解離の平衡状態にある。水分子が多ければフレーバーはより多く解離していくし，水分子が少なければフレーバーはより多く包接化されていく。たとえばメントールの場合，沸点以上であれば当然蒸発してしまうのだが，その揮発性物質のCD包接体は無水状態であれば，沸点以上の温度であっても安定に保持できる。図7で示したように，220℃というような温度では水分が存在できないので，メントールはCDに包接化されたまま沸点以上であるにもかかわらず安定である。

フレーバー徐放コントロールには，これまでα-CDとγ-CDの供給が不十分であったことと，高価格であったことが理由で，β-CDが広く利用されてきたが，そもそもフレーバーは複数の揮発性有機物質の混合物であることが多いため，β-CD単独では目的とするパフォーマンスを成し遂げるには限界がある。2000年以降，ドイツワッカー社がα-CD，γ-CDの大量生産を開始し，これらCDの価格が大幅に下がって安価に入手できるようになったので，現在はフレーバー種類，湿度，温度などの環境，いかに保持したいか，いかなる速度で徐放したいかなど，それぞれの用

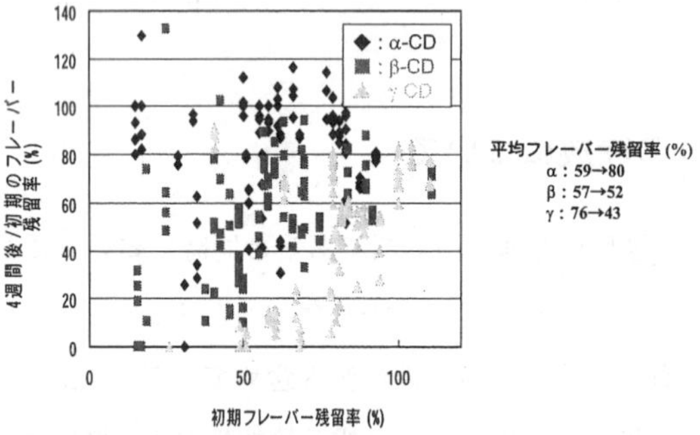

図6 α-，β-，γ-CDのフレーバー保持能力の比較

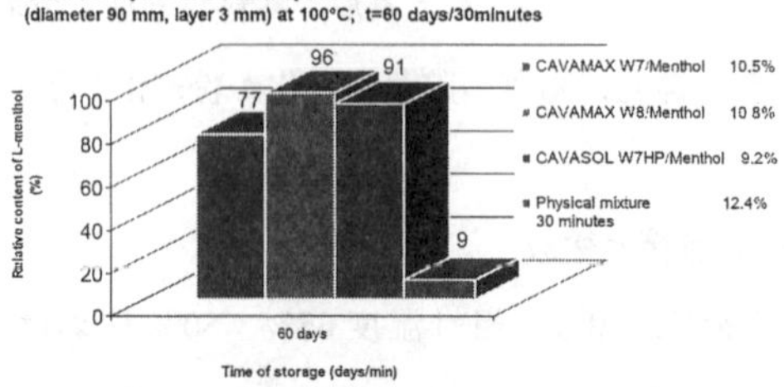

図7 220℃におけるメントールCD包接体の
メントール保持率

途に応じて，α-CD，β-CD，γ-CDの最適な混合比率を選択する必要がある。

以下，CDによるフレーバーコントロールの現状について，具体例を挙げて説明する。

3.2　食品フレーバーへの応用例

3.2.1　鰹節エキスの香気成分保持

従来から鰹節エキスおよびその乾燥物を製造する過程（抽出，濃縮，乾燥）では，その香気成分が損失あるいは揮散するという問題があった。これらの問題に対し，鰹節エキスにβ-CDを添加して乾燥することで風味をそこなうことなく，優れた乾燥物を得る方法が提案されている。これはCDによって香気成分を包接化することで，香気成分の揮散や酸化などの変質を低減させたものである。しかし，このβ-CD添加乾燥物は，香りの低減に対する改善はみられるものの，鰹節本来の香りとくらべて香りの質は明らかに劣る。そこで，鰹節エキスにCDを添加する際のα-CD，β-CDおよびγ-CDの組成が，鰹節エキスの香りの質に，また鰹節エキスを乾燥して得られる物質の香りの質に影響を及ぼすことの検証を行ったのが図8である。この図からCDの組成によって明らかに違いが出ていることがわかる。つまり，適切なCD組成を吟味選択することで，鰹節本来の香りに限りなく近い香りをもつ鰹節エキスおよびその乾燥物を得ることができるのである[16]。

3.2.2　茶類エキスの香気成分保持

茶類エキスもまた鰹節エキスと同様に，適正なCD組成を選択することで茶類エキス本来の香りを有する茶類エキス粉末を製造できる。従来から，紅茶，ウーロン茶，緑茶，ほうじ茶など茶類エキス粉末を製造する過程（抽出，濃縮，乾燥）で，その香気成分が損失，あるいは揮散するといった問題があった。これら問題に対し，CD含有液で抽出し，抽出液をデキストリン存在下で乾燥するという方法が提案されている。これは，CDによって抽出，濃縮および乾燥中の香気成分の安定性を高めたものである。しかし，この茶類エキス粉末では香りの強さは改善されても，

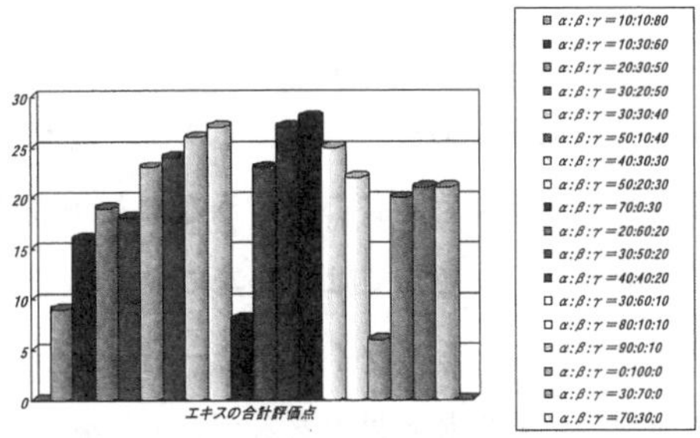

鰹節本来の香りと同様の香りがあるかどうかの判定
判定基準　-1：悪い、0：やや悪い、1：普通、2：やや良、3：良い
パネラー10名による合計点数で評価する。

図8　鰹節エキスの香り評価

ごく一般的な方法で得られる茶湯と比べて香りの質が明らかに劣る。

この問題も，茶類エキスにCDを添加する際にα-CD，β-CDおよびγ-CDの組成比率を吟味する際にα-CD，β-CDおよびγ-CDの混合組成が，なぜ茶類エキスの香りの質に，また茶類エキスを乾燥して得られる粉末の香りの質に影響を及ぼすかということについては，フレーバーも複数成分の混成物であることからその理由は明白であろう。実際に，適切なCD組成を吟味・選択することで得られた茶類エキス粉末は，茶類本来の香りに限りなく近い香りを有することが確認されている。

3.2.3 乳製品フレーバー

伝統的な方法によって作られた乳製品は，微妙な香気バランスと嗜好性の高い風味を醸し出している。ところが，乳脂肪や全脂粉乳，チーズ，牛乳などの乳原料を微生物または微生物が産出する脂肪分解酵素で処理して，チーズあるいはバターのフレーバーを製造する場合，油臭が残る。これは，タンパク乳脂肪含有食品素材であるリパーゼ分解物において，分解によって生成する刺激的な分解臭と遊離された中級・高級脂肪酸の酸化分解反応に由来する油っぽい不快味がさけられないためである。このような不快臭（具体的には乳脂肪含有材料を動植物および微生物の産生するリパーゼの存在下に酵素分解処理して得られる分解物）に対して，適正な量のα-CD，β-CD，γ-CDを混合すると，刺激的な分解臭もなくなり，油脂の加水分解による遊離中級および高級脂肪酸類の酸化分解物に由来する後味の油っぽい不快味もなくなる。こうして得られた乳製品フレーバーは，嗜好性に良好な風味をもつとともに，優れた耐熱性および持続性を有している。

3.2.4 ご飯の風味改善

米とともに麹とCDを直接，あるいは通気性シートのバッグに封入して炊飯器中に入れて炊飯すると，炊き上がったご飯の粘り気や米粒の艶などの食味を向上させるとともに，その際発生する不快な臭気も除去できる。これは麹とCDの相乗効果によるもので，麹に含まれている酵素が炊飯時に溶け出て米のデンプンやタンパク質などに作用し，糖分やご飯の粘り気を与える成分を生成するとともに風味を向上させる効果がある。一方，CDには米の風味のもとになるライスフレーバーを炊飯時に保持し，食事時に徐放する性質があるので，少量のCDを米に加えて炊飯するとご飯の風味と食味をよくする効果がある。さらにCDは，古米の油脂酸化分解から発生する不快な臭気マスキングする作用ももっている。このようなことから麹＋CDは炊飯用添加剤に非常に適している。ここで使用できるCDとしては，酵素に含まれているアミラーゼやプロテアーゼに分解を受けないα-CDとβ-CDである。ライスフレーバーとの相性がよい点，安全性が高い点，アレルギー抑制効果や血糖値上昇抑制効果のある点から，α-CDを使うことが望ましい。

3.2.5 ワサビの香気成分の安定化

アリルイソチオシアネート（AITC）はワサビに含まれる刺激臭と辛みを有する物質である。

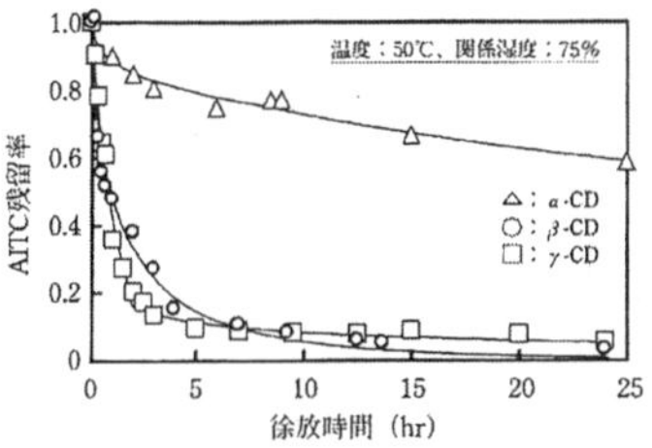

図9　種々のCDに包接されたAITCの徐放特性

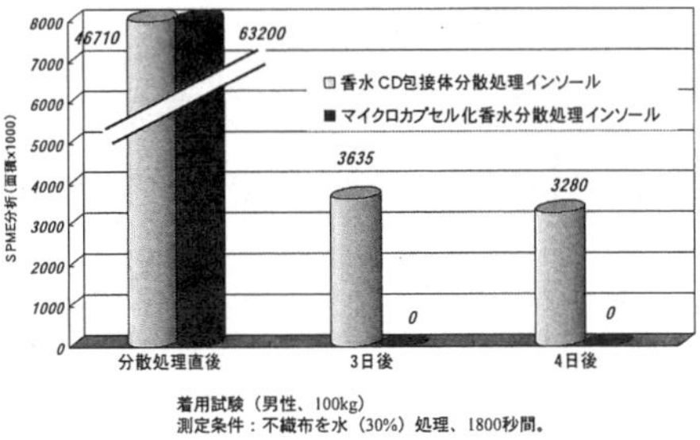

図10　インソールからの香水の徐放

CDが練りワサビや粉末ワサビの製造に利用されているのは，このAITCのCD包接による安定化がいろいろな意味で非常に優れているからである。図9を見ると，AITCのCD包接による安定性はα-CDを用いる場合が最も高い[17]。ここでいう安定化とは，図10にある香気成分AITCの保持だけではない。AITCは空気による酸化や加水分解を受けやすいために不快な臭いに変化する性質があるが，CD包接によってAITCの酸化や加水分解を抑制する効果がある。さらに，包接化することで水分散性も高く，食品素材としての利用性も高くなる。現在，AITC-CD包接体は，練りワサビだけでなく，AITCの抗菌作用を活かして，高分子フィルムに分散させた「お弁当シート」など食品の腐敗防止目的にも用いられている。

3.3　工業製品への応用例

3.3.1　不織布からの香水の徐放

インソールや衣類に使用されている不織布に香水SO 3076のβ-CD包接体を分散処理したものと通常のマイクロカプセル化香水処理したものの香りの徐放について，SPMEを用いて検討した（図10，図11）。インソールや衣類を数日間着用すると，マイクロカプセル化香水処理の場合，0～1日で香りは消失するが，CD包接化香水処理の場合は，人体から発生する汗の水分によって香水はゆっくりと放出され，香りの持続と共に，4～7日後も十分な量の香りが保持されていることが分かる[17]。

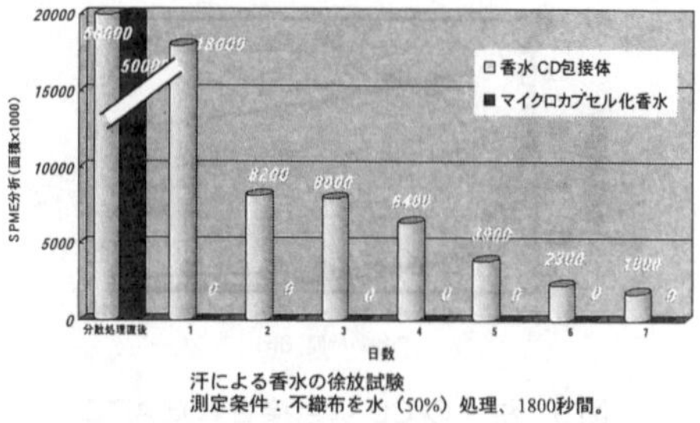

図 11　衣類からの香水の徐放

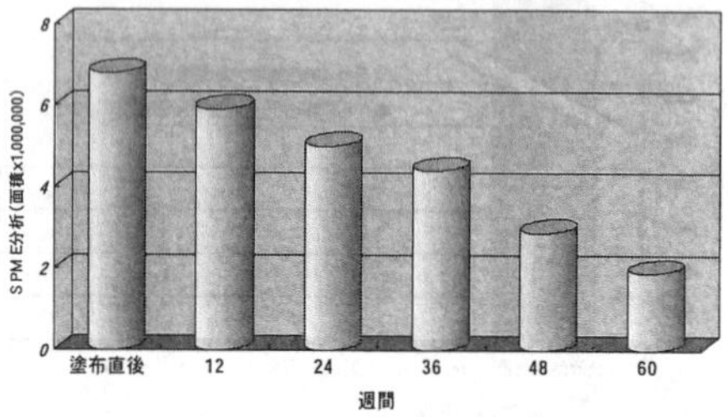

図 12　シトラール β-CD 包接体 0.5% 含有壁塗料
からのシトラールの徐放

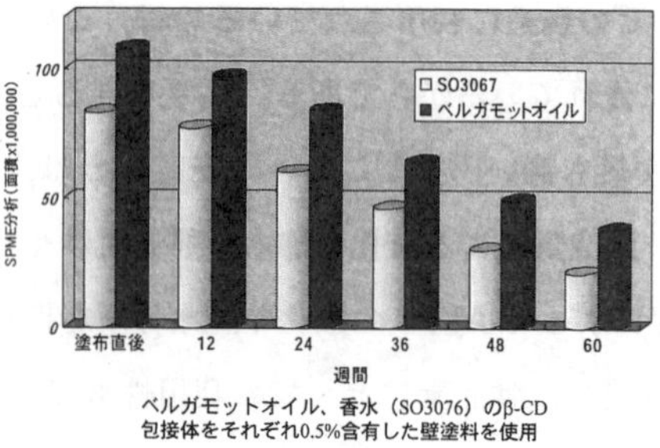

図 13　β-CD 壁塗料からの香りの徐放

3.3.2　壁塗料からの香りの徐放

シトラール，ベルガモットオイル，香水 SO 3076 の β-CD 包接体を 0.5% 含有する壁塗料を塗布した壁からの香りの徐放を SPME で検討した（図 12，図 13）。CD 包接体を用いることで壁から香りは塗布後，1～2 年間の長期に渡ってゆっくりと放出され，香りの持続と共に，1 年後も十分な香りが保持されていることが分かる。

欧州では，香りのみならず，虫や鼠などの忌避物質や抗菌物質の CD 包接体を配合することで機能性壁塗料や壁紙接着剤も開発されている。例えば，ティーツリーオイルは天然の強力な抗菌剤，防腐剤として利用されているが，①紫外線や熱によって，その主成分の一つである α-テルピネンは p-シメンに速やかに変化する，②臭いが強烈で使用し難い，などの欠点を有する。こ

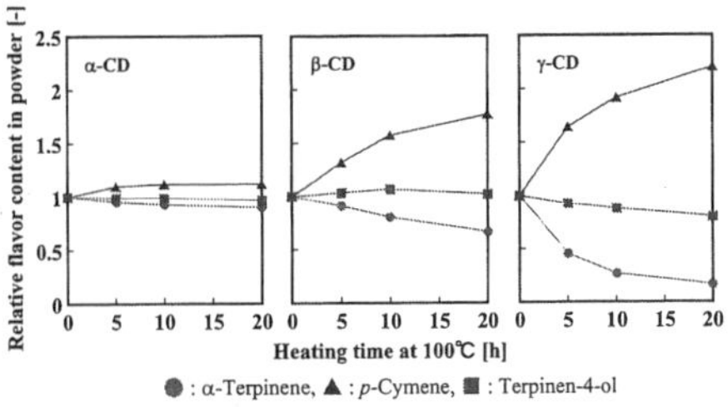

図14　ティーツリーオイル包接体の100℃における熱安定性

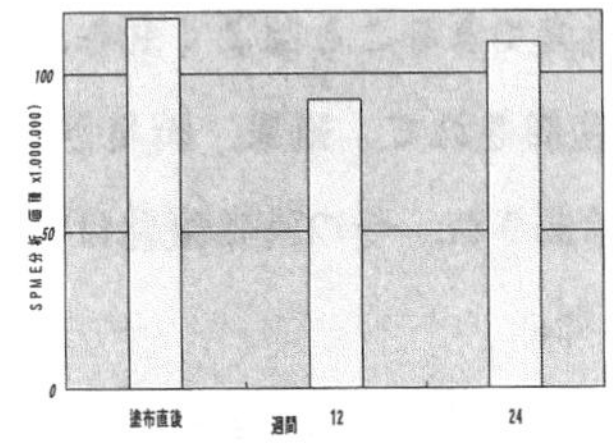

図15　ティーツリーオイル-β-CD包接体0.5%含有壁塗料からのTTOの徐放

のティーツリーオイルをβ-CDで包接化すると，安定性を高め（図14，図15）[18]，長期に渡って抗菌性を付与した壁塗料が得られる。

4　CD固着繊維について

モノクロロトリアジノ化β-CD（MCTCD）は世界で最初の工業的規模での供給が可能な反応性CDであり，ドイツワッカー社で生産されている。日本でも2004年5月にシクロケム社によって化審法が取得されている。MCTCDには，グルコース1つ当り平均0.4個のモノクロロトリアジノ（MCT）基が置換しており，CD1分子当りでは，平均2.8個のMCT基が置換している。MCT基は，高分子のアミノ基や水酸基と反応して共有結合を形成する。そこで，MCTCDを用いると綿などのセルロース繊維にCDを容易に固着できる[19,20]。

本節ではMCTCD固着繊維の応用例について述べる。CD固着繊維の詳細については，10章“繊維・プラスチックへの固定化”をご参照いただきたい。

4.1　CD固着繊維による消臭

ドイツ北西部（Krefeld，Germany）にある繊維中央研究所（The German Textile Research

Center）は，MCTCD を用いて CD を繊維に固着することで，剥製動物から発生する臭気の除去にもいち早く成功し，既に，その消臭繊維を EU で上市している。ドイツで放映された TV コマーシャルでは“Bugatti の新しいフレッシュコンセプトスーツ”を着て，豚舎で働き，このビジネススーツでごみ収集業務を行っている。この Bugatti のスーツは，MCTCD を用いて CD を固着化した繊維でファッション業界世界初の臭気除去スーツで，2001 年サマースーツコレクション（Summer 2001 suits collection）で発表されている。また，Baeren Welt は，テディベアのクマがそれぞれ違った香りを持っており，そのクマの毛皮を擦ると，それぞれの香りを放出するといった，少し遊び心を持った衣類なども，Bugatti との共同で開発している。

CD 水溶液を繊維に噴霧すると消臭できることはよく知られている。水分が蒸発すると同時に，繊維上の臭い成分が CD の空洞に包接されて，結果，消臭される。しかし，CD は繊維に固着していない為，洗濯すれば，CD は除去され，その消臭機能は消失する。そこで，繊維に永久的な固着が可能な MCTCD が開発された。

CD は，汗の中に含まれる有機成分の包接作用によって，体臭の元凶である有機成分の微生物分解を遅延させる，或いは，抑制することが出来る。この特性は，特に，レジャーウエア，スポーツウエア，また，下着やソックスなどの肌に直接触れる衣類に有用である。この CD 固着繊維を用いることで，毎回，洗濯後に汗から発生する体臭を防御できる。

4.2 CD 固着繊維からの香りの徐放

消臭のみならず，フレグランスを着香する目的で CD を使用することも可能である。MCTCD を固着した繊維を洗濯，乾燥後，香料のエタノール水溶液を噴霧すると，その香りは CD 空洞内に一旦収まり，発汗時や体温上昇時に徐放する。ベッドシートの場合には，メントールやユーカリのかすかな香りが漂い，タオルの場合は，水洗いした後の手や顔を拭いた時のみに，良い香りが漂うものである。

4.3 CD による病気の追跡

CD 固着繊維は，診断薬のような使い方もできる。病気によって患者の代謝状態が変化した時，汗の成分も代謝産物によって変化する。これまで，医療分析のために汗を採取することは，汗の中に含有する揮発性成分が速やかに揮発する為に，殆ど不可能であった。しかし，現在では，患者が CD 固着した衣服を着用することで，CD 包接によって，これら成分を捕捉出来るようになっており，これらの揮発成分を抽出し，ガスクロマトグラフィーで分析することも可能となっている。未だ，完全にすべての成分を同定できるまでには至ってないが，研究者たちは今，真剣にこの問題解決に向けて取り組んでいる。

5　おわりに

CDは1903年に発見され，1970年代に日本で工業化されたものである。たった一つの包接現象で実に様々な用途開発の可能な物質であることから，工業化された当時，多くの研究者に興味を持たれた。しかしながら，β-CD以外の空洞の大きさの異なるα-CDやγ-CDが手に入らなかったこと，β-CDであっても高価であったこと，特性を高めた化学修飾体が合成されていなかったことで，その用途開発は食品分野と医薬分野に限られていた。このような状況の中，ドイツワッカー社は，各種CDの選択的な製造法を開発し，2000年，米国に世界最大規模のCD製造プラントを建設した。ごく最近になってやっと，α-CD，β-CD，γ-CD，そして，それらの化学修飾体の安価な供給が可能となった。CDが発見されて100年が経っている。地球環境が問題視され始め，生活習慣病に悩む現代，まさに，CDが臭気問題など様々な問題解決に向けて，工業的に利用される時代が到来したように思われる。

文　　献

1)　寺尾啓二，舘巌，鈴木久之，国嶋崇隆，谷昇平，第28回日本防菌防黴学会要旨集（2001）.
2)　寺尾啓二，中田大介，舘巌，萩原滋，鈴木久之，国嶋崇隆，谷昇平，第19回シクロデキストリンシンポジウム講演予稿集（2001）.
3)　寺尾啓二，中田大介，舘巌，萩原滋，鈴木久之，国嶋崇隆，谷昇平，第20回シクロデキストリンシンポジウム講演予稿集（2002）.
4)　四日洋和，鈴木久之，前田暁男，田口信洋，鈴木康雄，第7回ヨウ素利用研究国際シンポジウム講演予稿集（2004）.
5)　株式会社シクロケム，特開2005-060652
6)　中田大介，寺尾啓二，藤井秀宗，村井奈美，国嶋崇隆，第22回シクロデキストリンシンポジウム講演予稿集（2004）.
7)　谷本貴弘，野田恭弘，Neoh Tze Loon，四日洋和，田口信洋，寺尾啓二，吉井英文，古田武，第23回シクロデキストリンシンポジウム講演予稿集（2005）.
8)　日宝化学株式会社，特開2006-206480
9)　有限会社美鈴商会，特開2003-81724
10)　東洋精糖株式会社，特開2001-299887
11)　ユニ・チャーム株式会社，特開2001-231816
12)　シャープ株式会社，特開2000-84058
13)　P&G，特開2002-69840

14) ポーラ化成，特開平 10-263062
15) T. A. Reineccius, G. A. Reineccius, T. L. Peppard, *Journal of Food Science*, 67 (9), 3271-3279 (2002).
16) 佐藤食品工業株式会社，特開平 11-032721
17) 古田武，吉井秀文，四日洋和，Apinan Soottitantawat, *Food & Food Ingredients Journal of Japan*, No. 191 (2001).
18) 四日洋和，山中佑合子，中田大介，寺尾啓二，日置和人，国嶋崇隆，第 25 回シクロデキストリンシンポジウム講演予稿集 (2007).
19) H. Reuscher and R. Hirsenkon, Proceedings of the 8th International Cyclodextrin Symposium in Budapest (1996).
20) 寺尾啓二，谷昇平，国嶋崇隆，森田潤，石川正樹，橋本仁，第 16 回シクロデキストリンシンポジウム講演予稿集 (1998).
21) 寺尾啓二，久保好子，国嶋崇隆，谷昇平，三國克彦，橋本仁，第 17 回シクロデキストリンシンポジウム講演予稿集 (1999).

第10章　繊維・プラスチックへの固定化

神谷　淳[*1]，山本　孝[*2]

1　はじめに

シクロデキストリン（以下CD）の吸着能を繰り返し利用することを目指して，ポリマー化等でCDそのものを不溶化する研究や，何らかの担体にCDを固定化する試みがなされている。例えば，市販のガスクロマトグラフィーや高速液体クロマトグラフィー用カラムの中には，シリカゲル等にCDを固定化したものがある。さらに，繊維や高分子材料を担体とすることができれば，大きな表面積を活かしたり，希望する製品形態が容易に得られるなどの利点があるため，興味が持たれている。本章では，これらの基材にCDを固定化する研究の現状を簡単に紹介する。

2　繊維への固定化

繊維素材を大別すると，天然繊維，合成繊維，再生繊維がある。天然繊維の代表は，綿，羊毛，絹であろう。合成繊維は今日では数多くの種類があるが，生産量の面から見れば，ポリエステル，ナイロン，アクリルの3種で世界生産量の98%（2005年日本化学繊維協会調べ）を占める。また，一般的な意味での再生繊維とは，レーヨンやキュプラ等のセルロース系繊維を指す。これら繊維は審美性や区別のし易さなどを目的に，素材に応じた染色方法で着色される（表1）[1)]。一方，各種繊維へのCD固定化方法は，染色との類似点が多い。以下では，繊維素材に応じた様々なCD固定化方法を紹介する。

表1　繊維の素材と染色方法[1)]

染料／繊維	主な結合様式
直接染料／綿	水素結合，分散力
反応染料／綿	共有結合
酸性染料／羊毛（ナイロン）	イオン結合，水素結合，分散力
分散染料／ポリエステル	分散力，水素結合

＊1　Jun Kamitani　石川県工業試験場　繊維生活部

＊2　Takashi Yamamoto　石川県工業試験場　繊維生活部　部長

2.1　共有結合による固定化

2.1.1　反応基を持ったCD誘導体の利用

綿，レーヨンなどセルロース系繊維を染色する場合には，発色団と官能基（主にセルロース上の水酸基と反応させるため）を分子内に有する反応染料を使用する場合が多い。この染料は共有結合で繊維と結ばれるため，洗濯や摩擦などの物理的な耐久性に優れている。

モノクロロトリアジノ-β-シクロデキストリン（以下MCTCD）は，ドイツワッカーケミー社によって工業規模で生産されている反応性CD誘導体であり，β-CD一分子内に約2.8個の反応基（DS＝0.4）を有している。合成は塩化シアヌルとβ-CDのone pot反応であり，トリアジノ基ベースで約90％の収率で効率的に合成できる[2~5]（図1）。このCD誘導体の構造は反応染料に類似しており，水溶液中で容易に各種求核体と安定な共有結合を形成できるため，綿等のセルロース系繊維にCDを固定化することが可能である。方法もシンプルであり，通常のpad-dry-cureで達成できるとされている[2~5]（図2）。例えば10 wt％MCTCD，2 wt％Na_2CO_3溶液に綿布帛を浸せきし，続けて5分間加熱処理した場合の綿への固定化率は，150℃でおおよそ6 wt％となることが示されている。

また，洗濯耐久性についても検討されており，通常の家庭用洗濯機と市販の洗剤を用い，60℃

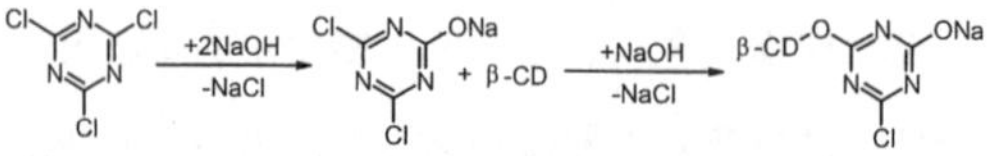

図1　モノクロロトリアジノ-β-シクロデキストリン（MCTCD）の合成経路

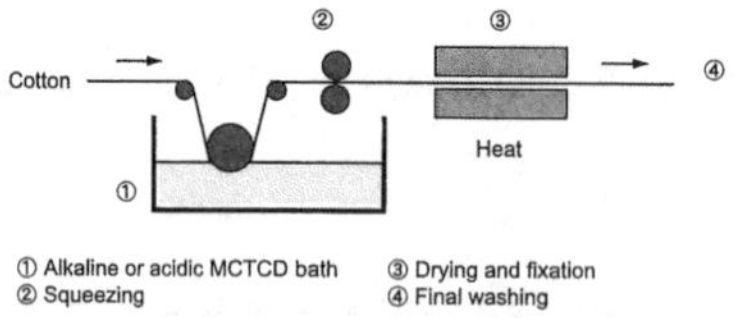

図2　綿布帛へのMCTCD固定化方法

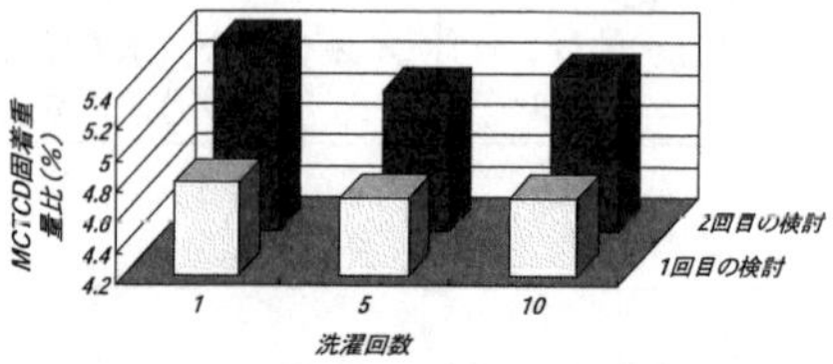

図3　MCTCDを固定化した綿布帛の洗濯耐久性

の温水中で洗いを10分，脱水2分，すすぎ10分，脱水2分後に乾燥，を洗濯の1サイクルとした試験の結果，10回の洗濯後でも，ほとんど重量の減少は見られず，高い洗濯耐久性があることが示された（図3)。

モノクロロトリアジノ反応基を保持したまま抗菌剤，香り成分，保湿成分といったゲスト分子のMCTCD包接体の粉末が調製できれば，MCTCD処理した綿布帛にゲスト分子を包接させる工程を省くことができる。そこで，スクアラン—MCTCD包接体の粉末を作製し，綿布帛に固定化させたスクアラン加工綿布帛について，スクアランの保持力が検討されている。スクアラン—MCTCD包接体は，MCTCD：スクアラン比が10：2の水溶液を高速攪拌し，スプレードライ，または，凍結乾燥で調製された。残存するモノクロロトリアジノ反応基の置換度（DS値）の測定によって[6]，綿繊維に固定化するのに充分なMCT基の置換度（DS＝0.33）を保っていることが確認されている（図4)。

コントロールとしては，β-CDと分岐型CDのイソエリート（塩水港精糖㈱製）が4対6の混合品：スクアラン比が10：2の水溶液から得られるスプレードライ乾燥粉末が用いられている。所定の方法で固定化処理した後，洗濯試験を行い，洗濯回数によるスクワラン含量の変化を調べた結果，β-CDとイソエリートの混合品を用いたコントロールの場合はCDが繊維に固定化されていないため当初からほとんどスクアランの保持力を持たないが，MCTCDで加工した綿布帛の場合，充分なスクアラン保持力を有することが示された（図5)。

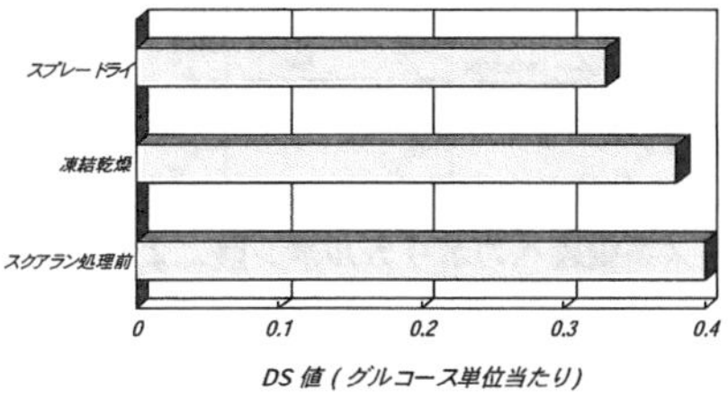

図4　スクアラン包接処理後のMCT基の置換度（DS値）

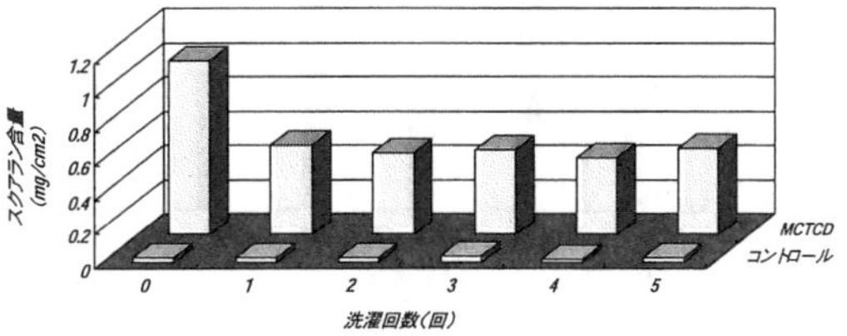

図5　MCTCD—スクアラン包接体を固定化した綿布帛の洗濯耐久性

2.1.2 架橋剤によるグラフト重合

Martel らは，クエン酸や 1，2，3，4-ブタンテトラカルボン酸，ポリアクリル酸などのポリカルボン酸が水酸基とエステル結合，あるいはアミノ基とアミド結合することを利用し，綿やウールに CD をグラフト重合することに成功している[7]。固定化における反応模式図を図 6 に示す。ポリカルボン酸は加熱により分子内で脱水され，反応性の高い無水カルボン酸を生じる。これが繊維上の水酸基，アミノ基と，あるいは，CD 上の水酸基と反応することによって，繊維に CD が固定化される。

典型的な処理条件は，布帛への 10 wt% β-CD，10 wt%ポリカルボン酸，3～6 wt%のリン系触媒を加えた水溶液のパディングと，90℃ で乾燥，195℃ で 5 分間のキュアリング（熱処理）である。キュアリング温度が非常に高く設定されているが，これは，ポリカルボン酸と綿布帛との反応開始温度は 155℃ 以下で達成されるのに対し，CD とカルボン酸との反応が，より高温側で起こりやすいことが理由である。図 7 に，ポリカルボン酸としてクエン酸を用い，触媒種を変えた時の綿布帛の重量増加量を示す。6 wt%Na_2HPO_4 の場合には，約 17 wt%の重量増加が認められ，計算上は 10 wt%を CD が占めている。

また，通常 β-CD は水溶性が低く，飽和溶液でも 25℃ で 1.8 wt%程度であるが，ポリカルボン酸共存下では水溶性が著しく向上するため，この方法では上記のように 10 wt% β-CD とした水系処理液も調整可能である。

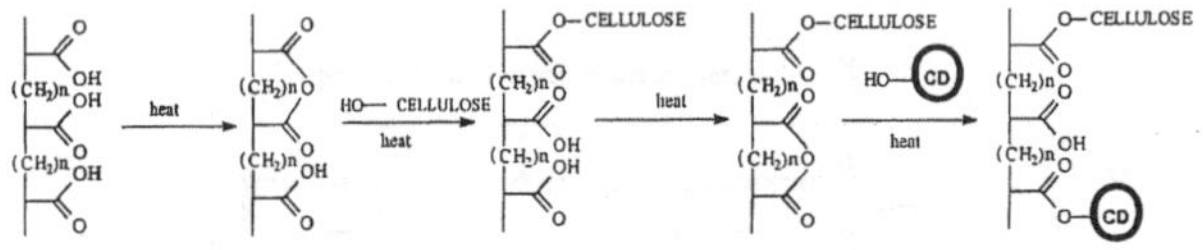

図 6　セルロース系繊維へのポリカルボン酸による CD 固定化模式図[7]

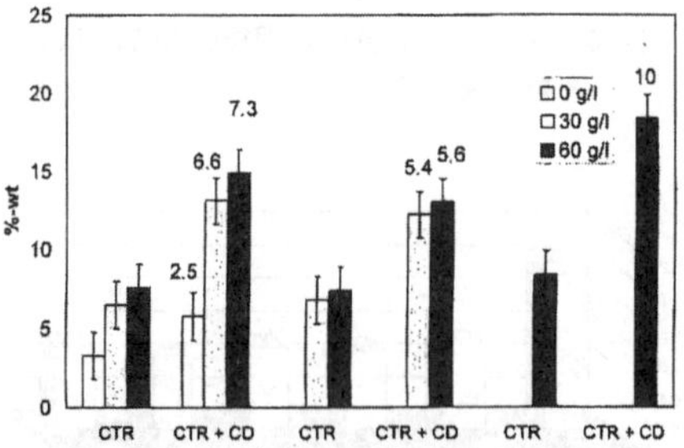

図 7　綿布帛の重量増加量（数字は計算上の CD 固定化量）[7]
（[citric acid] = 100 g/L, [β-CD] = 0 or 100 g/L,
and no catalyst or [catalyst] = 30 or 60 g/L）

2.2　疎水性相互作用による固定化

合繊で生産量が最も多いポリエステル（ポリエチレンテレフタレート）は，分子上に反応できる官能基をほとんど有していない。そのため，染色には非水溶性の分散染料を用い，高温高圧の条件下で染着させる場合が多い。この場合，分散染料は主にポリエステルの非晶部分に入り込んでいると考えられる。

Denter と Schollmeyer は，dihydroxypropyl-ethylhexylglycidyl-β-CD や hydroxypropyl-hydroxyhexyl-β-CD などの疎水性のアンカーを持つ誘導体を用い，130℃ で処理することで，ポリエステル布帛に CD 誘導体を固定化している[8]。この CD 固定化処理をしたポリエステル布帛をヨウ素蒸気で処理すると褐色に染まることから，CD の吸着能は失われていないことが示唆されている。

2.3　CD ポリマーによる被覆

主にポリエステルを対象に，CD を何らかの架橋剤と反応させ，CD ポリマーで繊維を被覆する技術が検討されている。

2.3.1　ポリイソシアネートの利用

CD はイソシアネート基と反応し，ポリマー化することが知られている。筆者らは 2 mM ポリイソシアネート（図8），5 wt% β-CD を含む DMF の混合溶液にポリエステル布帛を浸せきし，余分な溶液をマングルで絞った後，65℃ で2時間，さらに 150℃ で20分キュアリングすることで，繊維表面で両者を反応させ，CD ポリマーを繊維に被覆した[9]。

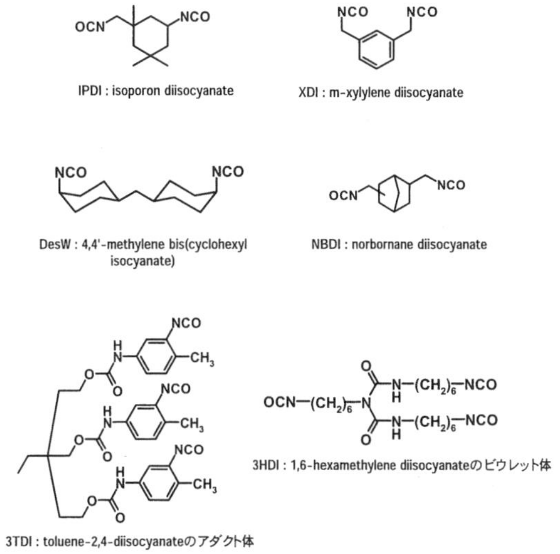

図8　CD 固定化に用いられた主なポリイソシアネート

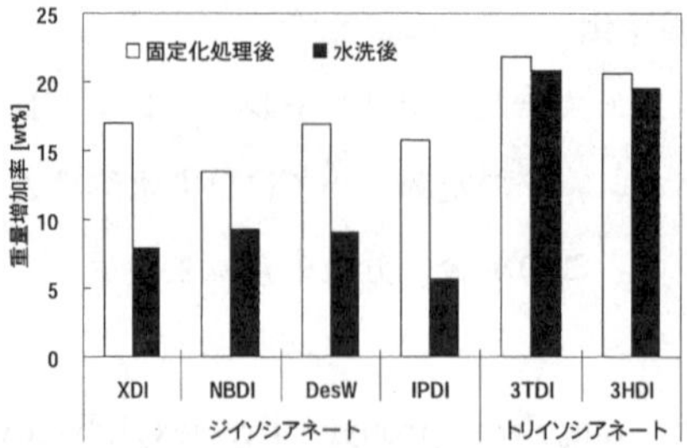

図9　ポリイソシアネートによるCD固定化ポリエステル布帛の水洗耐久性

処理直後の布帛を家庭用洗濯機で水洗すると布帛重量は減少したが，主に固定化に不十分な重合度の低いCDポリマーまたは未反応のCDが脱落しているためと推測している。ポリイソシアネート種による違いを検討したところ，この水洗に対する耐久性は，ジイソシアネートよりトリイソシアネートを使用した方が優れていた（図9）。

CDの固定化技術を検討するためには，布帛上のCD量の評価が欠かせない。Knittelらの報告[10]によると，アルカリ性下，赤色を呈しているフェノールフタレインが，β-CDに吸着されると無色になることを利用して，布帛のCD量が検討されている。それに対して，我々は以下のフェノール硫酸法[11]で直接CD量を求め，さらに洗濯耐久性についても検討した。

CD固定化布（1～5 mg）に水（1 mL），フェノール水溶液（5 w/v%，1 mL），さらに濃硫酸（5 mL）を加え，10秒間激しく撹拌した。室温で10分間放置，10秒間撹拌，室温で10分間放置の後，上澄みの吸光度（490 nm）を測定し，別途用意した検量線との比較から，CD含有量が求められた。布処理液が含む固形分比（CD及び架橋剤）と重量増加率から，水洗前のCD固定化布帛が持つCD量は計算上求められるが，この計算値とフェノール硫酸法による実測値とはよく一致した。

さらに，洗濯耐久性について詳細に検討した。洗濯はJIS L 0217-103法に従い，家庭用洗濯機を用いて，市販の洗剤を添加した温水（40℃）で5分間洗浄後，2分間のすすぎ洗いを2回行う操作を洗濯1回とした。この操作を50回まで繰り返し，布帛上のCD残存量をフェノール硫酸法で求めた。

ジイソシアネートであるDesWは，水洗のみで半分以上のCDが布帛上から失われた。洗濯を繰り返すとさらに減少した。一方で，トリイソシアネートである3HDIは，水洗前と比較し，水洗後のCD残量は60%であった。しかし，さらに洗濯を繰り返した後でもほとんどCDの脱落が見られず，50回後でも水洗後とほとんど変化がなかったことから，CDが強固に固定化されていることが示された（図10）。

また，上記のように，当初は溶剤系のポリイソシアネートを使用したが，我々は，環境への配

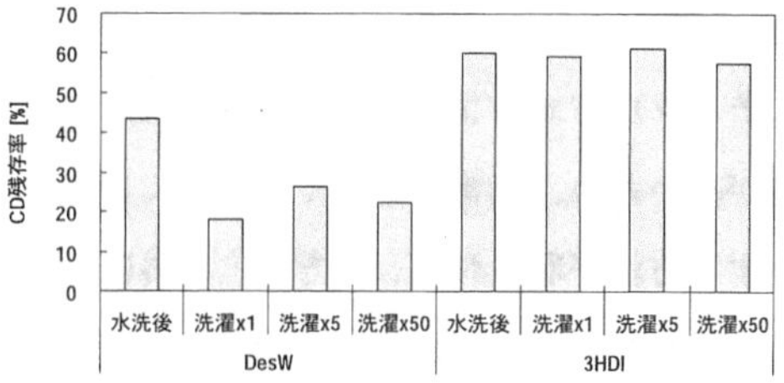

図10　ポリイソシアネートによるCD固定化ポリエステル布帛の洗濯耐久性（CD残存率）

慮などから，水系ポリイソシアネートでも検討を行い，水系の処理液を用いてCDを固定化可能であることを見出している[12]。

2.3.2　ポリカルボン酸の利用

2.1.2で示したように，ポリカルボン酸は繊維上の水酸基やアミノ基，あるいはCDの水酸基と両者を共有結合で結び，CDを布帛に固定化できる。しかしながら反応基を持たないポリエステルに対しても，綿やウールに対する処理とほとんど同じ工程でCDを固定化可能との検討結果が示されている[13]。この場合は，CDとポリカルボン酸からなるCDポリマーがポリエステル繊維を被覆するが，繊維との共有結合はほとんどないと考えられる。

また，用いるCDとして，α，β，γ-CDの他にRAMEB（randomly methylated β-cyclodextrin, DS＝0.62），HP-β-CD（hydroxypropylated β-cyclodextrin，DS＝0.5）でも同様の検討が行われているが，反応効率が良い物はHP-β-CDであったのに対して，RAMEBはほとんど重量増加が見られなかった（図11）。これは糖鎖上の水酸基よりもHP-β-CDが持つアルコール性水酸基の反応性が高いこと，RAMEBは反応できる水酸基の多くがメチル基に置換されていることが主たる原因と考えられる。

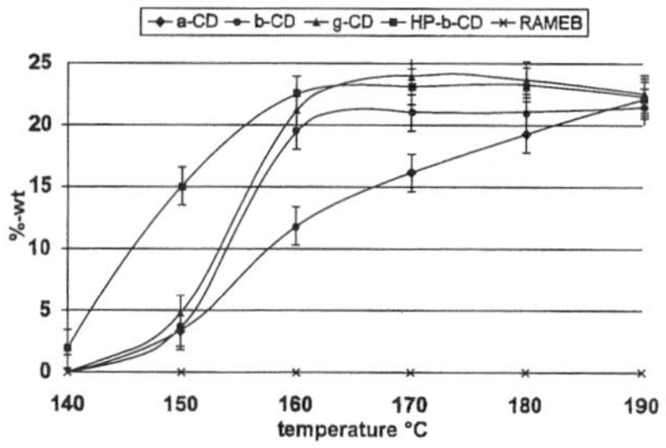

図11　ポリエステル布帛の重量増加量[13]
（[citric　acid]＝100 g/L，[CD]＝100 g/L，[NaH_2PO_2]＝10 g/L）

2.4 電子線照射による表面改質

ポリプロピレン，ポリエチレンなどオレフィン系ポリマーは，分子内に反応性を有する官能基を持たず，さらに結晶化度が高いため，通常の条件ではほとんど染色できない。そのため，顔料とともに紡糸し，予め着色する方法が取られる。一方で，紫外線，γ線，プラズマ処理，コロナ放電などを利用すれば，高分子材料表面の親水化や疎水化が可能である。

Martel らはポリプロピレン不織布に電子線を照射後，grycidyl methacrylate（GMA）をグラフト重合し，エポキシ基を導入，さらに CD を反応させ，固定化している[14~16]（図 12)。このポリプロピレン不織布にグラフトした GMA や CD 固定化量に対して，PNP (*p*-nitrophenol) や BN（β-naphtol）の吸着量が比較検討した結果が示されている。グラフトした GMA が少ない場合は CD 固定化量も少なく（10～34 μmol/g)，吸着性能も悪いが，GMA グラフト量が増えるに従い CD 量も増加し（87～118 μmol/g)，吸着能も増大する。しかし，ある程度以上の CD 固定化量（133～154 μmol/g）では，反対に吸着能は減少していく。この理由として，グラフトした GMA が増えるに従い，布帛の wettability が低下するため，固―液間のゲスト移動が阻害されること，さらに CD が繊維表面ではなく，グラフトした GMA に取り込まれていることを挙げている。

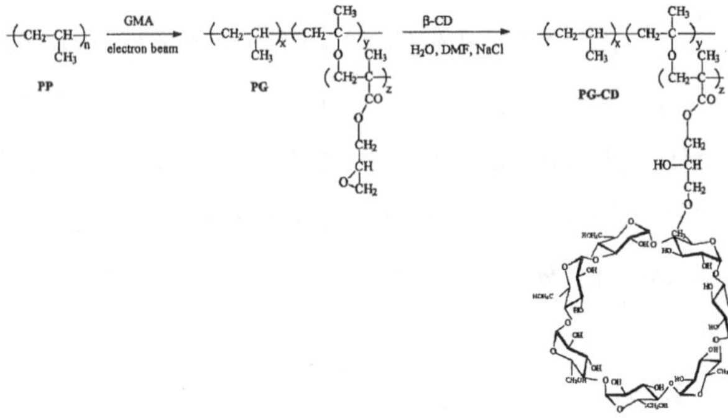

図 12　ポリプロピレンへの電子線照射による GMA のグラフト重合と CD の導入[14)]

3 プラスチック等への固定化

プラスチックへの CD 固定化も，素材が同じであれば，原理的には繊維素材への固定化と同様の方法で達成可能である。しかし，成形品に対しては繊維のように形態が自由にならない以上，表面にコーティングするか，成型する前に混練する形が取られる場合が多い。また，繊維と比べると（多孔質でない限りは）プラスチック成形品は表面積が小さいため，CD の吸着能を目的とするより，包接体の形で用い，ゲストの機能性を活かした製品をターゲットにしている場合が多い。PETフィルムにアリル辛子油（主成分はアリルイソチオシアネート）包接体を利用した殺菌シートや，コエンザイムQ10包接体を固定化したフェイスマスク等が市販されている。

3.1　共重合によりCDを主鎖に持つポリマーの合成

凸版印刷から，官能基を複数有するシクロデキストリン誘導体の合成方法と，それをモノマーとして用い，共重合でCDを主鎖に持つポリマー合成法が公開されている[17]。例えば，分子内に2つのアミノ基を有するCD誘導体は，ジカルボン酸と縮合重合し，ポリアミドを生じる。同様にシクロデキストリン誘導体と各種モノマーの組み合わせにより，ポリウレタン，ポリ尿素，不飽和ポリエステル，ポリエステル，ポリカーボネート，ポリスルホンなどの主鎖にシクロデキストリンを含むポリマーを合成可能である。

3.2　反応箇所を持つコポリマーと共にコンパウンドする方法

ポリオレフィン樹脂と酸無水物やエポキシドなどの官能基を有する変性ポリオレフィン樹脂，さらにシクロデキストリンを溶融混練することにより，ポリマー中にシクロデキストリンを導入する方法がある[18]。

文　　献

1)　安部田貞治ほか，解説染料化学，p. 12，色染社（1989）より一部抜粋
2)　Consortium fuer elektrochemische Industrie GmbH, Cyclodextrin derivate mit mindestens einem stickstoffhaltigen Heterocyclus, ihre Herstellung und Verwendung, Offenlegungsschrift DE 44 29 229 A 1（1996）
3)　Consortium fuer elektrochemische Industrie GmbH, Cyclodextrin derivate mit mindestens einem stickstoffhaltigen Heterocyclus, ihre Herstellung und Verwendung, Europaeische Patentanmeldung EP 0 697 415 A 1（1996）
4)　寺尾啓二ほか，第17回シクロデキストリンシンポジウム予稿集（1999）
5)　H. Reuscher *et al.*, *J. Incl. Phenom. Macrocyclic Chem.*, 25, 191（1996）
6)　The degree of substitution of the reactive chlorine in the triazine group can be calculated from ^{1}H-NMR after reaction of MCTCD with diethylamine in water at 40-50℃ for 2 hr.
7)　B. Martel *et al.*, *J. Appl. Polym. Sci.*, 83, 1449（2002）
8)　U. Denter and E. Schollmeyer, *J. Incl. Phenom. Mol. Rec. Chem.*, 25, 197（1996）
9)　公開特許公報，2005-264392

10) D. Knittel *et al.*, *Melliand Textilber.*, **86**, 463 (2005)
11) J. E. Hodge and B. T. Hofreiter, *Method in Carbohydrate Chemistry*, **1**, 338 (1962)
12) JST イノベーションプラザ石川の育成研究で実施
13) B. Martel *et al.*, *J. Incl. Phenom. Macrocyclic Chem.*, **44**, 443 (2002)
14) P. L. Thuaut *et al.*, *J. Appl. Polym. Sci.*, **77**, 2118 (2000)
15) B. Martel *et al.*, *J. Appl. Polym. Sci.*, **78**, 2166 (2000)
16) B. Martel *et al.*, *J. Appl. Polym. Sci.*, **85**, 1771 (2002)
17) 公開特許公報，特開平 05-086103
18) 公開特許公報，特開 2004-197084

第11章　非水溶性トリアセチル化シクロデキストリンの合成の応用

前島繁一*

1　はじめに

一般に，屋外用塗料や農業用ビニルフィルムなど屋外で使用されるものは長時間強い太陽光線に曝され，水性アクリルエマルジョン塗料などは弱アルカリ性であることから，これらに配合する抗菌剤，防黴剤，忌避剤，防藻剤などの多くは紫外線やアルカリに対しても安定であることが要求される。また，それらの薬剤が塗膜やフィルムから溶出すると，その効果は長続きしない。そこで，薬剤の安定性を高める目的，或いは，塗膜やフィルムからの徐放特性を高める目的で，環状オリゴ糖であるシクロデキストリン（CD）の包接作用を利用することがこれまでにも数多く提案されてきた[1~3]。

現在，工業的に最も幅広く利用されているシクロデキストリン（CD）誘導体は，水相，油相の双方への溶解性を改善したアルキル化CD（例えば，メチル化βCD）や水相への溶解性をさらに改善したヒドロキシアルキル化CD（例えば，ヒドロキシプロピル化βCD）などのエーテル化CDである。しかしながら，これらのエーテル化CDは油分及びアルコールへの溶解能が低いこと，高い水溶性の為に耐水性や耐候性が低いこと，また，難生分解性物質であり環境負荷が高いことなどを理由に塗料やフィルムへの利用は限定されている。

一方で，トリアセチル化CDは，油相への溶解性が著しく高いことが知られている。また，エーテル化CDは親水性溶媒に対する溶解性を高めたものであるが，トリアセチル化CDは逆に親水性溶剤に全く溶解しないで，親油性溶剤にのみ溶解する特徴を有する。さらに，トリアセチル化CDを含めたアシル化CDは生分解性の環境にやさしい物質であることから，従来のアルキル化CDやヒドロキシアルキル化CDを用いては困難であった様々な用途開発の可能性を秘めていると考えられる。

そこで，我々は，工業的に利用可能な酢酸イソプロペニルのアセチル化反応を利用して，副生成物がアセトンのみで，精製工程が簡素化された経済的なトリアセチル化CDの製造法を確立した[4]。また，塗料やフィルム分野へ利用すると考える場合に必要となるトリアセチル化CDの様々な親水性溶媒や親油性溶媒への溶解度などの基本特性評価についても検討してきた[5]。

* Shigekazu Maejima　㈱テラバイオレメディック　営業開発部

これらの検討結果をベースにして，我々は現在，抗菌剤，防腐，防黴剤，忌避剤等のトリアセチル化CD包接体が，屋外や水中などの悪条件下でも相乗的に効果を発揮し，且つ，その効果が長期持続するかどうかを検討している。応用としては，水性エマルジョン塗料，溶剤系塗料，接着剤，皮革，塩化ビニルなどのプラスチック製品，紙パルプ工程に使用される水，工業用冷却水などが考えられる。ここでは，トリアセチル化αCD（TAA）の製造方法，その各種溶剤への溶解度，さらに，応用例として，高密度ポリエチレンフィルムへトリアセチル化βCDを配合することによるエチレンオリゴマーの溶出抑制について，また，わさび成分のアリルチオイソシアネート（AITC）のTAAによる海水中での貝類の忌避効果について紹介する[6,7]。

2 トリアセチル化αCD（TAA）の合成と各種溶剤への溶解度について

2.1 イソプロペニル酢酸によるトリアセチル化CD簡易型合成

これまでのトリアセチル化CD製造法は，無水酢酸，酢酸クロリド，酢酸シアニド等の高沸点の極性有機溶剤中での反応によるもので，多量の塩基を必要とし，精製の為に，多量の副生成物と高沸点溶剤を除去しなければならない。一方で，酢酸イソプロペニル（IPA）をアセチル化剤として用いた場合には，アセチル化にともなう副産物はアセトンのみであり，副生成物の除去は容易であることが知られている(図1)。そこで，IPAを用いた経済的なトリアセチル化CDの製造法を検討した。尚，原料のIPAは，あまり知られてはいないが汎用性化学品であるアセチルアセトンの前駆体として安価に製造されているものである。図2にIPAによるβCDのトリアセチル化反応の検討結果を示した。この検討によって，βCDのトリアセチル化に関する最適条件が見出されている。次に，βCDのトリアセチル化CD合成に関する条件を基に各種CDのトリアセチル化を検討した(図3)。その代表的な製造例を以下に記す。

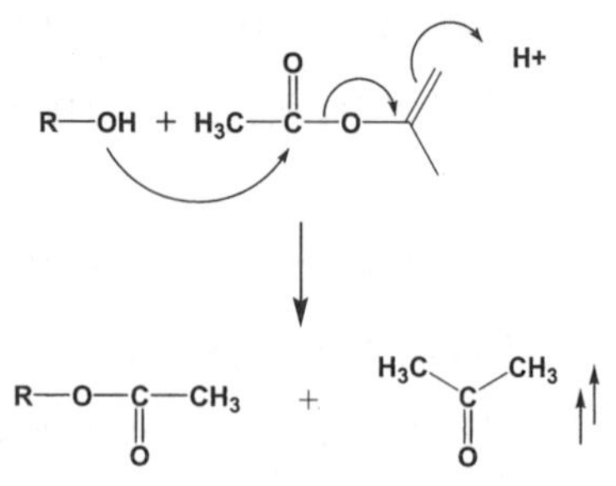

このアセチル化反応は、等モルの塩基を必要とせず、触媒量の酸のみで進行する。
副生成物はアセトンのみで容易に留去できる。

図1 イソプロペニル酢酸によるアセチル化反応の利点

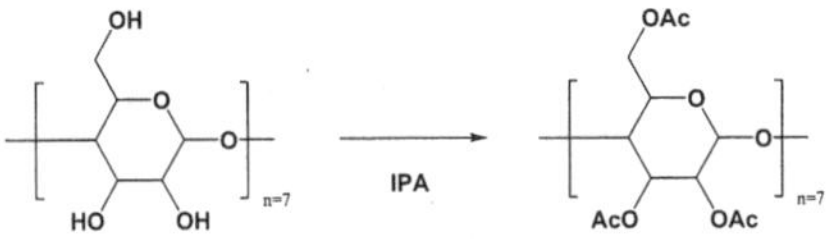

βCD (mmol)	IPA (mmol)	PTsOH (mmol)	Solvent	Temp (℃)	Time (hr)	Yield (%)
0.04	22.7 (2.5mL)	-	-	Reflux	6	0
0.04	22.7 (2.5mL)	0.02	-	25	1	0
0.04	22.7 (2.5mL)	0.02	-	50	4.5	64
0.04	8.4	0.02	EtOAc (10mL)	50	5	18
0.04	22.7 (2.5mL)	0.02	-	70	1.5	100

図2　IPAによるβ-シクロデキストリンのトリアセチル化反応

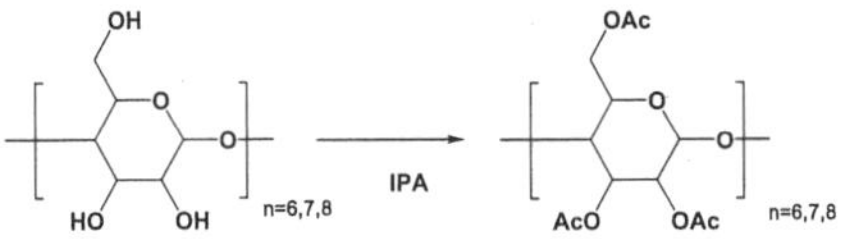

CD (0.04mmol)	IPA (mmol)	PTsOH (mmol)	Temp (℃)	Time (hr)	Yield (%)
α (n = 6)	22.7 (2.5mL)	0.02	70	0.5	100
β (n = 7)	22.7 (2.5mL)	0.02	70	1.5	100
β (n = 7)	22.7 (2.5mL)	0.01	80	3	100
γ (n = 8)	22.7 (2.5mL)	0.02	80	4	100

図3　α，β，γCDのトリアセチル化誘導体を定量的に得るための反応条件

IPAによるトリアセチル化αCDの製造法

IPAにαCDを加えた懸濁液に，p-トルエンスルホン酸（p-TSOH）を触媒量添加し，70℃で加熱攪拌を1.5時間すると反応液は無色透明になる。IPAを留去すると白色沈殿を生じた。その沈殿物を10%炭酸水素ナトリウム水溶液で洗浄してp-TSOHを除去し，さらに，蒸留水で2回洗浄するとトリアセチル化αCD（TAA）が高収率で得られた。

2.2　トリアセチル化CDの各種溶剤への溶解度

各種溶媒5mLを入れたサンプル瓶を用意し，室温（25℃）において，飽和量に対して十分に過剰量のTAAを加え攪拌した。クロマトディスクを用いたろ過によって，過剰量のTAAを除去し，飽和溶液とした。エバポレーター，真空ポンプで溶媒を留去し，得られたTAAの重さを量り，溶解度を算出した。検討結果を図4に示す（図中，THF，酢酸エチル，クロロホルム，メチルエチルケトン（MEK）には，100g以上溶解／100g）。また，トリアセチル化αCD（TAA）

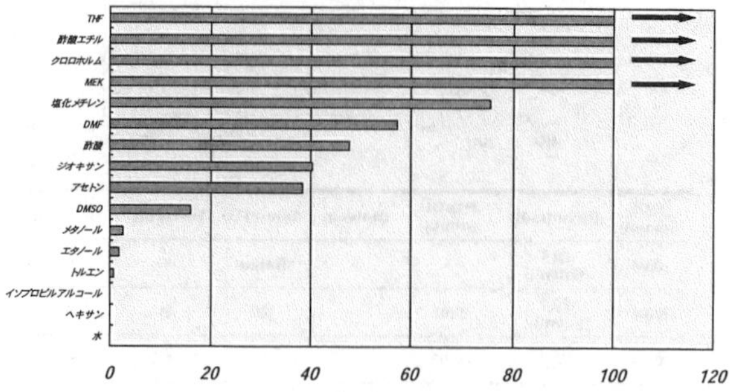

図4　トリアセチル化αCDの溶解度（g/100 g）@25℃

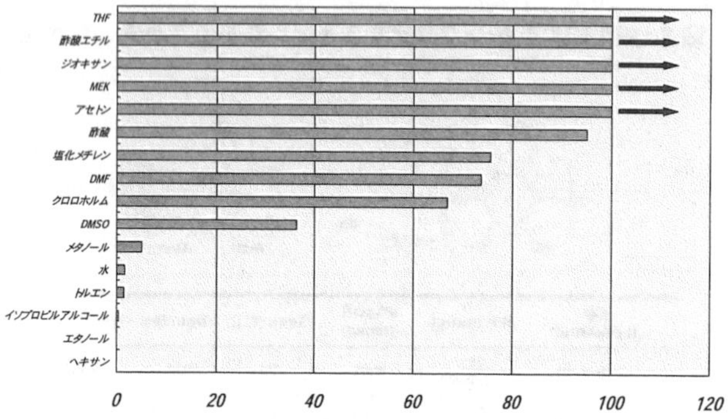

図5　トリアセチル化βCDの溶解度（g/100 g）@25℃

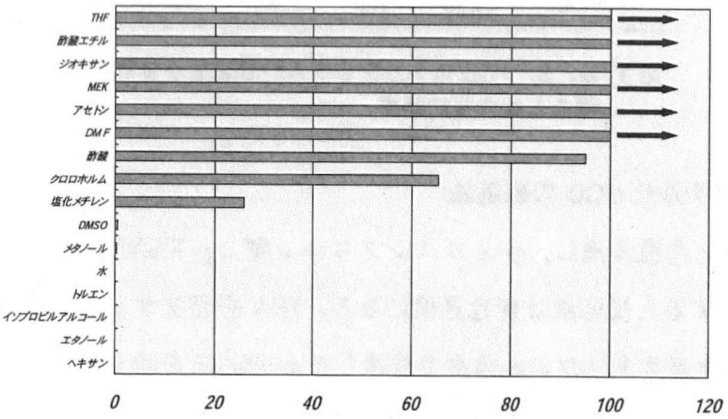

図6　トリアセチル化γCDの溶解度（g/100 g）@25℃

とともに，トリアセチル化βCD，トリアセチル化γCDに関しても同様な製造法と溶解性の検討を行い，何れも，水には不溶であり，各種有機溶媒には可溶であることを確認した[5]（図5，図6)。

3　トリアセチル化 CD 類の応用例

3.1　トリアセチル化 βCD による高密度ポリエチレンフィルムからのエチレンオリゴマー溶出抑制

高密度ポリエチレンフィルム（HDPE）は，ゼリー飲料などの飲料水や食品の包装材として頻繁に利用されている。この HDPE には内分泌系撹乱物質の疑いのある可塑剤が配合され，オリゴマー類などの揮発性物質も含まれている。特に，飲料水の袋として使用する場合に，これらの有機物質の飲料への溶出によって，健康への危害が与えられることが危惧されている。そこで，HDPE フィルムの飲料用袋に 0.5% のトリアセチル化 βCD を配合することによるエチレンオリゴマーの溶出抑制について検討した。擬似飲料として 8% のエタノールを含有する水を HDPE 袋に入れ，40℃ で 7 日間放置後，ガスクロマトグラフィーで分析した結果を図 7 に示す。コントロールに比べ，明らかなエチレンオリゴマーの溶出抑制が確認された[6)]。

3.2　アリルイソチオシアネートのトリアセチル化 αCD 包接体（AITC-TAA）を用いる貝類の忌避

これまで，海洋生物の防汚剤としては，ビストリブチルチンオキシドなどの有機スズ化合物が用いられてきた。しかし，その毒性と環境に対する蓄積性，環境ホルモンによる生物への影響などから，その使用は禁止され，現在，亜酸化銅系が代替物質として用いられている。最近では，さらに環境に負荷の低い天然系の海洋生物の一部から他の付着生物を寄せ付けない付着阻害物質抽出物の実用化への動きも出てきている。しかしながら，活性が低いこと，高活性でも非選択的に毒性を出すこと，成分を単離する量が十分確保できないなどの課題を抱えた状況にある。

一方で，天然の植物成分を海洋生物の付着防止に利用した例は少ない。揮発性ワサビ成分のアリルイソチオシアネート（AITC）は，その取り扱いと徐放性が確保されれば付着忌避剤として十分に用いることができると考えられる。そこで，水に不溶な CD 誘導体であるトリアセチル化 αCD（TAA）を用いて，AITC の包接体（AITC-TAA）を調製し，AITC-TAA の貝類忌避効果について検討した。さらに，実用化に向け，AITC-TAA を混入させたコンクリートを用いて，

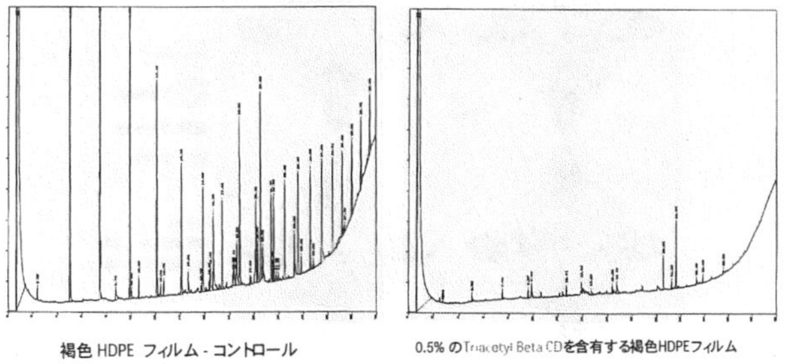

図 7　エチレンオリゴマーの溶出抑制

海洋生物付着防止効果を検証した[7]。

【実験結果・考察】

TAA（5.2 g）をジオキサン（10 mL）に溶解させた後，AITC（100 mg）を加え均一になるように混和して試験溶液を調製した。その試験溶液を貝類忌避試験用ボードに4箇所塗布した(図8)。乾燥後，試料塗布部分と塗っていない部分をまたぐように紫貽貝をのせ，接着剤で固定する。貝は固着されているため，動き回ることは出来ないが，この状態でも前（忌避剤塗布側），または後（忌避剤を塗布していない側）に自由に触手を伸ばすことが出来る。そこで，このボードを流水中へ沈め，3時間後に触手の伸びた本数を観察した。なお，本試験条件下では，試験液に忌避効果がない場合には，貝は前後に触手を自由に伸ばし，忌避効果がある場合には，前には触手を伸ばさない。結果を図9に示す。

試験液自体が薄茶色をしており，塗布面も若干着色している。試験ボードを流水中にさらした後も，試験液による着色が維持していることが目視によって確認された。試験液を塗布した範囲には，1本も触手は伸びておらず，すべての触手は塗布範囲外であった。以上のように，AITC-TAAの明白な忌避効果が確認された。

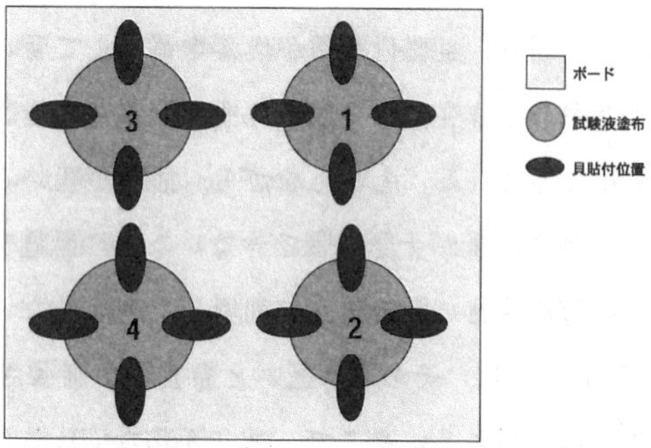

図8　AITC-TAAによる貝類の忌避効果試験

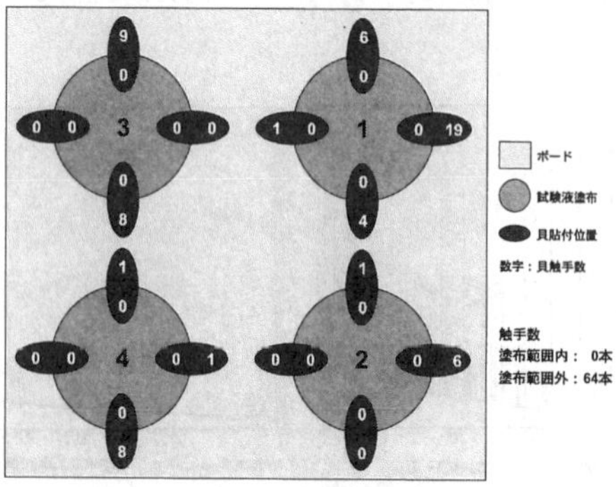

図9　試験結果

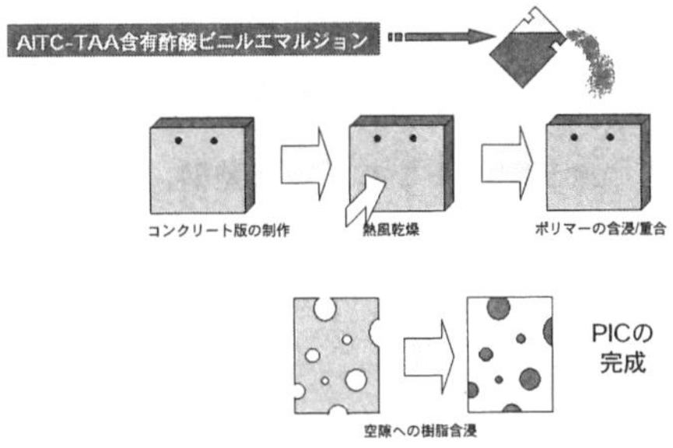

図 10　Polymer Impregnated Concrete（PIC）
工法の適用

図 11　1 年半後の AITC-CD の貝類忌避効果

さらに，AITC-TAA の実用化検討を行った。AITC-TAA 含有酢酸ビニルエマルジョンをコンクリート版の空隙に含浸／重合させた AITC-TAA 含有コンクリート（AITC Impregnated Concrete 版（50 cm×50 cm×5 cm））を作製した(図 10)。比較の為，AITC-TAA を含有しない酢酸ビニルエマルジョンを同様に空隙に含浸／重合させたコンクリート版を作製した。双方のコンクリート版を海中（水深 2 m）に 3 ヶ月放置したところ，明らかな AITC-TAA の海洋生物付着防止効果が示された(図 11，右側が AITC Impregnated Concrete)。

4　おわりに

これまで工業分野での CD を用いた開発は，空洞内が疎水性で外側が親水性であることに着目し，様々な油性物質を空洞内に取り込むことで，水への可溶化や分散化を向上させることが中心であった。その様な目的においては，場合によって天然型 CD のパフォーマンスでは物足らず，さらに外側の親水性を高めた水溶性 CD 誘導体が必要とされた。その誘導体の代表として経済的なエーテル化 CD 類が開発されており，現在幅広い分野で利用されている。一方，今回紹介したトリアセチル化 CD は外側の水酸基をすべてアセチル化して疎水性にしており，水にまったく不溶な CD 誘導体である。この不溶性 CD は空洞内と外側の双方が疎水性であることから，その包接作用が気になるところであったが，ゲスト分子の中には，この非水溶性CDとも十分な結合力を持ち，包接可能であるゲスト分子があることが分かってきた。そこで，トリアセチル化CDの用途開発は，そのようなゲスト分子が利用されている塗料，プラスチック，フィルムなどの工業分野において特に期待される。

文　献

1) 寺尾啓二，舘巌，上梶友記子，中田大介，既存農薬をより効率良く，より安全に，より安定に使用する為に—農薬分野へのシクロデキストリンの利用—，今月の農業，2005年7月号 p. 72-76，8月号 p 80-87，9月号 p. 60-69
2) 寺尾啓二，舘巌，森田潤，中田大介，シクロデキストリンによるにおいのコントロール，食品工場長，2005年7月号 p. 24-25，8月号 p. 20-22，9月号 p. 21-23
3) 寺尾啓二，上梶友記子，中田大介，シクロデキストリンによる環境浄化技術，月刊エコインダストリー，2005年9月号，10月号，11月号，12月号
4) 寺尾啓二，中田大介，村井奈美，国嶋崇隆，トリアシル化シクロデキストリンの新規製造法の検討，第21回シクロデキストリンシンポジウム予稿集 p. 173-175，2003（札幌）
5) 中田大介，寺尾啓二，村井奈美，橋本奈穂，横川友里子，国嶋崇隆，アシル化シクロデキストリンの合成とその特性について，第22回シクロデキストリンシンポジウム予稿集 p. 25-26，2004（熊本）
6) セルレジンテクノロジー，特許公開公報平 11-315213
7) 輿水知，舘巌，中田大介，寺尾啓二，前島康伸，ワサビ成分のトリアセチル化α-シクロデキストリン包接体を用いる貝類付着防止に関する検討，第23回シクロデキストリンシンポジウム予稿集 p. 130-131，2005（西宮）

医農薬用途編

第12章　Drug Delivery System

上釜兼人*

1　はじめに

シクロデキストリン（CD）の医薬への応用に関しては，約30年前にα-およびβ-CDを用いてプロスタグランジンE類が日本で初めて実用化されたのが契機になって，現在までに多数のCD含有製剤が国内外で開発されている[1,2]。欧米では安全性の高い水溶性のCD誘導体が注射剤に応用され[3,4]，日本でも最近ようやくHP-β-CDやSBE-7-β-CDを可溶化剤とした注射剤や経口溶液製剤が認可され，製剤設計や処方化研究において不可欠の素材になっている。

近年，CDの分子修飾や機能性改善に関する研究の進歩はめざましく，超分子，分子カプセル，ナノバイオマテリアルなどと呼ばれて多方面で有用性が認識され[5]，医薬分野ではdrug delivery system（DDS）への応用研究が活発に行われている[6]。DDS用担体としてのCDは，①空洞径に応じてゲスト薬物や生体成分と相互作用する，②生体適合性に優れる，③水酸基を化学修飾して多様な物性や機能を付与できる，④胃や小腸では分解・吸収されず，腸内細菌叢によって環が開裂する，⑤他の高分子素材との結合や併用により高機能化が可能である，などの特徴を有する。そこで，①～⑤の観点から各種CDのDDSへの応用に関する最近の研究例を紹介する。

2　CDの医薬への有効利用

天然CDの物性や機能性を改善した様々な水溶性，疎水性，イオン性誘導体が開発されている（誘導体の構造，略号は表1を参照）。さらに，空洞径が同じまたは異なるCD同士を結合させた高分子，CDを製剤高分子に結合させたもの，薬物をCDに化学結合させたものなどの化学修飾体が多数合成されている[7,8]。

天然CDsや親水性CDsの水への溶解度は温度上昇に伴い増加するが，メチル化CDsの溶解度は逆に減少し，非イオン性界面活性剤の曇点現象に類似した溶解挙動を示す（図1）。CDsは赤血球表面からコレステロールやリン脂質を引き抜いて溶血を惹起するため，その強弱は局所刺激性や生体適合性の簡便な評価指標に利用される[9]。天然CDsの赤血球に対する溶血活性は，

＊　Kaneto Uekama　崇城大学　薬学部　製剤学研究室　教授

表1 DDS製剤への応用が期待されるβ-CD誘導体

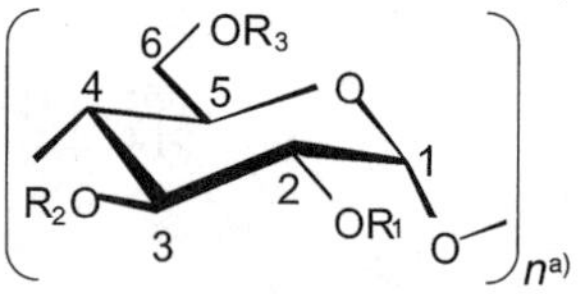

誘導体	特徴	投与ルート（放出挙動）
親水性誘導体		
Methylated β-CD		
Me-β-CD	冷水，有機溶媒に可溶	経口，経皮，
DM-β-CD	界面活性，溶血性	経粘膜[b]
TM-β-CD		
DMA-β-CD	水溶性，低溶血性	注射，経口，経粘膜
Hydroxyalkylated β-CD		
2-HE-β-CD	非晶質，多置換体	注射，経口，経粘膜
2-HP-β-CD		注射，経口，経粘膜
3-HP-β-CD	高水溶性（>50%），	注射，経口，経粘膜
2,3-DHP-β-CD	低毒性	注射，経口，経粘膜
Branched β-CD		
G_1-β-CD	高水溶性（>50%）	注射，経口，経粘膜
G_2-β-CD	低毒性	注射，経口，経粘膜
GUG-β-CD		注射，経口，経粘膜
疎水性誘導体		
Alkylated β-CD		
DE-β-CD	難水溶性，有機溶媒に可溶	経口，経皮
TE-β-CD	界面活性	（徐放出）
Acylated β-CD		
TA-β-CD	難水溶性，有機溶媒に可溶	経口，注射
		（徐放出）
TB-β-CD	粘膜付着性	（徐放出）
TV-β-CD	薄膜形成性	（徐放出）
TO-β-CD		
イオン性誘導体		
Anionic β-CD		
CME-β-CD	$pK_a=3\sim4$,	経口，経皮，経粘膜
	腸溶性（pH>4）	（遅延放出，腸溶性）
β-CD・sulfate	高水溶性	経口，経粘膜
SBE 4-β-CD（d. s. 4）[c]	高水溶性	注射，経口，経粘膜
SBE 7-β-CD（d. s. 7）	高水溶性	注射，経口，経粘膜
Al-β-CD・sulfate	難水溶性	注射（徐放出）
Org 25969	水溶性	注射

略記　Me : randomly-methylated ; DM : 2,6-di-*O*-methyl ; TM : 2,3,6-tri-*O*-methyl ; DMA : acetylated DM-β-CD ; 2-HE : 2-hydroxyethyl ; 2-HP : 2-hydroxypropyl ; 3-HP, 3-hydroxypropyl ; 2,3-DHP : 2,3-dihydroxypropyl ; G_1 : glycosyl ; G_2 : maltosyl ; GUG : Glucuronyl-glucosyl ; DE : 2,6-di-*O*-ethyl ; TE : 2,3,6-tri-*O*-ethyl ; CME : *O*-carboxymethyl-*O*-ethyl ; TA : 2,3,6-tri-*O*-acyl（$C_2\sim C_{18}$）; TB : 2,3,6-tri-*O*-butanoyl ; TV : 2,3,6-tri-*O*-valeryl ; TO : 2,3,6-tri-*O*-octyl ; SBE 4 : d. s. 4 of sulfobutyl ether group ; SBE 7 : d. s. 7 of sulfobutyl ether group.
Org 25969 : Octakis-S-(2-carboxyethyl)-octathio-γ-CD octasodium salt

a）グルコース単位の数
b）経粘膜：鼻，舌下，眼，肺，直腸，膣，等
c）平均置換度

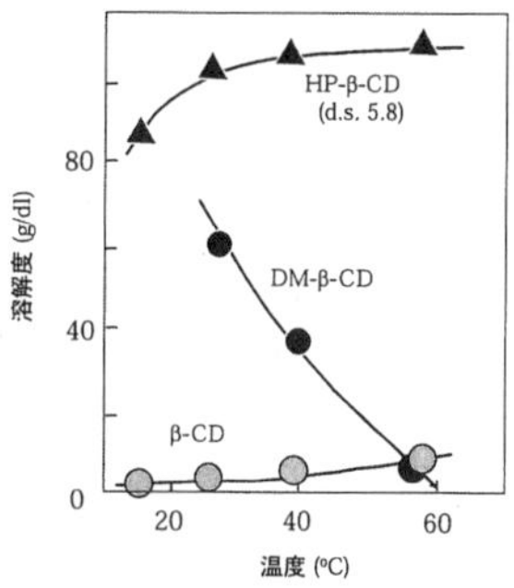

図1 3種類のβ-CDsの水への溶解度の温度依存性

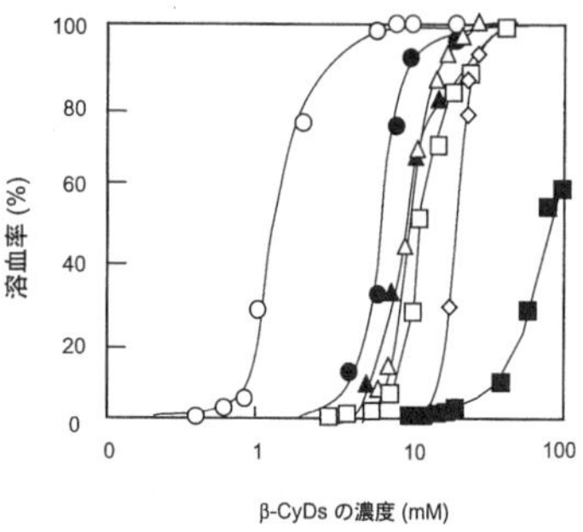

図2 親水性β-CDsの溶血曲線（ウサギ赤血球, 0.1 M リン酸緩衝液（pH 7.4）, 37℃）
○：DM-β-CD, ●：β-CD, △：HP-β-CD,
▲：G_2-β-CD, ◇：SBE 7-β-CD（d. s. 6.2）,
□：GUG-β-CD, ■：DMA-β-CD（d. s. 6.3）.

γ-CD＜α-CD＜β-CDの順に増大するが，β-CD誘導体間で比較すると，HP-β-CD，硫酸化β-CD，分岐-β-CDの溶血活性はβ-CDよりも弱く，DM-β-CDはβ-CDに比べて数倍も強い(図2)。一方，低置換度のメチル化β-CDsは刺激性が弱く，高い可溶化能や安定化作用を有するため，置換度を適切に調整することにより非経口投与製剤への利用も可能である。

これらCDをDDS製剤へ応用するには（表2），①複合体として用いる，②薬物に化学結合させて機能性を高める（大腸送達，非ウイルスベクターなど），③複合体と結合体を併用する（各種放出制御パターンの構築），④CDと他の高分子素材を併用する（リポソーム，ポリエチレングリコール，セルロース誘導体など）などの方法が考えられる。①に関しては，多機能性で生体適合性に優れるCD誘導体が開発され，様々な剤形に複合体または添加剤として実際利用されている[10)]。②～④に関しては，複合体では達成できない体内動態の修飾や標的指向性など様々な機能を期待できる。

表2 CDのDDS製剤への有効利用

●CD複合体（または添加物）としての利用
・親水性CD：難水溶性薬物の溶解性・安定性・吸収性の改善，苦味・刺激性の低減，薬物の微粒子化，多形転移・結晶化速度・結晶化度の制御
・疎水性CD：水溶性薬物・ペプチド類の徐放化，粘着性フィルム形成を利用した放出制御
・両親媒性CD：経皮・経粘膜吸収の促進，蛋白性薬物の安定化・凝集抑制・吸収促進
・イオン性CD：腸溶性担体，薬物の可溶化・安定化，腎毒性の低減
●CD結合体としての利用
・薬物/CD結合体：水溶性プロドラッグ，大腸送達，時間差放出・傾斜放出
・CD/デンドリマー結合体：遺伝子・siRNA導入用非ウイルスベクターの構築，標的指向化
●機能性素材とCDの併用
・CD複合体との併用：解離平衡の制御，競合包接，素材機能の増強
・CD結合体との併用：リポソームとの併用による標的組織での滞留性延長
・製剤素材へのCDの結合：製剤素材の機能性改善，新機能創出
・CDポリロタキサン：PEG化蛋白質性薬物の放出制御・血液/組織中滞留性の延長

2.1 経口・経粘膜吸収性の改善[11)]

親水性CDsを用いて薬物の消化管吸収を改善するには，①難水溶性薬物の溶解性改善，②消化管内における薬物の分解や代謝の抑制，③胆汁や他の成分との競合包接に伴う複合体からゲスト分子の遊離，④消化管上皮細胞に存在するp-糖蛋白質などの薬物排出ポンプの機能阻害などの方策が考えられる。特に，DM-β-CDは①～④の機構によりコエンザイムQ_{10}，脂溶性ビタミン類，カルモフール，イトラコナゾール，シクロスポリン，タクロリムスなどの難水溶性薬物の消化管吸収を顕著に改善する。γ-CDはコエンザイムQ_{10}とナノメーターサイズの微粒子性複合体を形成して犬およびヒトにおける経口バイオアベイラビリティを改善する[12)]。④の例として，DM-β-CDを用いた系では免疫抑制剤タクロリムスのバイオアベイラビリティが溶解性変化から予測されるよりも顕著に増大する。これは，DM-β-CDがカベオラ画分中のコレステロールを引き抜き，それに伴いp-糖蛋白質やMRP 2が漏出して薬物排出機能が低下する結果，p-糖蛋白質の基質になるタクロリムスの吸収が増大することによる[13)]。

親水性CDsは水溶性ペプチド類の鼻粘膜吸収を促進する[14)]。たとえば，α-CD，DM-α-CD，DM-β-CDのように膜成分の引き抜き作用が大きいものほど性腺刺激ホルモン放出ホルモン(LH-RH) アナログの酢酸ブセレリンやインスリンなどのラット鼻粘膜からの吸収を顕著に増大し，その際，DM-β-CDは最も大きな促進作用を示す。親水性CDsによるペプチド類の吸収促進機構としては，膜の流動性変化に伴う膜透過性の増大や酵素障壁の克服が主な要因であると考えられる。さらに，高濃度のDM-β-CDは細胞膜上の脂質マイクロドメインであるラフトからシグナル伝達に関与する蛋白質やコレステロールを引き抜いて細胞にアポトーシスを誘発することから，細胞生物学的にも興味深い化合物である（図3）。

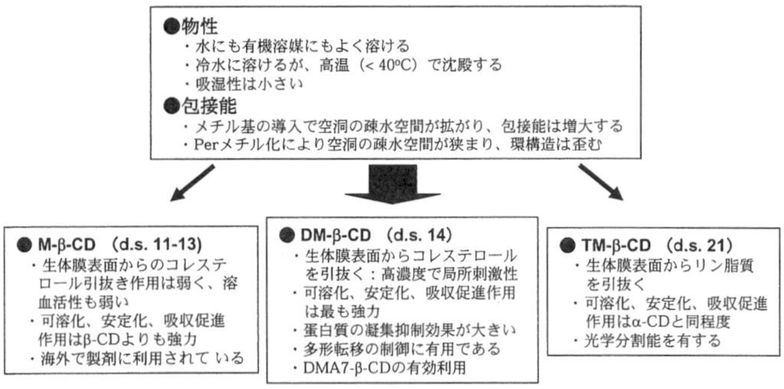
●物性
・水にも有機溶媒にもよく溶ける
・冷水に溶けるが、高温（< 40ºC）で沈殿する
・吸湿性は小さい
●包接能
・メチル基の導入で空洞の疎水空間が拡がり、包接能は増大する
・Perメチル化により空洞の疎水空間が狭まり、環構造は歪む
● M-β-CD （d.s. 11-13）
・生体膜表面からのコレステロール引抜き作用は弱く、溶血活性も弱い
・可溶化、安定化、吸収促進作用はβ-CDよりも強力
・海外で製剤に利用されて いる
● DM-β-CD （d.s. 14）
・生体膜表面からコレステロールを引抜く：高濃度で局所刺激性
・可溶化、安定化、吸収促進作用は最も強力
・蛋白質の凝集抑制効果が大きい
・多形転移の制御に有用である
・DMA7-β-CDの有効利用
● TM-β-CD （d.s. 21）
・生体膜表面からリン脂質を引抜く
・可溶化、安定化、吸収促進作用はα-CDと同程度
・光学分割能を有する

図 3　3 種類のメチル化 β-CDs の主な特徴

実際製剤では CD 複合体を単独で用いることは少なく，賦形剤や添加物を加えて最適処方が構築される。そのような混合系中で CD の機能を適切に発揮させるには，CD と主薬または添加物との競合包接，生体適用後の複合体の解離，体内動態などを制御する必要がある。とりわけ，薬物/CD 複合体の安定度定数が小さい場合は，製剤の調製や生体適用時に複合体が解離するため，各種製剤素材と併用して CD の機能を増強する必要がある。たとえば，坐剤投与によりモルヒネ（MH）の鎮痛効果を持続させるには，初回通過効果を避けて直腸下部に滞留させると吸収効率が高まる。具体的には，粘膜刺激性の少ない疎水性の Witepsol H-15 を基剤に選び，CD と増粘性高分子を充填した中空坐剤を用いて MH の血漿中および脳脊髄液（SCF）中濃度をモニターしながら最適処方を検討した。その結果，ウサギ直腸に中空坐剤を投与後の血中濃度推移を比較すると，α-CD 複合体の場合は安定度定数が 7 M^{-1} と小さいため複合体が解離し，血中濃度が急激に増減して静脈注射に類似した速効性パターンを示す。そこで，複合体と増粘剤のキサンタンガムを併用すると，坐剤は直腸下部に滞留して初回通過効果が回避され，バイオアベイラビリティの改善と徐放化が達成される[15)]。同様な例として，ジアゼパムとその γ-CD 複合体の溶解挙動を比較すると，複合体は薬物単独に比べて速やかに溶解するが，安定度定数が 120 M^{-1} と小さいため複合体が解離して薬物が析出する。この溶液に水溶性高分子（HPC や PVP など）を添加すると，溶液の粘度が増加して複合体の解離が抑制され，高い溶解性を長時間維持する。

次に，競合包接現象を利用して吸収改善を試みた例を述べる。薬物/CD 複合体に第三成分（競合ゲスト）を添加する際に，薬物/CD 複合体の安定度定数 K_1 が競合ゲスト/CD 複合体の安定度定数 K_2 よりも小さい場合は，前者の複合体が解離して遊離の薬物濃度が増加し，吸収率は向上する。イトラコナゾール/HP-β-CD 複合体（図 4）の消化管吸収に及ぼす胆汁分泌の影響を検討した実験において，ラットの胆管を結紮して消化管中に胆汁が分泌されない条件下で HP-β-CD を添加するとイトラコナゾールの溶解度が増加し吸収率も増大する。一方，ラットの胆管を結紮しない，すなわち胆汁が分泌されている条件において薬物吸収率は複合体系で顕著に増大

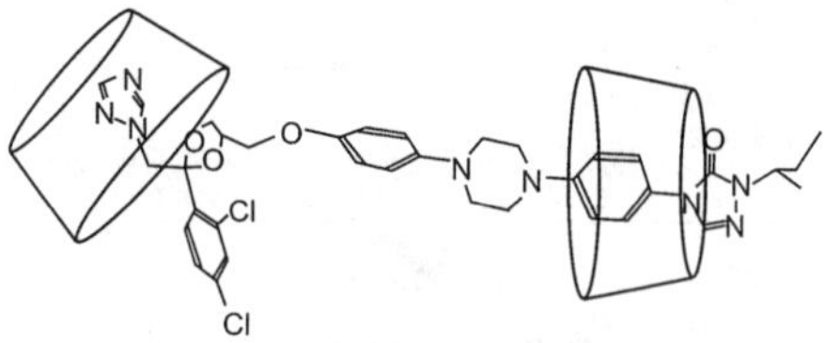

図4　モル比1：2イトラコナゾール/HP-β-CD
複合体の包接模式図

する。通常，CDは薬物よりも胆汁酸との親和性が強いため（$K_2>K_1$）空洞から薬物が追い出されて，いわゆる競合包接により薬物の吸収率が増大するものと考えられる。

3　放出制御

3.1　経口投与製剤の放出制御[16)]

経口投与用放出制御製剤の構築において，親水性CDsは速放出性担体として，疎水性CDsは徐放性担体として，カルボキシメチル基とエチル基を有するCME-β-CDは腸溶性担体として機能する。アシル化β-CDは代表的な徐放性担体であり，アシル基のアルキル鎖が長くなるにつれて水溶性薬物の放出速度は低下するが，ビーグル犬を用いた経口投与実験によると，粘膜付着性を有するper-*O*-butylyl-β-CDは吸収率を低下させない徐放性担体として優れている。アシル基の炭素数が5つ以上になると油状の誘導体が得られ，その中で，per-*O*-valeryl-β-CDは透明なフィルムを形成する。この薄膜に薬物を包含させてエチレン膜にキャスティングし，ラットの皮膚に貼付すると血中薬物濃度が長時間持続する。

難水溶性のカルシウム拮抗薬であるニフェジピンは，徐放化にともない吸収量が減少し，初回通過効果を受けやすくなるため，放出速度を精密に制御しなければならない。そこで，速放出部にHP-β-CDと界面活性剤HCO-60を用いてニフェジピンの溶解性とぬれを改善し，徐放部に親水性の粘性高分子HPCを用いて二層錠の処方を設計した。両放出部の成分やその混合比を変えることにより，速放出部からの初期バーストおよび後半部の放出速度を制御し，犬を用いた経口投与実験においてバイオアベイラビリティの低下なしに徐放化する処方が得られた。β-CDとエチルセルローズ（EC）の複合系は，pH非依存性の徐放性マトリックスとして機能する。一方，HP-β-CDはper-*O*-butylyl-β-CDやECのような疎水性マトリックスから水溶性薬物カプトプリルやメトプロロールの放出速度を変化させる。その際，低濃度では放出抑制，高濃度では放出を促進する二相性がみられ，この放出抑制効果はHP-β-CDのゲル形成性に由来する。通常，HP-β-CDは難水溶性薬物の可溶化剤あるいは速溶解性担体に利用されるが，添加量によっては徐放性担体としての機能が発現するのは興味深い。

3.2　大腸特異的な放出制御[17)]

大腸送達は腸溶性製剤のラグタイムをさらに遅延させたもので，経口投与後，約8時間頃から薬物放出がみられる。CDの複合体と結合体について，それらの薬物放出挙動を比較すると，化学平衡からなる複合体は消化液による希釈や胆汁・食物・pH等の影響を受けて解離し，消化管上部で薬物が吸収される。一方，化学結合体は消化管上部を通過して消化管下部に到達すると細菌叢由来の酵素によりCD環が開裂して薬物を放出するため，大腸送達が可能である。そこで，消炎剤ビフェニル酢酸（BPAA）[18)]とプレドニゾロン（PD）[19)]に関する検討例を述べる。

BPAAをβ-CDの一級水酸基にモル比1：1でエステル結合させると，結合体の溶解度はBPAA自身の溶解度よりも約1／10に低下し消化管からほとんど吸収されないが，α-およびγ-CD結合体では溶解度がBPAA自身に比べてそれぞれ約100倍および10倍増大する。β-CD結合体の溶解度が低下するのは，BPAAと隣接するβ-CD間の分子間相互作用（包接）が強いため，固体状態において結合体がスタッキングし，安定なチャンネル型結晶構造を形成するためと推定される。そこで，α-およびγ-CD結合体を盲腸または大腸内容物と共にインキュベートするとCD環が開裂して少糖類へ分解した後，エステル結合が加水分解されてBPAAを放出する。このエステル型結合体をラットに経口投与すると，*in vitro*データを反映して一定のlag time後にBPAAを遅延放出する。特に，γ-CD結合体におけるBPAAの吸収率は顕著に増大し，カラゲニン誘発足蹠浮腫ラットモデルを用いて評価した消炎効果にも遅延放出を反映した薬理作用が観察される。このように，BPAAとα-およびγ-CD結合体の場合は，それらの*in vivo*吸収実験から，バイオアベイラビリティの向上に伴う投与量の減少，胃粘膜障害などの副作用の軽減が期待される。

PDは炎症性腸疾患（Inflammatory bowel disease：IBD）治療の第一選択薬として汎用されているが，経口投与によりその大部分が小腸から吸収されるため，炎症部位の大腸に到達するのは1%未満であり，しかも長期投与で副作用を惹起することから大腸特異的な送達システムの開発が望まれる。そこで，CDの二級水酸基の一つにコハク酸をスペーサーに用いてPDをエステル結合させた化合物を調製し，大腸送達性プロドラッグとしての有用性を評価した。PDsuc/α-CDエステル結合体はIBDモデルラットに経口投与すると，胃や小腸ではほとんど加水分解を受けずに通過し，盲腸・大腸に到達すると腸内細菌由来の酵素触媒によりCD環が開裂して少糖類に分解する。さらに，エステラーゼ作用を受けてPDを放出し，生成したPDは炎症部位に直接作用して抗炎症作用を発現するが，その際，PDの全身循環系への移行が少ないため，副作用軽減がみられる。ここでCD/薬物結合体の構造と機能の関係を整理すると，①β-CDの一級

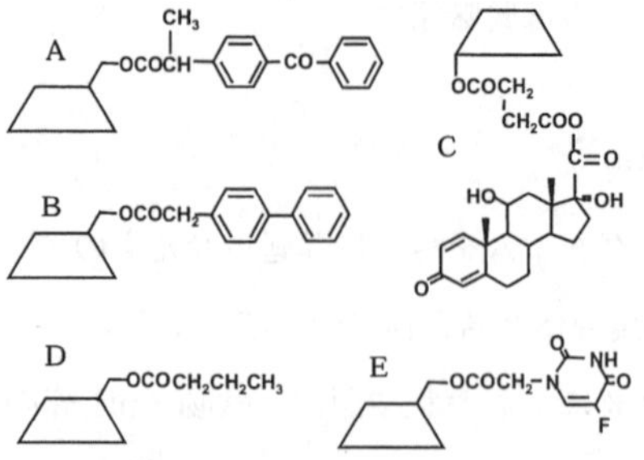

図5　大腸送達を企図した薬物/CD結合体の例
(A) ケトプロフェン，(B) ビフェニル酢酸，(C) プレドニゾロン，(D) n-酪酸，(E) 5-フルオロウラシル．

水酸基に薬物を結合させたBPAA/β-CD系のように隣接するβ-CD空洞に薬物が強く包接される場合は，channel型構造を形成して難水溶性で生分解されにくい結合体が得られる。②α-CDの二級水酸基に薬物を結合させたPDsuc/α-CDのように分子内相互作用（自己包接）が優位に働く場合は，水に溶けやすい結合体が得られる。③水溶性のCD結合体は静脈投与では複合体とは異なる体内動態を示し，リポソームと併用すると標的部位における持続放出や局所滞留性の増大が期待される。このように，CDプロドラッグは標的指向化や投与ルートの拡大に有用であり，CDの水酸基に対する薬物の置換位置やCD環の大きさを変えることによって結合体の機能を制御できる。

経口放出制御型製剤の設計において，図5に示すCD/薬物結合体とCD/薬物複合体や他の製剤素材を組み合わせて用いると様々な放出プロファイルを構築できる。たとえば，速放出性の複合体と大腸送達性の結合体を組み合わせて用いると反復放出型のパターンが得られ，腸溶性の複合体と大腸送達性の結合体を組み合わせると長時間持続放出型のパターンが得られ，これら3種類を組み合わせる傾斜放出型のパターンが得られるため，製剤設計の幅が拡がる。

3.3　注射剤の放出制御

蛋白質性薬物をPEG（polyethylene glycol）化すると，化学的安定性，溶解性，血中滞留性，免疫原性などの問題が改善されるため，高品位なPEG化蛋白質性薬物の開発が活発に行われている。我々は最近，インスリンをモデル薬物に選び，PEG鎖（平均分子量約2,000）を導入したPEG化インスリンを合成し，さらにα-およびγ-CDを用いてpolypseudorotaxanesを調製して，徐放出効果を評価した（図6）[20]。なお，蛋白質性薬物に複数個のPEGを導入すると生理活性が損なわれるおそれがあるため，導入するPEG鎖は1本に限定し，*in vivo* 実験には生体適合性に優れるγ-CDを用いた。得られたpolypseudorotaxanesは，α-CD系では1本のPEG鎖に対

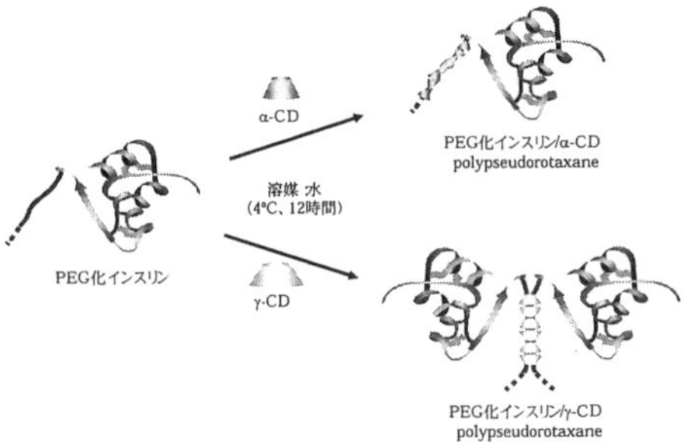

図 6　PEG 化インスリン/CDs の Polypseudorotaxanes の調製スキーム

して α-CD が 20 分子，空洞径の大きな γ-CD 系では 2 分子の PEG 化インスリンの PEG 鎖 2 本に対して γ-CD が 11 分子貫通してチャンネル構造を形成しているものと推定された。PEG 化インスリンは pH 7.4 のリン酸緩衝液に速やかに溶解したが，polypseudorotaxane 系における PEG 化インスリンの放出挙動は γ-CD の解離が少ないほど徐放出パターンを示した。ラットの背部に皮下投与し血糖降下作用を比較すると，γ-CD polypseudorotaxane は PEG 化インスリン単独に比べて血糖降下作用を有意に持続した。

4　標的指向化

4.1　病巣における滞留性の増強

薬物/CD 複合体を PEG 修飾リポソームに封入して生体内に投与すると，リポソームによる薬物の受動的ターゲティングに加えて，リポソーム内において CD との複合体形成により薬物やリポソーム膜が安定化され，生体内投与後に起こるバースト現象が抑制される。さらに，細胞内で CD 複合体として存在すると薬物放出が遅延することから，標的組織への薬物送達量の増大や標的細胞中において薬物滞留時間が延長し，治療効果の増大が期待される。そこで，γ-CD と PEG 修飾リポソームの複合担体を用いて，抗癌薬ドキソルビシン（DOX）の癌組織への滞留性を検討したところ，γ-CD とリポソーム併用系の方が癌組織中の薬物濃度が長時間にわたり顕著に増大した。AUC を比較すると，薬物単独に比べてリポソーム系では約 3.3 倍，γ-CD とリポソーム併用系では約 7.5 倍増加し，それに伴い担癌マウスの有意な延命効果が観察された[21]。これらの機構を考察すると，PEG 修飾リポソームに封入された γ-CD は DOX 封入率，リポソームサイズ，リポソーム膜に対して影響を与えることなくリポソーム内で DOX と複合体を形成するため，γ-CD は DOX とリポソーム膜との相互作用を低下させ，リポソームの安定性を向上させるものと考えられる。次に，複合体封入リポソームを担癌マウスに静脈内投与すると，単独封入リポソームの場合に比べて血中滞留性の増大に伴うEPR効果（Enhanced Permeability and Retention Effect）によって腫瘍組織へのDOX送達量が増大する。その結果，γ-CDによる腫瘍細胞内からのDOX放出の遅延によりDOXの抗腫瘍活性が増大するものと推定される。

4.2 遺伝子送達

遺伝子治療では安全性の面から非ウイルスベクターの有用性が期待されているが，問題は遺伝子の発現効率をいかに高めるかにかかっている。我々はDNAの負電荷をうち消すための陽イオン性ベクターとしてスターバーストポリアミドアミンデンドリマーに着目し，CDには膜成分との相互作用を利用してDNAの導入効率を高める役割を期待した。CDの空洞径や置換度，デンドリマーのgeneration等の影響を検討した結果，generation 3のデンドリマーにα-CDが平均置換度2.4で結合したベクター（図7）[22]は細胞障害性をほとんど示さず，市販の遺伝子導入試薬TransFast[TR]よりも導入効率は優れていた。プラスミドDNAはエンドサイトーシス経路で細胞内に取り込まれた後，大部分はライソゾーム中で分解されるため，エンドソーム膜から速やかに脱出させる必要がある。調製した非ウイルスベクターは，デンドリマーのプロトンスポンジ効果に加えてα-CDが膜成分と相互作用することによりエンドソーム膜が破壊され，DNAが細胞質へ移行しやすくなるものと考えられる。さらに，このベクターの特徴として，レセプター親和性の付加，品質の規格化などが容易であり，抗原性や細胞障害性が低く，多くの細胞に均一に遺伝子を導入できるなどの利点を有することから，siRNA（small interfering RNA）担体などへの応用が期待される[23]。

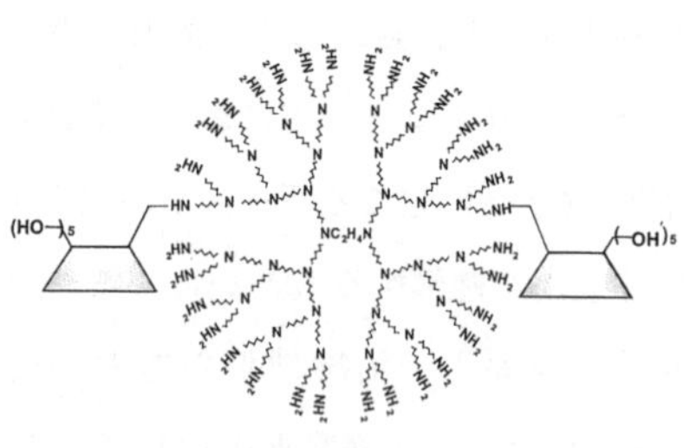

図7 遺伝子送達用非ウイルスベクター
α-CD/Polyamidoamine Dendrimer
結合体の推定構造

5 まとめ

DDS用の薬物担体は，放出制御，吸収促進，標的指向性などの基本的な機能に加えて，生体適合性，均質性，汎用性，経済性などを具備することが望まれる。これらの条件をすべて満足するCDは存在しないため，DDS製剤への応用を企図して様々な創意工夫が行われている（表2）。たとえば，生体適合性に優れる新規ホスト分子の構築，薬物に化学結合させて新機能を付与する，この結合体を複合体と併用する，CDと他の製剤素材と併用する，などの検討が行われている。このようにして得たCDの新機能は，遺伝子治療や抗癌剤の標的指向化などの先端的分野のみならず，高齢者に優しい製剤，薬効・毒性発現の制御，スーパージェネリック，サプリメントなど，現代の医療ニーズに適合し，健康の増進に貢献するものと期待される。さらに，今回は紙面の都合でふれなかったが，DM-β-CDは固形薬物の結晶成長速度，多形転移，晶癖などを選択的に制御可能であり[24]，蛋白質性薬物の凝集抑制や分離精製など[25]新たな用途が拡大している。

文　　献

1) K. Uekama, *Chem. Pharm. Bull.*, **52**, 900–915 (2004)
2) K. Uekama, F. Hirayama and T. Irie, *Chem. Rev.*, **98**, 2045–2076 (1998)
3) M. E. Davis and M. E. Brewster, *Nat. Rev. Drug Discov.*, **3**, 1023–1035 (2004)
4) D. O. Thompson, *CRC Crit. Rev. Ther. Drug Carrier Syst.*, **14**, 1–104 (1997)
5) シクロデキストリン学会（編），ナノマテリアル・シクロデキストリン，米田出版（2005）
6) 上釜兼人，薬学雑誌，**124**，909–935（2004）
7) H. Dodzuik, "Handbook of Cyclodextrins : Chemistry, Analytical Methods, Applications", Wiley-VCH Verlag, Germany (2006)
8) K. Uekama and F. Hirayama, "The Practice of Medicinal Chemistry," 2nd ed. Chap. 38, ed. by C. G. Wermuth, Academic Press, London, 649–673 (2003)
9) T. Irie and K. Uekama, *J. Pharm. Sci.*, **86**, 147–162 (1997)
10) 上釜兼人，平山文俊，有馬英俊，薬剤学，**68**，66–79（2007）
11) 有馬英俊，上釜兼人，*Drug Delivery System*, **20**，433–442（2005）
12) K. Terao, D. Nakata, F. Fukumi, G. Schmid, H. Arima, F. Hirayama and K. Uekama, *Nutr. Res.*, **26**, 503–508 (2006)
13) H. Arima, K. Yunomae, T. Morikawa, F. Hirayama and K. Uekama, *Pharm. Res.*, **21**, 625–634 (2004)
14) T. Irie and K. Uekama, *Advn. Drug Delivery Rev.*, **36**, 101–123 (1999)
15) K. Uekama, T. Kondo, K. Nakamura, T. Irie, K. Arakawa, M. Shibuya and J. Tanaka, *J. Pharm. Sci.*, **84**, 15–20 (1995)
16) F. Hirayama and K. Uekama, *Advn. Drug Delivery Rev.*, **36**, 125–141 (1999)
17) F. Hirayama and K. Uekama, "Prodrugs : Challenges and Rewards", ed. by V. J. Stella, R. Borchardt, Vol. 4 in AAPS Series Entitled "Biotechnology : Pharmaceutical Aspect," AAPS Press, New York, pp. 669–686 (2007)

18) K. Uekama, K. Minami and F. Hirayama, *J. Med. Chem.*, 40, 2755-2761 (1997)
19) H. Yano, F. Hirayama, M. Kamada, H. Arima and K. Uekama, *J. Contrl. Rel.*, 79, 103-112 (2002)
20) T. Higashi, F. Hirayama, H. Arima and K. Uekama, *Bioorg. Med. Chem. Lett.*, 17, 1871-1874 (2007)
21) H. Arima, Y. Hagiwara, F. Hirayama and K. Uekama, *J. Drug Targeting*, 14, 225-232 (2006)
22) H. Arima, F. Kihara, F. Hirayama and K. Uekama, *Bioconju. Chem.*, 12, 476-484 (2001)
23) T. Tsutsumi, F. Hirayama, K. Uekama, H. Arima, *J. Contrl. Release*, 119, 349-359 (2007)
24) Y. Sonoda, F. Hirayama, H. Arima, Y. Yamaguchi, W. Saenger and K. Uekama, *Cryst. Growth & Design*, 6, 1181-1185 (2006)
25) S. Tavornvipas, S. Tajiri, F. Hirayama, H. Arima and K. Uekama, *Pharm. Res.*, 21, 2370-2377 (2004)

第13章　医薬品ナノ粒子の形成

戸塚裕一*1，山本恵司*2

1　はじめに

近年，医薬品産業においては，コンビナトリアルケミストリーやハイスループットスクリーニングなどの技術の普及・進化に伴い，活性の高い低分子薬物が，より多く開発されるようになってきた。しかし，これらの医薬品候補化合物は，従来の化合物の10分の1～100分の1程度の溶解度しか示さず，超難水溶性薬物であることも多い。これらの薬物を従来通りに経口投与しても，バイオアベイラビリティは低く，生産コストや安全性の面から，優れた薬理活性を有していたとしても開発中止となるケースがしばしば報告されている。

ところで，医薬品などの有機化合物を人体に効率よく利用させるためには，服用後の薬物の溶解過程と，小腸などでの吸収過程の2つのステップを考慮しなくてはならない。医薬品をサブミクロンサイズまで微粒子化することが，吸収過程においてどの程度影響を及ぼすかについては，体内での複雑な吸収機構により未だ不明な点が多く，通例，医薬品の微粒子化は溶解速度の改善を目指して行われている。薬剤学においては，体内における薬物結晶からの溶解速度式のモデルとしてNoyes-Whitney式［$\mathrm{d}C/\mathrm{d}t = k \cdot S\,(Cs - C)$，$k$：みかけの溶解速度定数，$S$：表面積，$Cs$：飽和溶解度，$C$：溶液中の濃度］が用いられる。溶解速度を速めるための要因としては，表面積を大きくすることが考えられ，医薬品のサブミクロン化により表面積が増大すれば，薬物の顕著な溶解性の向上が期待される。そこで，超臨界流体を用いた医薬品ナノ粒子の調製[1,2]，ナノサイズの薬物微粒子に更なる種々の機能を付加するための薬物キャリアー等の研究も盛んに行われている[3,4]。一方，医薬品の微粒子化は，粉末吸入製剤として経肺投与する場合にも有効であり，空気力学径を0.5～7 μmほどの粒子に設計すること及び表面特性を改善することにより，気管支や肺胞部に粒子を到達できることが報告されている[5]。

医薬品ナノ微粒子を得るための手法は，主に2つのアプローチが考えられ，比較的大きな粒子(数μm～数十μm）を粉砕などの外力により医薬品の粒子のサイズを小さくする手法（サイズダウン)[6~10]と，晶析などにより一旦分子状態にまで医薬品を小さくし，そこから結晶成長する過

＊1　Yuichi Tozuka　岐阜薬科大学　製剤学研究室　准教授

＊2　Keiji Yamamoto　千葉大学大学院　薬学研究院　製剤工学研究室　教授

程を制御する手法（ビルドアップ）[11,12]に大別される。どちらの手法においても，医薬品のみを用いてナノ粒子を得ることは極めて困難であり，医薬品結晶の凝集や結晶成長を制御するためには，目的に応じた機能を有する添加剤を加えることが必要とされる。そこで本稿では，医薬品ナノ粒子を得る目的で添加されるシクロデキストリンの有効性及び可能性について述べる。

2　シクロデキストリンとの混合粉砕によるプランルカスト水和物の微粒子形成：サイズダウン法でのシクロデキストリンの添加効果

粉砕とは，固体粒子に衝撃力，圧縮力，摩擦力，せん断力などの機械的な外力を加えて粒子を破壊する操作であり，粉粒体のサイズダウンを行う場合の代表的な手法である。しかし，粉砕操作によって粉体はどこまでも細かくなるわけではなく，材料や粉砕の条件に応じた限界粒子径が存在する。粉砕機内での粒子径が小さくなれば粒子の数が増大するために，粉体層の中で粉砕機からの力が吸収されて伝わらなくなることや，粉砕による粉体表面の活性化（メカノケミカル効果）に伴う凝集などが起こることが報告されている。したがって，一般的に医薬品の溶解性の改善を目的として，薬品の単独粉砕による薬品粒子の微細化を試みても，凝集等が起こるために数μm レベルの粒子しか得ることはできない。このような場合には，何らかの添加剤を加えて医薬品と同時に混合粉砕することにより，より粒子径の小さな医薬品結晶が得られる可能性が報告されてきた。

そこで，執筆者らのグループは，医薬品ナノ粒子を得るための粉砕助剤としてシクロデキストリンを用いることを試みた。図1に示すプランルカスト水和物（PRK）は，難水溶性の医薬品であり，喘息治療薬として用いられている化合物である。本化合物の25℃での水への溶解度は1.2μg/mL であり，経口投与時の生体吸収性が良くないため製剤設計の上で溶解性や吸収性などの改善が望まれている。また，シクロデキストリンは種々の有機化合物と包接化合物を形成することも広く知られているため[13〜15]，混合粉砕による包接化合物の形成についても観察しながら，シクロデキストリンの粉砕助剤としての可能性について検討した。

まず始めに，PRK をβ-シクロデキストリン（β-CyD）存在下で混合粉砕を行った。β-CyD は，あらかじめ減圧乾燥処理したβ-CyD 無水物と，調湿保存したβ-CyD・10.5 水和物を使用し，β-CyD と PRK 水和物の混合モル比を1：2，1：1および2：1の条件下，振動ロッドミルで10

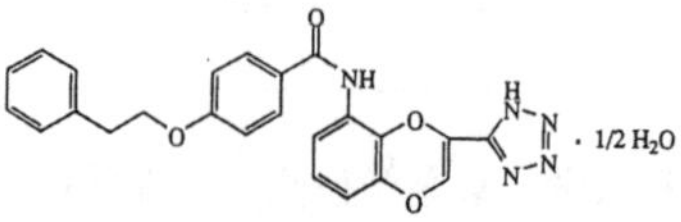

図1　プランルカスト水和物（PRK）の構造式

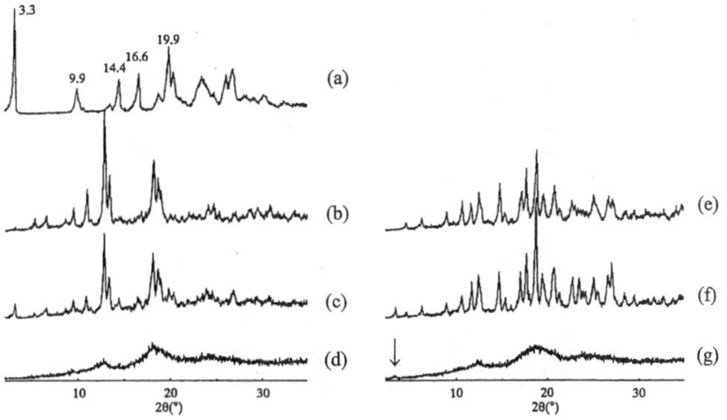

図2　β-CyD と PRK の混合粉砕による粉末 X 線回折パターンの変化
（β-CyD と PRK の混合モル比 2：1，粉砕時間 10 分）
(a)PRK 結晶，(b)β-CyD 無水物，(c)β-CyD 無水物と PRK の物理的混合物，(d)β-CD 無水物と PRK の混合粉砕物，(e)β-CyD・10.5 水和物，(f)β-CyD・10.5 水和物と PRK の物理的混合物，(g)β-CyD・10.5 水和物と PRK の混合粉砕物。

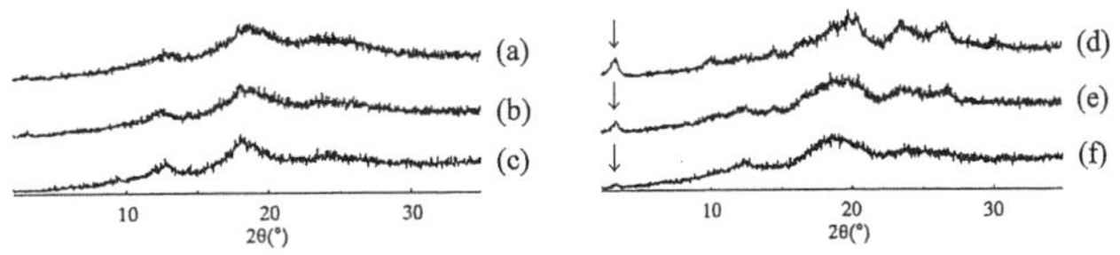

図3　β-CyD と PRK の混合粉砕による粉末 X 線回折パターン変化：
混合モル比の影響（粉砕時間 10 分）
β-CyD 無水物と PRK のモル比 (a)1：2，(b)1：1，(c)2：1；β-CyD・10.5 水和物と PRK のモル比 (d)1：2，(e)1：1，(f)2：1。

分間の混合粉砕を行った。図2および図3に10分間混合粉砕を行った試料の粉末X線回折測定パターンを示す。図2はβ-CyDとPRK水和物の混合モル比を2：1として混合粉砕を行った結果であり，PRK結晶は，2θ=3.3，9.9，14.4，16.6，および19.9°に特徴的な回折ピークを示す。物理的混合物はPRK結晶とβ-CyD無水物，あるいはPRK結晶とβ-CyD・10.5水和物のX線回折パターンを重ね合わせたものであり，両者の結晶が単純に混合された状態を表している。10分間の混合粉砕により，PRK結晶とβ-CyD無水物の混合粉砕物は，PRK結晶およびβ-CyD無水物に特徴的なピークは観察されずハローパターンを示すのに対し，PRK結晶とβ-CyD・10.5水和物の混合粉砕物は，矢印で示すように2θ=3.3°にPRK結晶に由来するピークが認められた。したがって，β-CyD無水物との混合粉砕においてはPRK結晶がアモルファス状態に変化するのに対し，β-CyD・10.5水和物との混合粉砕物中ではPRK結晶が系中に存在する可能性が示唆された。なお，混合粉砕操作においては，新たな回折ピークは認められておらず，少なくともPRKとβ-CyDの複合体結晶の生成は認められていない。また，図3に示すように，混合モル比が1：1あるいは1：2の系においても同様なX線回折パターンが確認され，β-CyD・10.5水和

図4　β-CyD と PRK の混合粉砕物を水中に分散させた試料の見かけの変化（β-CyD と PRK のモル比 2：1，粉砕時間 10 分）
(a)超音波処理前，(b)超音波処理後。

物の混合粉砕物中においてのみ，$2\theta=3.3°$ に PRK 結晶に特徴的な X 線回折ピークが認められた。

これらの混合粉砕物を水中に分散させたところ，図4に示すように興味深い結果が得られた。図4は PRK 結晶，β-CyD・10.5 水和物およびβ-CyD 無水物との混合粉砕物を水中に分散させたときの見かけの様子を観察したものである。PRK 結晶は水へのぬれ性や分散性が極めて悪く，水面やガラス容器表面で凝集塊を形成しており，β-CyD 無水物との混合粉砕物においても同様の特性が認められた。注目すべき点はβ-CyD・10.5 水和物との混合粉砕を行った場合であり，水へのぬれ性や分散性が PRK 結晶に比べ顕著に改善された。また，分散させた液体を 0.8 μm のフィルターで濾過した後の試料は，β-CyD・10.5 水和物との混合粉砕物においてのみ乳白色の懸濁液となった。水中に分散させた液体および濾過した後の懸濁液中に分散している PRK 粒子の粒子径分布を，動的光散乱法により測定したところ（図5），PRK 結晶および，β-CyD 無水物との混合粉砕物の場合には，1 μm 以下の粒子はほとんど存在しておらず，粉砕時に生成した数 μm の粒子およびその凝集した粒子と考えられる 100 μm 程度の粒子に由来する 2 つの分布が観察された。一方，β-CyD・10.5 水和物との混合粉砕物においては，1 μm 以下の領域にシャープな分布パターンを示し，濾過後の試料の平均粒子径は約 0.2 μm であった。したがって，β-CyD・10.5 水和物との混合粉砕物を水中に分散させたときにのみ，PRK はナノ粒子として系中に存在することが認められた[16,17]。

次に，CyD との混合粉砕操作を行った試料を水中に分散させた時に生成した PRK ナノ粒子の割合について定量した。PRK ナノ粒子の生成割合は，0.8 μm のフィルターを通過し濾液に分散している PRK 粒子をエタノールに溶解させて UV 定量し，はじめに分散させた試料中に含まれる PRK の総量で除した値（Recovery（%））として算出した。その結果，無水β-CyD との混合

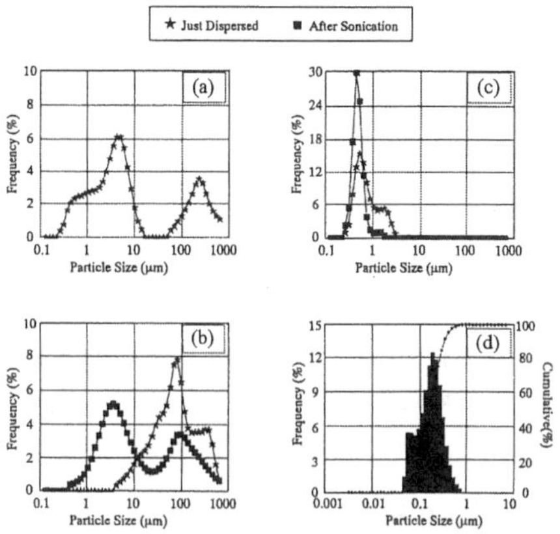

図5　懸濁液と濾液中に存在する
PRK粒子の粒度分布曲線
(a)PRK懸濁液，(b)β-CyD無水物とPRKの混合粉砕物の懸濁液，(c)β-CyD・10.5水和物とPRKの混合粉砕物の懸濁液，(d)(c)の濾液（<0.8 μm）。

粉砕物の場合はPRKナノ粒子の生成はわずか1%程度であるのに対し，β-CyD・10.5水和物との混合粉砕物を水中に分散させた場合には，試料中のPRKの90%以上がナノ粒子として懸濁液中に分散することが明らかとなった。PRKナノ粒子の生成割合は，PRK結晶とβ-CyD・10.5水和物の混合モル比を変化させることによっても変化し，β-CyD・10.5水和物の混合割合が低くなるほどPRKナノ粒子の生成割合が減少した。PRKナノ粒子生成割合への混合粉砕時間の影響を検討したところ，β-CyD・10.5水和物の系においては，1分間粉砕物ではナノ粒子はわずか10%程度しか生成されないのに対して，3分間粉砕物では90%以上がナノ粒子として生成することから，混合粉砕によってPRK粒子がナノ粒子を生成する状態となるための反応は，振動ロッドミルを用いた場合は3分間程で完了していることが推察された。

ところで，PRKナノ粒子の生成のためには，混合粉砕時の初期の水分含量が大きく影響し，PRK結晶およびβ-CyD無水物の混合粉砕を行う場合でも，図2や図3の場合のように系中にほとんど水が存在しない場合には，ナノ粒子生成が起こらないのに対し，系中に存在する初期水分含量をコントロールしたときのPRKナノ粒子の生成割合は図6のように変化することが認められた。水分含量を0.75%から20%まで変化させたところ，水分含量4〜10%においてPRKナノ粒子量は急激に増大し，水分含量が13%の時にほとんどすべてのPRKがナノ粒子として存在することが観察された。ところが，水分含量が13%を超えるとPRKナノ粒子の生成割合の急速な減少が観察された。粉末X線回折測定の結果から高水分含量の試料では，粉砕中にβ-CyDが再結晶化したことに由来すると考えられる[17]。興味深いことに，PRKとβ-CyDの混合粉砕物を保存温度40℃・相対湿度82%で6ヶ月間保存し，生成したナノ粒子が調湿保存によって受け

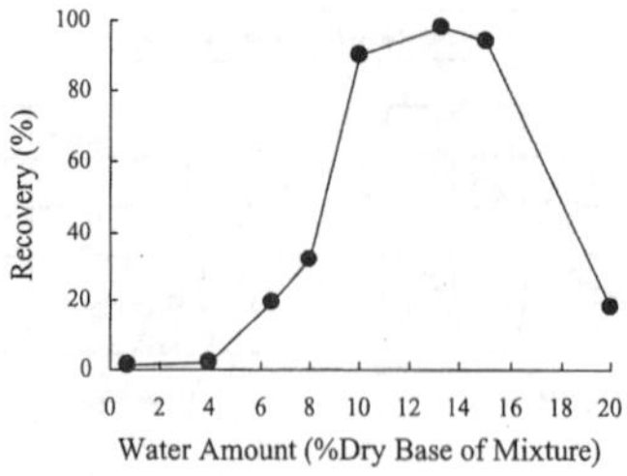

図6　混合粉砕時の水分含量及び PRK 微粒子生成割合の関係（β-CyD と PRK 結晶のモル比 2：1，粉砕時間 10 分）

る影響に関して検討したが，長期保存後の試料を水中に分散させても，ナノ粒子の生成割合は長期保存前とほぼ変わらず，粉砕後に調湿保存を行っても，試料中の PRK ナノ粒子の生成に必要とされる相互作用様式は変化しないことが示唆された。PRK ナノ粒子生成への水分子の役割を考察してみると，水分子は混合粉砕時のみに必要であり，混合粉砕後の試料には影響を与えないことが考えられた。

また，PRK と β-CyD 水和物の混合粉砕物に 110℃ で 3 時間減圧乾燥を行っても PRK ナノ粒子化の程度は変化せず高い値を示したが，乾燥後に引き続き 10 分間粉砕したところ，得られた試料は水へのぬれ性や分散性が悪くなり，ナノ粒子生成はほとんど認められなかった。一方，無水 β-CyD との混合粉砕物を更に乾燥しても，ナノ粒子生成には影響せず低い値を示したが，乾燥後の試料に重量比 15% の水分を加えて再粉砕を行うと，得られた試料は水へのぬれ性や分散性が著しく改善し 80% 以上の PRK のナノ粒子化が観察された。したがって CyD との混合粉砕による PRK ナノ粒子の生成反応は，混合粉砕時の水分の存在により可逆的に進行することが認められた[17)]。

PRK 結晶，β-CyD・10.5 水和物，PRK 結晶と β-CyD 無水物の混合粉砕物，および PRK 結晶と β-CyD・10.5 水和物の混合粉砕物に関して，高解像度の電子顕微鏡写真撮影を行ったものを図 7 に示す。図 7(c) は β-CyD 無水物との混合粉砕物を示し，針状の粒子が観察されている。しかしこれらは数 μm の PRK 結晶であり，乾燥条件下での粉砕では PRK 結晶と β-CyD 無水物間の分子間相互作用が小さく，ナノ粒子は形成していないことが示唆されている。これらのマイクロサイズの結晶は容易に凝集するため，水へのぬれ性の改善はほとんど期待できない。一方，図 7(d) は β-CyD・10.5 水和物との 10 分間混合粉砕物であり，50 nm 程度の微細な PRK 粒子が観察されている。これらのナノ粒子はマトリックス状の β-CyD 中に均一に分散しており，これは適切な水分含量下での混合粉砕により PRK 結晶と β-CyD 分子間に効率的な分子間相互作用が生じた結果，ナノ微粒子が生成するものと推察された。図 7(e) に認められるように，1 分間の混合粉砕の形状は β-CyD 無水物との粉砕物と大きな違いは認められず，粉砕によるナノ粒子生

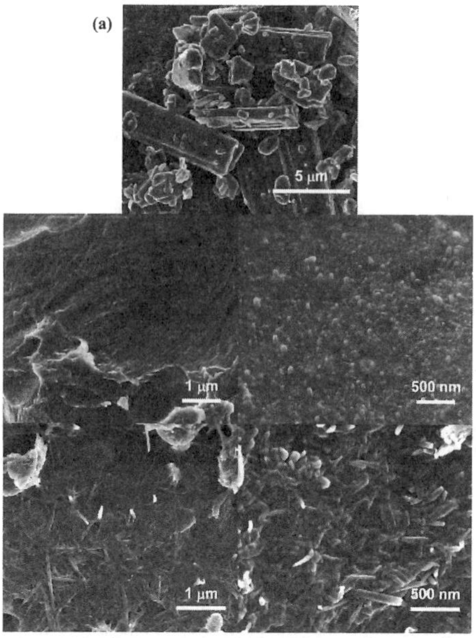

図 7　高解像度電子顕微鏡写真（β-CyD と PRK のモル比 2：1）
(a)PRK 結晶，(b)β-CyD・10.5 水和物，(c)β-CyD 無水物と PRK の 10 分間混合粉砕物，(d)β-CyD・10.5 水和物と PRK の 10 分間混合粉砕物，(e)β-CyD・10.5 水和物と PRK の 1 分間混合粉砕物。

図 8　環境制御型走査型電子顕微鏡写真（β-CyD・10.5 水和物と PRK のモル比 2：1）
(a)1 分間混合粉砕物，(b)(a)の拡大図，
(c)10 分間混合粉砕物，(d)(c)の拡大図。

成がほとんど進行していない初期の段階であると考えられた[18]。図 8 に示すように，環境制御型走査型電子顕微鏡（ESEM）を用いて高水分条件下での形状撮影を行ったところ，PRK 結晶と β-CyD・10.5 水和物との 10 分間混合粉砕物では，サブミクロンサイズの粒子が観測されるのに対し，10 分間混合粉砕物ではマイクロサイズの粒子が観測されるのみであった。

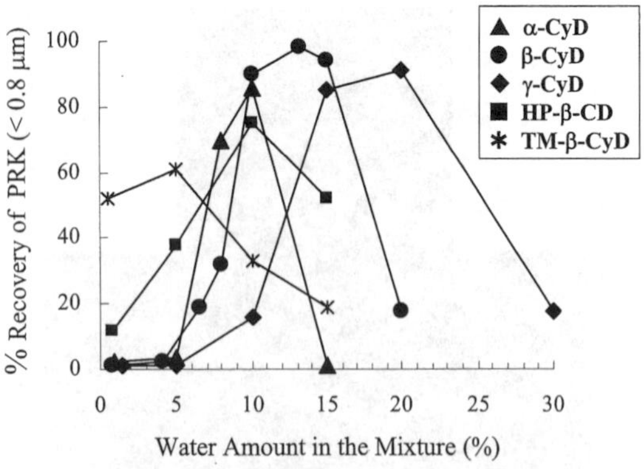

図9　種々のCyDとの混合粉砕物を水中に分散させたときのPRK微粒子生成割合の変化（CyDとPRK結晶のモル比2：1，粉砕時間10分）
(▲)α-CyD，(●)β-CyD，(◆)γ-CyD，
(■)HP-β-CyD，(＊)TM-β-CyD。

PRKナノ粒子の生成反応は，PRKをβ-CyDと共に混合粉砕した時にのみ特異的に起こり，医薬品添加剤として汎用されるD-マンニトール，ラクトースあるいは結晶セルロースなどを添加剤として混合粉砕してもPRKナノ粒子の生成は認められないことを確認している。そこで，β-CyDと空洞径や置換基の異なる種々のCyD（α-CyD，γ-CyD，Hydroxypropyl(HP)-β-CyD，heptakis(2, 3, 6-tri-O-methyl)β-CyD（TM-β-CyD）を用いて混合粉砕を行った結果を図9に示す。その結果，空洞径の異なるα-CyD，β-CyDおよびγ-CyDのすべての系において，高い収率でPRKナノ粒子が得られることが認められた。

水分含量に対するナノ粒子の生成割合の変化もβ-CyD系と同様の結果が得られ，水分量の増大に伴うPRKナノ粒子生成量の増大，および過剰水分量でのPRKナノ粒子生成量の急激な減少が認められた。一方，置換基の異なるHP-β-CyDやTM-β-CyDを用いた場合には，β-CyDと比べてPRKナノ粒子生成量の最大値は減少したものの，水分量とPRKナノ粒子生成量の相関は他の系と同様の結果を示した。置換基の異なるHP-β-CyDやTM-β-CyDにおいてPRKナノ粒子の最大生成量が減少した要因はよくわかっていないが，用いたいずれのCyDにおいてもPRKナノ粒子が生成しており，PRKと混合粉砕した試料を水中に分散させたときにナノ粒子を生成する事象は，CyDに特異な現象であることが支持された。また図9の結果からも，PRKナノ粒子生成が効率よく起こるためには，混合粉砕時の水分量に至適範囲があることが支持され，混合粉砕物中の水分子の存在がナノ粒子生成に重要な役割を担っていることが推察される[19]。

これらの結果から，ナノ粒子生成のメカニズムを図10のように推察している。PRKの単独粉砕では薬品粒子は数μmまでしか微細化せず，ナノサイズの粒子は生成されない。一方，CyD類と適切な水分含量条件下で混合粉砕した場合には，電子顕微鏡写真の形状観察からもナノサイ

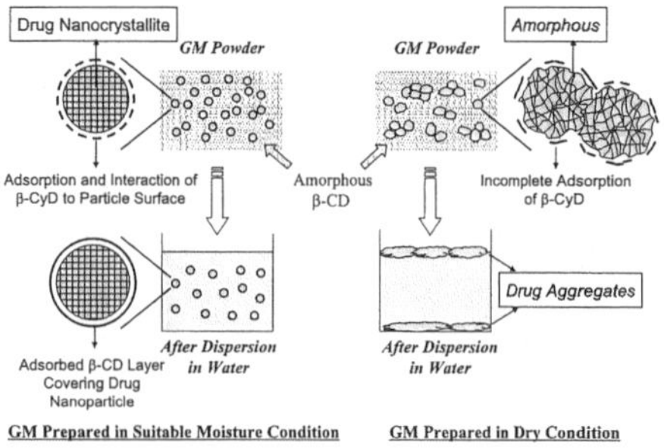

図10　微粒子生成メカニズムの考察

ズの粒子が存在することが明らかとなった。これは，粉砕により一時的に形成されたPRKナノ粒子の凝集が抑制されるか否かによると推察され，CyD類と適切な水分含量条件下で混合粉砕した場合には，水分子の介在によってCyD分子がPRKナノ粒子の表面と相互作用し，さらにCyD分子同士が何らかのネットワーク構造を作り，PRKナノ粒子はアモルファスCyDのマトリックス中に分散することによって凝集が抑制されるのではないかと考えられる。また，CyD類と最適な水分含量条件下で調製した混合粉砕試料を水中に分散させた時には，CyDが水に溶解してPRKナノ粒子が放出され，溶解したCyDはナノ粒子表面に吸着して凝集を抑制し，PRKナノ粒子を水中に安定に分散させると推察された。この微粒子を長期間にわたり水溶液中で安定させるためには，水溶性高分子などを水中に少量添加すればよいことも確認している[16]。一方，水分を含まない，あるいは水分含量の少ないCyDとの混合粉砕物においては，CyD分子が粉砕過程でPRK粒子表面に効率的に相互作用できず，PRKナノ粒子を存在させるためのCyDによるネットワーク構造が生成できないと考えられた。その結果，水分含量が低い時の混合粉砕物中では，薬品単独の粉砕と同様に凝集によって数μmの粒子しか形成されず，この試料を水に分散させてもさらなる凝集が起こるのみであり，数十μmの粒子が主に形成されると考えられた。

3　シクロデキストリンとの混合粉砕による医薬品の包接化合物形成およびナノ粒子形成

医薬品およびその候補化合物はCyDと包接化合物を形成することが広く知られており，医薬品とCyDとの混合粉砕においては，ナノ粒子形成のみならず包接化合物形成も起こることは容易に想像される。そこで混合粉砕におけるCyDの役割を考察するために，代表的な難水溶性医薬品としてインドメタシン，ナプロキセン，フロセミドを用いて混合粉砕を行った。

図11には，β-CyDとそれぞれの医薬品をモル比2：1で混合粉砕した試料を水中へ分散させた後に，医薬品が複合体を形成して可溶化しているもの，粒子のうち0.8μmのメンブランフィルターを通過するもの（ナノ粒子），メンブランフィルター上に残ったもの（粗大粒子）の3つ

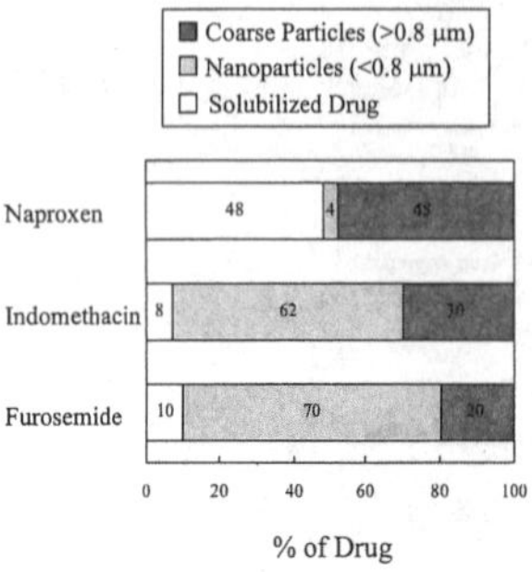

図11　β-CyDとの混合粉砕物を水中へ分散させた時の医薬品の可溶化，ナノ粒子化，凝集体形成の起こる割合（β-CyDと医薬品結晶のモル比2：1，粉砕時間10分）

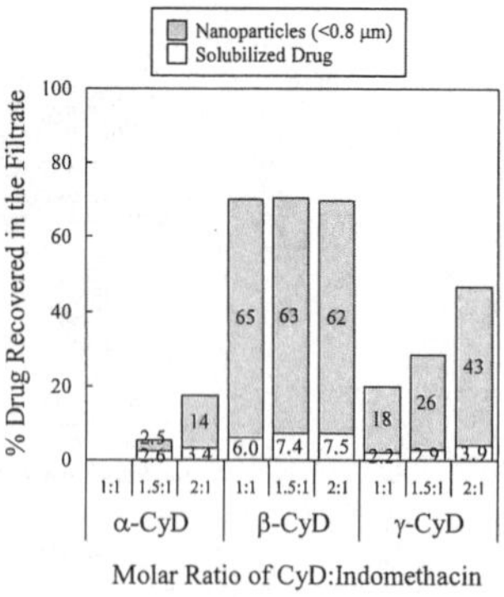

図12　CyDの種類および混合モル比の影響：インドメタシンのナノ粒子形成および包接化合物形成の割合

の成分の割合を示した。図11に示すように，混合粉砕によりナノ粒子形成のみではなくCyDとの包接化合物形成による医薬品の可溶化も起こることが確認された。インドメタシン，フロセミドの系では60〜70%がナノ粒子として分散し，複合体形成は10%以下であるのに対し，ナプロキセンの系では約50%が包接化合物で，ナノ粒子の生成割合はわずか4%であった。図12には，空洞径の異なるα-，β-，γ-CyDを用いてインドメタシンとCyDとの混合粉砕を行った結果を示す。湿度コントロールを行わなかったCyDを用いた今回の場合では，β-CyDを用いた場合には60%以上のナノ粒子が生成されるのに対し，α-CyDおよびγ-CyDとの混合粉砕物からはβ-CyDに比べてナノ粒子の生成割合が少なかった。また，図13に示すようにナノ粒子の生成割合は，混合時に加えた水分含量に大きく依存し，用いるCyDの種類により最適な水分含量が存在することも明らかとなった。したがって，シクロデキストリン存在下での混合粉砕時に医薬品のナノ粒子が形成される現象は，医薬品とCyDの包接化合物形成のされやすさや，包接化合物の安定度定数などにも大きく左右されることが示唆され，混合粉砕時には包接化合物形成と

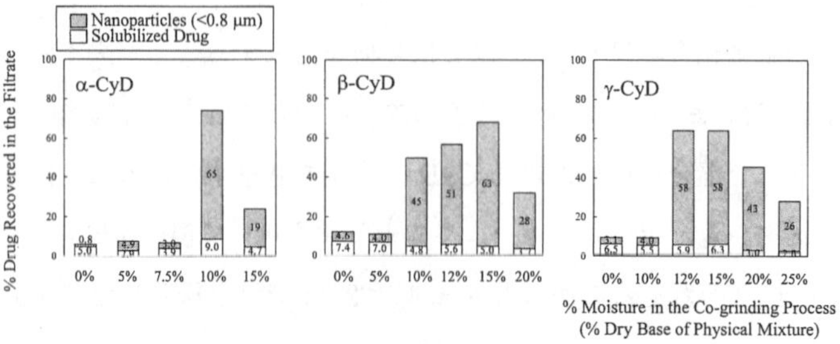

図13　インドメタシンのナノ粒子形成への水分含量の影響（β-CyDとインドメタシン結晶のモル比2：1，粉砕時間10分）

ナノ粒子生成の両者が起こりうることが認められた[20]。

4 ビルドアップ法による医薬品ナノ粒子の生成：シクロデキストリンの添加効果

川島らが考案した球形晶析法は[21]，合成の最終段階である晶析工程に造粒工程を組み込んだ手法であり，温度や溶媒の選択によって効率的に粒子のサイズをコントロール可能な方法として知られている。これまでにサブミクロンサイズの高分子ナノ粒子を開発し，経口投与あるいは経肺投与等の経粘膜投与によるナノスフェアの有用性を報告している[22,23]。ここでは，モデル薬物としてインドメタシン（IMC）を用いて球形晶析法によるナノ粒子の生成を試みた。エマルション溶媒拡散法[23]を用いて，IMC のエタノール溶液を水溶液中に攪拌下で滴下すると，析出した粒子は凝集して装置のプロペラ部分に吸着するなどの問題を生じ，医薬品のナノサスペンジョンを得ることは困難であった。そこで外層の水溶液中に，分散安定化剤として β-CyD を添加したところ，表1に示したように β-CyD の存在下で 300-500 nm のサブミクロンサイズの IMC が生成し，β-CyD の濃度の上昇に伴い Poly index および平均粒子径の減少が認められ，より分散性の高い均一なナノ粒子が生成することが示唆された。図14は得られたナノ粒子を日本薬局方の第2液中に溶出させたときの溶出挙動について示したものである。β-CyD の存在下で調製したナノ粒子は初期の5分間で90% 以上が溶解し，10分以内にすべての粒子が溶解するのに対し，市販の IMC 粒子は長時間の溶出試験を行っても50% 程度の溶解性を示すのみであった。ビルドア

表1　エマルション溶媒拡散法による Indomethacin（IMC）ナノ微粒子生成：β-CyD 添加の影響

β-CyD concentration (%w/v)	Average particle diameter（nm）	Poly index	Nanoparticle yield%
0.1%	437.6	0.348	82.4%
0.5%	399.8	0.168	84.9%
1.0%	336.8	0.013	85.1%

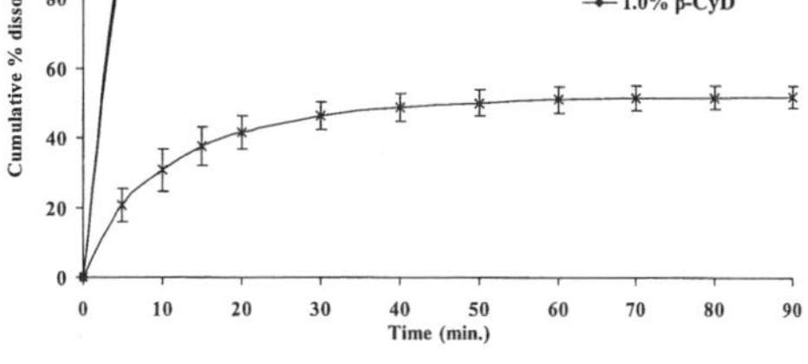

図14　日局2液中でのインドメタシンの溶出挙動

ップ法でのCyDの添加効果については，まだ詳細検討には至っていないが，おそらく晶析の際の結晶成長と凝集の両者を抑制する働きがあるのではないかと考えており，そのメカニズムについて現在検討している。サイズダウンおよびビルドアップ法のどちらの手法においてもCyDの添加により医薬品のナノ粒子形成に効果が認められることから，包接化によらない相互作用様式の関与の可能性も考えられるため，現象解明のための更なる検討が必要である。

文　献

1) P. York *et al.*, "Supercritical Fluid Technology For Drug Product Development" Marcel Dekker, New York (2004)
2) R. Thakur *et al.*, *Int. J. Pharm.*, **308**, 190 (2006)
3) S. A. Agnihotri *et al.*, *J. Control. Release*, **100**, 5 (2004)
4) C. C. Müller-Goymann *et al.*, *Euro. J. Pharm. Biopharm.*, **58**, 343 (2004)
5) J. M. Lobo *et al.*, *J. Pharm. Sci.*, **94**, 2276 (2005)
6) H. Steckel *et al.*, *Int. J. Pharm.*, **309**, 51 (2006)
7) K. Itoh *et al.*, *Chem. Pharm. Bull.*, **52**, 171 (2003)
8) A. Pongpeerapat *et al.*, *J. Drug Del. Sci. Tech*, **14**, 441 (2004)
9) K. Moribe *et al.*, *Pharmazie*, **61**, 97 (2006)
10) A. Pongpeerapat *et al.*, *Pharm. Res.*, **23**, 2566 (2006)
11) K. Moribe *et al.*, *Chem. Pharm. Bull.*, **53**, 1025 (2005)
12) H. Shinozaki *et al.*, *Drug Dev. Ind. Pharm.*, **32**, 877 (2006)
13) K. Uekama *et al.*, *Chem. Rev.*, **98**, 2045 (1998)
14) Y. Tozuka *et al.*, *J. Incl. Phenom. Macrocyc. Chem.*, **56**, 33 (2006)
15) K. Moribe *et al.*, *J. Incl. Phenom. Macrocyc. Chem.*, **57**, 289 (2007)
16) A. Wongmekiat *et al.*, *Pharm. Res.*, **19**, 1869 (2002)
17) A. Wongmekiat *et al.*, *Int. J. Pharm.*, **265**, 85 (2003)
18) A. Wongmekiat *et al.*, *Chem. Pharm. Bull.*, **55**, 359 (2007)
19) Y. Tozuka *et al.*, *J. Incl. Phenom. Macrocyc. Chem.*, **50**, 67 (2004)
20) A. Wongmekiat *et al.*, *J. Incl. Phenom. Macrocyc. Chem.*, **56**, 29 (2006)
21) Y. Kawashima *et al.*, *Science*, **216**, 1127 (1982)
22) H. Murakami *et al.*, *Powder Technol.*, **107**, 137 (2000)
23) H. Yamamoto *et al.*, *J. Control. Release*, **102**, 373 (2005)

第14章　減農薬，薬剤安定化
—農薬分野へのシクロデキストリンの利用—

舘　巌*

1　はじめに

1988年，ドイツワッカーケミー社が，世界に先駆けα，β，γ型すべてのシクロデキストリン（以下，CD）の経済的な製造法を開発したことから，各種天然型CD，及び，CD化学修飾体の低価格化が実現した。当時はCDを農薬製剤に利用するには高価であったこと，あるいはバイオアベイラビリティの向上によって，農薬使用量が減少し，農薬メーカーには不利益な技術とのことで商品化には至らなかった。その後，農薬を廻る環境は一変した。食の安全性と残留農薬の問題，土壌や水質汚染，オゾン層の破壊を含む地球環境問題から，既存の農薬に厳しい目が向けられてきた。追い討ちをかけるように，消費者団体を中心に唱えだした「無農薬」「減農薬」「有機栽培」といった言葉をよく耳にするようになってきた。今日こそ，安価に供給され始めたCDを用いて，各種農薬活性物質のCD包接化によるバイオアベイラビリティを向上した安全な農薬の開発が必要であろうと思われる。ここでは，今後の農薬製剤開発のヒントとなるような，これまでの応用特許技術についてまとめて紹介する。また，過去の開発例はその殆どが，当時，唯一工業的に手に入るβCDを用いての検討であり，αCD，γCD，メチル化CD（ワッカー社での本格的供給開始は2000年以降である）などによる今後の検討が期待されるところである。

2　CDに求められる効果と機能

農薬のCD包接化による効果は原理的には農薬活性物質が分子サイズに分散包接されることによって発現するといえる。機能的には次のように分類される。

・バイオアベイラビリティの改善による農薬の投薬量の削減
・揮発性液体，昇華性結晶物質の安定な固形粉末への変換による揮発量低減
・光，熱，酸素，イオン，他の物質との混合による分解性物質の安定化
・疎水性物質の親水性物質への変換による殺虫効果の増加

---

*　Iwao Tachi　㈱シクロケム　取締役　営業開発部長

・殺虫剤の微粉末化（包接）による薬効改善と凝結防止
・生理活性物質の徐放による効果の持続
・CD 自体の植物成長促進効果と植物毒素の解毒作用

殆どの農薬用活性物質は難水溶性であり，分散性の向上が農薬の製剤化の大きな目的の一つである。農薬としての効果を示すための投与量はその分散性に大きく依存している。そこで，難水溶性物質の集合体は，CD を用いると，数ミクロンサイズの粒子に微粉末化でき，湿潤性の粉体として容易に水に分散できるようになる。その結果，溶解度や溶解速度が向上し，次の段階として溶解した分子が細胞膜を透過して顕著な薬効を示すのである（図 1，図 2）。

農薬活性成分の CD 包接化による効果の高低を決める要因は，最適 CD の選択，活性成分とのモル比，活性物質および CD 包接体の溶解度，それに包接体自体の安定化定数，分散化のための

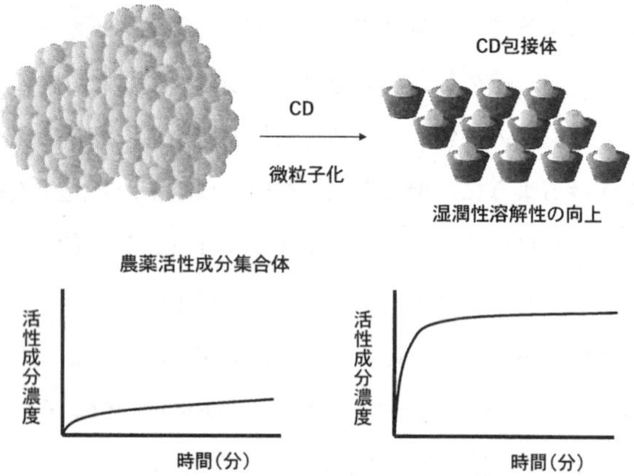

図 1　農薬成分包接化による水への溶解速度と溶解度の向上

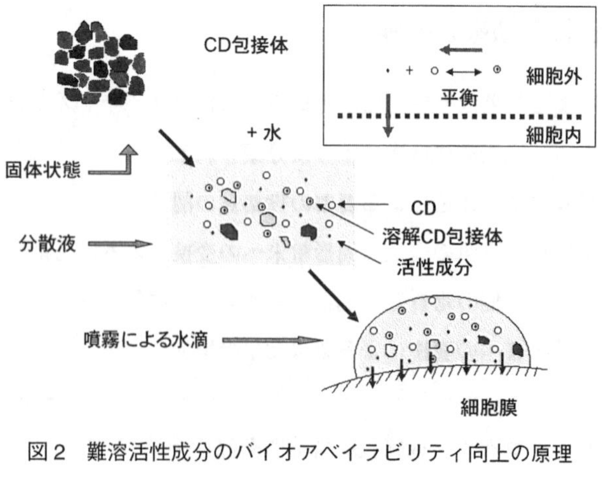

図 2　難溶活性成分のバイオアベイラビリティ向上の原理

個体—液体のバランスなどである。これらの要因を考慮に入れ，これまでにCDを用いて農薬の従来から持っている問題点の改善を図った様々な農薬製剤開発が検討されている。その中でも，最も重要な課題の一つは，バイオアベイラビリティの向上による投薬量の低減である。

3　殺菌剤への利用

3.1　農園芸用殺菌剤の混合安定化

農園芸用殺菌剤，テトラクロロイソフタロニトリル（TPN，1，図3）は，果実，野菜，いも類，豆類，てんさいの病害防除に有効である。また，N-3-ピリジル-S-n-ブチル-S′-tert-ブチルベンジルイミドジチオカーボネート（DEN，2，図4）は，果実，野菜，豆類，花類のうどんこ病防除にきわめて有効な殺菌剤である。TPNとDENは共に毒性もきわめて低く，残留性の心配も少ない薬剤である。この両薬剤を混合使用すると殺菌効果のスペクトラムが広くなり，すぐれた相乗効果を発揮する。しかしながら，両薬剤を混合したときの保存安定性は著しく低下する。そこで，住友化学工業，昭和ダイヤモンド化学，山本農薬は，DENまたはTPNをCDにあらかじめ包接化させたのち混合製剤化することで，保存安定性の向上に成功している[1]。

3.2　クロベンゾチアゾンとクロロピクリンの揮散防止

クロベンゾチアゾンは，植物病原菌，特に，稲いもち病菌に対してきわめてすぐれた殺菌効力を有するが，化合物の蒸気圧が高く，高温，多湿下で散布する場合，有効成分の揮散が原因で，その効力の安定化が難しい。そこで，住友化学工業は効力持続性を高めるために，担体にβCDを用いたクロベンゾチアゾン水和剤が開発している[2]。同様に，帝人は，クロロピクリン（3，図5）をCD包接化して，残効性のある固体粉体を開発している[3]（図6，図7）。

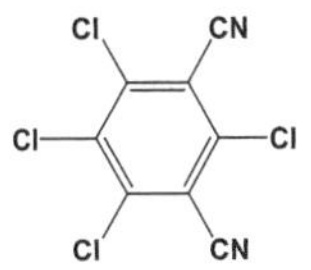

図3　TPN，1

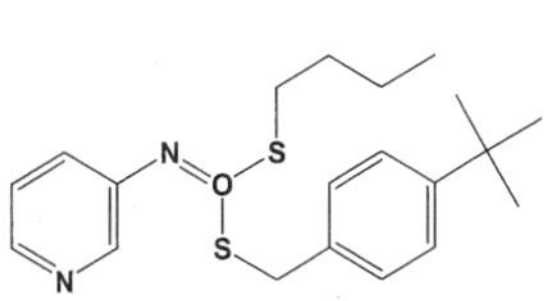

図4　DEN，2

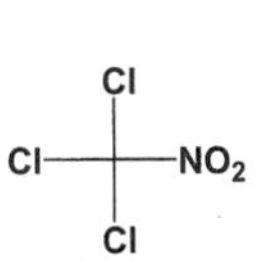

図5　クロロピクリン，3

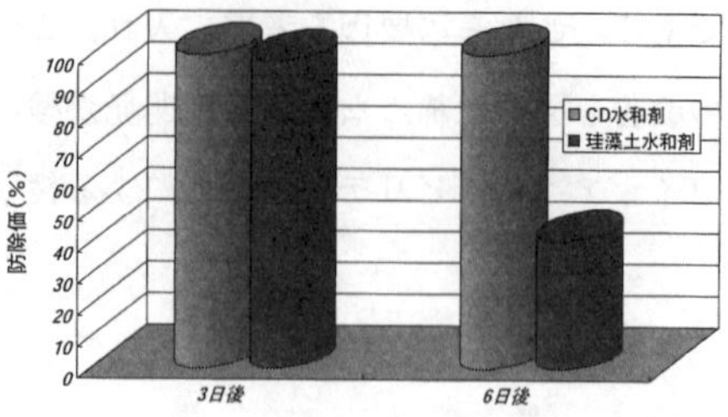

図6　クロベンゾチアゾンの効力持続性向上

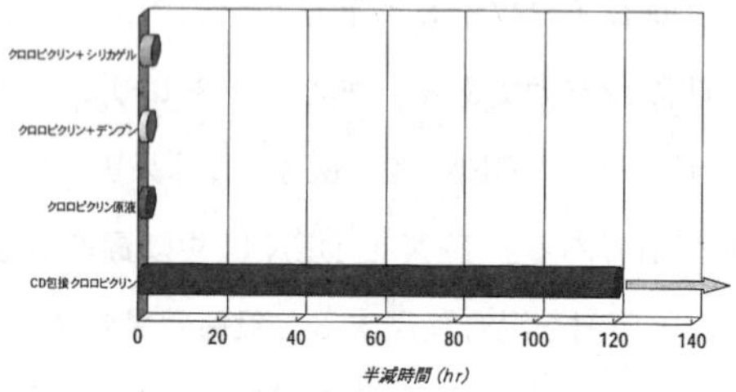

図7　クロロピクリンが半減するに要する時間

3.3　ストレプトマイシン殺菌剤のバイオアベイラビリティの向上

ストレプトマイシン塩類は農薬用殺菌剤として，柑橘かいよう病，桃，梅穿孔細菌病，蔬菜軟腐病，たばこ立枯病，リンゴ，ナシ又はバラ科の観賞用花木の火傷病等の防除に広く使用されている。しかし，より有効な防除効果を得るために薬量を多く使用すると，適用作物によっては薬害の発生や残留毒性が問題になる。そこで，CDを用いることで，九州三共は，現行使用濃度で効力を増強させ，残効性の改善と，散布回数を減少することに成功している[4)]。CD複合体製剤はストレプトマイシン単剤に比べて著しく伝染防止効果が向上することを示している（図8）。

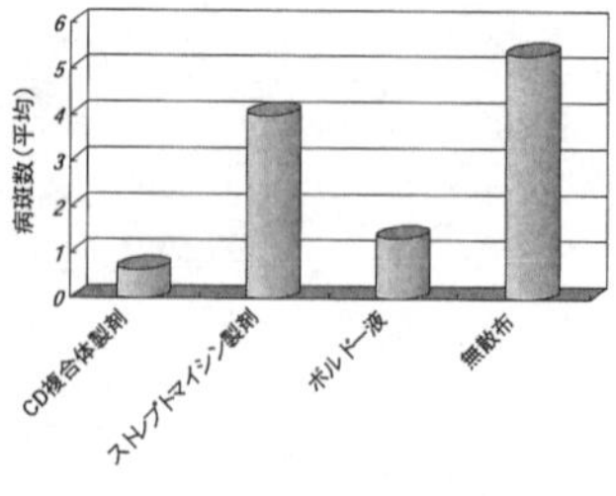

図8　フクハラオレンジ果実における
伝染防止効果
（ストレプトマイシン濃度200 ppm，
ボルドー液は，硫酸銅450 g，生石
灰450 g，水108 Lの調整液）

3.4　ピロールニトリンの安定性向上

ピロールニトリンはある種のカビやグラム陽性菌に対して活性を有し，これを有効成分とする芝生用病害防除剤が知られている。しかし，ゴルフ場等の強力な太陽にさらされる芝生に適用する際には防除効果が極端に低下する。ピロールニトリン自体が紫外線にさらされると褐変分解し抗菌力を失う為である。そこで，CDで包接して安定化させることで，抗菌力の保持を試みたところ，抗菌力の保持と共に，抗菌力の増強も確認されている。さらにこの包接化合物は，柿，大麦，トマト，サツマイモ等の各種農作物の病害も防除できることが見出されている[5]。

ピロールニトリンβCD包接体は図9に示すように，各種供試菌のいずれに対しても，太陽光にさらされる屋外においても極めて顕著な抗菌作用を発揮している。

3.5　植物病害防御剤テトラヒドロピロロキノリノンの揮散防止

1, 2, 5, 6-テトラヒドロ-4 H-ピロロ〔8, 2, 1-i, j〕キノリン-4-オン（PQO）は低毒性および浸透性を有する殺菌剤として，イネいもち病に卓効を示すことが知られている。しかし，その蒸気圧は25℃でおよそ1.2×10^{-3}mmHgであり，他のいもち病薬剤と比較して蒸気圧が高い為，高温，多湿条件下では茎葉散布剤として使用した場合，PQOの揮散が起こり，安定して長期間持続することが困難である。そこで，住友化学はβCDによってPQOを包接化することでその揮散を防止し，残効性を飛躍的に改善することに成功している[6]（図10）。

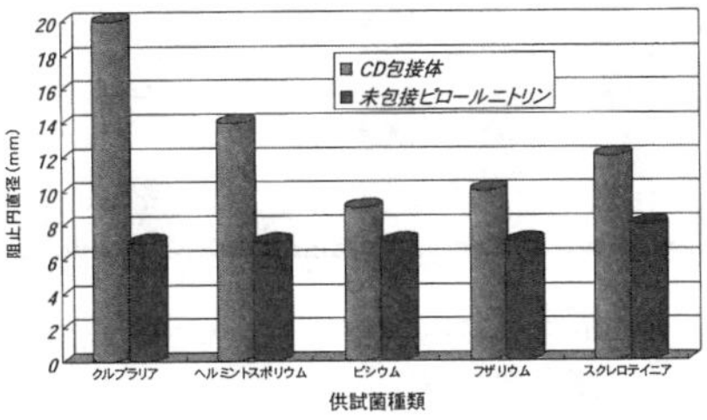

図9　ピロールニトリンの抗菌力試験
（阻止円直径測定による菌阻止率）

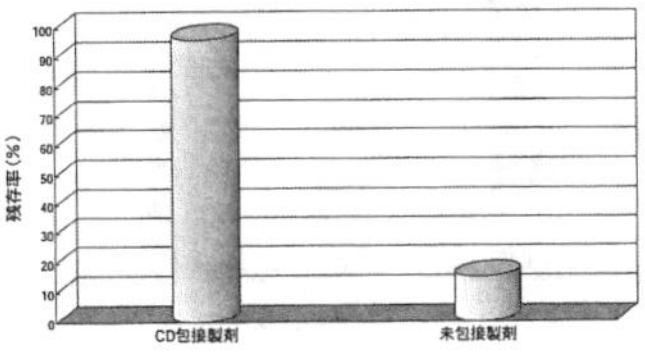

図10　テトラヒドロピロロキノリノン
製剤のCDによる揮散防止

3.6 クロルメチルベンゾチアゾロンの揮散防止とバイオアベイラビリティの向上

4-クロル-3-メチルベンゾチアゾロン（CMBT，4，図 11）は，吸収移行性が高く，いもち病菌に対して特異的に作用するすぐれた殺菌剤である。またCMBTはイネ科作物の生長調節剤としても知られる。しかしながらCMBTは蒸気圧が 129×10^{-3}mmHg（20℃）と高く，通常の製剤にして施用した場合，有効成分が揮散してCMBTの本来有する作用効果を十分に発揮し得ない欠点を有する。そこで，CMBTをCD包接させることにより，揮散を大幅に抑制し，他の殺菌成分や殺虫成分と混合した場合でも他の有効成分を分解させないと同時に低有効成分量で顕著な防除効果を上げることが見出されている[7]。また，カスガマイシンとの混合剤においても100%の防除価を示し，未包接混合剤に比較してその効果は顕著である（図 12～14）。

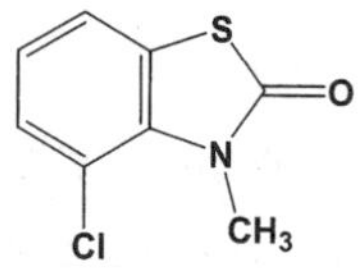

図 11　4-クロル-メチルベンゾチアゾロン（CMBT），4

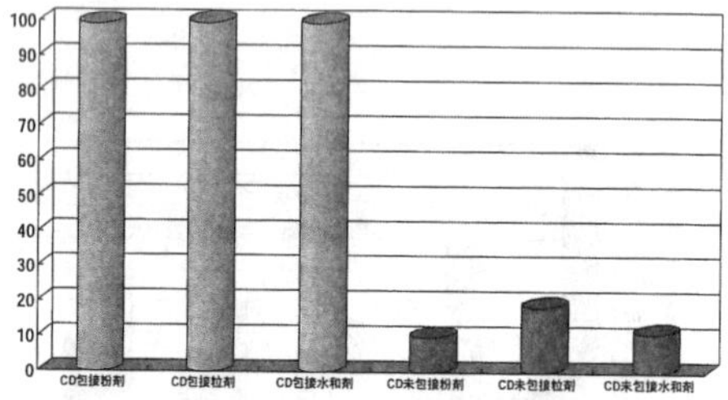

図 12　4-クロル-3-メチルベンゾチアゾロンの残存率（%）

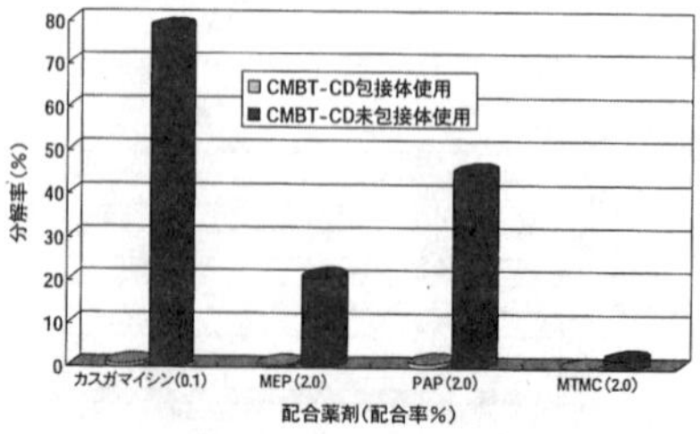

図 13　各種薬剤の混合による分解率とCDによる分解制御

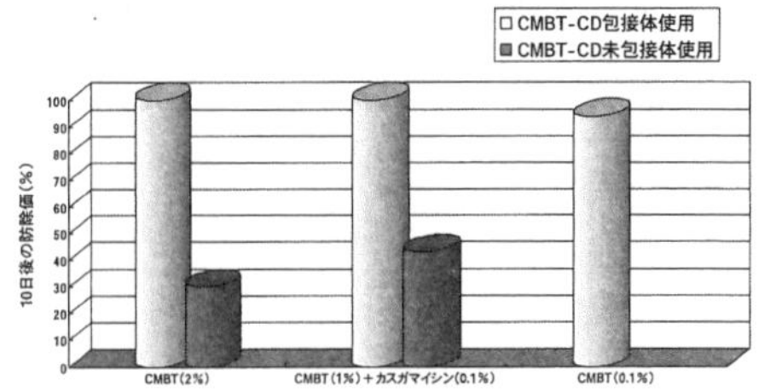

図 14　イネいもち病防除効果試験
（製剤散布量：0.5 kg/10 アール，
有効成分 CMBT 量：20 g（2%））

3.7　ヒドロキシキノリンの付着性向上によるバイオアベイラビリティの向上

みかんかいよう病防除剤として塩基性水酸化銅等の無機銅剤，ストレプトマイシン塩，8-ヒドロキシキノリン銅（HQCu）およびこれらの配合剤が使用されている。しかしながら，みかんかいよう病の発生は降雨と密接な関係があるので，散布した薬剤が葉面及び果実面上に一定期間留まって降雨により流亡しないことが必要である。そこで，HQCu を βCD 包接すると HQCu の耐雨性が高まり，これによって，バイオアベイラビリティが向上することが知られている[8)]。

図 15 は，CD 包接製剤と CD 無添加製剤の耐雨性の比較を示しているが，CD 包接による明らかな耐雨性の向上が見られる。また，HQCu 銅が CD に包接された製剤は付着性が改善された結

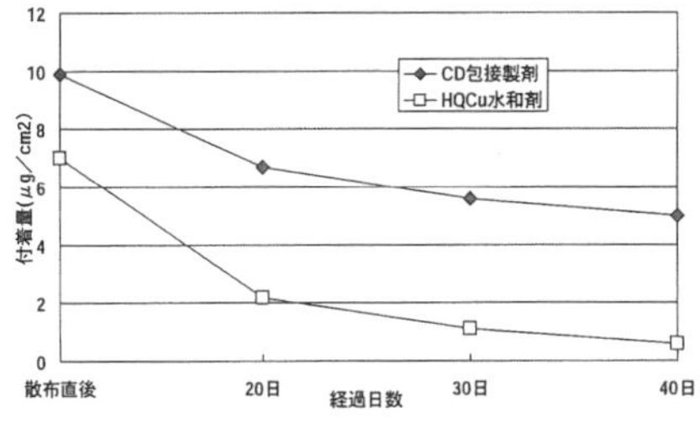

図 15　8-ヒドロキシキノリン銅のみかん葉に対する残留量

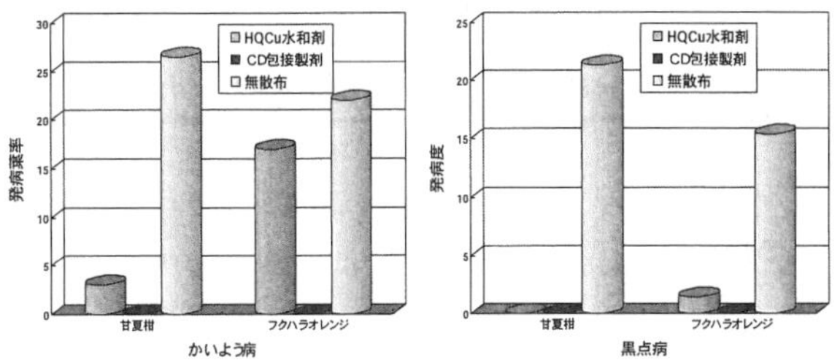

図 16　みかんかいよう病及び黒点病に対する防除効果
（8-オキシキノリン銅濃度 1000 ppm の製剤による）

果，かいよう病および黒点病に対する防除効果が著しく向上することも判明している。図16は，HQCuのかいよう病，及び，黒点病に対する防除効果がCD包接によって著しく向上することを示している。

4 殺虫剤への利用

4.1 単一殺虫剤の安定性向上（ピレスロイド類および有機リン系殺虫剤の安定性）

昆虫に特異的であり，人畜に対して影響がなく，新しい害虫駆除方法として有望視されている昆虫成長阻害剤ピレスロイド類は一般には幼若ホルモン類似体が広く用いられているが，これらの阻害剤が有効に働く為には長期間存在していることが必要である為，害虫の生棲している環境での散布後の安定性，及び，害虫自身へ昆虫成長阻害剤が取り込まれるために害虫の生棲している環境に均一に分布されることが重要であり，水溶性である必要がある。そこで，花王株式会社は，ヒドロプレン，メトプレン，キノプレン等の昆虫成長阻害剤をメチル化CDで包接化させることで，熱や光，空気中の酸素による分解を防ぎ，水への溶解度を向上させることに成功している[9~13]。表1と表2にはメトプレン，キノプレンのメチル化CD水溶液の有効成分の残存率を測定し，メチル化CDによる安定性改善が確認された。また，表3に示すように，メチル化CDによる明らかな駆除効果の改善がみられている。

有機リン系殺虫剤は，ウンカ類，ニカメイチョウ，ヨコバイ類，カメムシ類，アオムシ，ヨトウムシ，アブラムシ等，幅広く強い殺虫効果を有することが知られている。しかしながら，有機

表1 昆虫成長阻害用ピレスロイド類の安定性，及び，水溶性の改善
―室温で保存後の有効成分量―

組成物1：	メトプレン	1%
	メチルCD	5%
	水	94%
組成物2：	キノプレン	1%
	メチルCD	5%
	水	94%
対照物1：	メトプレン	1%
	βCD	5%
	水	94%
対照物2：	キノプレン	1%
	βCD	5%
	水	94%
対照物3：	メトプレン	1%
	水	99%
対照物4：	キノプレン	1%
	水	99%

保存サンプル	保存開始時外観	保存2週間後外観	保存2週間後有効成分(%)
組成物1	透明液体	透明液体	92
組成物2	透明液体	透明液体	89
対照物1	粉末沈殿物を認める	粉末沈殿物を認める	90
対照物2	粉末沈殿物を認める	粉末沈殿物を認める	83
対照物3	二層に分離	二層に分離	42
対照物4	二層に分離	二層に分離	44

表 2　昆虫成長阻害用ピレスロイド類の安定性，及び，水溶性の改善
―40℃ で保存後の有効成分量―

組成物 1：	メトプレン	1%
	メチル CD	5%
	水	94%
組成物 2：	キノプレン	1%
	メチル CD	5%
	水	94%
対照物 1：	メトプレン	1%
	βCD	5%
	水	94%
対照物 2：	キノプレン	1%
	βCD	5%
	水	94%
対照物 3：	メトプレン	1%
	水	99%
対照物 4：	キノプレン	1%
	水	99%

保存 サンプル	保存開始時 外観	保存 2 週間後 外観	保存 2 週間後 有効成分(%)
組成物 1	透明液体	透明液体	82
組成物 2	透明液体	透明液体	84
対照物 1	粉末沈殿物を認める	粉末沈殿物を認める	79
対照物 2	粉末沈殿物を認める	粉末沈殿物を認める	80
対照物 3	二層に分離	二層に分離	21
対照物 4	二層に分離	二層に分離	26

表 3　アカイエカ幼虫フ化率

	羽化成功	羽化失敗	繭	幼虫（生存）	幼虫（死亡）
組成物 1: メトプレン　1% メチル CD　5% 水　94%	3	11	3	4	29
対照物 3: メトプレン　1% 水　99%	25	4	6	6	9

リン系殺虫剤は光や熱に対して安定性が充分とはいえず，また刺激臭を有していて，その使用に際して人に不快感を与える。従来，リン系殺虫剤の欠点を改良する為に，ゼラチン或いはセルロース誘導体等を用いたマイクロカプセル化手法が検討されてきたが，充分な解決策には至ったものはない。そこで，帝人は，有機リン系殺虫剤を CD に包接させて，本来の殺虫作用は損なわれることなく熱や光に対しての安定性を高めること，長時間その殺虫作用を維持すること，独特の不快な刺激臭を完全に消臭することに成功している[14]。

4.2　配合禁忌の関係にある複数の農薬活性成分の混合安定化

複数の種類の農薬活性成分を含有する農薬製剤は，一種類の農薬製剤では達成できない広い効果を有するうえに，全体として農薬散布の回数を減らすことを可能とする。

ピリプロキシフェンは，優れた有害生物防除活性成分であり，その防除効力をより高めるために，有機リン系有害生物防除活性化合物を混合するのが効果的である。しかしながら，混合製剤

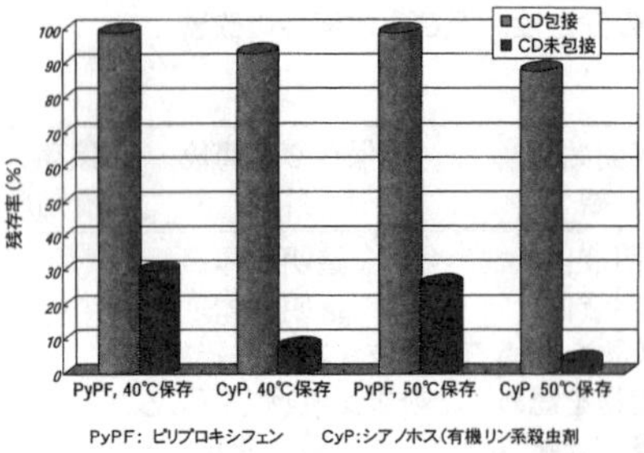

図17　ピリプロキシフェンおよび有機リン系殺虫剤共存下のCD包接による保存安定性改善

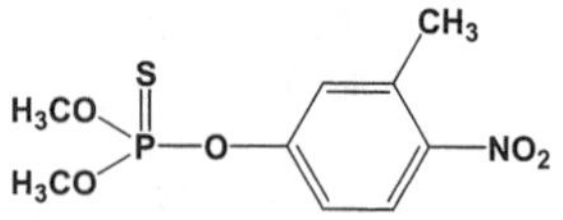

図18　ジメチル（3-メチル-4-ニトロフェニル）チオホスフェート（MEP）5

は高温等の条件下では保存安定性が良くない。そこで，住友化学工業は，ピリプロキシフェンをβCDで包接化させることで，保存安定性に高めることに成功している[15]。その結果，CD包接によるピリプロキシフェンと有機リン系殺虫剤，双方の安定性改善が確認されている（図17）。

殺虫性有機リン酸化合物は，害虫に対して強い殺虫効果を有することから広く用いられている。一方で，5-メチルトリアゾロベンゾチアゾール（TC）は，殺菌剤としていもち病などに強い殺菌効果を示すことが知られている。そこで省力化のため，有機リン剤とTCの2種類の有効成分を含有する製剤を稲用薬剤として用いることが考えられる。しかしながら，殺虫性有機リン剤とTCを担体で希釈して製造した混合固形製剤は活性成分の相互作用により，双方が速やかに分解する。例えば，TCとO，O-ジメチル-O-(3-メチル-4-ニトロアエニル）チオフォスフェート（5以下，MEP，図18）との混合粉剤の場合，TCとMEPの相互作用により分解が加速される。そこで，TCをβCDで包接化した後にMEPと共に配合した粉剤(A)とMEPをβCDで包接化した後にTCと共に配合した粉剤(B)を製造し，その安定性の改善を試みたところ，(A)(B)とも，ほぼ同等の安定性改善が観察されている[16]。

4.3　βCDの昆虫防除効果

殺虫剤には，劇物に指定されているものも多く，人畜に対する安全性は十分ではない。従って，大量使用した際の自然環境や人体に対する悪影響が懸念されており，環境問題が重要視される昨今，より環境に優しい防除剤の開発が切望されている。そこで，大日本インキ工業は，食品添加物，化粧品，医薬品などに使用される人体に対して安全なβCDが，コガネムシ科ドウガネブイブイなどの鞘翅目昆虫幼虫に対して殺虫効果あるいは生育抑制効果を示すことを見出している[17]。

5　除草剤への利用

5.1　除草剤蒸散による薬害の低減

チオールカルバミン酸エステル系除草剤である8-エチルヘキサヒドロ-1 H-アゼピン-1-カルボチオエート又は8-(4-クロルベンジル) N, N-ジエチルカルボチオエートの蒸散による薬害がCD包接によって軽減されることが三笠化学工業によって見出されている[18]。チオールカルバミン酸エステルのモリネート（図19）とベンチオカーブ（図20）共にCD包接した化合物を施用することによりその蒸散を抑制すると共に著しい除草効果を示している。

2, 6-ジクロロベンゾニトリル（DBN）（8，図21）は非ホルモン移行型の除草剤であり，主として雑草の根から吸収されて雑草を枯殺する土壌処理剤である。DBN除草剤の最大の欠点は5×10^{-4}mmHg（25℃）という高い蒸気圧を有するために極めて揮散しやすく，気象条件などによっては揮散して滞留したDBNが果樹などに対してその新梢の伸長抑制，新芽の発生不良，枝枯れなどの薬害を生じる。そこで，北興化学は，DBNのCD包接体を用いて粒剤に製剤化し，まず，貯蔵中のDBNの結晶析出を完全に防止，さらに，DBNの本来有する揮発性を抑制し，果樹に薬害を与えないことを明らかとしている。さらに，DBNの包接化は極めて高い除草効果が得られ，長期に渡ってその効果が維持できることも示している[19]。

5.2　穀物類に対する除草剤の毒性低減（解毒作用）

CDにはそれ自体が植物に直接オーキシン様作用を有する。例えば，種子に含まれる澱粉に作用し発芽に影響を及ぼすことがハンガリーのサイトリーらによって見出されている。また，CD

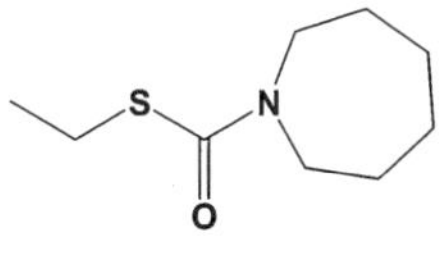

図19　モリネート，6

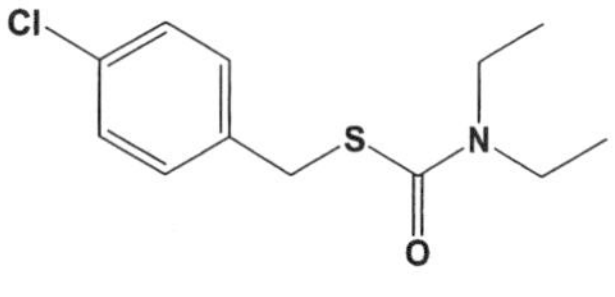

図20　ベンチオカーブ，7

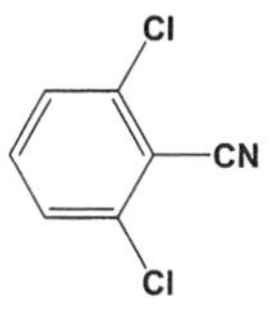

図21　2, 6-ジクロロベンゾニトリル，8

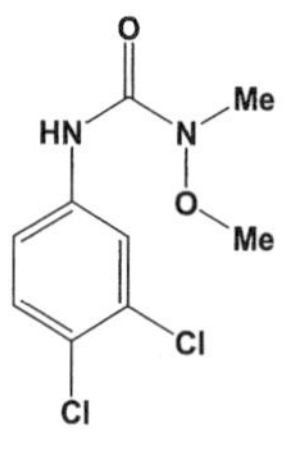

図22　アファロン，9

表4　除草剤の植物毒性の低減【Ⅰ】

	コントロール（=100%）	DICURAN 2 KG/HA	βCD 処理+ DICURAN 2 KG/HA
小麦全体	584	163（28%）	202（34%）
茎部分	191	56（29%）	80（42%）
根部分	393	107（27%）	122（31%）
		Hungazin DT 6 kg/ha	βCD 処理+ Hungazin DT 6 kg/ha
大麦全体	737	233（32%）	334（45%）
茎部分	319	71（22%）	106（33%）
根部分	418	162（39%）	228（55%）

グリーンハウス内でのβCD 処理による除草剤の穀物植物に対して与える被害の低減（解毒剤効果）。植物 10 本の重量平均値。

表4　除草剤の植物毒性の低減【Ⅱ】

	コントロール	AFALON 3 KG/HA	βCD 処理+ AFALON 3 KG/HA
全体	10.47	5.74（55%）	7.39（71%）
茎部分	9.92	4.92（55%）	6.18（69%）
根部分	1.54	0.82（53%）	1.21（79%）
		AFALON 5 kg/ha	βCD 処理+ AFALON 5 kg/ha
全体		4.16（40%）	5.64（54%）
茎部分		3.60（40%）	4.85（54%）
根部分		0.54（35%）	0.79（51%）

とうもろこし種まき前の 24 時間 1% βCD 水溶液処理による除草剤被害の低減（解毒剤効果）。28 日後，植物 10 本の重量平均値（mg）。

には植物毒素に対して解毒作用が示され，菌の生育も阻害する。

除草剤には，雑草の生育阻害とともに，同じ植物である穀物類の生育をも阻害する薬害を持ち合わせるという欠点が常にある。そこで，ハンガリーのサイトリーらは，除草剤の穀物類への毒性低減を目的としたβCD の利用を検討している[20]（表4（Ⅰ）（Ⅱ））。

6　植物生長剤

エチレンは，植物の成長ホルモンであり，開花促進剤や熟成促進剤として利用されている。しかしながら，爆発可燃性気体の為，その取り扱いは危険な作業となる。そこで，種々のエチレンを発生する化合物が提案されている。β-クロロエチレンホスホン酸，CEPA（10，図 23）は，

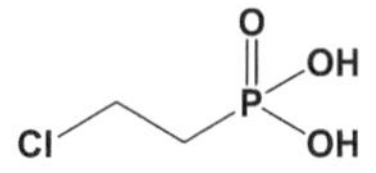

図23　クロロエチレンホスホン酸，10

表5　未成熟トマトの成熟に要する日数

実験回数	1	2	3	4
エチレン包接体	4	4	3	4
エチレン	4	4	4	4

成熟必要日数の差

表6　未成熟バナナの成熟に要する日数

実験回数	1	2	3
エチレン包接体	7	6	7
エチレン	7	7	8

成熟必要日数の差

表7　レモン果汁の味覚改善

レモンジュース官能検査結果

	苦味				甘味				酸味			
	−	±	＋	＋＋	−	±	＋	＋＋	−	±	＋	＋＋
包接体処理果汁	6	0	0	0	0	2	4	0	0	0	0	6
未処理果汁	0	1	4	1	0	4	2	0	0	0	0	6

(注) 数字はパネラー数，−：なし，±：判別難，＋：あり，＋＋：強くあり。

水溶性で植物体中および植物上で分解してエチレンを発生する。しかし，安定性が低い。パプリカの落葉についてCEPAをβCDで包接すると，CEPAよりもエチレン効果が長期にわたって持続することが示されている[21)]。いっぽう，帝人は，βCDより空洞の狭いαCDを用いてエチレン包接体を作り，その植物熟成効果を未成熟トマト（表5），バナナ（表6）およびレモン果汁の味覚改善（表7）の評価を行っている[22)]。

最近，フロリダ大のフーバーらは，植物鮮度保持剤として，成長ホルモンであるエチレンに対して拮抗作用を有する1-メチルシクロプロペン，1-MCP（11，図24）を開発した。1-MCPは，トマト，アボカド果実などの輸送や貯蔵において顕著な鮮度保持効果を示すが，揮発性の為，取り扱いが困難で，長期の使用に問題がある。そこで，1-MCPのαCD包接化製品が米国ローム＆ハース社で開発されている。

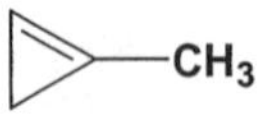

図24　1-メチルシクロプロペン，11

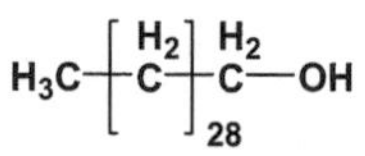

図25　トリアコンタノール，12

トリアコンタノール（12，図25）は最も効果的な植物生長剤の一つとして知られている炭素原子数30の長鎖アルコールであり，殆ど水に溶けない物質である。植物の生長に対して非常に高い活性を示すことから，植物生長剤として使用する際には，非常に狭い範囲の適正濃度コントロールが必要なことである。Tungらは，トリアコンタノールをαCDで包接することで粉末化し，水溶性を高めるとともに，製剤への適量添加を可能としている[23]。

7　おわりに

以上，特許公開情報を元に殺菌剤，殺虫剤，除草剤などの農薬へのCDの利用目的をまとめてみた。殆どの開発がβCDを用いたものであることが分かる。各種CDが安価に手に入るようになった今，それぞれの提案を検討し直すことでより優れたパフォーマンスを引き出せる可能性は高い。αCDとγCD，メチル化CDは手付かずといってよい。

また，ここでは農薬活性成分のCD利用に絞って紹介したが，作物に害を及ぼす生物を殺すのではなく，寄せ付けない安全性の高い天然忌避剤や合成忌避剤へのCD利用に関しても，これまで数多くの興味深い提案があるので，最後にその幾つかの例を挙げておく。

1）病害虫や病害菌を防除するための樹木成分のヒノキチオール（13，図26）[24]
2）貝類への忌避効果を有するワサビ成分，アリルチオイソシアネート（14，図27）[25]
3）鳥獣類の果樹園等への侵入を防止する嫌忌剤，3-ヘキセン-1-オール（15，図28）[26]
4）蚊の忌避剤として知られるN, N-ジエチルトルイミド（DEET，16，図29）

以上，この総説が，CDを利用した今後の減農薬化を目指した農薬製剤開発へのヒントになれば幸いである。

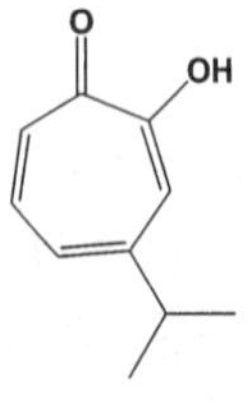

図26　ヒノキチオール，13

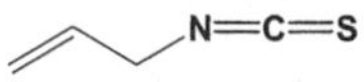

図27　アリルチオイソシアネート，14

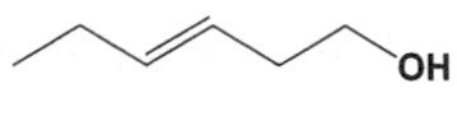

図28　3-ヘキサン-1-オール，15

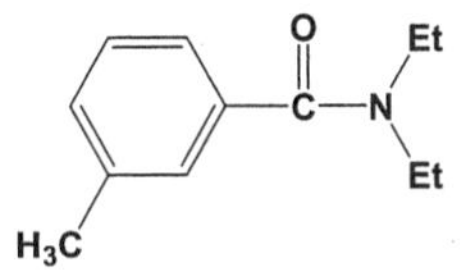

図 29　ジエチルトルイミド（DEET），16

文　　献

1) 住友化学工業，昭和ダイヤモンド化学，山本農薬，特開昭 57-128610
2) 住友化学工業，特開昭 60-202804
3) 帝人，特開昭 50-89306
4) 九州三共，特開昭 59-148708
5) 美方商会，特開昭 55-149204
6) 住友化学工業，特開昭 60-72804
7) 北興化学工業，住友化学工業，特開昭 59-53401
8) 九州三共，特開昭 58-134004
9) 花王，特開昭 62-267201
10) 花王，特開昭 62-289504
11) 花王，特開昭 62-281826
12) 花王，特開昭 62-289501
13) 花王，特開昭 62-267203
14) 帝人，特開昭 51-95135
15) 住友化学工業株式会社，特開平 8-113504
16) 武田薬品工業，特開昭 56-75496
17) 大日本インキ化学工業，特開 2004-244354
18) 三笠化学工業，特開昭 55-81806
19) 北興化学工業，特開昭 57-18602
20) Szejtli J., *Starch/Staerke*, **35** 433（1983）
21) Szejtli J., Budai Zs., Tetenyi M., Braz., *Pedido PI BR* 8100, 412（1981）
22) 帝人株式会社，特開昭 50-58226
23) Tung L., Wang R., Youji Huaxue 29（1984）（C. A. 101 : 38745）
24) みかど化工，特開平 8-13099
25) シクロケム，栄和，特許申請済み（2004. 12.）
26) 三菱石油化学，特開昭 53-101531

第15章　エチレン阻害剤1-メチルシクロプロペン(1-MCP)

吉井英文[*1]，Neoh Tze Loon[*2]，古田　武[*3]

1　1-メチルシクロプロペンとは

果実の成熟は植物ホルモンの１つである植物生長調節剤エチレンによって促進されるが，適熟後は老化を促進し，品質低下を招くことになる。そのため，近年では果実の貯蔵や流通中における品質保持を目指し様々なエチレン阻害効果を持つ物質が発見されている。これまでのエチレンの阻害は，エチレンの除去や発生を抑制する方法で行われていた。しかしノースカロライナ州立大学のシスラー等[1)]が合成した1-メチルシクロプロペン（1-MCP）（図1）は果肉軟化等の成熟に関わる遺伝子の発現を抑制する作用を持つエチレン受容体と呼ばれるタンパク質に容易に結合し，内生及び外生由来のエチレンによる作用を阻害するというこれまでにない阻害機構を持つ[2)]。1-MCPは，C１位置にメチル基が結合した三員環を持つ4-炭素環状オレフィンであり，毒性もないため注目を集めている[2)]。1-MCPの生理学的効果に関して多くの果実（リンゴ[3,4)]，アプリコット[5,6)]，アボカド[7,8)]，バナナ[9,10)]，グレープフルーツ[11)]，マンゴ[12,13)]，桃[14)]，梨[15,16)]，パイナップル[17)]，プラム[18,19)]，いちご[20,21)]），野菜，花木（ブロッコリ，にんじん，レタス，エンドウ，カーネーション，バラ等）について検討されている。熟成と老化のメカニズムを調べるためにも，1-MCPが利用されている。この1-MCPがエチレンよりも効率的にエチレン受容体に結合する

1-Methylcyclopropene (1-MCP)

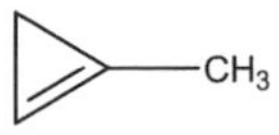

Chemical formula　: C_4H_6
Molecular mass　: 54.09 g/mol
Physical conditions : Gas
Stability : Chemically unstable (self-reactive)

図1　1-メチルシクロプロペン

＊1　Hidefumi Yoshii　鳥取大学　工学部　生物応用工学科　准教授
＊2　Neoh Tze Loon　鳥取大学　工学部　生物応用工学科　博士後期課程
＊3　Takeshi Furuta　鳥取大学　工学部　生物応用工学科　教授

ので，低濃度（数ppb～数ppm）で強力にエチレンの作用を阻害することが出来る。また，果実だけでなく，野菜や切花でも日持ち期間の延長，エチレン生産量の抑制などが認められている。1-MCPの食品への使用登録は，オーストラリア，オーストリア，ブラジル，カナダ，イスラエル，オランダ，ニュージーランド，南アフリカ，英国，米国，その他などの国で得られている。また，日本と他を含む多くの他の国での使用登録が，予想されている[22]。しかし，1-MCPは室温で気体として存在し，濃度が1%以上になると爆発性を持つため取り扱いが非常に困難である。そのため，低濃度で安全に使用できるようにα-シクロデキストリン（α-CD）に包接粉末化させた粉末として利用されている（1999年に商品名EthylBloc™として，実用化された。現在，ローム＆ハース社傘下のAgroFreshより食品品質保持剤としてSmartFresh™が開発販売されている[23]）。1-MCPは，シクロデキストリンに包接させることによって有用な製品として商品化できた特異な物質である。

2　1-MCPの作用機構

植物体内のエチレン受容体は，果実の成熟・老化を抑えているが，エチレンが受容体に結合するとこの抑制作用が失われる。エチレン受容体は，果肉軟化等に関わる遺伝子の発現を抑制する作用を持つが，エチレンが結合すると不活性化され，抑制作用を失うため成熟，老化が進む。1-MCPは，エチレン受容体に結合するが，老化抑制作用は失わせない。このため，エチレンが発生しても受容体に結合できないので，果実の老化は抑えられる[24]（図2）。1-MCPに対する応答の程度と持続期間が主に処理濃度に依存するという事実から，果実，野菜，花木の1-MCP処理濃度の品質への影響については，多くの研究がある[2]。VallejoとBeaudry[25]，Nanthachaiら[26]は，処理中における処理対象物による1-MCPの吸収について検討するとともに，処理対象物以外の物質による吸収についても検討した。

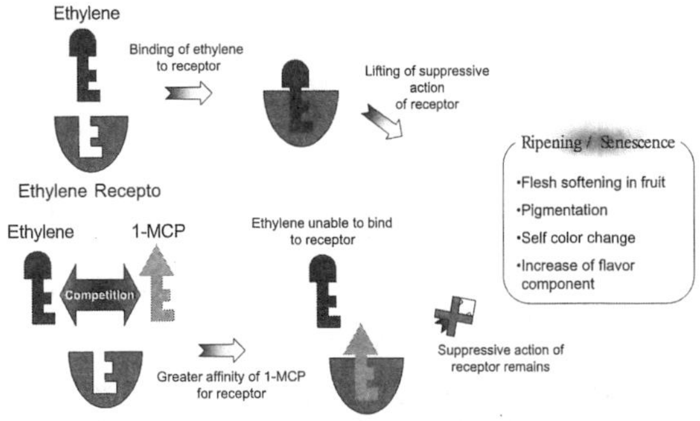

図2　1-MCPの作用機構
（樫村芳記：植調38，16（2004）から）

3 α-CDへの1-MCP包接体作製

3.1 1-MCPの合成

1-MCPは，通常環境要因の下気体状で存在すること，化学的に不安定であって，直ちに会合を開始する。そのため，1-MCPはα-シクロデキストリン（α-CD）で，包接体として生産されている。このα-CDへの1-MCP包接体作製における包接体形成速度，及び包接体の安定性について記述する。はじめに，実験室的に1-MCPの合成するSislerとSerekら[1)]の簡単な合成手順について説明する。1-MCPは，21.4 gリチウムジイソプロピルアミド（ミネラルオイルに30%含有）に当量2.4 mL 3-クロロ-2メチルプロペンを1時間かけて室温でゆっくりと添加混合し，1-MCPリチウム塩を合成した。添加後，30分間攪拌混合を行った。オイル溶液中に1-MCPリチウム塩の懸濁を確認後，合成溶液を真空乾燥することにより未反応の3-クロロ-2メチルプロペンを除去した。1-MCPリチウム塩の合成量は，1-MCPリチウム塩を蒸留水に溶解させ発生させた1-MCPガスをガスクロマトグラフィで分析することによって定量した。1-MCPの定量値は，標準ガスとしてイソブチレンを用いイソブチレン量換算で1-MCPガス量を定量した。

3.2 1-MCPのα-CD包接体形成反応

1-MCPガスをα-CD溶液と接触させると，容易に包接体が形成される。シクロデキストリンと気体の包接体として，炭酸ガスとα-CDの包接体形成，ヨウ素ガスとα-CDの包接体形成等があるが，1-MCPの場合高濃度のガスを取り扱えないため粉末体として取り扱えることは非常に有用である。図3に，30，50及び87.3 mMのα-CDに，80,000または100,000 ppmの1-MCPガスを平面接触攪拌槽で接触させた場合のヘッドスペースの1-MCPガスの相対濃度減少挙動を接触時間に対してプロットしたものを示す。1-MCPの減少速度は，1-MCPガス濃度に依らずα-CD濃度のみに依存した。このことは，1-MCPガスのα-CD溶液への反応吸収速度が，1-MCP

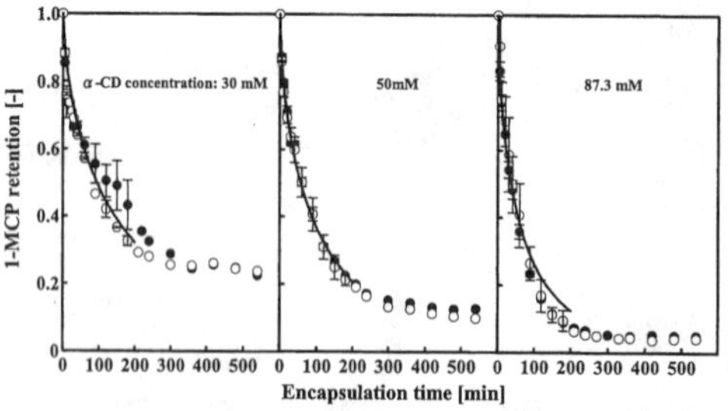

図3 α-CD溶液（30，50及び87.3 mM）への1-MCP吸収速度における平面接触攪拌槽上部1-MCP濃度相対値変化挙動
実線は，Avrami式での相関線。1-MCP濃度80,000 ppm（黒丸），100,000 ppm（白丸）。

について一次反応速度で表されることを意味している。1-MCP ガスのガス吸収は，以下の反応式で表される。

$$1\text{-MCP(gas)} + \alpha\text{-CD(solution)} \rightleftharpoons \text{Complex} \rightleftharpoons \text{Precipitate} \qquad (1)$$

包接体形成の初期において，反応は不可逆反応とみなすことができる。図 1 内の実線は，1-MCP ガスの相対濃度 R の減少速度を Avrami 式で相関したものである。

$$R = \exp[-(kt)^n] \qquad (2)$$

ここで，t は接触時間（s），k は包接体形成のためのガス吸収反応速度定数（s^{-1}），n は機構パラメーターである。本実験では，$n = 0.65$ で非常によく相関できた。$n = 0.65$ を用いて得られた反応速度定数 k は α-CD 濃度に対して直線関係が得られ，1-MCP ガスの α-CD 溶液への反応吸収速度が α-CD について 1 次反応で表されることが解る。よって，1-MCP の α-CD 溶液へのガス吸収は，次式で表される。

$$-r_{1\text{-MCP}} = -r_{\alpha\text{-CD}} = k_2 C_{\alpha\text{-CD}} C_{1\text{-MCP}} \qquad (3)$$

ここで，k_2 は 2 次反応速度定数，$C_{\alpha\text{-CD}}$ は α-CD 濃度，$C_{1\text{-MCP}}$ は溶液中の 1-MCP 濃度である。$C_{1\text{-MCP}}$ は，ヘッドスペース上の 1-MCP の圧力 $P_{1\text{-MCP}}$，ヘンリー定数 H を用いて $HP_{1\text{-MCP}}$ で記述できる。反応初期において，$C_{\alpha\text{-CD}}$ は一定とみなすことができるので擬 1 次反応のガス吸収として取り扱えると考えられる。そこで，1-MCP のガス吸収速度 $N_{1\text{-MCP}}$ は，境膜説に基づくと溶液中の 1-MCP の拡散係数 $D_{1\text{-MCP}}$ を用いて，次式で表される。

$$N_{1\text{-MCP}} = C_{1\text{-MCP}} \sqrt{k_2 C_{\alpha\text{-CD}} D_{1\text{-MCP}}} \qquad (4)$$

1-MCP のガス吸収速度を，Avrami 式を用いて $n = 0.65$ で良好に相関できたこと，(4)式でガス吸収速度が $C_{\alpha\text{-CD}}$ 濃度の 0.5 次に比例しており，1-MCP のガス吸収速度は擬 1 次反応を伴うガス吸収として取り扱えると考えられる。

この 1-MCP ガスの α-CD 溶液へのガス吸収において，撹拌速度への依存性は非常に大きい。なぜなら，1-MCP は容易に包接体を形成し結晶化する。そのため，撹拌強度が弱いと α-CD 溶液の表面に結晶被膜を形成しガス吸収速度が遅くなる。平面接触撹拌槽を用いて 1-MCP の α-CD 包接体を作製した場合の包接率とヘッドスペース上で消費された 1-MCP に対する包接体で得られた 1-MCP 量としての収率を，反応温度に対してプロットした図を，図 3 に示す。包接率は，15℃ から 27℃ までは殆ど同じ約 0.9 の包接体が得られた。収率は，温度が高くなるにつれ低下した。これは，1-MCP の溶解度が温度とともに減少するためと考えられる。15℃ のときに最も収率が高く，包接率0.95の包接粉体が得られた。このことから，1-MCPは，α-CD 1分子に1分子1-MCPが包接すると言える。

ガス吸収速度から求めた見かけの包接速度定数（Avrami式より求めた(2)式の速度定数k，15-25℃）を，アレニウスプロットして得た活性化エネルギーは－24.4 kJ/molであった。これは，1-MCPのガス吸収速度が(4)式で表されるとすると，

$$N_{1\text{-MCP}}=H_0\exp\left(-\frac{\Delta H_S}{RT}\right)P_{1\text{-MCP}}\sqrt{k_0\exp\left(-\frac{E_E}{RT}\right)C_{\alpha\text{-CD}}D_0\exp\left(-\frac{E_D}{RT}\right)} \qquad (5)$$

と書ける。ここで，H_0(M/Pa)，k_0(1/s)，とD_0(m^2/s)は，ヘンリー定数，反応速度定数及び拡散係数のそれぞれの頻度定数である。ΔH_S(kJ/mol)は，1-MCPの溶解熱，E_E(kJ/mol)は包接速度定数の活性化エネルギー，E_D(kJ/mol)は1-MCPの拡散係数の活性化エネルギーである。Rは気体定数である。Tは絶対温度である。(5)式を整理すると，

$$N_{1\text{-MCP}}=H_0P_{1\text{-MCP}}\sqrt{k_0C_{\alpha\text{-CD}}D_0}\exp\left(-\frac{\Delta H_S+\left(\frac{E_E+E_D}{2}\right)}{RT}\right) \qquad (6)$$

が得られる。上式の括弧内の$\Delta H_S+\left(\frac{E_E+E_D}{2}\right)$は，ガス吸収により得られた見かけの包接速度定数の活性化エネルギーと同等である。炭化水素の溶解は発熱反応であり，エチレンの水への溶解熱は－19 kJ/molである。また，エチレンの拡散係数の活性化エネルギーは17 kJ/molと報告されている。1-MCPの溶解熱，拡散係数の活性化エネルギーがエチレンと同等であると仮定して，包接速度定数の活性化エネルギーE_Eを$\Delta H_S+\left(\frac{E_E+E_D}{2}\right)=-24.4$ kJ/molとして求めると－27.8 kJ/molが得られる。この包接反応の活性化エネルギーが負の値を持つことから，1-MCPのα-CDへの包接反応は水溶液中自発反応で容易に包接体が形成されることを意味する。

4　1-MCP・α-CD包接体の安定性

1-MCP・α-CD包接体のSEM写真を，図4に示す。結晶形がはっきりとした包接体が，1-MCPを吸収させたα-CD溶液から沈殿として容易に得ることができる。この包接体の安定性を，示差走査熱量測定（DSC）を用いて検討した。3種類の包接率の粉末を測定し，吸熱挙動を定量的な解析を行った後アレニウス法を用いて1-MCPが包接粉末から解離（徐放）するのに必要な活性化エネルギーを算出した。解離（徐放）反応を1次反応とすると，解離反応速度定数kは次式で表される。

図 4　1-MCP・α-CD 包接体結晶の電顕写真（×3,500 倍）

$$k = \frac{1}{\Delta H_{\mathrm{Total}}\left(\dfrac{\Delta H_{\mathrm{Rest}}}{\Delta H_{\mathrm{Total}}}\right)} \cdot \frac{d\left(\Delta H_{\alpha}\right)}{dt} \tag{7}$$

ここで，α は反応率，$\Delta H_{\mathrm{Total}}$ は全吸熱量，ΔH_{α} はある温度 T_i までの吸熱量 $\left(\Delta H_{\alpha} = \int_0^{T_i} \frac{d\left(\Delta H_{\alpha}\right)}{dT} dT\right)$，$\Delta H_{\mathrm{Rest}}$ は，温度 T_i 以上における吸熱量である。これにより得られた解離反応速度定数 k を，T_i に対してプロットして得られた活性化エネルギーを測定粉末の包接率に対して再プロットして得られた解離活性化エネルギーは 40.3 kJ/mol であった。同様に，熱重量天秤（TG）を用いて解離反応の活性化エネルギーをキッシンジャープロットより求めたところ，1-MCP 解離時の活性化エネルギーは 46.7 kJ/mol であった。DSC，TG 測定から，解離反応（徐放）は 1 次反応として取り扱え解離活性化エネルギーは 40–47 kJ/mol であった。

5　1-MCP・α-CD 包接体の課題

1-MCP を用いた各種果樹保存への応用研究は，はじまったばかりである。日本での使用認可も近いと考えられるが，処理濃度，処理時間，処理時期等検討しなければならない課題は山積みされている。1-MCP のリンゴへの吸着ひとつとっても，果実の空間細胞への吸収，エチレン受容体への吸着，リンゴ代謝への応答等物理化学的検討から遺伝子，生化学的検討と幅ひろい検討が必要である。また，処理容器やプラスチック，フィルムからの透過拡散等の基礎的検討や樹木についたままの果実の野外での処理手法，貯蔵中の再処理法等検討すべき課題が山積みの状態である。1-MCP は，α-CD に包接させることにより商品化された非常に有用なエチレン阻害剤である。今後の各種研究に注目したい。

文　献

1) Sisler, E. C., Serek, M., Inhibitors of ethylene responses in plants at the receptor level: recent developments. *Physiol. Plant.* **100**, 577–582 (1997)

2) Blankenship, S. M., Dole, J. M., 1-Methylcyclopropene: a review. *Postharvest Biol. Technol.* **28**, 1–25 (2003)

3) Watkins, C. B., Nock, J. F., Whitaker, B. D., Responses of early, mid and late season apple cultivars to postharvest application of 1-methylcyclopropene (1-MCP) under air and controlled atmosphere storage conditions. *Postharvest Biol. Technol.* **19**, 17–32 (2000)

4) Moran, R. E., McManus, P., Firmness retention, and prevention of coreline browning and senescence in 'Macoun' apples with 1-methylcyclopropene. *HortScience* **40**, 161–3 (2005)

5) Fan, X., Mattheis, J. P., Roberts, R. G., Biosynthesis of phytoalexin in carrot root requires ethylene action. *Physiol. Plant.* **110**, 450–454 (2000)

6) Argenta, L. C., Fan, X. T., Mattheis, J. P., Influence of 1-methylcyclopropene on ripening, storage life, and volatile production by d'Anjou cv. pear fruit. *J. Agric. Food Chem.* **51**, 3858–3864 (2003)

7) Feng, X. Q., Apelbaum, A., Sisler, E. C., Goren, R., Control of ethylene responses in avocado fruit with 1-methylcyclopropene. *Postharvest Biol. Technol.* **20**, 143–50 (2000)

8) Adkins, M. E., Hofman, P. J., Stubbings, B. A., Macnish, A. J., Manipulating avocado fruit ripening with 1-methylcyclopropene. *Postharvest Biol. Technol.* **35**, 33–42 (2005)

9) Bagnato, N., Barrett, R., Sedgley, M., Klieber, A., The effects on the quality of Cavendish bananas, which have been treated with ethylene, of exposure to 1-methylcyclopropene. *Intl. J. Food Sci. Technol.* **38**, 745–50 (2003)

10) Lohani, S., Trivedi, P. K., Nath, P., Changes in activities of cell wall hydrolases during ethylene-induced ripening in banana: effect of 1-MCP, ABA and IAA. *Postharvest Biol. Technol.* **31**, 119–26 (2004)

11) Mullins, E. D., McCollum, T. G., McDonald, R. E., Consequences on ethylene metabolism of inactivating the ethylene receptor sites in diseased non-climacteric fruit. *Postharvest Biol. Technol.* **19**, 155–164 (2000)

12) Hofman, P. J., Jobin-De'cor, M., Meiburg, G. F., Macnish, A. J., Joyce, D. C., Ripening and quality responses of avocado, custard apple, mango and papaya fruit to 1-methylcyclopropene. *Aust. J. Exp. Agric.* **41**, 567–572 (2001)

13) Jiang, Y., Joyce, D. C., Effects of 1-methylcyclopropene alone and in combination with polyethylene bags on the postharvest life of mango fruit. *Ann. Appl. Biol.* **137**, 321–327 (2000)

14) Mathooko, F. M., Tsunashima, Y., Owino, W. Z. O., Kubo, Y., Inaba, A., Regulation of genes encoding ethylene biosynthetic enzymes in peach (Prunus persica L.) fruit by carbon dioxide and 1-methylcyclopropene. *Postharvest Biol. Technol.* **21**, 265–281 (2001)

15) Ekman, J. H., Clayton, M., Biasi, W. V., Mitcham, E. J., Interactions between 1-MCP concentration, treatment interval and storage time for 'Bartlett' pears. *Postharvest Biol.*

Technol. **31**, 127-136（2004）
16) Argenta, L. C., Fan, X. T., Mattheis, J. P., Influence of 1-methylcyclopropene on ripening, storage life, and volatile production by d'Anjou cv. pear fruit. *J. Agric. Food Chem.* **51**, 3858-3864（2003）
17) Selvarajah, S., Bauchot, A. D., John, P., Internal browning in cold-stored pineapples is suppressed by a postharvest application of 1-methylcyclopropene. *Postharvest Biol. Technol.* **23**, 167-170（2001）
18) Valero, D., Martinez-Romero, D., Valverde, J. M., Guillen, F., Serrano, M., Quality improvement and extension of shelf life by 1-methylcyclopropene in plum as affected by ripening stage at harvest. *Inno. Food Sci. Emerg. Technol.* **4**, 339-348（2003）
19) Salvador, A., Cuquerella, J., Martinez-Javega, J. M., 1-MCP treatment prolongs postharvest life of 'Santa Rosa' plums. *J. Food Sci.* **68**, 1504-1510（2003）
20) Jiang, Y., Joyce, D. C., Terry, L. A., 1-methylcyclcopropene treatment affects strawberry fruit decay. *Postharvest Biol. Technol.* **23**, 227-232（2001）
21) Tian, M. S., Prakash, S., Elgar, H. J., Young, H., Burmeister, D. M., Ross, G. S., Responses of strawberry fruit to 1-methylcyclopropene（1-MCP）and ethylene. *Plant Growth Regul.* **32**, 83-90（2000）
22) Watkins, C. B., 1-Methylcyclopropene（1-MCP）based technologies for storage and shelf life extension. *Int. J. Postharvest Technol. Innov.* **1**, 62-68（2006）
23) http://www.smartfresh.com/,
24) 樫村芳記，果樹における 1-methylcyclopropene 利用の現状と今後の展望，植調 38，16-23（2004）
25) Vallejo, F., Beaudry, R. Depletion of 1-MCP by 'non-target' materials from fruit storage facilities. *Postharvest Biol. Technol.* **40**, 177-182（2006）
26) Nanthachai, N., Ratanachinakorn, B., Kosittrakun, M., Beaudry, R. M., Absorption of 1-MCP by fresh produce. *Postharvest Biol. Technol.* **43**, 291-297（2007）

環境用途編

第16章　汚染物質の除去

菊地　徹*

1　はじめに

汚染物質は，大きくは重金属と有機化合物に分けられる。環境中に存在する重金属は，土壌や地下水，河川等の水の中に存在し，カドミウムが原因であるイタイイタイ病やメチル水銀が原因である水俣病などの公害が有名である。有機化合物系の汚染物質は，私たちの豊かな生活を支えるために意図的，非意図的に生成された物質またはそれらの分解物であるため，大気，土壌，水と我々が日常接するものに存在しているのと同時に，広範囲に拡散している。代表的なものとしては，微量でも生体内の内分泌系をかく乱するおそれがある内分泌かく乱化学物質（環境ホルモン），電気絶縁油として使用されていたポリ塩素化ビフェニル（PCB），染料，溶剤や洗浄剤として使用されていたトリクロロエチレンや1,1,1-トリクロロエタン，界面活性剤の生分解物であるノニルフェノール，過去に農薬で用いられていたディルドリンやDDTなどがある。

汚染物質に関して，日本国内では，媒体毎に環境基準が設定され，また，媒体に応じた法律により排出が規制されている。国際的には，世界規模での拡散および生物濃縮が危惧されているダイオキシン類，PCB，ディルドリン，DDTなどの残留性有機汚染物質12種類が，「残留性有機汚染物質に関するストックホルム条約（POPs条約）」において，削減，廃絶等が必要とされる物質として指定されている。

2　シクロデキストリンによる汚染物質の除去

シクロデキストリン（CyD）は，デンプンに酵素を作用して作られる環状オリゴ糖であり，グルコースの数が6，7，8個のそれぞれα，β，γ-CyDと呼ばれる3種類のCyDが工業原料として利用可能である。CyDは内部に疎水性空間を有しており，その空間内に疎水性の化合物を選択的に包接し，包接化合物を形成する。この特性を利用して，排水等に含まれる有機系汚染物質の検出[1,2]や除去，土壌等から除去する技術が検討されている。環境から汚染物質を除去する材料は，それ自体が環境に放出されたときに環境に対して低負荷であることが望ましい。CyD

＊　Kikuchi Toru　青森県工業総合研究センター　環境技術研究部　主任研究員

は，生物に対する安全性[3]が確認されている物質であり，環境に対して低負荷であることから，CyD 誘導体も同様であることが期待できる。また，純粋な CyD は，工業生産が始まった 1976 年当初は非常に高価であったが，ドイツ企業であるワッカーケミー社が α-，β-，γ-CyD を選択的に生成する酵素（α-，β-，γ-CGTase）と高選択製造プロセスを開発した結果，すべての CyD 価格が大きく下がり，汚染物質除去剤の原料として使える程度までの価格になった。

CyD を用いた大気汚染物質の除去については，CyD またはその誘導体の水溶液を用いたトリクロロエチレンやクロロベンゼン等の有機塩素化合物の捕捉に関する研究[4]や β-CyD を塗布したガラス繊維ろ紙を用いた芳香族縮合炭化水素の捕捉に関する研究[5]が報告されている。通常は環境中にはほとんど存在せず，汚染物質とはいえない元素であるかもしれないが，ウラン 235 の核分裂の結果生成するガス状の放射性ヨウ素が環境中へ放出されるのを防ぐために，シクロデキストリン誘導体を用いる基礎的研究の報告もある[6]。

土壌汚染物質の除去については，CyD または水溶性を向上させたその誘導体を用いて，土壌成分に吸着されている重金属や有機汚染物質を脱離させ，微生物の代謝もしくは水溶液などの状態で外に取り出す研究が主に報告されている。

水質汚染物質の除去については，表 1 に示したように水溶性である CyD モノマーをキトサンのようなポリマーに化学修飾する方法[8,9]やエピクロロヒドリン等の架橋剤にて CyD 同士を架橋する方法[10]により調製される水不溶性の CyD ポリマーを用いて，汚染物質を吸着除去させる研究が主に報告されている。これら CyD ポリマーの中でビーズ形状であるエピクロロヒドリン架橋 CyD ポリマーは，汎用的な原料を使用して比較的簡単に調製でき，そして，充填し易いなどの利点があることから水処理用浄化材としての使用が期待される。青森県工業総合研究センターでは，環境浄化材に関する研究の中で，ビーズ形状のエピクロロヒドリン架橋ポリマーを，従来法[11,12]のように多量の親油性物質を用いずに，調製する方法を開発した。

本章では，開発した方法にて調整したビーズ状エピクロロヒドリン架橋 CyD ポリマーを用いて水からの環境ホルモン除去を検討した結果を紹介し，CyD を用いた有機系水質汚染物質の除去について述べる。

表 1　シクロデキストリンの水溶解度（25℃）[7]

	水溶解度［g/100 mL］
α-CyD	12.8
β-CyD	1.88
γ-CyD	25.6

3　ビーズ状エピクロロヒドリン架橋 CyD ポリマー（CDP）による芳香族化合物の除去実験

CDP の調製方法とそれらを用いた水からの芳香族化合物吸着挙動について紹介する。

3.1　CDP の調製法[13)]

図1に，CDP の代表的な原料仕込量と調製スキームを示す。本調製法は，有機系分散媒を使用せずにビーズ形状をした CDP が得られるため，ヘキサンやアセトン等の有機溶媒による洗浄が不要であることから，工程が少なく，有機溶媒等の廃液の排出量が極めて少ない特徴がある。粒径 30〜300 μm 程度の一次粒子とそれらが集まった二次粒子のビーズ状の α-，β-，γ-CDP が収率 58〜68%（CyD とエピクロロヒドリンの仕込量を 100 とする）で得られ，それぞれの CyD 含有率は 50〜70%（w/w）である。Romo らが報告[14)]している水溶性エピクロロヒドリン架橋 β-CyD ポリマーの調製条件内に β-CyD/エピクロロヒドリン比や添加水量が入っているにもかかわらず水不溶性 β-CDP が析出する。

また，架橋材としてジエポキシ体であるエチレングリコールジグリシジルエーテルや 1, 4-ブタンジオールジグリシジルエーテルを用いてもビーズ状の CyD ポリマーが得られる。

3.2　芳香族化合物の吸着

各 CDP は，図1に示した原料仕込量にて調製したものを使用し，α-/β-，β-/γ-，α-/γ-CDP

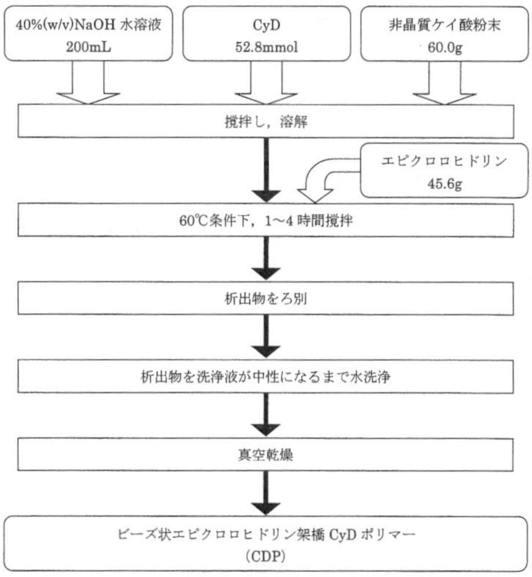

図1　ビーズ状エピクロロヒドリン架橋 CyD ポリマー調製フロー図

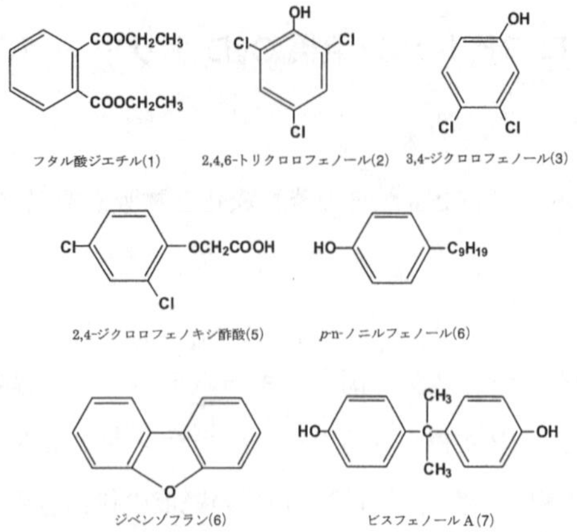

図２　芳香族化合物

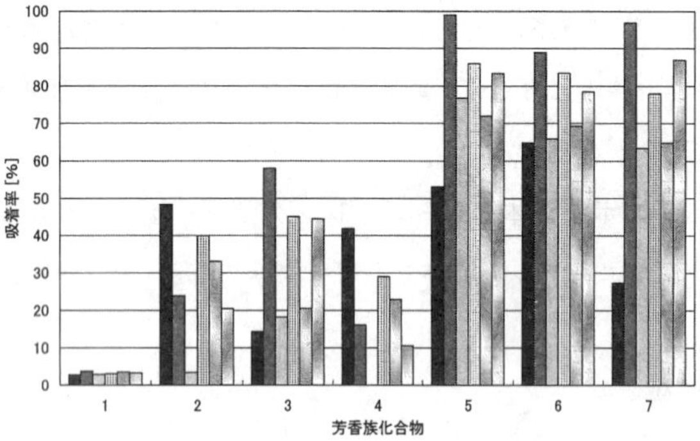

図３　ビーズ状 CDP の芳香族化合物吸着率
［CDP（粒径＜150 μm）：10 mg，芳香族化合物（0.1 mM/10% (v/v) MeOHaq）：10 mL，温度：室温，時間：7 時間］
α-CDP（■），β-CDP（■），γ-CDP（□），α-/β-CDP（▥），α-/γ-CDP（▧），β-/γ-CDP（▨）

はそれぞれの CyD を等モル量（26.4 mmol）仕込み調製した。図２に，吸着実験に用いた芳香族化合物を示す。環境汚染が問題となっているプラスチック原料や可塑剤，除草剤，フェノール類およびダイオキシン類縁体を汚染物質の対象物質として選んだ。

図３に，各 CDP の芳香族化合物吸着率を示す。すべての CDP において，フタル酸ジエチルの吸着率は低く，吸着時間を 24 時間にしても，ほとんど変わらない結果が得られた。ベンゼン環に塩素が結合した３種類の芳香族化合物では，最も高い除去率でも 58% と低い吸着率を示したが，各 CDP の吸着傾向をみると，ベンゼン環３位に塩素が結合している 3, 4-ジクロロフェノールに対しては β-CDP が最も高い吸着率を示し，塩素が結合していない 2, 4-ジクロロフェノールと 2, 4-ジクロロフェノキシ酢酸では α-CDP が最も高い吸着率を示した。分子内に比較的長い

直鎖のアルキル基を有するp-n-ノニルフェノールおよび分子内にベンゼン環を2個有するジベンゾフランとビスフェノールAに対しては，α-CDPは高い吸着率を示さないが，β-とγ-CDPは高い吸着率を示し，特に，β-CDPは，順に99，89，97%の非常に高い吸着率を示した。2種のCyDを用いて調製したα-/β-CDP，β-/γ-CDP，α-/γ-CDPの芳香族化合物の吸着率は，α-/γ-CDPによるp-n-ノニルフェノールおよびビスフェノールAの吸着以外は，それぞれのCDPを構成するCyDの単一CDP（例えば，α-/β-CDPは，α-CDPとβ-CDP）それぞれの吸着率の間の値を示した。CDP（ホスト）に対する有機化合物（ゲスト）の吸着は，プライマリー空間と呼ばれるCyD分子内空間へのゲスト包接（ホスト-ゲスト包接）による吸着，セカンダリー空間と呼ばれるCyD同士に囲まれたポリマーネットワーク空間へのゲストの吸着，リンカーの水素との水素結合，ゲスト同士のゲスト-ゲスト相互作用による吸着の4つの吸着システムが提案されている[10)]。各CDPの芳香族化合物の吸着挙動から，各CDPは構成するCyDの選択性に依存した選択的吸着特性を有することは明らかであるが，その他のた3つの吸着システムも吸着に関わっていると考えられる。

α-，β-，γ-CDPのビスフェノールA吸着破過曲線を図4に示す。通過液のビスフェノールA濃度が0.05 mMになった時間は，α-，β-，γ-CDPの順に2614，4208，2762秒である。曲線から求めたこれらの時間までのビスフェノールA吸着量は順に2.18×10^{-1}，3.50×10^{-1}，2.30×10^{-1}mMになり，図3で示したバッチ式のビスフェノールA吸着挙動と同じ傾向を示した。α-とγ-CDPの通過液のビスフェノールA濃度が0.05 mMになる時間は，差が48秒しかないが，それぞれの吸着量の差は1.2×10^{-2}mMと大きかった。これは，α-CDPでは，通過液のビスフェノールA濃度が180秒後から，わずかではあるが，増加しているためである。

直径1 cmのカラムにα-，β-，γ-CDPそれぞれを1.0 g充填（カラム充填長約3 cm）し，10%（v/v）メタノール水溶液をCDP充填カラムに流した後に，10%（v/v)/メタノール水溶液を用

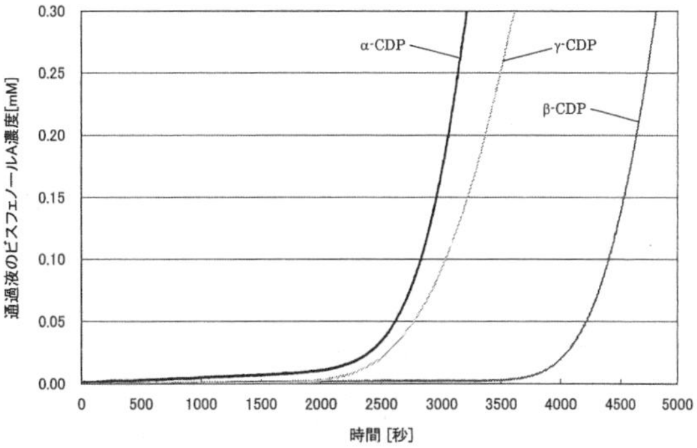

図4　CDPのビスフェノールA吸着破過曲線
［CDP：1.0 g，ビスフェノールA：2.5 mM/10%（v/v）MeOHaq，流速：2.0 mL/min，温度：室温］

いて調製した0.1 mM ビスフェノール A 溶液 10 mL を線流速 627 cm/h にて通液し，通液後のビスフェノール A 濃度を紫外吸光分光光度計にてモニタリングした。比較的大きな線流速であるにもかかわらず，すべてのCDP 充填カラムにおいて，通液後の溶液にはビスフェノール A の存在が認められなかった。また，90%（v/v）メタノール水溶液を同じ線流速で 180 秒流すことにより，α-CDP では吸着ビスフェノール A のほぼ 100% が溶離し，β-と γ-CDP では約 67% が溶離した。

これらの結果から，芳香族化合物に対し，すべての CDP が選択的吸着特性を有し，特に，β-CDP は，高い吸着能を有することは明らかである。ビスフェノール A に対し高い吸着性，能力，容量を示す β-CDP は，ビスフェノール A 用水質浄化材として適しているといえる。しかし，β-CDP を再生可能な材料とするためには，脱着方法を開発する必要がある。

3.3 ダイオキシン類の吸脱着

ダイオキシン類は，分子の主骨格構造が違うジベンゾ-*p*-ジオキシン類（PCDDs），ジベンゾフラン類（PCDFs），ダイオキシン様ビフェニル類（DL-PCBs）それぞれの異性体を総称した名称であるが，法で規定されているダイオキシン類は，図 5 に示した 1997 年 WHO/IPCS により毒性等価係数が与えられた 29 異性体であることから，吸着材としてはこれらを吸着することが重要である。図 6 に，CDP のダイオキシン類吸脱着試験フローを示す。本フローは，ダイオキシン類分析公定法（JIS K 0312）を基に設計したフローである。

3.3.1 高濃度ダイオキシン類水溶液からの吸脱着

精製水 100 もしくは 200 mL に，図 5 に示したダイオキシン類 29 種類に農薬起源である 1, 3, 6, 8-TeCDD と燃焼と関わり合いが深い 1, 3, 6, 8-TeCDD を加えた 31 種類を，8 塩素体はそれぞれ 200 pg，その他はそれぞれ 100 pg 添加したダイオキシン類濃度 33.0 もしくは 16.5 ng/L の水溶液を用いて，CDP のダイオキシン類吸脱着試験を実施した。

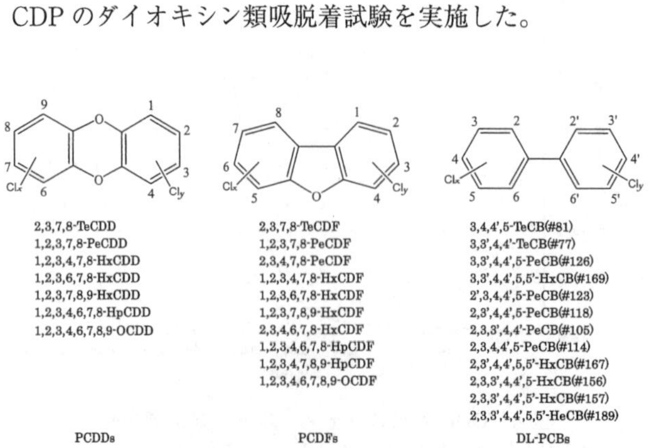

図 5　ダイオキシン類

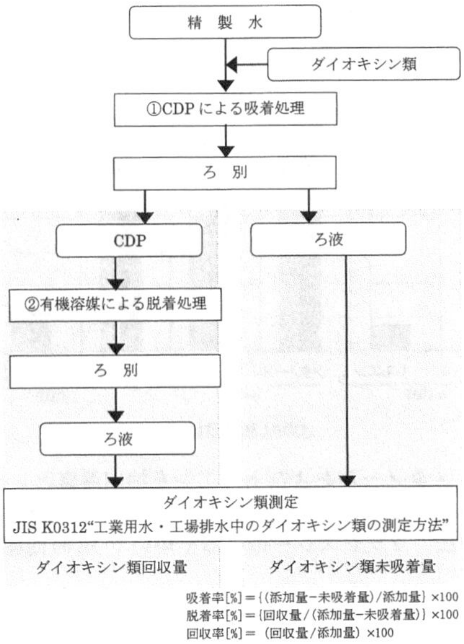

図6　ダイオキシン類吸脱着試験フロー図

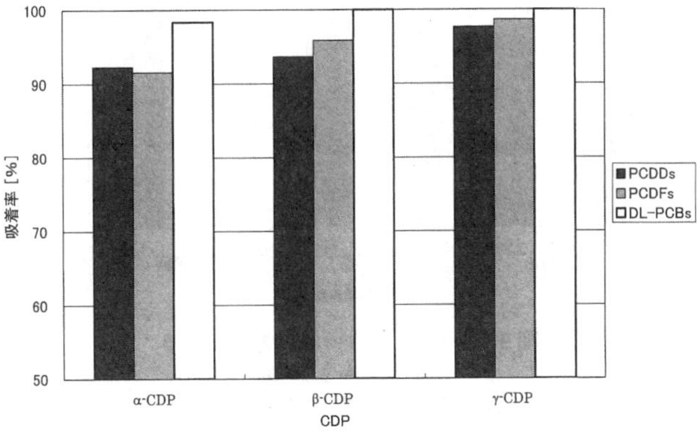

図7　各CDPのダイオキシン類平均吸着率

図7に，ダイオキシン類濃度33 ng/Lの水溶液100 mLとCDP 1.0 gをガラス容器内で，撹拌条件下，24時間接触させた時の各CDPのPCDDs，PCDFs，DL-PCBs平均吸着率を示す。すべてのCDPがPCDDs，PCDFs，DL-PCBsそれぞれに対し90%以上の高い吸着率を示し，特にγ-CDPの平均吸着率は高く，順に98，99，100%であった。

CDPを汚染物質の吸着材として使用する利点の一つは，有機溶媒等を用いた吸着汚染物質の脱着処理によりCDPの再生利用が期待できることである。ダイオキシン類吸着CDPからのダイオキシン類脱着処理時に用いる有機溶媒の影響を見るために，ソックスレー抽出器を用いて，100%メタノールおよび100%トルエンをダイオキシン類吸着CDPに16時間環流接触させた時

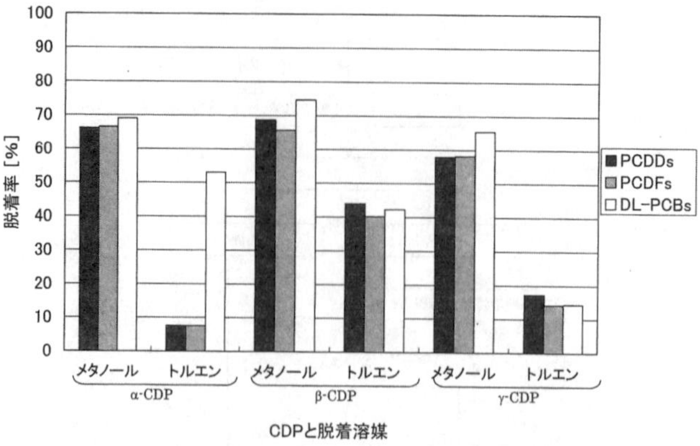

図8　メタノールおよびトルエンを抽出溶媒とした時の
各 CDP からのダイオキシン類平均脱着率
［抽出方法：ソックスレー抽出器を用いて 16 時間環流接触］

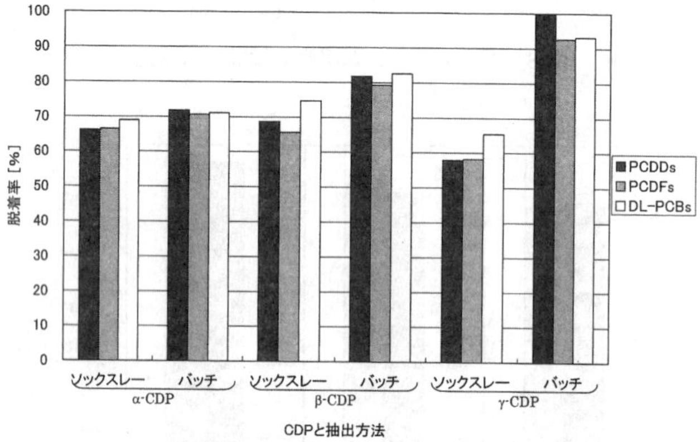

図9　各 CDP からの抽出方法による
平均ダイオキシン類脱着率
［抽出溶媒：100% メタノール］

の平均脱着率を図8に示す。すべての CDP においてトルエンよりメタノールの方が PCDDs, PCDFs, DL-PCBs に対して高い平均脱着率を示した。また，メタノールでは，PCDDs, PCDFs, DL-PCBs に対しほぼ同じ平均脱着率を示した。

図9に，100% メタノールを脱着溶媒としてソックスレー抽出器処理とバッチ式処理それぞれをダイオキシン類を吸着した CDP に対して行ったときの平均脱着率を示す。バッチ式処理は，ガラス容器内で CDP に脱着溶媒 100 mL を 1 時間撹拌接触させた後に CDP をろ別し，再度，新しい脱着溶媒 100 mL を用いて同じ処理を行うものである。すべての CDP において，ソックスレー抽出器処理よりバッチ式処理の方が高い平均脱着率を示し，特に，γ-CDP は，その傾向が顕著であった。

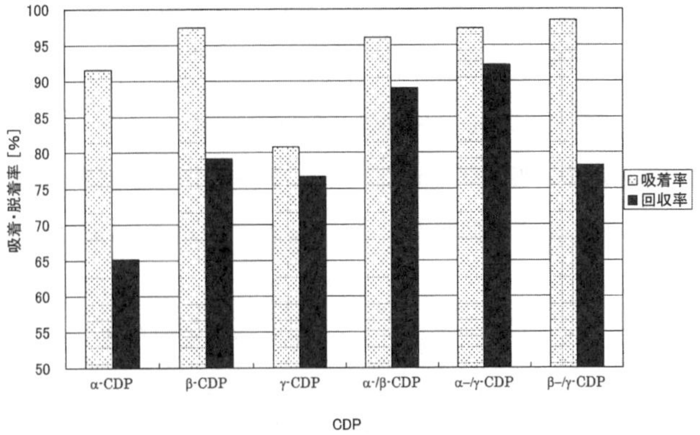

図10　各CDPのダイオキシン類吸着および回収率

ここまでのダイオキシン類に関する試験の結果から，高濃度ダイオキシン類水溶液の中にCDPを添加し，一定時間，撹拌することによりダイオキシン類をCDPに効率的に吸着させることができ，また，ダイオキシン類を吸着したCDPに100%メタノールをバッチ式に撹拌接触させることによりダイオキシン類をCDPから効率的に脱着させることが可能であると推測される。そこで，図6のダイオキシン類吸脱着フローの①CDPによる吸着処理過程を，ダイオキシン類濃度16.5 ng/Lの水溶液200 mLにCDP 1.0 gを2時間，撹拌接触させる処理法にし，②有機溶媒による脱着処理を図9と同じくメタノールを脱着溶媒とするバッチ式処理にしてCDPの吸脱着試験を行った結果を図10に示す。今回は，2種のCyDで構成されるα-/β-CDP，α-/γ-CDP，β-/γ-CDPも評価対象に加え，また，各CDPのダイオキシン類回収材としての有用性を評価するために，平均吸着率とダイオキシン類の添加量を基に算出されるダイオキシン類平均回収率を評価指標とした。ダイオキシン類吸着率は，β-，α-/β-，α-/γ-，β-/γ-CDPが95%以上の高い値を示した。ダイオキシン類平均回収率は，高い平均吸着率を示した4種類のCDPの中で，α-/β-，α-/γ-CDPの平均回収率はそれぞれ82，92%と高かったが，β-CDP，β-/g-CDPはどちらも70%台の低い値を示した。これらの結果から，高濃度ダイオキシン類水溶液においては再生可能なダイオキシン類抽出材としては，α-/γ-CDPとα-/β-CDPが適していることは明らかである。

3.3.2　極低濃度ダイオキシン類の吸脱着

ダイオキシン類を含まない水21 Lに，図5のダイオキシン類29種類に農薬起源の1,3,6,8-/1,3,7,9-TeCDDとパルプ漂白起源の1,2,7,8-TeCDFを加えた32種類を，8塩素体はそれぞれ20 pg，その他はそれぞれ10 pg添加したダイオキシン類濃度約15.7 pg/Lの水溶液を用いて，ダイオキシン類吸脱着試験を行った。また，試験フローは，高濃度ダイオキシン類による試験結果を基に，図6のダイオキシン類吸脱着フローの①CDPによる吸着処理過程を，ダイオキシン類水溶液21 Lにβ-またはα-/γ-CDP 70.0 gを2時間攪拌接触させる処理法にし，②有機溶媒による脱着処理を80%（v/v）メタノール水溶液，100%メタノール，100%アセトンを脱着溶媒としたバッチ式の脱着処理にして，CDPの吸脱着試験を行った。

CDPの吸脱着試験結果から，吸着試験前のCDPにPCBsが回収率に影響を与える程度含まれていたので，本試験での吸着および回収率はPCDDsおよびPCDFsを用いて評価した。高濃度の時に高い吸着および回収率を示したα-/γ-CDPは，TeCDsおよびOCDD，OCDFに対する吸着率が比較的低く，特に，OCDD，OCDFは80%前半の吸着率であった。β-CDPは，最も低い1,3,6,8-TeCDDに対する吸着率でも90%程度を示し，極めて低濃度の本実験条件においても，平均吸着率95%以上の高い吸着率を示した。β-CDPからのダイオキシン類各異性体の回収率は，80%メタノールでは9〜60%と全異性体で低く，100%メタノールでは一部の異性体が40%台の低い回収率を示したが，100%アセトンでは66〜100%の高い値を示した。

ダイオキシン類の吸脱着試験結果から，CDPはダイオキシン類に対しても高吸着能を有することが明らかになった。特に，β-CDPは，吸着，脱着能ともに優れて，ダイオキシン類濃度が極めて低いレベルから高いレベルまで高い吸着能を発揮する材料である。

4 おわりに

今回紹介した実験結果は，CyDの特性を活用した汚染物質の除去の一例でしかない。環境汚染は，いろいろな場所・条件で起こり，汚染物質も様々である。CyD誘導体を汚染物質の除去剤として用いるためには，対象とする場所や条件での汚染物質に対する検討が必要である。これまでに，多数の方々がエピクロロヒドリン架橋CyDポリマーをはじめとした様々なCyD誘導体を用いて汚染物質除去挙動について研究し，その結果を報告している。それらのほんの一部であるが，今回は紹介できなかった重金属の除去に関する報告も含め，表2にまとめたので，参考にしていただければ幸いである。

本章では，CyDポリマーの汚染物質除去能について紹介したが，これはCyDポリマーが有する特性の一部しか活用していない。例えば，クロロフィル，レチノール，CoQ 10などの不安定な物質に対するCyDモノマーの安定化効果[3]などの様々な特性をCyDポリマーが引き継いでいることは十分に考えられ，安定化能を有する分離樹脂としても期待できる。

最後に，今回の紹介をきっかけに，CyDポリマーに興味を持っていただき，様々な視点からの活用研究が活発化するきっかけになれば幸いである。

表2　シクロデキストリンを用いた汚染物質の除去に関する研究

CyD系処理材	対象媒体	対象汚染物質	文献
架橋CyDポリマー	水	フェノール，安息香酸，*p*-ニトロフェノール，*β*-ナフトール	[10]
架橋CyDポリマー	水	ビスフェノールA，*o*-，*m*-，*p*-ヒドロキシビフェニル	[15]
架橋CyDポリマー	水	染料	[16]
架橋CyDポリマー	水	ノニルフェノールエトキシレート，フタル酸エステル	[17]
架橋CyDポリマー	水	フェノール，*m*-，*p*-クレゾール，キシレノール	[18]
架橋CyDポリマー	水	アゾ染料	[19]
CyD結合キトサン	水	ビスフェノールA	[8]
CyD結合キトサン	水	ビスフェノールA，ノニルフェノール	[9]
CyD結合キトサン	水	ビスフェノールA，ノニルフェノール，ノニルフェノールエトキシレート	[20]
CyD結合キトサン	水	フェノール，*m*-クレゾール，*m*-カテコール	[21]
CyD，HPCyD	水	染料	[22]
CMCyD	土壌（廃棄物）	Cd，トリクロロフェノール，アントラセン，ビフェニル	[23]
MeCyD，HPCyD，CyDポリマー	土壌	ピレン，ペンタクロロフェノール	[24]
CMCyD，HPCyD	土壌	Cd，フェナントレン	[25]
CMCyD	土壌	Pb，Cu，Zn	[26]
CMCyD	土壌	As，2,3,4,6-テトラクロロエチレン	[27]
CMCyD	土壌	Hg	[28]

略称：MeCyD（メチル化CyD），HPCyD（ヒドロキシプロピル化CyD），CMCyD（カルボキシメチル化CyD）

文　　献

1) Narita M. *et al.*, *Anal Sci.*, **16**, 37 (2000)
2) Narita M. *et al.*, *Anal Sci.*, **16**, 701 (2000)
3) 寺尾啓二，食品と開発，**38**，70（2003）
4) 上桝勇ほか，資源と環境，**6**，39（1997）
5) Butterfield M. T. *et al.*, *Anal Chem.*, **68**, 1187 (1996)
6) Szent L, *Environ. Sci. Technol.*, **33**, 4495 (1999)
7) 寺尾啓二，*JETI*，**54**，33（2006）
8) 坂入信夫，月刊エコインダストリー，**4**，43（1999）

9) Aoki N. *et al.*, *Carbohydr. Polym.*, 52, 219 (2003)
10) Crini G. *et al.*, *J. Appl. Polym. Sci.*, 68, 1973 (1998)
11) 特許 1462721
12) 特許 1287106
13) 特開 2006-143953
14) Romo A. *et al.*, *J. Appl. Polym. Sci.*, 100, 3393 (2006)
15) 栗原正日呼ほか，八代高専紀要，24，85 (2002)
16) Crini G., *Bioresour. Technol.*, 90, 193 (2003)
17) 村井省二，ペトロテック，26，191 (2003)
18) Yamasaki H. *et al.*, *J. Chem. Technol. Biotechnol.*, 81, 1271 (2006)
19) Yilmaz A. *et al.*, *Dye. Pigm.*, 74, 54 (2007)
20) Aoki N. *et al.*, *Trans. Mater. Res. Soc. Jpn.*, 30, 1143 (2005)
21) Chen Q. Y. *et al.*, *Adsorption Sci. Technol.*, 24, 547 (2006)
22) Shao Y. *et al.*, *J. Incl. Phenom. Mol. Recogn. Chem.*, 25, 209 (1996)
23) Wang X. *et al.*, *Environ. Sci. Technol.*, 29, 2632 (1995)
24) Fenyvesi E. *et al.*, *J. Incl. Phenom. Mol. Recogn. Chem.*, 25, 229 (1996)
25) Brusseau M. L. *et al.*, *Environ. Sci. Technol.*, 31, 1087 (1997)
26) Neilson J. W. *et al.*, *J. Environ. Qual.*, 32, 899 (2003)
27) Chatain V. *et al.*, *Chemosphere*, 57, 197 (2004)
28) Wang X. *et al.*, *Environ. Sci. Technol.*, 23, 1888 (2004)

第17章　CDの微生物増殖能を利用した環境修復技術

輿水　知*[1]

1　はじめに

我々の地球環境は，非生物的環境である気圏，地圏（岩石圏），水圏と生物的環境である生物圏（生物相）から構成されている。これを生態系（地球生態系）と呼び，光，水，二酸化炭素，無機物などの構成因子が関与している。構成因子は絶えず変化しながら動的平衡状態を保っている。生物圏は，生産者（植物），消費者（動物），分解者（微生物）から成り立ち，その三者の動的平衡状態が保たれることによって地球環境が維持されている（図1）。しかしながら，消費者の単なる一員であるはずの人間が，自分達のみの繁栄を目的として行った営みによって，現在，地球環境を破壊している。最近注目されている新しい生態系（人間生態系）が，有害物質による汚染などと深く関与しながら，地球全体に大きな影響を与えている。

ここで，我々人間は，40億年かけて形成された地球が本来持っている環境がどの様にして保たれているか，そして，そのホメオスタシスが，今後も如何に重要であるかをよく理解した上で，環境保全対策技術を確立する必要がある。生物圏の動的平衡を維持するには，消費者（人間を含む動物）の生活環境改善と共に，生産者（植物）と分解者（微生物）の生存環境の改善が不可欠である。また，人の営みによって作り出された環境破壊に繋がる有害物質も，安全な天然物質に変換して自然環境に返す方法を確立しなければならない。

その観点から有望視され始めたシクロデキストリン（CD）を用いた環境保全対策技術には，気圏，地圏（岩石圏），水圏における汚染物質の除去技術，生物圏の分解者（微生物）の活性化

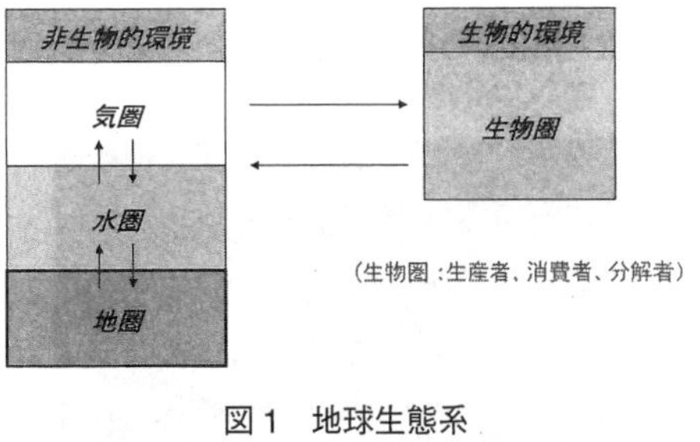

図1　地球生態系

＊　Satoru Koshimizu　㈱シクロケム　技術開発部長

による汚染物質の安全物質への変換技術（バイオレメディエーション技術），生物圏の生産者（植物）の活性化による二酸化炭素の酸素へ変換技術（緑化技術）がある。ここでは，その中でCDを用いた微生物の活性化による環境修復に焦点を当てる。

2 微生物による土壌浄化へのCDの利用

現在，工業生産されているCD化学修飾体は，天然のCDに比べて難生分解性であり，様々な微生物が生存する土壌内においても，ゆっくりと分解する性質と土壌中の脂溶性栄養分を包接することで流動性を高め，微生物を増殖活性化できる性質を持っている（図2）。

CD化学修飾体には空洞の大きさや置換基の種類，置換度が異なる様々なタイプがあるが，価格も下がり，土壌改良用の添加剤といった利用に対しても，経済的な可能性が出てきている。その中でも，土壌洗浄には化学修飾CDであるヒドロキシプロピル化βCD（以下，HPBCD）[1]が，そして，バイオレメディエーションには部分メチル化βCD（以下，RAMEB）[2]が有用であることが判明している。CDとその誘導体は環境にやさしい物質であり，様々なバクテリアの餌となる。特に，XantomonasとTrichoderma種は，CDを炭素源とすることが出来る[3,4]。HPBCDは易生分解性であるが，RAMEBの場合，土壌中での半減期は約1年である[5]。ここでは，汚染物質の無害化工程を必要としない経済的な浄化方法であるバイオレメディエーションにおけるCDの利用技術について，ハンガリー工科大学（ハンガリー）とシクロラボの検討を中心に概説する。

2.1 可溶化効果

一般的にゲスト分子をCDで包接するとゲスト分子の水に対する溶解度は向上する。CD誘導体は天然型CDより高い水溶性を有しており，その包接体の水に対する溶解度も高い。特に，HPBCDとRAMEBが実際の土壌汚染物質の可溶化剤として有用であることが判った。表1にPAHの水溶性に対するRAMEBとHPBCDの効果を示す。何れも水に対する溶解度の改善がみられるが，HPBCDに比べて，RAMEBの効果が特に高いことが判明した。

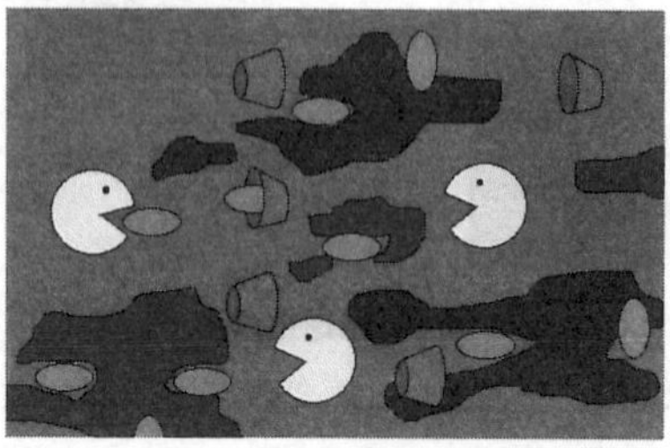

図2　土壌中有機物質のCD包接による流動化

表 1　水中と CD 水溶液中の PAHs の溶解度（室温）

	水中での溶解度（S_0）(mg/L)	5% RAMEB 水溶液中での溶解度（S_R）(mg/L)	5% HPBCD 水溶液中での溶解度（S_H）(mg/L)	S_R/S_0	S_H/S_0
ナフタレン	32	1000	710	30	22
アントラセン	0.045	65	34	1350	755
ピレン	0.14	18	3.3	110	24

2.2　土壌吸着物質の脱着能の向上

モデル実験として PAHs をローム性土壌に混合し，その PAHs を CD 水溶液で抽出した。20% RAMEB 水溶液を用いる抽出によってヘプタン抽出よりも 1.5 倍量のピレンが抽出された。これは，混合した全ピレン量の 90% が抽出できたことになる[6)]。

CD は本来，水の表面活性を減少させる物質であり，RAMEB の効果は，HPBCD の効果の約 2 倍ある。よって，RAMEB は有機性汚染物質の可溶化作用だけではなく，汚染物質の乳化作用も有している[7)]。

石油精製の際に出てくる蒸留残渣である黒油汚染土壌からのヘキサン：アセトン混合溶媒，RAMEB 水溶液，HPBCD 水溶液による抽出で得られたクロマトグラムを図 3 に示す。RAMEB 水溶液が HPBCD 水溶液よりもはるかに有効な可溶化剤であり，混合有機溶剤と同様の抽出能力があることが判る[8,9)]。

HPBCD の可溶化効果は，Brusseau らによって開発された，いわゆる，“シュガー・フラッシング（糖洗浄）” 技術に利用されている。この技術は汚染度の高い軍用地区などの塩素系溶剤の除去に有効である。RAMEB に比べ，HPBCD の可溶化能力は低いものの，その低表面活性の為，HPBCD が利用された[10)]。

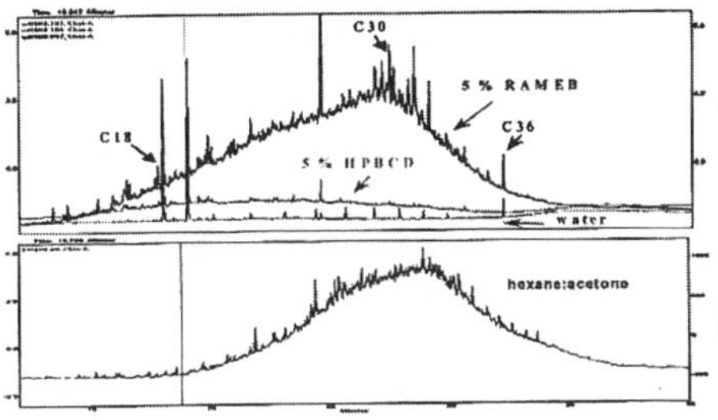

図 3　5% RAMEB 水溶液，5% HPBCD 水溶液，水，ヘキサン-アセトン混合溶媒による重油汚染土からの抽出（GC 分析）

2.3　CD による毒性変化

CD 包接された汚染物質が，解離前に直接的に微生物利用されることはなく，解離して単独分子になってはじめて，微生物が接触できる。毒性物質は CD 空洞内に隔離される為，CD 水溶液中のその毒性は CD を含有しない場合に比べて低減化する[10]。

非汚染ローム性土壌と 30000 ppm のディーゼルオイルを混入させた土壌での比較例を図 4 に示す。

毒性評価は，Sinapis alba　根伸長試験（植物の根が長いほど土壌の毒性は低いとする）によって検討している。RAMEB を非汚染土壌に添加すると，1% 濃度以上では，根の伸長が抑えられるが，汚染土壌に RAMEB を添加すると，ディーゼルオイル汚染土の毒性は低減される傾向にある。

2.4　CD によるバイオアベイラビリティーの変化

低い生物学的利用能（バイオアベイラビリティー）は，バイオレメディエーション技術を確立する上で，律速因子である。土壌中，水相側に汚染物質を移動させ，その濃度を高めることで，利用率は向上する。CD は土壌表面から汚染物質を微生物のもとへ輸送するキャリアとして働く。汚染物質のバイオアベイラビリティーが向上すると，結果として，汚染物質特異的分解菌が増殖

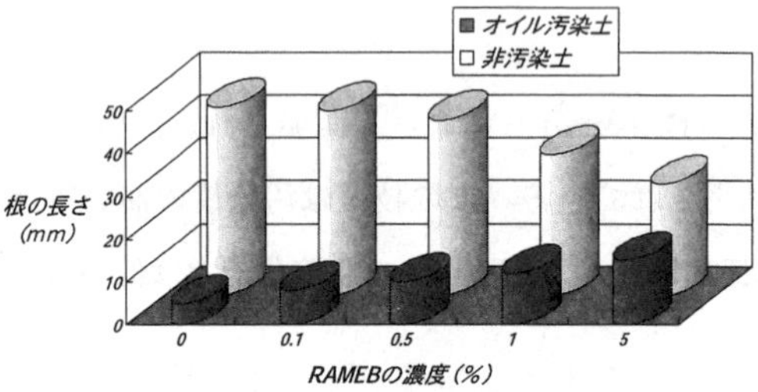

図 4　30000 ppm ディーゼルオイル混入土壌の
Sinapis alba 根伸長試験による毒性評価

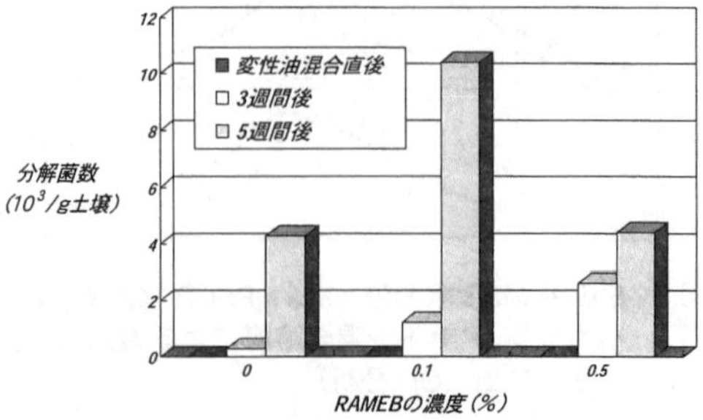

図 5　10000 ppm 変性油混入土壌のオイル分解菌数の変化

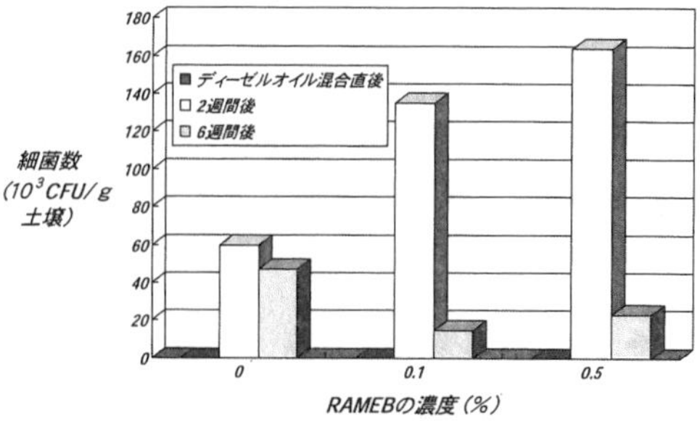

図 6　10000 ppm ディーゼルオイル混入土壌の
好気性従属栄養細菌数の変化

することになる。変性油が 10000 ppm 混入した汚染ローム性土壌における RAMEB 0，0.1，0.5% 処理した分解菌数の検討結果を図 5 に示す。

第一週には RAMEB の濃度が高い程，オイル分解菌の増殖速度は高い。第五週を過ぎる頃にはその物質特異的分解菌量は RAMEB を添加していないコントロール土壌でも増殖している。汚染物質のバイオアベイラビリティー向上効果から，0.1% 濃度の RAMEB 水溶液で処理した場合に，その分解菌は最も増殖することが判明した。第五週目には，0.5% 濃度の場合，コントロール土壌よりもその分解菌数は低くなる。汚染物質の種類と汚染度，汚染土壌の特徴，などから，最適な RAMEB 濃度は異なってくると考えられる。

RAMEB 添加効果は物質特異的分解菌のみならず，様々な微生物に対しても見られる（図 6）。好気性従属栄養細菌も，RAMEB 処理することで，そのバイオアベイラビリティー向上効果から急激に増殖する。この結果は，汚染物質のみならず，他種の細菌の栄養物質も同様に RAMEB によって利用しやすくなっていることを意味する。六週間後に RAMEB 処理土壌の細菌数が減少するのは，バイオマス消費量の増加にともない，栄養分が既に欠乏し始めた結果であろうと推測される。

2.5　安定化効果と触媒促進効果

CD の空洞内に包接されたゲスト分子の反応性は二つの相対する方向に変化することが知られている。一般的には，環内部に位置するゲスト分子は，光，酸素，化学反応剤が接近しにくく安定化する場合が多い。しかし一方で，包接されたゲスト分子の環から外部にはみ出した部位は，未包接分子に比べて，光反応や化学反応を受けやすいケースもある[7)]。これらの対照的な効果は，土壌のバイオレメディエーションなどの生化学的な反応にも現れ得ると考えられる。通常，土壌汚染物質は様々な物質の混合物であり，双方の作用が，それぞれの化学構造によって起こりうる。

2.6　バイオレメディエーションの向上

汚染土壌の微生物による浄化プロセス（バイオレメディエーション）は自然界で進行しているものの，その速度ははなはだ遅い。そこで，CD を用いると，様々な汚染物質のバイオアベイラビリティーが向上し，土壌固有細菌を活性化することで，バイオレメディエーション速度を高めることが出来る。

ディーゼルオイル，変性油，黒油，多環式芳香族（PAHs），PCB など，様々な有機物質が混入した汚染土壌は RAMEB 処理によって浄化できることが明らかとなっている。それぞれの検討された濃度は，炭化水素の場合には 10000～15000 ppm，PAHs と PCB の場合には 1000～10000 ppm である。

腐植ローム性土壌に変性油 10000 ppm の混入した抽出可能な炭化水素含量は，栄養分，酸素，湿度の最適条件下で，RAMEB 処理による短期バイオレメディエーション実験において，速やかに減少していく（図 7）。その炭化水素減少効果は，RAMEB 0.1% 水溶液を用いた場合に最も高く，この結果は，図 5 の菌数との相関関係を示すものである。

黒油汚染土壌浄化に関しては，サンプルを実際に汚染度の激しい地域の土壌から採取し，その RAMEB 効果を検討している。土壌に含有する黒油の初期濃度はそれぞれ 12000 ppm，21000 ppm，そして 150000 ppm であった。図 8 に示すように，含有量が高いほど 4 週間後の除

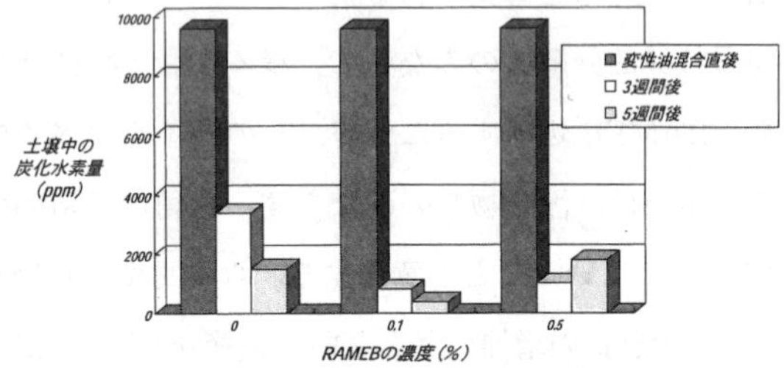

図 7　バイオレメディエーションによる変性油の減少に対する RAMEB 添加効果

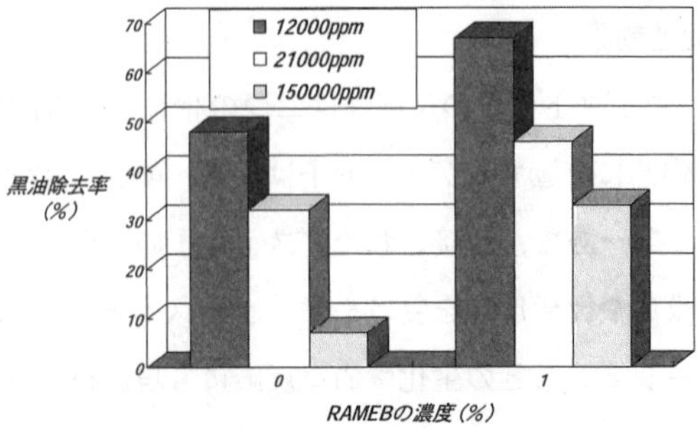

図 8　RAMEB 添加による黒油汚染土壌からの 4 週間後の黒油除去率

去率は低いが，これら3サンプルの何れもRAMEBの添加は効果的であることが分かる[12]。

PAH汚染土壌に関しても，実際の長期にわたって汚染された土壌について検討されており，RAMEB処理による飛躍的なPAHの減少が確認されている（図9）。RAMEB（濃度0.1%以下）を添加することで，炭化水素基質特異的分解菌数は増加し，Vibrio fisheri生物発光試験においてPAHの毒性は低減することが判明している。

Fevaらは低生分解性のPCBの場合でもRAMEBが効果的であることを報告している。PCBが8500 mg/kg含有する埋め立て地において，RAMEBで作用が検討された。固形状態よりもスラリー状態の方が高いPCB減少効果が得られた。3ヶ月後の土壌中のPCBの減少率を比較したところ，固形状の場合，減少率7%であったが，スラリー状の場合には20%減少することが判った（図10）。スラリー状態では物質移動がより速やかに行われる為に減少率が上昇するものと考えられている。固形状態，スラリー状態ともにPCB除去効果を高める為には少なくとも3%以上のPAMEB添加が必要であった[13]。好気性従属栄養細菌，物質特異的分解菌ともにその細菌数増加によって，生分解性が向上し，従って，PCBのバイオアベイラビリティーが向上する

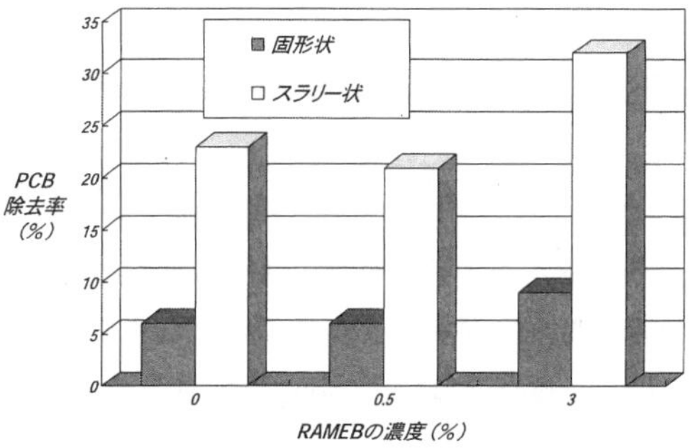

図9　RAMEB添加によるPCB汚染土壌からの3ヶ月後のPCB除去率

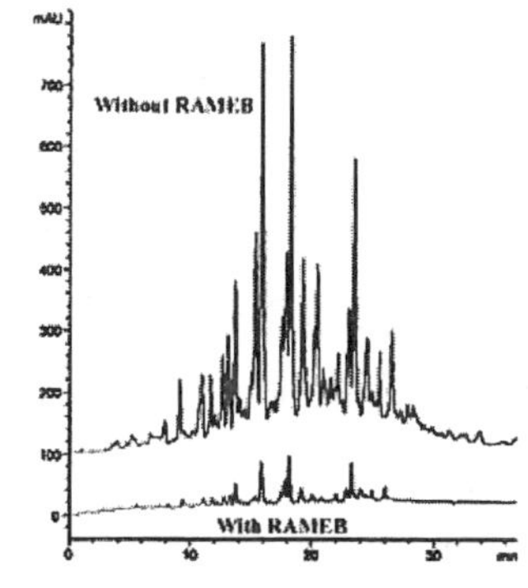

図10　多環式芳香族（PAH）汚染土壌の0.1% RAMEB処理，未処理3ヵ月後のHPLC

ものと推察される。

以上，CDは汚染土壌浄化に対して大変有効であることが判った。そのCDの特徴的な作用は，汚染物質の可溶化とミクロカプセル化であり，バイオアベイラビリティー，毒性，バイオレメディィエーションの変化をもたらす。以下に，これまでに述べてきたRAMEBによるバイオレメディィエーションの特徴をまとめる。

- 難水溶性の炭化水素の可溶化
- 土壌からの吸着汚染物質の解離
- 汚染物質とその他の栄養物質の微生物へのバイオアベイラビリティーの向上
- 固有細菌の活性化
- 毒性の高い低生分解性汚染物質の生分解性の向上
- 自然浄化プロセス（バイオレメディィエーション）速度を向上

CDは無害で易分解性の物質であり，土壌中でRAMEBはゆっくりと分解することから，ここで紹介したCDを用いるバイオレメディィエーション技術は自然にやさしい環境浄化手法と言える。

3 難生分解性エーテル化CDによる有機性廃棄物のメタン発酵技術

㈱シクロケムと岡山理科大は，水溶性難生分解性のエーテル化CDに微生物の増殖作用があることに着目し，生物学的排水処理で発生した余剰汚泥のメタン発酵に及ぼすエーテル化CDの効果を検討したところ，嫌気性発酵から発生するガスの中で，メタンガス生成に最も有効に働くという驚くべき発見があった。この検討結果は，2004年9月の熊本で行われたシクロデキストリンシンポジウムで発表されている[14)]。

3.1 従来の技術と問題点

近年，人口の増加や生活の高度化に伴って，家庭や様々な産業から排出される廃棄物の量が増加している。なかでも，下水汚泥や生ごみなどの高有機物含有廃棄物の処理法としては，主に埋め立てや海洋投棄，焼却による処理などの方法が採用されてきた。しかしながら，日本国内では恒常的な埋め立て地不足に悩まされており，また有機性廃棄物の焼却に関しても，それに伴うダイオキシン類などの発生や二酸化炭素の排出といった環境汚染が問題視されてきている。

また，ロンドン条約の改正（岸辺和美，ロンドン条約付属書改正について，バイオサイエンスとインダストリー，Vol. 52，No. 7 1994）に伴い，下水汚泥や産業廃棄物の海洋投棄や洋上焼却が禁止されることとなり，有機性廃棄物の適切な処理法の開発は急務である。さらには，1999年7月28日に公布された「家畜排泄物の管理の適正化及び利用の促進に関する法律」および

2000 年 6 月 7 日に公布された「食品循環資源の再生利用の促進に関する法律」のもとで，畜産，食品工業や家庭・レストラン・ホテルなどから排出される有機廃棄物については適正な処理およびリサイクル利用が求められてきている。

このような背景から，下水余剰汚泥，動物性固形廃棄物，畜産廃棄物，魚のアラなどの水産廃棄物，生ごみ，その他の有機性廃棄物の生物学的な処理・減容化方法として，メタン発酵技術が再認識されつつある。この技術では，嫌気的な環境条件下で複数の嫌気性微生物群の連係プレーにより，有機物をエネルギーとしての有用な資源であるメタンガスにまで転換することができる。しかしながら，難生分解性の固形性有機物を多く含有する下水汚泥，動物性固形廃棄物，生ゴミ，古紙，製紙工場やパルプ工場からの排水のメタン発酵処理では，通常，その加水分解・酸生成反応が律速となっており，30～40 日程度の長い処理時間を必要とするうえ，有機物分解率（メタンへの転換率）も低いことから，高効率な有機性廃棄物のメタン発酵技術の開発が待たれている。

特開 2002-263624 では，サポニンは，その生理活性により，微生物の反応促進作用やストレス緩和作用を示すとともに，油脂分解作用や酸素溶解効率の向上効果をもたらす。この公開特許では，サポニン抽出液（天然サポニンとして約 4% 含有）を使用しているが，動物性蛋白質を含む固形廃棄物を生物処理するにあたり，固形廃棄物の破砕品に親水性部と親油性部の双方を持ち界面活性剤として働くサポニン含有物を添加して，固形廃棄物の可溶化を促進することが特徴となっている。しかしながら，自然界に存在する高価な天然サポニンを廃棄物の可溶化に利用するには経済的に困難であり，天然物質であることから容易に生分解されることから，酵素触媒的に活性を持続させることも難しい。

3.2　エーテル化 CD の余剰汚泥メタン発酵促進作用

一方，近年になって，CD の化学修飾体である水溶性難生分解性の部分メチル化された βCD が，微生物叢の増殖作用を有していることが判り，バイオレメディエーション等，環境修復に利用検討され始めている。その理由は，メチル化 CD を含むエーテル化 CD が，難水溶性汚染物質の可溶化に有効であり，汚染物質を流動化して，微生物へのアクセスが容易になっていること，エーテル化によってシクロデキストリン自体は，難生分解性になり，長期に渡って流動化触媒として働き，微生物群の有機物質利用率が高まったことで，微生物が増殖しやすくなったこと等が挙げられる。ここでは，余剰汚泥の嫌気性消化によるエネルギー回収を目的として，メチル化 CD の微生物叢増殖作用によるメタン発酵の促進を期待して，余剰汚泥にメチル化 CD を添加し，メタンガス回収量の増加を試みた結果，および MLSS 濃度を測定し，嫌気性消化におけるメチル化 CD の添加による効果について検討した結果を紹介する。

余剰汚泥の嫌気性消化に対する部分メチル化 βCD（メチル基置換度：MS＝1.8，以下，この項ではCD）添加の影響について調べた。3L三角フラスコ4本を用意し，植種液として合併浄化槽の貯留槽の上澄み液を各々加えた。そのうち，2本にCDを0.5および1.0 g/Lを各々添加し，蒸留水で三角フラスコを満たし，空気を入れないようゴム栓をした。なお，ゴム栓には発生ガス及び液のサンプルを採取するパイプを2本取付けてある。さらに両方のパイプの中間には三方コックが取付けてあり，各々のコックを操作してサンプルをシリンジで採取した。液はスターラーで攪拌し，液のpHは7に調節した。一方，他の2本の三角フラスコは前述の植種液量などは同じであるが，CDの代わりにデキストリン0.5および1.0 g/Lを各々添加した。上記4本の三角フラスコを中温消化の至適温度37℃の恒温槽内に入れ嫌気性消化を行い，ガス発生量を測定した。発生した消化ガス量は飽和食塩水を用いた1Lのメスシリンダーに貯留する水上置換法で測定した。

次に，CD添加量を0.0，0.1，0.5，1.0および2.0 g/Lとなるよう変え，CD添加量の変化による消化ガス発生量への影響を調べた。方法は上記と同様であるが，合併浄化槽の返送汚泥を余剰汚泥とし，嫌気性消化の仕込液として用いた。すなわち遠心分離した余剰汚泥を130 g（湿潤重量）/Lを3Lの三角フラスコに入れ，これに植種液を0.3L添加したものを5本用意して各々の濃度のCDを各々の三角フラスコに加え，35℃の恒温槽内で嫌気性消化を行った。発生した消化ガス中のメタン濃度はTCDガスクロマトグラフィー（GL sciences製）によって分析した。

3.3 嫌気性消化におけるCDの難生分解性

図11はCD及びデキストリンを嫌気性消化した時の発生ガス量の経時変化を示している。デキストリンでは初濃度0.5および1.0 g/Lのいずれからもデキストリン濃度に見合ったガスが発生し，2日を過ぎるとガスは発生しなくなった。一方，CDでは嫌気性消化全期間を通して初濃度0.5，1.0 g/Lのいずれからも全くガスは発生しなかった。この結果よりCDは植種液により分解されないことが明らかとなった。

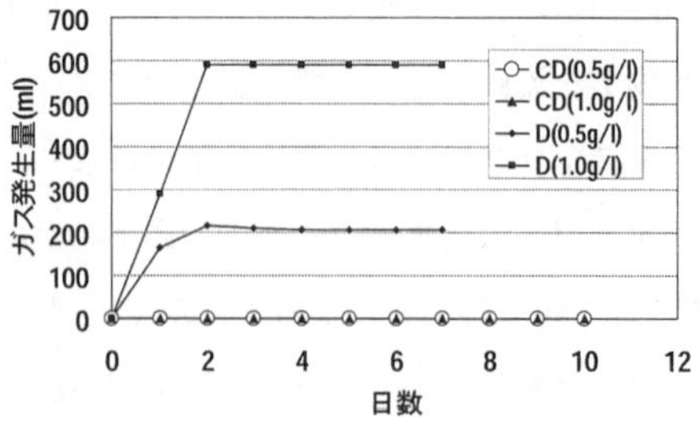

図11　嫌気性消化におけるCDの難生分解性

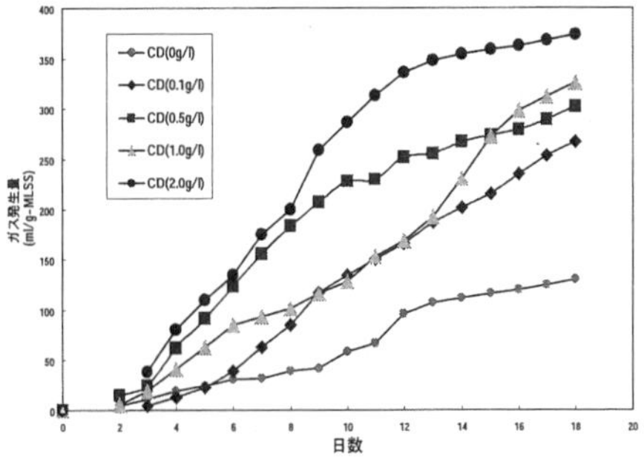

図 12　余剰汚泥嫌気性消化ガス発生に及ぼす CD の影響

3.4　CD 濃度の影響

図 12 は CD の余剰汚泥への添加量を変え，嫌気性消化した場合のガス発生量の経日変化を示した。嫌気性消化開始から 2 日間はいずれの濃度でもガスの発生量はわずかである。しかし，その後ガスの発生速度は，無添加のものとの差が顕著に現れ，濃度 0.1 g/L でも 6 日目以降では無添加のものに比較して大きく，12 日目では約 2 倍となった。即ち，CD 濃度 0 g/L におけるガス発生量は，発酵日数 12 日間で 100 mL/g-MLSS であり，その後，ガスの発生量は極めて少なく 18 日間では約 130 mL/g-MLSS のガスが発生した。

これに対し CD 濃度 2.0 g/L では，消化日数 12 日間で 340 mL/g-MLSS のガスが発生し，その後，CD 濃度 0 g/L のときと同様ガス発生量が減少し，18 日間で 370 mL/g-MLSS のガスの発生が見られた。両者の 18 日間でのガス発生量は約 2.8 倍となった。また，消化日数 18 日間でのガス発生量は CD 濃度が高いほど多くなることが分かった。CD 濃度 0.5 g/L における 2～15 日間までの 1.0 g/L とのガス発生量の逆転については不明である。

以上より CD を添加したものでもやがてガス発生速度は減少するものの，添加しなかったものよりガスの初期発生速度並びに発生量共に増大することが明らかとなった。

3.5　消化ガス中のメタン量

図 13 は，18 日目において発生した消化ガス中のメタンガス量に対する CD 濃度の影響を示している（表 1 は図 2 の実験において→削除）。CD 濃度 0.1 g/L と，CD 濃度 2.0 g/L の全ガス発生量中のメタンガス量を測定したところ，いずれの CD 濃度でもメタンガス以外のガス発生量はほぼ等しく，メタンガスの発生量のみ差が生じている。この結果は，CD 濃度を高めることで，メタンガス発生源となり得る有機炭素の利用が増大することを示している。

活性汚泥法で発生した余剰汚泥にメチル化 CD を添加して嫌気性消化を行ったことで，①メチル化 CD は嫌気性消化により分解しない，②CD 濃度が高いほど初期のガス発生速度は速くなる，

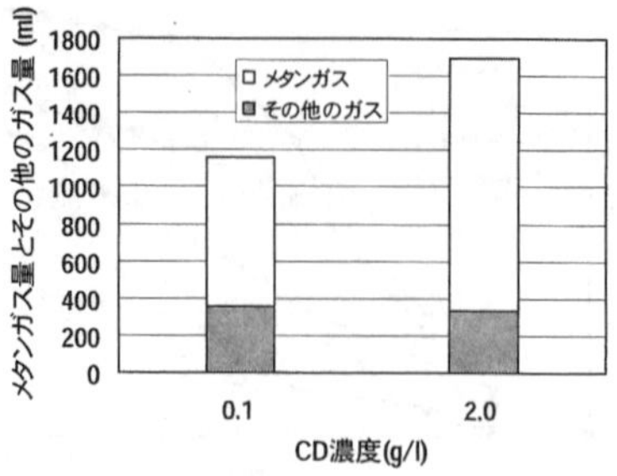

図13　CDによる消化ガス中のメタンガス量の変化

③CD濃度の増大によりメタンガス発生量も増大する，ことが判明している。

以上の結果より，余剰汚泥の嫌気性消化におけるメタン生成量の増大に対してメチル化CDの添加が有効であることは明白である。

4　微生物叢の増殖作用

屋外環境に放出された有害物質の無毒化または無害化処理等においては，複数種の微生物が関与していることが知られている。これら有益な微生物叢は，その微生物群全体を活発に増殖せしめる必要がある。また，ある微生物叢から特定の微生物種を単離しようとするときは，対象微生物叢に含まれる微生物群の全体を増殖せしめる必要があることが多い。さらに，自然界ではさまざまな微生物が複合してお互いに影響し合いながら有用物質を生産している例が多い。このような面で，微生物叢の工業的な利用も今後期待される。エーテル化CDは，複数種の微生物が存在する微生物叢の増殖を促進することができ，それによって活性汚泥処理や土壌中の有害物質の無毒化を効率的に進めることができる数多くの可能性を持っている[15]。そこで，エーテル化CDによって増殖促進の必要がある微生物叢を以下に挙げる。

- 活性汚泥処理微生物叢
- 反芻動物のルーメン微生物叢
- 土壌中等に存在する有害な化学物質を無毒化する，例えば，有機化学物質を順次分解して無毒化するような微生物叢
- 高濃度産業廃液等のメタン発酵微生物叢
- オリーブオイル等食用搾油廃液の脱色，無毒化に関与する微生物叢
- ディーゼルオイル等で汚染した土壌を無毒化する微生物叢等

5　CD と微生物の組み合わせによる水質浄化

5.1　CD の結合した微生物固定化担体による水質浄化方法

寺尾は，CD に微生物増殖作用のあることに着目し，日本石油化学との共同研究で水質浄化に有用で長期に渡って利用できる CD 結合微生物固定化担体の開発に成功している[16]。微生物固定化担体に CD を結合することによって，担体近傍に微生物の栄養分（餌）となる有機汚染物質濃度が高くなる。それ故，担体に付着する菌の付着速度が速くなり，かつ菌の濃度が高まるため，反応槽内の脱窒菌・硝化菌濃度を高く維持することができる。その結果，単位容積当たりの脱窒・硝化速度を高めることができるので，反応槽容積の縮小や反応槽滞留時間の短縮が可能となるものである。したがって，滞留時間を短く設定した既設の反応槽等においても十分有効に，硝化脱窒等の水処理を行うことができる。特に硝化細菌のような増殖速度の遅い微生物を利用する場合には浄化装置の立ち上がりが早いという効果も奏するものである。

5.1.1　従来の技術と問題点

一般に，微生物担体としては，その構造，形態からいえばハニカム構造，波板，多孔質担体，たとえば多孔質円板，織布・不織布からなる繊維状物等の構造，形態の担体が知られている。また，その材質もセルロースの他，各種合成樹脂，活性炭等がある。いずれにしろこのような担体は，生物適合性を有するように構成され，微生物が付着しやすいことが必要である。ここで，固定化担体の使用の初めには微生物が表面に蓄積し，安定した浄化性能が得られるまでの準備期間（処理装置の立ち上がり期間）が必要である。特に硝化細菌のような増殖速度の遅い微生物を利用する場合には，この立ち上がり期間は長くなり易く，微生物の増殖を促進させる必要がある。もちろん付着後の定常的な浄化作用の際にも，増殖速度の遅い微生物に対しては，増殖を促進させる必要がある。

そこで，微生物の増殖促進のためには，たとえば，微生物の栄養分（餌）である汚水の有機汚染物質を十分微生物へ供給し，その増殖を助ける方法が幾つか提案されている。たとえば，特許 2798326 号公報では，シラノールを多孔質担体表面に結合させたものを使用し水との親和性を改良して，それにより水とともに微生物が多孔質担体中に侵入しやすくし，あわせて汚染物質も侵入しやすくする技術を開示している。しかし，所詮，汚染物質は水とともに侵入するのみであるので本質的に微生物の増殖を促進させる方法ではない。

そこで，バイオリアクター，たとえば脱窒槽と硝化槽における微生物の増殖を促進させ，もって浄化装置の立ち上がり時間を早め，また脱窒および硝化速度を高めて被処理液の槽内滞留時間を短くすることができる微生物固定化担体の開発が待ち望まれている。

5.1.2 微生物増殖作用を持つCD固着微生物固定化担体の開発

担体の材料には，以下の理由で塊状のセルローススポンジを使用した。

① セルローススポンジは比重も軽く，セルローススポンジが脱窒槽・硝化槽内を流動するための撹拌がなされる際に，撹拌の速度が緩やかで済み，水の流速による微生物の剥離が起こりにくい。

② 脱窒が行われた後に窒素が気体として担体に付着することがあるが，セルローススポンジを使えば小さなせん断力で簡単に変形するため，穏やかな撹拌であっても付着した窒素気体が除去されやすい。

③ 気孔が互いに連通した多孔質状に加工されたスポンジ状であり，好気性微生物の生息環境に適している。

④ セルロースは水酸基等の官能基を有しているので，CDとの共有結合形成が可能であり，生物適合性も高い。

セルロース水酸基と共有結合形成の可能なCDであるとしてモノクロロトリアジニル化CDは以下の方法で合成できる（図14)。

63 Lの釜の中に，8% 水溶液としての2,4-ジクロロ-6-ヒドロキシ-1,3,5-トリアジンナトリウム塩25 kgを添加し，撹拌しながら10℃に冷却した。引き続き，十分に攪拌した溶液に，2時間で10～15℃で，水4 kg中のβ-シクロデキストリン3 kgと水酸化ナトリウム0.426 kgの冷却した溶液を滴加した。このpH値は，滴加の間に，pH＝10～13であった。β-CD溶液の添加後に，この反応混合物を冷却せずに，更に2時間，pHの変化がもはや生じなくなるまで攪拌した。この時の溶液温度は室温であった。引き続き，この溶液を0.45/0.2 μmのフィルターを介して濾過した。溶液の噴霧乾燥（入口温度＝235℃，出口温度＝120℃）後には，22% 含量を有するトリアジニル-β-シクロデキストリン誘導体5.5 kgが得られた。クロル基の平均置換率はDS＝0.5であった。

このモノクロロトリアジノ化CD（以下，MCTCDという）は，2004年5月に日本で㈱シクロケムによって，新規化学物質として登録（化審法取得）された。現在，商品名，CAVASOL W 7 MCTとして独ワッカー社から輸入販売されている。

得られたMCTCDのセルローススポンジへの固着条件を検討した（図15)。以下に，最適な条件に基づくCD固着微生物固定化担体の製法を示す。MCTCD 1.7 kgを，水25 kgに添加し，

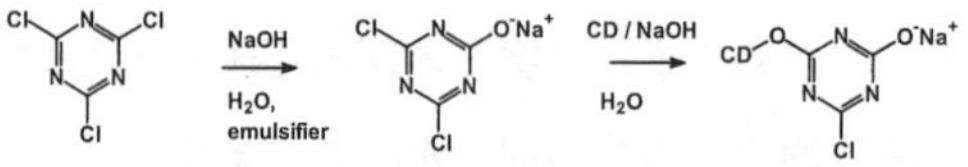

図14 モノクロロトリアジニル化CDの製造方法

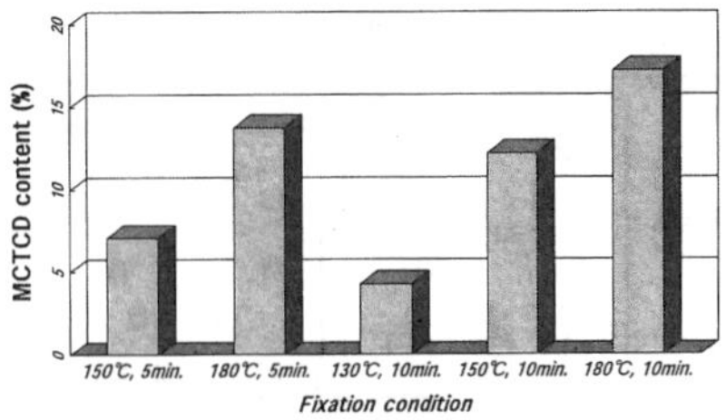

図15　セルローススポンジへのMCTCDの固着化条件

この溶液にNa_2CO_3 100 gを添加し，40℃で短時間攪拌した。この後，担体の材料として，1 cmの角に加工された市販のセルローススポンジ5 kgを添加した。45分間この溶液を98℃で加熱し，15分後と30分後に，それぞれ塩化ナトリウム500 gを添加した。さらに98℃でNa_2CO_3 0.3 gを添加した。この液を98℃で1時間保持した。この後，セルローススポンジを室温で風乾後160℃，10分間で加熱固着化し，水洗浄することによりCD固着微生物固定化担体を得た。なお，セルロースの乾燥質量比較により約15%のCDが固定化された。変性セルロースのIRスペクトルによるトリアジニル環の特性吸収を測定することによっても固定化を確認した。

得られた微生物固定化担体を用いて浄化作用を検討した。検討用の浄化装置を図16に示す。浄化装置は，脱窒槽と硝化槽とは2枚の仕切壁を介して隣接しており，脱窒槽内の混合液は，一方の仕切壁の上端部を越えるとともに，他方の仕切壁の下端部の下方を通って，硝化槽の底部から流入するように構成されている。また，脱窒槽には原水供給管と硝化液循環管が開口しており，硝化液循環管は基端側が硝化槽に開口するとともに，途中に循環ポンプを介装している。そして，脱窒槽および硝化槽の槽底部にはそれぞれ，水中攪拌装置および散気装置が配置されており，水中攪拌装置はモーターによって，散気装置はブロアによって作動されている。水中攪拌装置は，モーターの支持体とスクリーンで囲まれている。

脱窒槽および硝化槽の槽内に，CD固着化セルローススポンジからなる微生物固定化担体を投入した。脱窒槽の微生物固定化担体には脱窒菌が固定化され，また硝化槽の微生物固定化担体には硝化菌が固定化される。脱窒槽の槽内混合液流出部，即ち脱窒槽内であって仕切壁の脱窒槽側の壁の上端部近縁には担体を分離するためにスクリーンが設置され，硝化槽の槽内混合液流出部，即ち硝化槽内であって仕切壁に対向している壁の上端部近縁には微生物固定化担体を分離するためにスクリーンが設置されている（図16）。

5.1.3　この浄化装置による検討結果

① 脱窒槽においては，原水供給管から原水が流入するとともに，硝化液循環管から硝化循環液が循環しており，担体と混合液とは水中攪拌装置によって攪拌混合され，担体に担持された脱窒菌によって，窒素化合物である亜硝酸性窒素と硝酸性窒素は効率よく不活性な窒素ガ

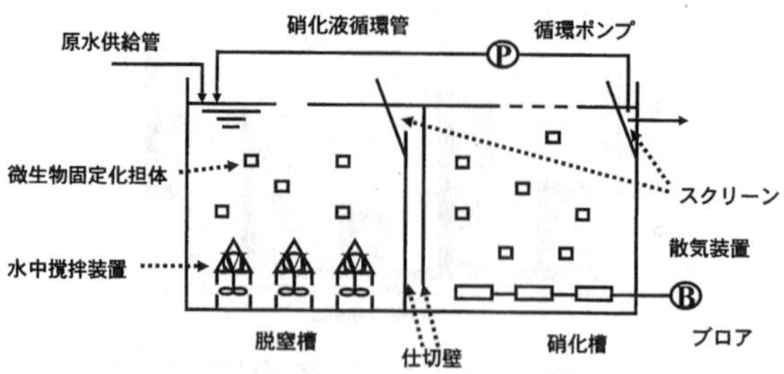

図16　CD固着微生物固定化担体を用いる浄化装置

スに分解され除去された。このとき，担体を用いることにより脱窒槽内の脱窒菌濃度は高く維持され，脱窒速度は高まることも判った。

② 硝化槽においては，散気装置から吹き出す空気によって酸素が供給されるとともに，散気装置により生じる上昇撹拌流で微生物固定化担体と混合液とが撹拌混合されており，担体によって担持された硝化菌の生物酸化反応により，アンモニア性窒素は亜硝酸性窒素と硝酸性窒素に効率よく酸化された。この微生物固定化担体を用いることによって硝化槽内の硝化菌濃度は高く維持され，硝化速度は高まることも判った。

以上のように，CD固着微生物固定化担体を用いることで，反応槽内の脱窒菌・硝化菌濃度を高く維持することができるので，反応槽における脱窒・硝化速度を高めることができることが判明した。

5.2　排水処理に対するMBの添加効果

5.2.1　メチル化CDによる排水の浄化

㈱テラバイオレメディックは㈱シクロケムとの共同で，生活排水や工場排水等の汚染水に対して微生物増殖作用を持つ難生分解性の化学修飾CDを利用した水質浄化方法を検討している。既存浄化槽に少量のメチル化CDを添加するだけでCDは触媒的に働き，親油性物質の水への可溶化，水中の有用微生物群が活性化，有害物質等の分解促進による浄化作用の飛躍的な向上が明らかとなっている。

5.2.2　従来の技術の問題点

従来から，生活排水，工場排水を中心にした有機化合物，窒素酸化物，硫化物等の有害物質で汚染された水質を浄化する手段としては，活性汚泥法や散水ろ床法などの種々の方法が提案され，実施されている。例えば，活性汚泥法は，下水等の汚染水に空気を吹き込み，その汚染水中に好気性菌が増殖し，汚染水中の浮遊物を凝集させて沈殿させる。凝集した浮遊物は汚染水中の汚濁成分を吸着してその水質を浄化する方法である。また，散水ろ床法は，下水等の汚染水を好気性菌の作用によって浄化する方法であり，砕石や多孔質材を敷いたろ床に対して汚染水を回転散水させ，その汚染水の流下によってその表面に微生物膜を発生させ，水質を浄化する方法である。この微生物膜内には多種の微生物が棲息し，汚染水中の汚濁物質を分解し，汚泥を炭酸ガス，水，窒素，アンモニア等にして水質を浄化する方法である。更に，汚泥が大量に堆積した河川，湖沼，ダム，港湾又は沿岸海域等では，これらの汚泥を浚渫して廃棄している。また，下水処理場では，その処理により生じる汚泥を，凝集汚泥にして廃棄している。このように浚渫した汚泥や下水処理場から生じる凝集汚泥は焼却処分している。従来の浄化法の問題点を以下にまとめる。

問題点①：上述した従来の微生物を用いる水質浄化法は，基本的に水質浄化できる処理量が低い。

問題点②：その汚染水から発生する腐敗臭，メタン臭，硫化水素の硫黄臭，生ごみ臭，畜産糞尿臭が，その処理施設周辺に不快な臭気が周辺の環境を悪化させている。

問題点③：汚泥や下水処理場の凝集汚泥を焼却処分する方法では，その焼却費用が必要になるだけではなく，その焼却の際に酸化炭素やダイオキシンが発生し，水質汚染だけではなく大気汚染の一因にもなり，環境悪化の原因になる。

5.2.3　難生分解性化学修飾CDを用いる水質浄化

既存の浄化槽にメチル化CDを添加すると，微生物が増殖し，その微生物で汚泥と有機化合物，硫化物等の有害物質の分解速度が高まり，水質浄化の作用を向上できることが判明した。また，CD添加によって，処理施設，浄化槽周辺の不快臭も低減されることも明らかとなっている。この不快臭低減効果の理由は，不快な嫌気性微生物の営みによって発生する各種臭気物質がメチル化CD包接され，好気性微生物が，酸化無臭化する為であろうと考えられている。CD添加の方法として，一般的にはCD粉末を添加して水質を浄化するが，水処理施設ではCD水溶液を散布して供給することができる。そこで，種々の構成の施設への対応が可能である。

5.2.4　検討方法と結果

岡山市のあるハンバーガーファーストフードレストランの排水処理施設を利用して検討した。このレストランの処理方法は，接触曝気法を採用しており，その処理能力は15 m^3／日である。1998年11月4日，排水処理施設の曝気槽に難生分解性であるメチル化CDを500 g（65 ppm）添加し，その放流水のBOD，COD，透視度を一週間ごとにチェックしたところ，使用したCDは水溶性なので，効果の持続は期待できないと考えられていたが，驚くべきことに，12月中旬まで，約1ヶ月にわたって，メチル化CDによる排水能力向上の維持が観察された（図17）。

また，大阪市のある中華料理レストランの厨房に設置してあるグリーストラップにおいても，同様の実験を試みた。このグリーストラップは，微生物処理を円滑にする目的で1ヶ月に1度，発生してくる固化油物質を除去し，微生物製剤1 kgを投入している。そこで，微生物製剤の投入量を半分の500 gとし，代わりに，メチル化CDを500 g投入して，その浄化能力を検討した

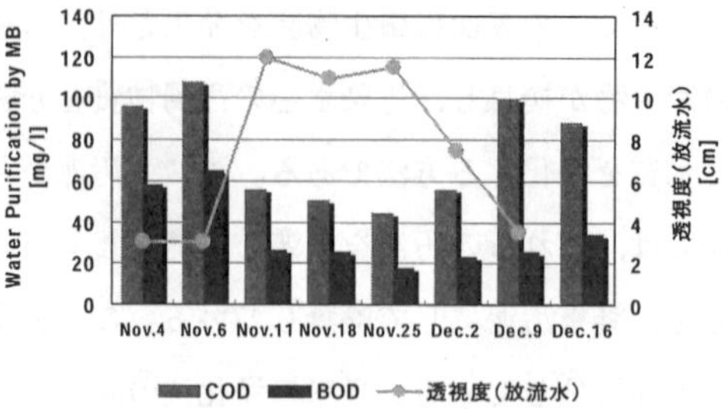

図 17　水処理に対するシクロデキストリンの効果

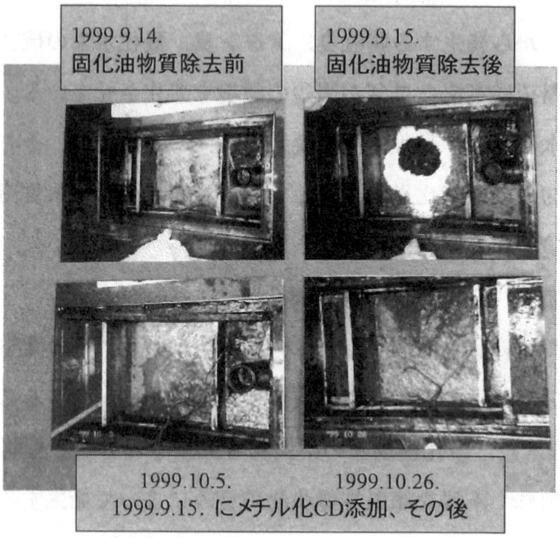

図 18　グリーストラップにおけるメチル化 CD の効果

ところ，図 18 の写真が示すように，1 ヵ月後も，固化油物質の発生は見られない程，メチル化 CD 添加効果が確認された。

6　おわりに

人の営みから引き起こされた公害問題は，近年では一地域の問題ではなく，国境を越えて地球環境問題へとグローバルな広がりを示している。地球という閉鎖系の中では，全ての物質が形を変えても，何れは元の物質に戻ると言うリサイクル環境が必要である。しかし，自然界は人工的に合成された物質を元に戻すツールが存在しない為に，様々な環境汚染物質が蓄積され大きな問題となっていると考えられる。我々人間の起こしたこの環境問題は我々の手で解決しなければ地球の将来は考えられないのである。

100 年前に発見され近年になって工業的に利用できるようになった CD は，その分子認識能を利用して様々な物質を包み込む性質を持っているが，当然，現在問題となっている人工の環境汚染物質も包み込むことが出来る。つまり，この「魔法の糖」と呼ばれるCDは，環境改善の技術開発にも適した物質と考えられる。環境問題がクローズアップされてきた現代とほぼ同時期にCDの工業的利用が可能になったのは，単なる偶然には思えない。そこで，ここでは，最近のCD或いはCD化学修飾体を用いた環境改善技術として，微生物の活性化による汚染物質の安全物質への変換技術（バイオレメディエーション技術）について紹介した。

現在，CDは分子デバイスの素材として，他分子の追随を許さない優れた性質を持っている。ナノバイオマテリアルとして注目されており，生体機能の解明にも重要な意味を持ちCDを用いて超分子である分子ネックレス（ナノチューブ）や分子インプリンティングによる夢のような技術が開発されつつある。近未来には「夢」を叶えてくれるこの物質が環境保全に利用され，「地球を救う」分子になるかもしれないと考えている。

文　献

1）McCray, J. E., Brusseau, M. L., Environ. *Sci. Technol.* **33**, 89（1999）

2）Gruiz, K., Fenyvesi, E., Kriston, E., Molnar, M., Horvath, B., *J. Inclusion Phenom. Recognit. Chem.*, **25**, 233（1996）

3）Oros, Gy., Cserhati, T., Fenyvesi, E., Szejtli, J., *Int. Biodeterior.*, **26**, 33-42（1990）

4）Oros, Gy., *Biological Journal of Armenia, Volume* LIII; Special Issue: Cyclodextrins, pp 237-244

5）Fenyvesi, E., Csabai, K., Molnár, M., Gruiz, K., Murányi, A., Szejtli J., *J. Inclusion Phenom. Mol. Recognit. Chem.*（in press）

6）Fenyvesi, E., Szeman, J., Szejtli, J., *J. Inclusion Phenom. Mol. Recognit. Chem.*, **25**, 229-232（1996）

7）Boving, T., Wang, X., Brusseau, M. L., *Environ. Sci. Technol.*, **33**, 764-770（1999）

8）Ko, S.-O., Schlautman, M. A., Carraway, E. R., *Environ. Sci. Technol.* **33**, 2765-2770（1999）

9）Sheremata, T. W., Hawari, J., *Environ. Sci. Technol.* **34**, 3462-3468（2000）

10）Schwartz, A., Bar, R., *Appl. Environ. Microbiol.* **61**, 2727-31（1995）

11）Osa, T., Suzuki, I., Reactivity of included guests, *Compr. Supramol. Chem.*（1996）, Volume **3**, 367-400, Editor（s）: Szejtli, J., Osa, T., Publisher: Elsevier, Oxford, UK

12）Molnár, M., Fenyvesi, E., Gruiz, K., Leitgib, L., Balogh, G., Murányi, A., Szejtli, J., *J. Inclusion Phenom. Mol. Recognit. Chem.*（in press）

13）Fava F., Di Gioia D., Marchetti L., Fenyvesi E., Szejtli J., *J. Inclusion Phenom. Mol. Recog-*

nit. Chem. (in press)
14) 寺尾啓二，中田大介，岸本民也，新谷精豊（シクロケム，岡山理大）第23回シクロデキストリンシンポジウム講演要旨集 P 151-152（熊本 2004）
15) バイオインダストリー協会，味の素，産業技術総研，特開 2001-11246
16) 日本石油化学，加戸達哉，寺尾啓二，特開 2001-149975
17) F. Trotta, R. Vallero, G. Cravotto, V. Tumiatti, C. M. Roggero, The 12th International Cyclodextrin Symposium, May 16-19, (France) P 60 (2004)

第18章　シクロデキストリンを用いた食品廃棄物系バイオマスの有価物への変換技術

佐藤有一*

1　はじめに

バイオマスとは，生物資源（bio）の量（mass）を表す概念で，一般的には「再生可能な，生物由来の有機性資源で化石資源を除いたもの」であるが，植物の光合成によって生成するので，持続的に再生可能な資源として近年注目されている。日本には，原油量に換算すると，年間3,500万kL（ドラム缶1億7,500万本）のバイオマス資源があると推定される。バイオマスは，廃棄物系のもの，未利用のもの及び資源作物（エネルギーや製品の製造を目的に栽培される植物）に分類できる。これらの分類の中で，廃棄物系バイオマスは人の営みによって大量に排出されているもので，地球温暖化，大気，水質，土壌汚染など，地球環境に大きな負荷を与えている。そこで，その再資源化技術の確立は地球環境の改善の立場からも大変重要と考えられる。

シクロデキストリン（別名：環状オリゴ糖，サイクロデキストリン，以下CDと略す）は，トウモロコシや馬鈴薯の澱粉を原料として得られる自然に優しい天然物質で，その包接作用による不思議な特性から「魔法の糖」とも呼ばれ，食品，医薬品，家庭品，環境分野を中心に広く利用されている[1~3]。そのCDの用途の中でも，最近になって，最も注目されている用途の一つにCDを用いた廃棄物系バイオマスの有価物への変換技術がある。以下にその具体的な検討例を示す。

廃棄物系バイオマスの種類とそれぞれのCDの利用目的

- 廃棄紙　→　再生紙（CDによる接着剤，有機顔料の除去）[4]
- 家畜排せつ物　→　CDによる堆肥化促進作用[5]
- 食品廃棄物　→　食品，飼料としての再利用（CDによる安定粉末化）[6]
- 建設発生木材　→　セルラーゼ酵素のCDによる安定化と活性向上[7]
- 下水・し尿汚泥　→　CDによるメタン発酵促進作用[8]

上記の廃棄物系バイオマスにおいて，特に食品廃棄物の環境負荷は深刻で，肥料・飼料としての利用は僅か10%未満であり，その90%は焼却・埋め立て処理されている。ここでは，食品と環境の共通分野に位置する食品廃棄物の有価物への変換技術に的を絞ってその現状と将来性につ

＊ Yuichi Sato ㈱シクロケム　取締役　企画開発部長

いて紹介したい。

2　CDの包接作用とバイオマスの有価物変換に必要な機能

CDは，グルコースがα-1,4結合している環状のオリゴ糖で，底のないバケツ型をしており，すべてのグルコース基は殆どひずみのないC1（D）（いす型）のコンフォメーションをとっている。グルコース基のC-2およびC-3原子についている二級水酸基は，環の一方の広い側に位置し，環の反対（狭い）側に一級水酸基が位置している。その為，環の外側は親水性を示し，逆に環の内側は水素原子やグルコシド結合の酸素原子が位置して疎水性を示す。このようにCDは同一分子内に親水性部分と疎水性部分を併せ持つ一種の界面活性剤ともいえる（図1）。

CDはその疎水性空洞内に，脂溶性物質を中心とした各種の分子を包み込む性質（包接作用）を有する。このCDの包接作用を上手に利用することによって，さまざまな機能性が生まれてくる。たとえば，暮らしの中では，わさびなどの香料に含まれる揮発性の高い香りや辛みの成分が使用前に揮散してしまわないようにできるし，水に溶けにくい医薬品を水に溶けやすくしたり，そのままでは不安定で分解しやすい化学物質を安定化したりできる。あるいは，「たばこのにおい」や「焼き肉のにおい」を消臭することができる。CDの包接作用を利用した機能は多種多様であるが，現段階では次のとおり，主に9種類がよく知られている。

① 安定化：光，紫外線，熱に不安定な物質や，酸化，加水分解されやすい物質を包接化し安定化する。

② 徐放：食品香料などの有用成分をあらかじめ包接化しておき，徐々に放出する。

③ バイオアベイラビリティの向上：有効成分を包接化することで分子間力を断ち切り，分子レベルで効果を発揮できるようにする。これにより，有用成分の使用量を軽減する。

④ マスキング：嫌な臭い，味などを包接化によって改善する。

⑤ 可溶化：水に溶けにくい物質を包接化し，水に溶解させる。

⑥ 粉末化：気体，液体を包接して安定な粉末にしてそれらの利用を容易にする。

⑦ 吸湿性防止：吸湿性の高い物質を包接化して吸湿性，潮解性を防止する。

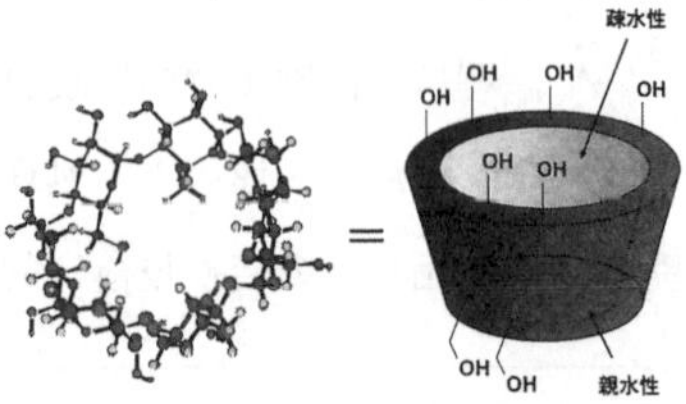

図1　シクロデキストリンの環状構造

⑧　洗浄効果：油溶性物質を包接化し，汚れ成分を除去する。

⑨　粘度調整：粘度の高い物質を分子レベルで包接化することで分子間力を断ち切り，粘度を下げる。

食品廃棄物の有価物への変換を目的とした場合，この9種のCD機能の中でも特に「安定化」「粉末化」「マスキング」が鍵となる。

3　CDによる不飽和脂肪酸類の酸化防止（安定化）

食品廃棄物は，魚廃棄部位や傷，品質不良による商品価値を失った貝類など廃棄魚介類，余剰玉葱，柑橘類や傷，品質不良によって商品価値を失った廃棄農産物，余剰牛乳や品質不良の鶏卵など廃棄畜産物と様々であるが，これら植物，動物由来のいずれの廃棄物にも含まれる不飽和脂肪酸やそのトリグリセリドの酸化によって過酸化脂質や悪臭物質に変化してしまうことが共通の問題であり，食品廃棄物を有価物に変えるための大きなボトルネック（検討課題）となっている。CDは不飽和脂肪酸類の酸化防止に有用である[9]。

不飽和脂肪酸の酸化されやすさを測定する方法にランシマット法がある。図2のようにサンプルの不飽和脂肪酸を100℃の高温にした状態で，一定速度（20 L/時間）で乾燥空気を送り込むと，不飽和脂肪酸は酸化されて，低分子のアルデヒド等の揮発性物質（VOCs）に変換される。揮発性物質VOCsが水に溶け込こむと電気伝導が変化し，センサーで検知され，変化した時間を測定する方法がランシマット法である。この方法では，センサーに反応が現れはじめるまでの時間が長ければ長いほど，その不飽和脂肪酸は酸化されにくいことがわかる（図2）。このランシマット法で不飽和脂肪酸とそのCD包接体を測定していった結果，γCDあるいはαCDで適切に安定化されることが確認されている[10]。

ドコサヘキサエン酸（DHA），エイコサペンタエン酸（EPA），アラキドン酸，γ-リノレン酸，リノール酸などの不飽和脂肪酸とそれらのアルカリ金属塩やエステル類は，二重結合部位の空気酸化が容易に起こる不安定物質であり，不飽和脂肪酸比率の高いトリグリセリドを多く含有する植物油や魚油は酸化されやすく貯蔵安定性が一般的に低い。トリグリセリドは分子が大きく，CD

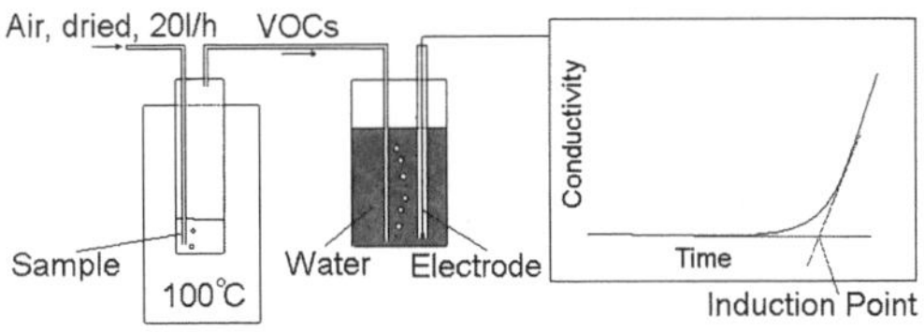

図2　Rancimat法―油／CD包接体の安定性測定

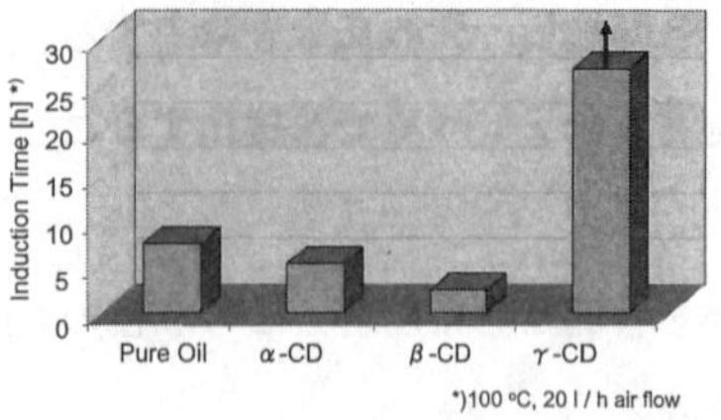

図3　20% ニシン油／各種 CD 包接体の安定性

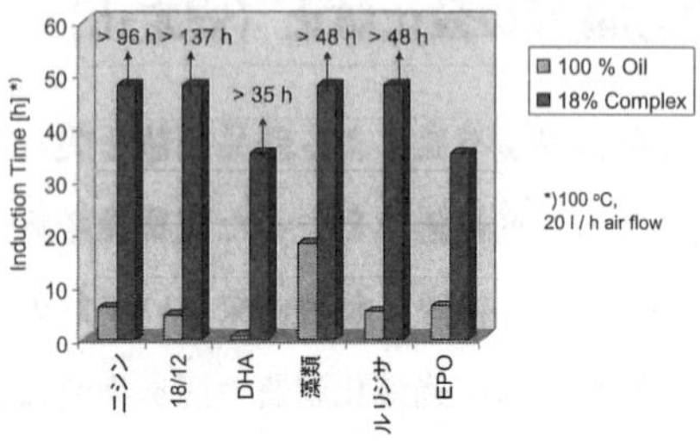

図4　各種トリグリセリド／γCD 包接体の安定性

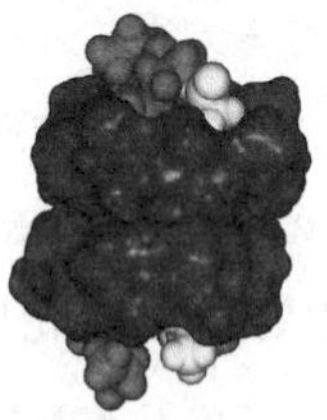

図5　不飽和脂肪酸トリグリセリドの
γ-CD による安定化

による安定化は不可能であろうと考えられていたが，γCD を用いることで，これらの植物油や魚油の安定化が可能となった。図3と図4はそれぞれ，ニシン油，各種トリグリセリド／γCD 包接体の安定性の検討結果である。不飽和脂肪酸の二重結合部位をγCD で完全に包み込むことによって空気酸化を抑制しているものと考えられる（図5）。

4　CD による油脂安定化技術を利用した廃棄物系バイオマスの有価物への変換例

4.1　鮪頭部の有効利用

CD による植物油，魚油安定化技術を応用して，八洲水産とシクロケムは共同で鮪頭からのペースト粉末の製品化に成功している[6]。

鮪頭部は現在約8万トンが廃棄処分されているが，頭部には赤身部分以上に，現代人にとって有効な生理活性物質であるドコサヘキサエン酸（DHA）やエイコサペンタエン酸（EPA）など ω3 不飽和脂肪酸をはじめとしてフィッシュコラーゲンやコンドロイチンといったアミノ酸スコアが 100 の良質な蛋白質，ビタミン B_1，ビタミン D，アンセリン，カルノシン，ナイアシン，タウリン，ルテイン，そして，カルシウム，亜鉛，セレンなどの各種ミネラルが豊富に含まれている。しかし，その有効成分である EPA・DHA などは酸化を受けやすく，室温では短時間で新鮮さを失い不快な魚臭を発生することや鮪頭部が食をそそる形状でないことなどから，その有効利用はこれまで困難とされてきた。そこで，鮪頭部をペースト化し，ペーストを γCD 包接体化することで，見事に悪臭を除去し，EPA・DHA が安定化された鮪頭粉末の製造が可能となった。

4.1.1　鮪頭の安定粉末化

粉末化の方法は，粗く砕いたマグロの頭に γCD の水溶液を加え，ミルでペースト化した後に音速蒸気を吹き付ける瞬間乾燥機を用いることによって 125℃，5 秒間で瞬間乾燥させるというものである。このようにして得られた粉末は，γCD の包接作用で，DHA／EPA を長期間にわたって安定化できる。

γCD の効果データでは，ペーストと γCD の重量比が 10 対 1 の場合は DHA の残存率が 52% だが，5 対 1 にすると同残存率を 90% まで高められることが判明している。同様に EPA の残存率も 79% から 89% まで上昇し，γCD による DHA／EPA の安定性改善が確認された（図 6）。尚，残存率は加熱乾燥による分解のない Ca の重量比から求めている。また，得られた粉末には，健康維持に有用なフィッシュコラーゲン，動物性コンドロイチン等の蛋白質を 22%，健康な骨を形成するフィッシュカルシウム（第二燐酸カルシウム）を 1.5% 含有していた。

4.1.2　鮪頭粉末の効用効果の評価

（1）　抗高脂血症食品としての効用効果検証[11)]

【方法】空腹時 TG が 150 mg/dL 未満の健常者 35 名，および 151～300 mg/dL の高脂血症者 7 名（計 42 名）を男女，年齢，血清 TG 値で層別化後，二重盲検法にて無作為に γCD 包接化 ω3 不飽和脂肪酸（以下，PUFA）摂取群（n＝21）と対照群（n＝21）とし，前者には毎日 EPA と

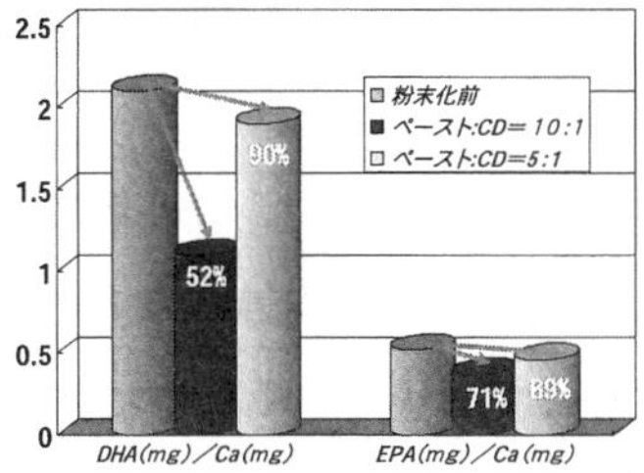

図 6　γCD による鮪頭ペーストの粉末化
及び DHA／EPA の安定化

して660 mg（DHAとして280 mg）を8週間にわたり投与し（12カプセル），後者には混合油（内容組成：オリーブ油47%，大豆油25%，菜種油25%，魚油3%）を投与した（12カプセル）。摂取開始前，4週後，8週後に採血し血清脂質を測定した。

【結果／考察】赤血球中EPAは対照群（4週目，+1.7%；8週目，+1.0%）と比較し，γCD包接化ω3 PUFA摂取群（4週目，+39.9%；8週目，+52.4%）で有意に増加していた。TGに関しては，対照群（4週目，+10 mg/dL；8週目，+8 mg/dL）と比較し，γCD包接化ω3 PUFA摂取群（4週目，−13 mg/dL；8週目，−15 mg/dL）において8週目で低下傾向を示した（P＝0.05）。たとえγCDを加えても長期投与すれば，血清TGが低下することが今回の介入試験で判明した。また，γCD包接化ω3 PUFA群で赤血球中のEPAが8週目において52.4%上昇していることから，血清TGが高めの人にγCD包接化ω3 PUFAは有効であると考えられる。

(2)　化学物質誘発性大腸ガン発症に及ぼす影響[12)]

生活習慣病の中でもガンは，我が国の死因1位であり，いまだ衰える気配はない。ガンの成因は，環境や食生活を含めた生活習慣の関与が大きい。食事についてみるとなかでも大腸ガンは，野菜摂取量の減少，脂肪および赤身畜肉摂取量と相関するとの免疫調査，動物実験の報告がある。最近では，水産物摂取と種々のガン発症の関係が研究され，有用性が報告されている。そこで，鮪頭粉末のガン抑制効果を検討する目的で，化学物質による誘導性大腸ガン発症モデルを用いてその効果を検証している。

【方法】化学物質誘発性大腸ガンのモデルの標準であるF 344雄ラット（5週齢）を用いた。動物実験の実地は関西医科大学動物実験専用施設にて行った。試験餌料はAIN 93 G組成をもとに脂質（コーン油）を10%（w/v）含有するように調製した。鮪頭粉末は2%および10%（w/v）となるように添加した。餌料組成はAIN 93 G標準組成と蛋白質量，総脂質含量および総エネルギーが等しくなるように，カゼイン，コーン油含量を調整αコーンスターチ量を変更して調製した。実験群は各群10匹で，対照群を含む3群である。大腸ガンは1,2-ジメチルヒドラジン（DMH）を5週齢時から週1回（20 mg/kg）10週間連続投与して誘発した。10週間のDMH連続投与後，40週齢で解剖し大腸ガン発生の有無を確認した。

【結果／考察】結果を図7に示す。ガンの発生は対照群で高く，2.0%および10.0%の鮪頭粉末添加によって効果的に抑制されていることがわかる。

ここでは，大腸ガンの抑制作用のみを示した。この他に，前ガン病変である異形陰窩巣（ACF）の有無の評価，大腸ガン発生数とともに発生個数分化度，ガンの増殖，転移，血管新生に深く関与することが解明されているマトリックスメタロプロティアーゼ（MMPs）も検討されており，優れた効果が示されている。DMHによる大腸ガンは，IPAやDHAなどのω3 PUFAによって抑制され，分化誘導の促進がみられることは知られている。鮪頭粉末によっても同様の

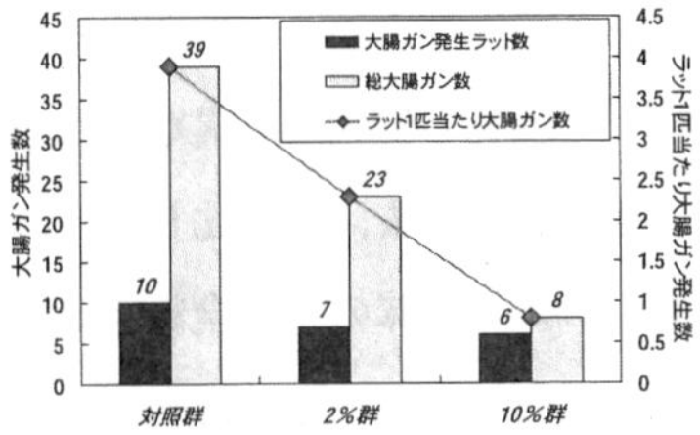

図 7　鮪頭粉末による大腸がん抑制

結果となったが，含有する IPA や DHA 換算量のみでは過去の実験からも，このような優れた効果は期待できない刺激的な結果が得られている。

さらに，上記の効果効用の検討のみならず，鮪頭粉末による認知症の改善効果，犬の夜鳴き防止効果，神経疾患への効果，抗ストレス作用，高齢者の視力改善効果，アトピー性皮膚炎の治癒効果を検証している。以上のように，焼却・廃棄されていた鮪頭が，人の健康にとって大変有効な素材に今まさに生まれ変わろうとしている。

4.2　余剰牛乳の粉末化

高カロリー・高脂肪のイメージを持つ牛乳の消費量は年々減少し，大量に余った牛乳が廃棄処分される異例の事態になっている。昨年「ホクレン農業協同組合連合会」は，1,000 トン（一リットルパック百万本相当）の廃棄を決めた。中川昭一農水相（当時）は，牛乳の原料である生乳の供給過剰状態を解消するため，開発途上国や被災国向けの緊急援助として輸出できないか検討する方針を明らかにし，「もったいない。世界中の飢餓で困っている人へ援助できないか財務，外務省と調整したい」と述べた。相手国や輸出量などをこれから検討する。生乳や牛乳の状態では輸送が困難な上，日持ちがしないため，脱脂粉乳にして輸出する可能性が大きい。脱脂粉乳は過去にユニセフからの援助物資として寄贈され，学校給食で利用されたが，当時「不味いもの」の代表例のように言われた物資である。貧しい国にとって日本からの援助物資としてそのような「不味い」そして親油性栄養素の失われた脱脂粉乳がもっとも適切なのか疑問である。

そこで，シクロケムと東京農工大は共同で，余剰乳の有効利用を目的として CD を用いた再乳化型粉末牛乳の製造法の確立を検討している[13]。尚，この共同開発は，科学技術振興機構（JST，理事長沖村憲樹）の産学共同シーズイノベーション化事業における平成 18 年度採択課題である[14]。

4.2.1　従来の粉末牛乳の問題点と CD を用いる解決法

従来の粉末牛乳としては，牛乳を噴霧乾燥等によって粉乳に加工し，粉乳の状態で保存する方法が一般的で，全脂粉乳と脱脂粉乳の 2 種類がある。全脂粉乳は，生乳又は牛乳をそのまま加熱下で水分除去，粉末化したものであるが，含有する不飽和脂肪酸類（油脂）が酸化を受けやすく保存性に劣るほか，加熱臭などにより生乳とは大きく異なった風味になる点が問題である。一方，脱脂粉乳は，生乳又は牛乳を脱脂後，水分除去，粉末化したものであり，油脂含量が少なく，全脂粉乳に比べ保存性は良好であるものの，風味の点で全粉乳より劣り，そのままでは飲用に供するには適さない。全脂粉乳と脱脂粉乳の何れも油脂に関わる問題である。CDの油脂安定化作用を利用すれば，含有されている油脂を除去することなく包接安定化し，牛乳を粉末化することが可能である。さらに，CDは乳化作用も有しているので，水を添加すれば再び，様々な含有成分は分散し乳化できる。

4.2.2　CDを用いる粉末牛乳の製造検討

【方法】①凍結乾燥法：牛乳に各種CDを添加し，室温にて1時間攪拌後，サンプルをシャーレにあけ，冷凍庫内で－5℃にて凍結させた。凍結乾燥機（Freeze Dryer FD-1000，東京理化器械社製）を用い，トラップ温度－40℃，真空度15 Paの条件で36時間凍結乾燥をした。乾燥物を乳鉢で粉砕し，粉末を得た。

②噴霧乾燥法：牛乳に各種CDを添加し，室温にて1時間攪拌した。次いで，CDの添加量が20又は30 g/100 mL牛乳の場合については濃縮することなく，それ以外の場合については固形分（CD含む）30重量%に濃縮した後，噴霧乾燥に付した。得られた濃縮乳を，噴霧乾燥機（Spray Dryer SD-1000，東京理化器械社製）を用い，入口温度100℃，ブロアー流量（乾燥空気量）0.8 m 3/min，空気圧力150 kPaの条件で噴霧乾燥を行った。乾燥物を乳鉢で粉砕し，粉末を得た。凍結乾燥法でも噴霧乾燥法でもほぼ同様の粉末が得られたので，ここでは凍結乾燥による粉末の状態を肉眼で観察した結果を表1に，また，その写真を図8に示す。

【結果】①α-CD，γ-CDとも，添加量を増やすことで，より良好な微粉末が得られた。

②どのサンプルにおいても，再び水を加えることで，元の牛乳状態に復元した（ただし，α-CD

表1　CDを用いる牛乳の粉末化

添加量 (g/100 mL 牛乳)	α-CD	γ-CD	γ-CD＋α-CD (重量比 1：1)
0	△（牛乳のみ）		
1	△	△	—
2	○	○	—
5	○	○	—
10	○	○	○
20	○	○	—
30	○	○	—

○：粉末状態になり，粉砕することによって微粉末となる。
△：乾燥状態ではあるが，若干粘性であり，流動性に欠ける。

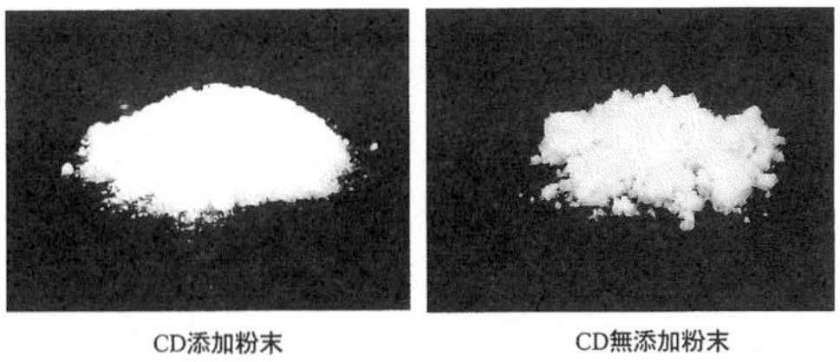

図8　シクロデキストリン添加による粉末牛乳の写真

の20 g/100 mL及び30 g/100 mL，並びにγ-CDの30 g/100 mLでは，溶解度を超えた分について沈殿を生じた)。

③シクロデキストリンを加えたすべてのサンプルにおいて，粉末状態，水を加えた状態，いずれにおいても異味異臭は感じられなかった。これに対し，シクロデキストリンを添加しないで粉末化したサンプルでは，加熱臭が感じられた。

尚，ここで示す検討方法と結果はあくまで初期検討であり，含有されている様々な成分の粉末化による安定性，分解物の有無等の確認や粉末化最適条件などの検討は現在進行中である。

このCDを用いる牛乳粉末化の利点として，①長期保存が可能である，②加熱臭や油脂酸化による悪臭を生じない，③輸送コストが低減できる，④水で元の生乳の状態・風味に再現可能である，⑤CDの効能を付加した高機能乳である，⑥栄養成分（プロテイン，Ca，CoQ 10など）の添加が容易である，などが挙げられる。

5　おわりに

CDの油脂安定化技術を利用した食品廃棄物系バイオマスの有価物への変換例を二例示した。食品に関わる廃棄物の多くは，酸化によってたやすく過酸化脂質や悪臭物質に変化する不飽和脂肪酸類を含むことが理由で余儀なく焼却，埋立ての道が選択されている。この論説が，まだ，有効利用法が見出せていない油脂含有食品廃棄物とCDとの出会いのきっかけとなれば幸いである。

これまでのCD応用技術や利用動向の情報に関しては，食品関連でその詳細を記述している「食品開発者のためのシクロデキストリン入門」[1)]や一般の方にも分かりやすく解説している「世界でいちばん小さなカプセル」[2)]をご一読いただきたい。

謝　辞

本稿の4節1項2の鮪頭粉末の効用効果の評価において，抗高脂血症食品としての効用効果検証は，富山医薬大学（現富山大学）和漢薬研究所臨床研究部門，浜崎智仁教授，浜崎景医師，また，化学物質誘発性大腸ガン発症に及ぼす影響は，関西大学工学部生物工学科・福永健治助教授と八洲水産株式会社，山本淳二氏との共同研究によるものです。この場を借りて，深く感謝の意を表します。

文　献

1) 「食品開発者のためのシクロデキストリン入門」服部憲治郎監修，寺尾啓二著（発行：株式会社日本出版制作センター，発売：株式会社日本食糧新聞社）
2) 「世界でいちばん小さなカプセル」寺尾啓二著，池上紅実編（発行：株式会社日本出版制作センター，発売：株式会社日本食糧新聞社）
3) 「シクロカプセル化コエンザイムQ10のちから」寺尾啓二著（発行：株式会社日本出版制作センター，発売：長崎出版）
4) K. Terao, G. Schmid, J. P. Moldenhauer（Wacker Chemicals East Asia Ltd., Wacker Chemie GmbH), unpublished results
5) S. Verstichel, B. De Wilde, E. Fenyvesi, J. Szejtli, *Jounal of Polymers and the Environment*, **12**（2), 47（2004)
6) 寺尾啓二，中田大介，舘巌，山本淳二（シクロケム，八洲水産)，第21回シクロデキストリンシンポジウム予稿集，P 169-170（2003，札幌)
7) H. Watanabe and G. Tokuda, Animal cellulases. *Cell. Mol. Life Sci.*, **58**：1167-1178（2001)
8) 寺尾啓二，中田大介，岸本民也，新谷精豊（シクロケム，岡山理大理)，第22回シクロデキストリンシンポジウム予稿集，P 151-152（2004，熊本)
9) M. Regiert, T. Wimmer, J. P. Moldenhauer（Wacker Chemie GmbH), The 8th Int. ernational Cyclodextrin Symposium, 575（1996)
10) H. Reuscher（Wacker Biochem Corp.), The 10th International Cyclodextrin Symposium, 609（2000)
11) 日本脂質栄養学会第14回大会予稿集 p 132（2006)
12) 特願 2006-5267
13) 産学共同シーズイノベーション化事業顕在化ステージ平成18年度第2回公募受付採択課題一覧別紙1
14) 特願 2006-109350

化学修飾・化学反応編

第19章　化学修飾シクロデキストリンの工業的生産

今村智紗*

1　工業的生産が可能なCD誘導体とは

天然型CDの経済的製造法が確立され，2000年以降，天然型CDは安価に利用できるようになり広範な分野で利用されている。同様に，天然型CDから誘導される化学修飾型CDも広く利用される為には，安価であることが望まれる。そこで，近年，利用が拡大しているCD誘導体は，以下の点を考慮し経済的に工業生産されている。

- 原料が工業的に利用でき安価であること。

例えば，酸化プロピレン，塩化メチル，酢酸無水物，酢酸イソプロペニル，エピクロルヒドリン，アンモニア，塩化シアヌル，無水コハク酸等。

- 合成ステップが短い（出来れば，一段階合成が好ましい）。

例えば，アミノ基導入目的であれば，図1に示すようにアミノ化CDではなくCDと2-オキサゾリドンの反応によるアミノエチル化CD（1），また，カルボン酸基導入目的であれば，一級水酸基の酸化ではなく，無水コハク酸との反応生成物。

- 副反応生成物がない。または，単離し易い。

例えば，アセチル化には無水酢酸や酢酸クロリドではなく酢酸イソプロペニルを用いる。酢酸クロリドの場合，21 eq. の塩化ナトリウムの副反応生成物が生成し，水溶性であるアセチル化CD

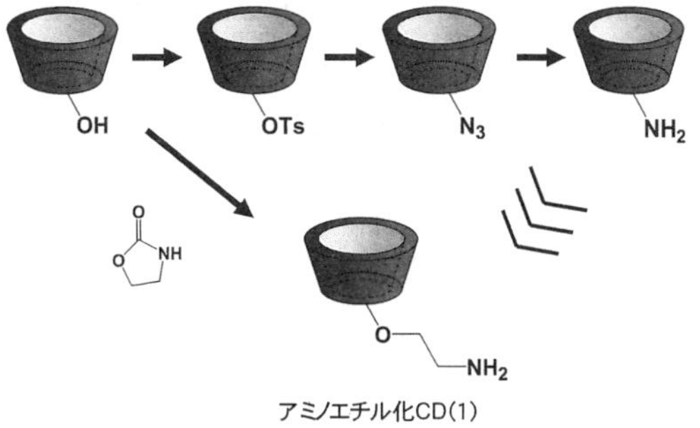

図1　アミノエチル化CDとアミノ化CDの合成法の比較

＊ Chisa Imamura　㈱テラバイオレメディック

との分離が困難であるが，酢酸イソプロペニルであれば副反応生成物はアセトンであり分離が容易である[1]。

2　CD化学修飾化の目的と用途

1980年代，プラスチック，フィルム，接着剤，塗料，繊維，不織布，その他の化学工業分野において，種々の活性成分を天然型のCDで包接することで，安定化，徐放化，バイオアベイラビリティ向上，微粉末化などを目的に，数多くの用途開発が行われてきた。CDとの組み合わせが可能な活性成分には，天然香料（フィトンチッド），合成香料などの香料，天然，合成抗菌剤，消臭剤，また，鳥獣類，魚介類，昆虫類に有効な忌避剤や誘引剤が挙げられる。しかしながら，これまでの天然型CDを用いた検討には，その限られた特性の為に，必要とするパフォーマンスに僅か届かなく，検討を断念せざるを得なかったケースも多い。そこで，最近では，天然型CDの特性を改善した様々なCD化学修飾体がその目的に応じて提案されてきている。以下に，実際に目的に応じて生産されている各種CD誘導体の現状と今後の用途展開について紹介する。

・　水への溶解度の向上（水溶化CD）
・　各種有機溶媒への溶解度の向上（有機溶媒可溶化CD）
・　水への不溶化（非水溶化CD）
・　高分子表面の改質，特性付加（反応性，イオン性CD）
・　CDの高分子化（CDポリマー）

2.1　水溶化CDとその用途

ブドウ糖やショ糖など，通常，糖質の水への溶解度は非常に高い。しかし，天然型CDは隣接する水酸基との水素結合の為，3種のCDの中では最も高い水溶性を有するγCDであっても，その溶解度は25℃において水100 mLに23 gであり，油性物質を包接した場合は，一般的にその溶解度はさらに低くなる。そこで，水への溶解度を改善する為にCD化学修飾体が製造されている。CDの水溶性を向上させるには二つの方法がある。その一つ目の方法は，隣接する水酸基の水素結合を断ち切る方法で，部分的に水酸基をメチル基やアセチル基などでエーテル化やエステル化するものであり，具体的には部分メチル化βCD（MeβCD）(2) やモノアセチル化βCD（AcβCD）(3) が工業的に生産されている。もう一方は，水酸基にスペーサーを介してCD分子の外側に水酸基やアミノ基などの親水性基を導入する方法で，酸化プロピレンの反応生成物であるヒドロキシプロピル化βCD（HPβCD）(4) が代表的な誘導体として工業生産されている。これらの水溶性CDの水への溶解度を図2に示す。

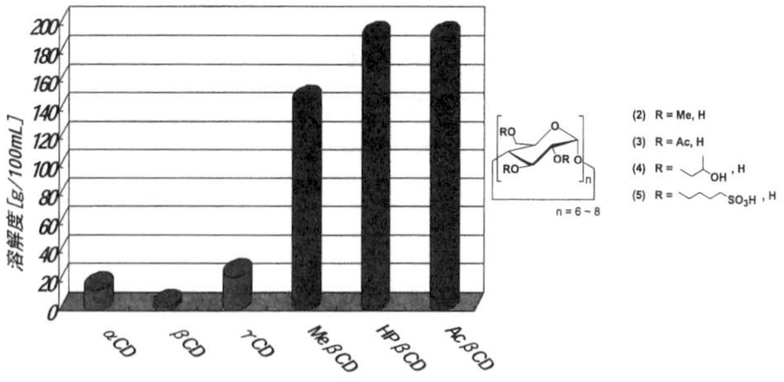

図2　各種水溶性CDの水への溶解度［g/100 mL］（25℃）

世界各国で人気の消臭剤「ファブリーズ」には，水溶性の高いメチル化βCDとヒドロキシプロピル化βCDが天然型CDに比較して消臭能力の高い理由で採択され，現在では年間数1,000トンが使用されている[2]。また，USのローム&ハース社は，メチル化CDを用いることで，これまで困難とされてきた有機溶剤を一切使用しない水性塗料を開発した。塗料の製剤化には水に難溶な増粘剤を加える為，有機溶剤は必須であったがメチル化CDの包接—解離作用を巧みに利用することで完全水性塗料を製造している。メチル化CDの使用量は年間500トンと推定されている[3]。

医薬分野では，これまで一般的にはヒドロキシプロピル化βCDが難水溶性薬理活性物質の可溶化に検討されてきたが，最近ではスルフォブチル化βCD（5）が注目されてきている。スルフォブチル化CDの特徴は，スペーサーとしてのブチル基がある為，通常のCDに比べ，空洞が縦に長く，フレキシビリティが高いことから，嵩高いゲスト分子の包接能も高い。また，末端に水酸基よりも高い親水性でアニオン性のスルフォニル基が置換していることから水溶性も高く，難水溶性薬理活性物質の可溶化にも適している[4]。

2.2　有機溶媒に可溶なCDの用途

前述のメチル化CDを代表とする部分アルキル化CDは，天然型CDに比べて水溶性が高いだけではなく，有機溶剤への溶解度も向上している（表1）。よって，水相と有機相のどちらにも移動が可能な相間移動触媒としての利用が注目されている[5]。

2.3　非水溶性トリアシル化CDと用途

CDの最も一般的な用途の一つは水に溶けない親油性ゲスト分子の水への可溶化であるが，発想を180度転換させ，水にまったく不溶のトリアシル化CD誘導体（非水溶性CD）が合成されている。トリアシル化CDを用いて様々な活性分子を包接化することで，それらの分子に耐水性，耐候性，耐雨性を持たせることが可能である。また，アシル化CDはエステル化合物であること

表1　メチル化-β-シクロデキストリン（1グルコース当りの置換度：1.8）の各種有機溶剤に対する溶解度

溶　　媒	溶解度［g/100 mL］
メタノール	>100
エタノール	>100
イソプロパノール	>100
酢酸	>100
アセトン	>100
塩化メチレン	>10
クロロホルム	>50
テトラヒドロフラン	>100
エチレングリコール	>100
メチル酢酸	>50
エチル酢酸	>100
ジメチルスルフォキシド	>20
ジメチルフォルムアミド	>20
トルエン	>0.1

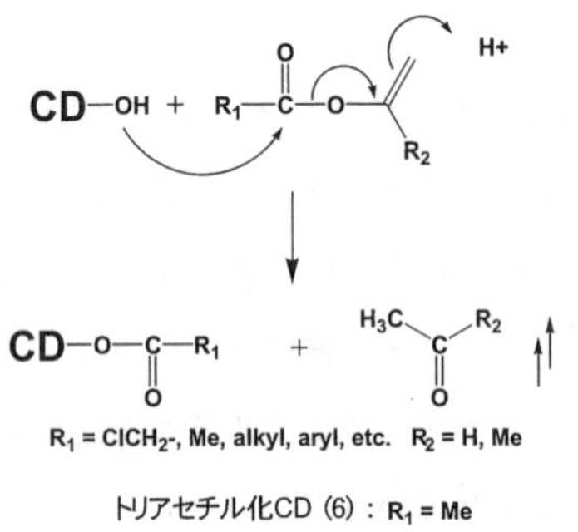

図3　ビニルエステル類を用いるアシル化CD誘導体合成

から生分解性の環境にやさしい物質である。

天然型CDを酢酸エステル化したトリアセチル化CD（6）は水や極性溶剤に全く溶解しないで，親油性溶剤にのみ溶解する特徴を有するトリアシル化CDの中でも最も経済的な非水溶性CDである。株式会社シクロケムは，工業的に利用可能な酢酸イソプロペニル，酢酸ビニル，その他，種々の有機酸ビニルのアシル化反応を利用して，副生成物がアセトンやアセトアルデヒド等の揮発性物質のみで精製工程が簡素化された経済的な製造法を確立した（図3）[1]。

高密度ポリエチレン（HDPE）フィルムは，現在，食品や飲料用包装材として利用されている。しかし，HDPEフィルムから，ダイマー，トリマーを含むオリゴマーや可塑剤等，環境ホルモンの疑いのある有機性物質が飲料水へ溶出することが指摘されている。そこで，トリアセチル化

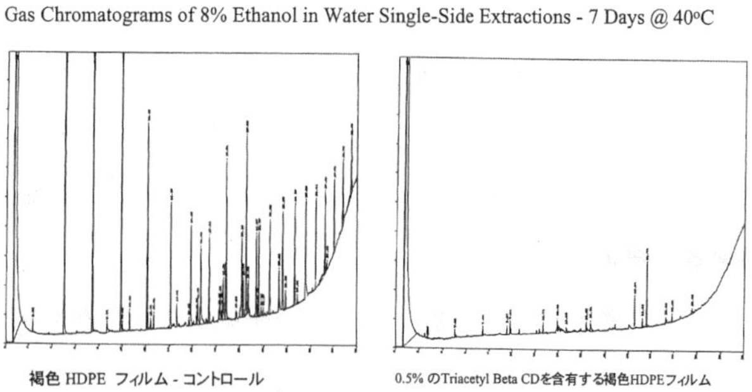

Gas Chromatograms of 8% Ethanol in Water Single-Side Extractions - 7 Days @ 40°C
褐色 HDPE フィルム - コントロール
0.5% のTriacetyl Beta CDを含有する褐色HDPEフィルム

図4　エチレンオリゴマーの溶出　HDPE フィルムから飲料水—疑似液体へ

βCD（6）をポリエチレンフィルムに分散させることでオリゴマーの飲料水への溶出を制御できることが判明した。トリアセチル化βCD（6）の非水溶性とオリゴマー等の有機性物質包接能をうまく利用した用途である（図4）[6]。

屋外用塗料や農業用ビニルフィルムなど屋外で使用されるものは長時間強い太陽光線に曝されている。水性アクリルエマルション塗料などは弱アルカリ性であることから，これらに配合する防菌，防黴，防藻剤類は紫外線やアルカリに対しても安定であることが要求される。また，薬剤が塗膜やフィルムから溶出すると，その効果は長続きしない。そこで，トリアジン化合物，イソチアゾリン化合物，ベンズイミダゾール化合物などの薬剤とトリアセチル化βCD（6）を配合した組成物が，屋外などの悪条件下でも相乗的に効果を発揮し，且つ，その効果が長期持続することが判明している[7]。

これまで，海洋生物の防汚剤としては，ビストリブチルチンオキシドなどの有機スズ化合物が用いられてきた。しかし，その毒性と環境に対する蓄積性，環境ホルモンによる生物への影響などから，その使用は禁止され，最近では，環境に負荷の低い天然系の海洋生物の一部から他の付着生物を寄せ付けない付着阻害物質抽出物の実用化への動きも出てきている。しかしながら，活性が低いこと，高活性でも非選択的に毒性を出すこと，成分を単離する量が十分確保できないなどの課題を抱えた状況にある。一方で，天然の植物成分を海洋生物の付着防止に利用した例は少ない。揮発性ワサビ成分のアリルイソチオシアネート（AITC）は，その取り扱いと徐放性が確保されれば付着忌避剤として十分に用いることができると考えられる。そこで，株式会社シクロケムは，AITCのトリアセチル化αCD包接体（AITC-TAA）を調製し，AITC-TAAの貝類忌避効果について検討している。AITC-TAAを混入させたコンクリートを用いて，長期に渡る海中での海洋生物の付着防止が可能であった。現在，環境負荷の少ない海洋生物付着忌避剤として，AITC-TAAの魚網，船底塗料等への応用が期待されている[8]。

2.4 高分子表面の改質，特性付加

これまで，種々の高分子の表面改質や特性を付与する為に，CDを高分子表面へ固着できる様々な方法が提案されている。それらの方法は，図5に示すように，大まかに分類すると共有結合による固着法，イオン結合による固着法，ファンデアワールス力による固着法がある。

2.4.1 反応性CD誘導体と用途

天然繊維や合成高分子の水酸基，アミノ基，カルボン酸基などの官能基と共有結合できる反応性CD誘導体が注目されている。中でも，モノクロロトリアジノ化βCD（MCT-βCD）（図6(7)）は，2004年5月にシクロケム社によって日本で化審法が取得されたことから，トンベース以上の供給が可能になっている。現在，綿繊維やセルロースなど天然高分子やポリビニルアルコールやポリアリルアミンなど合成高分子へCDを固着させた新機能性高分子の開発へ向けて，用途開発が活発化している[9]。具体的な用途例としては，γ-リノレン酸を包接させたMCT-βCD(7)を固着した綿繊維肌着がある。この肌着は，耐洗濯性が高く，50回洗濯後もγ-リノレン酸を十分に保持している。このところ，アトピー性皮膚炎患者の間で認知され始めている。

図7に，MCT-βCD(7)以外の工業規模での生産が可能と思われる反応性CD誘導体を示した。エポキシ化CD(8)は水酸基など様々な求核種とのエポキシ開環反応により各種活性成分との共有結合形成が可能である。トシル化CD(9)は，ハロゲン類，偽ハロゲン類との置換反応による置換基導入用のCD誘導体合成中間体とみることが出来る。また，(メタ)アクリル化

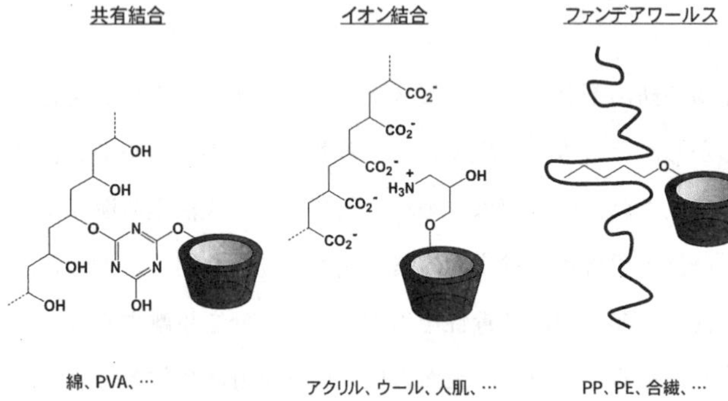

図5 各種高分子表面の改質，特性付加

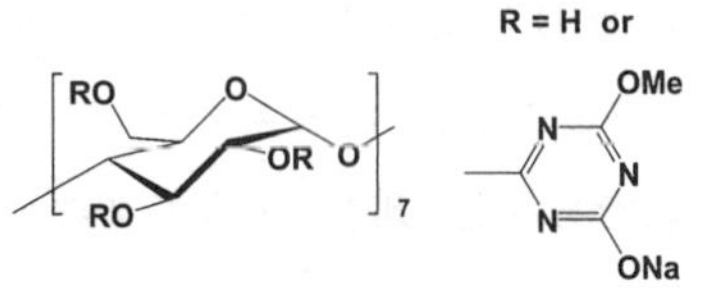

図6 モノクロロトリアジノ-β-シクロデキストリン MCT-βCD (7)

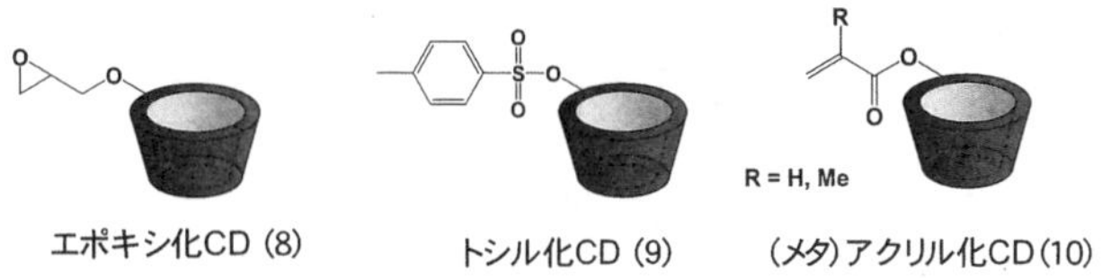

図7　MCT-βCD（7）以外の工業規模での合成の可能な反応性CD誘導体

CD（10）は，ビニル重合によるCDのビニル樹脂への導入が可能である。

2.4.2　イオン性CD誘導体と用途

イオン性基を導入したCD誘導体は，カチオン性CD誘導体とアニオン性CD誘導体に分かれる。将来的に工業生産が可能なカチオン性CD誘導体として，2-ヒドロキシ-3-N, N, N-トリメチルアミノ）プロピル化βCD（以下，QAβCD（11））がある。アンモニウム化βCD（11）は，図8に示すように水酸化ナトリウム存在下でグリシジルトリメチルアンモニウムクロリドとβCDの一段階合成反応によって得られる。現在は，シクロケム社から試験研究用に置換度（1グルコース当り）が0.4–0.6，水分5%のものが市販されている。このQAβCD（11）の水への溶解度は，βCDより極端に上昇し，50%以上である。また，p-ニトロフェノラートによるゲスト分子の包接能評価において，その解離定数（Kd）を比較すると（値が小さい程，包接能が大きいことを意味する），βCDは1.5×10^{-2}モル/L（25℃，pH 11.0の緩衝液中）であるが，QAβCD（11）のKdは1.6×10^{-3}モル/Lと包接能が増大していることが分かる[10]。カチオン性のQAβCD（11）をシャンプーやリンスなど毛髪化粧料に配合する提案がある。アルカリ性の毛髪などにイオン結合し，長時間に渡ってCDが毛髪の中に保たれることで，メルカプタン臭などの頭部から発生する不快臭を抑制できるとしている[11]。

工業化されているアニオン性CD誘導体には，前述のスルフォブチル化CD（4）があるが，医薬分野において薬物輸送システム（DDS）に利用される高価な誘導体であることから一般的な工業分野での利用は難しいと考えられる。そこで，経済的なアニオン性CDとしては，QAβCD

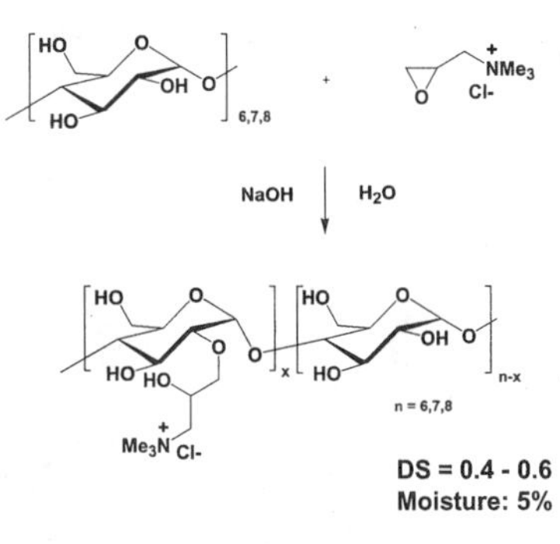

図8　QAβCD（11）の一段階合成（QA：4級アンモニウム）

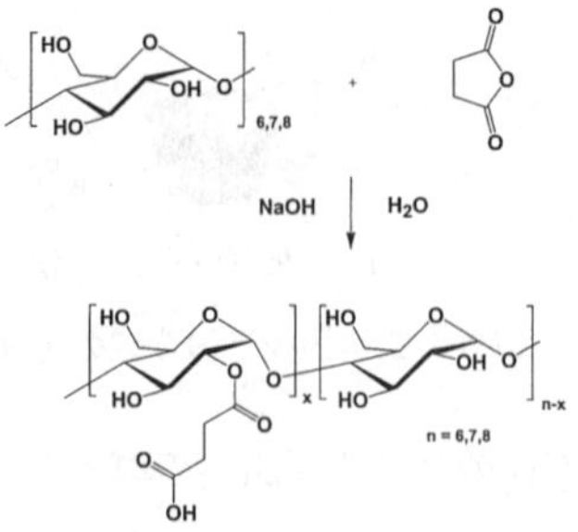

図9　コハク酸CD（12）の一段階合成

（11）と同様に一段階合成できるコハク酸βCD（12）がある。コハク酸βCDは，アルカリ性条件下，コハク酸無水物とβCDの反応によって得られる。カチオン化キチン，カチオン化キトサン，カチオン化セルロースなどカチオン性基を持つ天然高分子とのイオン結合が可能である（図9）。

2.5　CDの高分子化について

前述の反応性CDは様々な高分子表面の官能基との反応によって高分子と結合させるものであるが，高分子に反応しうる官能基がない場合でもCDそのものを架橋剤による架橋重合で，高分子，無機担体にCDを担持させることも出来る（図10）。具体例としては，クエン酸などポリカルボン酸類（PCA）とCDの架橋反応がある（図11）。このPCA-CD共重合体はPET等の反応基を持たない繊維へ共有結合ではなく物理的に絡み合うものであるが，絡み合うがために，何度，洗濯してもPCA-CD共重合体はPETから脱離することはない。βCDとクエン酸のみが原料なので繊維にCDを固着できる安価な手法として注目されている[12]。しかし，MCT-βCD（7）の

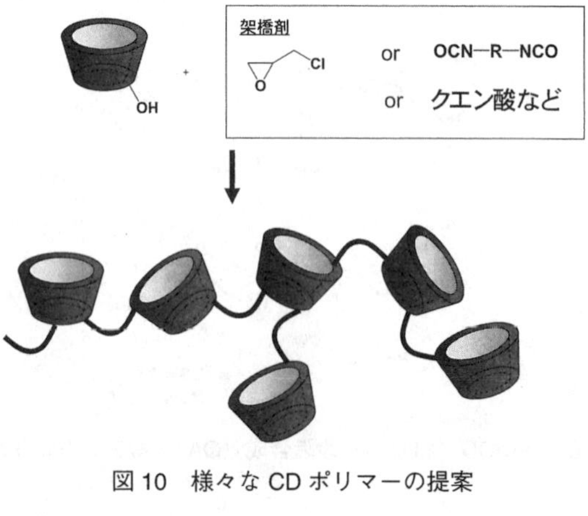

図10　様々なCDポリマーの提案

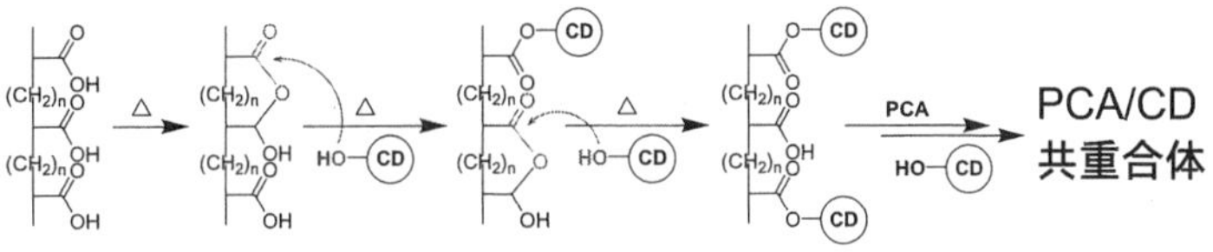

図11　ポリカルボン酸とCDの架橋反応

固着法に比べ，少し過酷な条件（温度，pH）が必要で，反応後の繊維の持つやわらかさの保持や黄ばみに問題が残されている。

文　　献

1) 寺尾啓二，中田大介，村井奈美，国嶋崇隆（シクロケム，神院大・薬）第21回シクロデキストリンシンポジウム講演要旨集 p. 173-174（2003，札幌）
2) S. S. Zwerdling, *et al.*, PCT Int. Appl., WO 9604938 A 1 96022（1996）
3) W. Lau, V. M. Shah, Eur. Pat. Appl. EP 614950 A 1 940914（1994）
4) V. Stella, R. Rajewski, PCT Int. Appl., WO 91111172 A 18 Aug 1991
5) 寺尾啓二，武智裕美子，国嶋崇隆，谷昇平（ワッカーケミカルズイーストアジア，神院大・薬），第18回シクロデキストリン講演要旨集，p. 111-112（2000，厚木）
6) W. E. Wood, N. J. Beaverson, PCT Int Appl, WO 9600260 A 1 960104（1996）
7) 武田薬品工業株式会社，特開平 11-116410
8) シクロケム，テラバイオレメディック，栄和，特願 2004-354575
9) a）寺尾啓二，国嶋崇隆，谷昇平，『機能材料　2000年5月号　Vol. 21 No. 5』（シーエムシー刊）；b）寺尾啓二，久保好子，国嶋崇隆，谷昇平，三國克彦，橋本仁（ワッカーケミカルズイーストアジア，神院大・薬，横浜国際バイオ），第17回シクロデキストリンシンポジウム講演要旨集 p. 73-74（1999，大阪）花王石鹸株式会社，特開昭 58-210901（1983）
10) ライオン株式会社，特開昭 62-267218（1987）
11) a）B. Martel, M. Morcellent, D. Ruffin, M. Weltrowski, 10th Int. Cyclodextrin Symposium, Ann Arbor, Michigan, USA May 2000；b）B. Martel, M. Weltrowski, M. Morcellent, Patent FR 9901968

第20章　酵素修飾

三國克彦*

1　歴史

1966年にFrenchら[1]がプルラナーゼの逆反応を利用して，α-CDにマルトースをα-1,6結合させたのが，世界で最初のCDの酵素修飾である。しかし，この酵素反応の収率は非常に低く，しかも得られたマルトシルα-CDの特性を明らかにするものではなかった。Frenchらの発見から20年経った1986年に，坂野[2]と小林ら[3]がそれぞれFrenchらの方法を改良して，工業的にマルトシルCDを合成する方法を報告した。高濃度のマルトースとCDの溶液に耐熱性プルラナーゼを高温で長時間作用させて，高収率でマルトシルCDを合成する方法である。CD，特にβ-CDは水に対する溶解度が低いが，得られたマルトシルCDは水に対する溶解度が高い特性を持っている。この有用性が評価され，この方法は，現在，工業的生産法として利用されている。

同年に檜作ら[4]がイソアミラーゼの逆反応を利用して，マルトース，マルトトリオース，マルトテトラオース，マルトペンタオース，マルトヘキサオースをCDにα-1,6結合させる方法を報告した。オリゴ糖が枝分かれして結合していることから，これらは総称して分岐CDと呼ばれている。さらに，同年に岡田ら[5]がマルトシルフロライドやマルトトリオシルフロライドなどのオリゴ糖フッ素誘導体を基質として，プルラナーゼやイソアミラーゼなどの枝切り酵素を転移酵素として作用させ，マルトシルCDやマルトトリオシルCDを合成する方法を報告した。

さらに，グルコース以外の糖をCD環に結合させることによって，生体の臓器親和性を高めることを目的に，ガラクトシルCD[6]，マンノシルCD[7]，*N*-アセチルグルコサミニルCD[8]，グルクロニルグルコシルCD[9]が次々に開発されている。

2　枝切り酵素

プルラナーゼやイソアミラーゼは，本来α-1,6-グルコシド結合を加水分解する酵素であるが，基質濃度を高めて水を少ない状態にすると，マルトオリゴ糖をα-1,6-グルコシド結合で脱水縮合（逆反応）する働きを持っている（図1）。脱水縮合反応においても加水分解反応と同様に，

＊　Katsuhiko Mikuni　塩水港精糖㈱　糖質研究所　商品企画開発室長

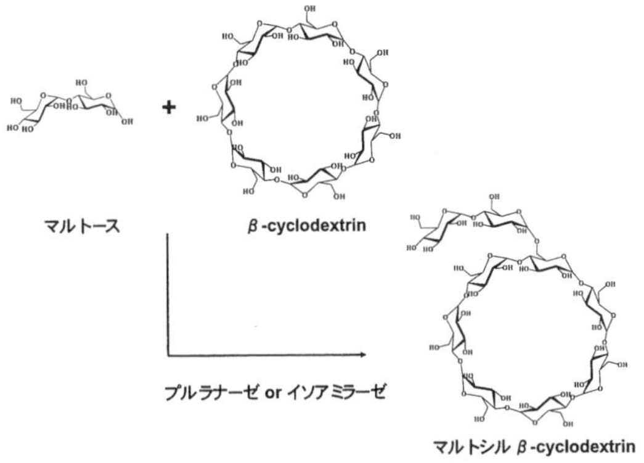

図1　枝切り酵素による脱水縮合反応

表1　*Pseudomonas* イソアミラーゼと *Klebsiella* プルラナーゼによる分岐 CD 合成反応

基　　質	イソアミラーゼ v*×10^3	プルラナーゼ v*×10^3
α-CD		
マルトース	5.7	90
マルトトリオース	210	160
β-CD		
マルトース	56	52
マルトトリオース	890	46
γ-CD		
マルトース	140	230
マルトトリオース	1,700	220

*　μmol/min/mg タンパク質

酵素それぞれに基質によって反応速度が異なることが知られており，*Psedomonas amyloderamosa* SB 15 由来のイソアミラーゼと *Klebsiella* 由来のプルラナーゼに関して，基質により分岐 CD 合成反応の初速度が異なることが報告されている[10]。*Psedomonas* イソアミラーゼは CD の分子量が大きいほど反応速度が速く，マルトースよりマルトトリオースの方が速い。一方，*Klebsiella* プルラナーゼは，α-CD ではマルトースよりマルトトリオースの方が速いが，β-，γ-CD ではほぼ同じで，CD を比較するとγ-CD が最も反応速度が速い結果が得られている（表1）。

Klebsiella プルラナーゼの脱水縮合反応の最適条件は，pH 6.0，温度 55℃ と加水分解反応と同じであるが[11]，*Bacillus acidopullulyticus* 由来のプルラナーゼでは，加水分解反応の最適条件が pH 4.0～4.5，温度 65℃ であるのに対し，縮合反応では pH 5.0，温度 60～70℃ と最適条件が異なる興味深い結果が得られている。*B. acidopullulyticus* プルラナーゼを用いたマルトシル β-CD を合成するときの最適条件は，β-CD に対するマルトースのモル比 16～20 倍，基質濃度 70～75%，β-CD 1 g 当りの酵素添加量は 100 単位と通常の酵素反応とは大きく異なる条件である。

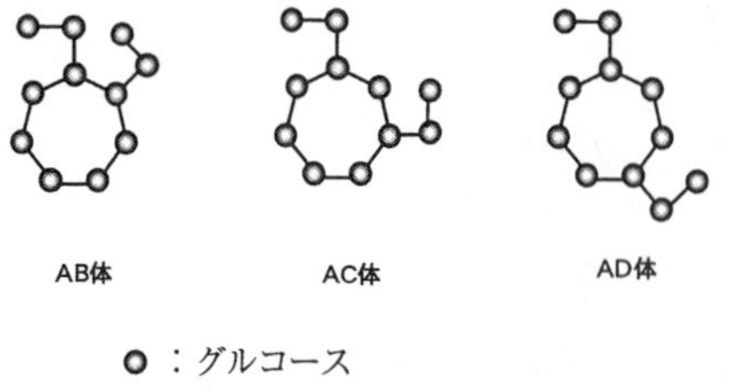

図2　ジマルトシルβ-CDの位置異性体

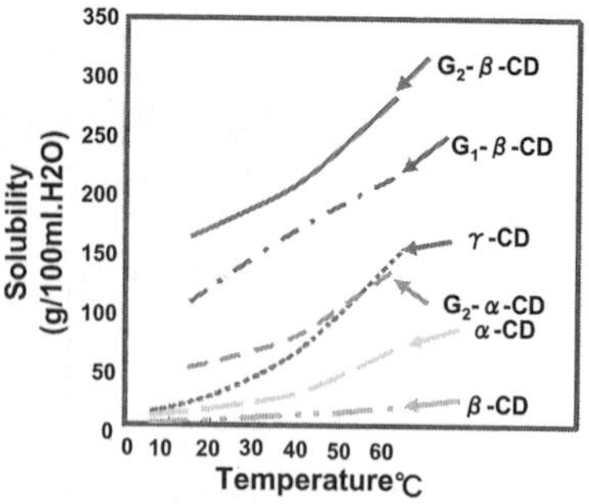

図3　各種CDの水への溶解度

この場合のマルトシルβ-CDの生成率は48%である[12]。

この酵素反応ではCD 1分子にマルトース1分子が結合するだけではなく，2分子もしくは3分子結合することもあり，β-CD環にマルトースが結合したものでは，AB，AC，ADの位置異性体（図2）が報告されている[13,14]。

マルトシルCDの特性は水への溶解度で，β-CDは水100 mLに20℃で1.85 gしか溶解しないが，マルトシルβ-CDは約160 g溶解し，マルトシル基が結合することによって飛躍的に溶解度が高くなる（図3）。α-CDおよびβ-CDは，しばしばゲスト分子と不溶性の包接複合体を形成するが，マルトシルα-CDおよびマルトシルβ-CDは，溶解型の包接複合体を形成することが多い[15]。したがって，マルトシルCDは難溶性の物質を溶解するのに適している。

マルトシルCDの工業的な製法は，デンプンにCD合成酵素を作用させた後にイソアミラーゼとβ-アミラーゼを作用させて，CD以外のデキストリンをマルトースに変換し，高濃度に濃縮後，プルラナーゼを作用させてCDとマルトースを脱水縮合反応する。反応物をイオン交換樹脂クロマトグラフィーで，CD画分とマルトース画分に分画する（図4）。この反応では，マルトースを

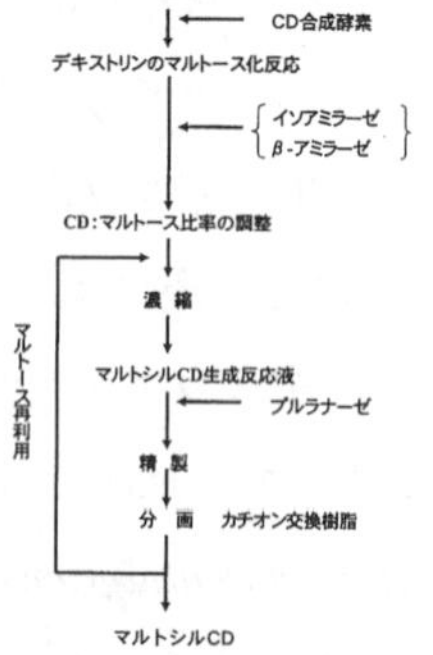

図4　市販マルトシルCD（イソエリート®）の製造工程

表2　イソエリート®の糖組成の代表例

成　分　名	糖組成（%，w/w）
α-CD	18.7
β-CD	5.2
γ-CD	6.2
G_2-α-CD	22.5
G_2-β-CD	9.7
G_2-γ-CD および（G_2）$_2$-α-CD	9.6
（G_2）$_2$-β-CD	7.7
（G_2）$_2$-γ-CD	2.3
その他（オリゴ糖類）	18.1

G_2 はマルトシル基の略号。

CDの3～5倍量使用するので，カチオン交換樹脂により製品の純度を向上させ，マルトースを回収再利用することが重要なポイントになっている。製品には，CD画分を濃縮しそのまま製品にした液体タイプと噴霧乾燥した粉末タイプがある。このマルトシルCDはイソエリート®という商品名で発売されており，その糖組成を表2に示した。イソエリート®は，水への溶解度が高く，25℃で100 mLの水に162 g溶解し，また，エタノール，グリセリン，プロピレングリコールにも溶解する特性を持っている。食品分野では，溶解型の包接複合体を形成することから，植物抽出エキスを配合した飲料の苦味の軽減，茶飲料のミルクダウン防止[16]など飲料に利用されることが多い。

最近，抗酸化作用を持つ化合物がヒトの寿命を延ばす可能性があるということで注目を集めている。中でも，α-リポ酸は呼吸やエネルギー産生に不可欠な物質であり，抗酸化力が強力なため特に注目を集めている。しかし，水への溶解性が低い，熱に不安定で，辛味が強いという食品素材として使用する上で改善すべき点があり，これらの改善が望まれていた。α-，β-およびγ-CDではα-リポ酸の水への溶解性は改善されないが，マルトシルCDで包接することにより水への溶解性が高くなり改善される。さらに，マルトシルβ-CDでは熱安定性が高まり，ラットおよびヒトで経口摂取によりα-リポ酸の吸収性が改善されることが明らかになった[17,18]。マルトシルCDの包接体の特性から，α-リポ酸以外の吸収性の良くない化合物についても，吸収性の改善が期待される。

さらに，マルトシル基が結合することによって溶血活性が低くなり，医薬品への利用も期待される。マルトシルβ-CDは，様々な水へ難溶性の薬剤を溶解することが知られており[19]，薬剤の効果が持続されることも報告されている[20]。

枝切り酵素を使わずにデンプンの構造を利用した分岐CDの製造法も報告されている[21]。分岐デキストリンにCD合成酵素を作用させて，鎖長の異なる分岐CDを生成し，これにグルコアミラーゼを作用させてグルコシル CD を生成する方法である。

3 ガラクトシダーゼ

Bacillus circulans，*Aspergillus oryzae* および *Penicillium multicolor* の生産する β-ガラクトシダーゼは，グルコシル CD，マルトシル CD の側鎖（グルコシル基，マルトシル基）にガラクトシル基を転移させるが，CD 環に直接ガラクトシル基を転移しない[22)]。*Mortierella vinacea* の生産する α-ガラクトシダーゼもまたマルトシル CD の側鎖にガラクトシル基を転移させるが CD 環に直接転移しない[23)]。一方，コーヒー豆の α-ガラクトシダーゼは微生物の産生する酵素とは異なり，直接 CD 環にガラクトシル基を転移する特徴がある。α-CD にガラクトシル基が転移したガラクトシル α-CD の構造を図 5 に示した。

β-ガラクトシダーゼはラクトースを糖供与体にした場合の生産物，α-ガラクトシダーゼはメリビオースを糖供与体にした場合の生産物をそれぞれ表 3 に示した。コーヒー豆の α-ガラクトシダーゼは，グルコースの C 6 位水酸基のみならず，C 2 位水酸基にもガラクトース基を転移する。

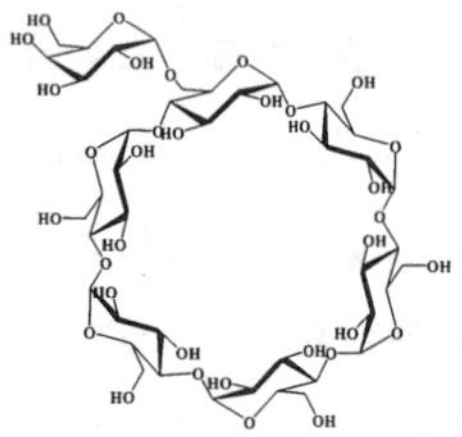

図 5　ガラクトシル α-CD の構造

表 3　ガラクトシダーゼの転移反応により生成する CD

酵　素	転移生成物
β-galactosidase	
Asp. oryzae	6-O-β-galactosyl G 1-CD
	6-O-β-galactosyl G 2-CD
P. multicolor	6-O-β-galactosyl G 1-CD
	6-O-β-galactosyl G 2-CD
B. circulans	4-O-β-galactosyl G 1-CD
	6-O-β-galactosyl G 1-CD
	4-O-β-galactosyl G 2-CD
	6-O-β-galactosyl G 2-CD
α-galactosidase	
M. vinacea	6-O-α-galactosyl G 2-CD
Coffee bean	6-O-α-galactosyl CD
	2-O-α-galactosyl CD
	6^{1}, 2^{n}-di-O-α-galactosyl CD
	6^{1}, 6^{m}-di-O-α-galactosyl CD
	6-O-α-galactosyl G 1-CD
	6^{1}-O-α-glucosyl, 6^{m}-O-α-galactosyl CD
	6-O-α-(6^{2}-O-α-galactosyl) G 2-CD
	6^{1}-O-α-maltosyl, 6^{m}-O-α-galactosyl CD

表中 G 1 はグルコシル基，G 2 はマルトシル基の略号。

4　マンノシダーゼ

タチナタマメあるいはアーモンドのα-マンノシダーゼは，メチルα-マンノシドを糖供与体として，グルコシルCD，マルトシルCDの側鎖にマンノシル基を転移させるが，CD環に直接マンノシル基を転移しない。両酵素ともグルコシルCD，マルトシルCDの側鎖非還元末端グルコシル基のC 6位水酸基に，マンノシル基がα結合した構造である[24]。

マンノースとCDの高濃度溶液にタチナタマメのα-マンノシダーゼを作用させると脱水縮合反応を起こし，CD環に直接マンノシル基を結合させ6-O-α-D-マンノシルCD（図6）を生成する。最適条件では，マンノースが1分子結合したモノ置換体で30％以上，2分子以上結合した多置換体も含めると50％以上の高収率で得られる[7]。

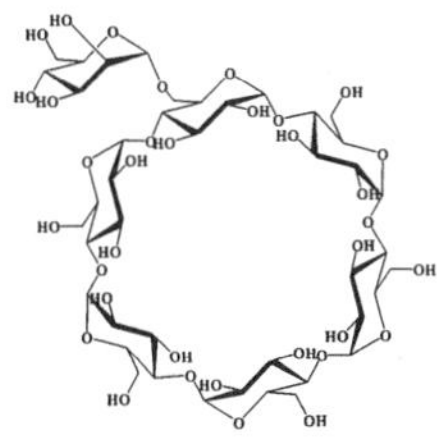

図6　マンノシルα-CDの構造

5　N-アセチルヘキソサミニダーゼおよびリゾチーム

リゾチームは，糖供与体として*N*-アセチルキトオリゴ糖をマルトシルβ-CDと反応させると，マルトシルβ-CDの側鎖非還元末端グルコシル基のC 3位水酸基に*N*-アセチルグルコサミン（GlcNAc）が結合した6-O-α-(3^2-O-β-D-*N*-acetylglucosaminyl)-maltosyl β-CDが得られる。

GlcNAcとα-CDの混合溶液にタチナタマメの*N*-アセチルヘキソサミニダーゼを作用させると脱水縮合反応によってCD環に直接結合し，6-O-β-D-*N*-acetylglucosaminyl α-CDが得られる（図7)。*N*-アセチルヘキソサミニダーゼは*N*-アセチルガラクトサミンを基質として*N*-アセ

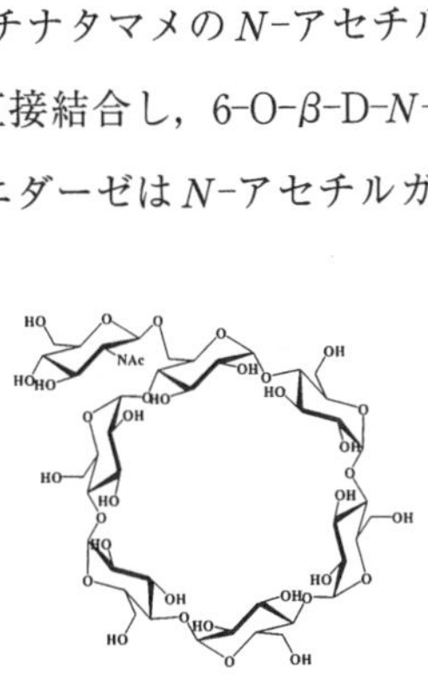

図7　*N*-アセチルグルコサミニル
α-CDの構造

チルガラクトサミニルCDも合成できる。

6　グルクロニダーゼ

マルトシルβ-CDに*Pseudogluconobacter saccharoketogenes* Rh-47の菌体を作用させると，菌体のグルクロニダーゼによって，側鎖非還元末端グルコシル基のC6位が酸化され，グルクロニルグルコシルβ-CD（GUG-β-CD）が生成する（図8）。GUG-β-CDは水への溶解度が高く，難溶性物質の可溶化に適しており[25]，モノマルトシルβ-CDより溶血活性が低いので[26]，医薬への用途が期待される。

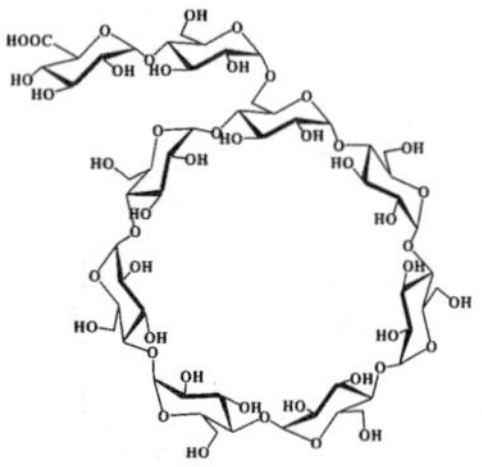

図8　グルクロニルグルコシルβ-CDの構造

7　まとめ

ガラクトシルCDおよびマンノシルCDはホモ分岐CDと同様に水への溶解度が高く，β-CD類で比較すると25℃でβ-CDの40倍以上の溶解度を示す。さらに糖が結合することによって溶血活性が低下し，難溶性の医薬品を溶解することが報告されている[27]。GlcNAc-CDやGUG-β-CDを含めヘテロ分岐CDはまだ開発段階で実用化されていないが，今後，臓器親和性など糖鎖の特徴を活かした利用が期待される。

酵素修飾CD以外にも，グルコースの重合度が17以上のシクロアミロース，逆にα-CDより低分子の環状ニゲロシルニゲロース，サイクロデキストランやサイクロフラクタンなどの環状糖が酵素によって生成されることも報告されている。酵素修飾CDをはじめとした新規環状糖は，さらに特性を解明することによって，食品，化粧品，医薬品分野での利用が拡がると推測される。

文　　献

1) D. French and M. Abdullah, *Biochem. J.*, 100, 6 (1966)
2) 坂野好幸：公開特許公報，昭 61-70996
3) 小林昭一，貝沼圭二：公開特許公報，昭 61-92592
4) 檜作進，安部淳一，溝脇直規，小泉京子，宇多村敏子，澱粉科学，33，119 (1986)
5) 岡田茂孝，吉村佳典，北畑寿美雄，澱粉科学，33，127 (1986)
6) S. Kitahata, K. Hara, K. Fujita, N. Kuwahara and K. Koizumi, *Biosci. Biotech. Biochem.*, 56, 1518 (1992)
7) K. Hamayasu, K. Hara, K. Fujita, Y. Komdo, H. Hashimoto, T. Tanimoto, K. Koizumi, H. Nakano and S. Kitahata, *Biosci. Biotech. Biochem.*, 61, 825 (1997)
8) K. Hamayasu, K. Fujita, K. Hara, H. Hashimoto, T. Tanimoto, K. Koizumi, H. Nakano and S. Kitahata, *Biosci. Biotech. Biochem.*, 63, 1677 (1999)
9) T. Ishiguro, T. Fuse, M. Oka, T. Kurasawa, M. Nakamichi, Y. Yasumura, M. Tsuda, T. Yamaguchi and I. Nogami, *Carbohydr. Res.*, 331, 423 (2001)
10) S. Hizukuri, J. Abe, K. Koizumi, Y. Okada, Y. Kubota, S. Sakai, T. Mandai, *Carbohydr. Res.*, 185, 191 (1989)
11) S. Hizukuri, S. Kuwano, J. Abe, K. Koizumi, T. Utamura, *Biotech. Appl. Biochem.*, 11, 60 (1989)
12) T. Shiraishi, S. Kusano, Y. Tsumuraya, Y. Sakano, *Agric, Biol, Chem.*, 53, 2181 (1981)
13) K. Koizumi, Y. Okada, E. Fujimoto, Y. Takagi, H. Ishigami, K. Hara, H. Hashimoto, *Chem. Pharm. Bull.* 39, 2143 (1991)
14) Y. Okada, K. Koizumi, S. Kitahata, *Carbohydr. Res.*, 254, 1 (1994)
15) Noriko Ajisaka, Koji Hara, Katsuhiko Mikuni, Kozo Hara, Hitoshi Hashimoto, *Biosci. Biotechnol. Biochem.*, 64, 731 (2000)
16) 三國克彦，柴田恵利，景井紀雄，原耕三，橋本仁，精糖工業会誌，41，71 (1993)
17) 高橋英樹，岸野恵理子，三國克彦，木内吉寛，第24回シクロデキストリンシンポジウム講演要旨集，94 (2006)
18) 高橋英樹，三國克彦，別府秀彦，尾崎清香，新保寛，井谷功典，園田茂，第24回シクロデキストリンシンポジウム講演要旨集，96 (2006)
19) Y. Okada, Y. Kubota, K. Koizumi, S. Hizukuri, T. Ohfuji, K. Ogata, *Chem. Pharm. Bull.*, 36, 2176 (1988)
20) 松尾香那子，入倉充，入江徹美，辛島謙，中村禎志，高崎眞弓，第18回シクロデキストリンシンポジウム講演要旨集，17 (2000)
21) 小林昭一，丸山一男，貝沼圭二，アミラーゼシンポジウム，16，231 (1982)
22) K. Koizumi, T. Tanimoto, K. Fujita, K. Hara, N. Kuwahara, S. Kitahata, *Carbohydr. Res.*, 238, 75 (1993)
23) K. Hara, K. Fujita, N. Kuwahara, T. Tanimoto, H. Hashimoto, K. Koizumi, S. Kitahata, *Biosci. Biotech. Biochem.*, 58, 652 (1994)
24) K. Hara, K. Fujita, H. Nakano, N. Kuwahara, T. Tanimoto, H. Hashimoto, K. Koizumi, S.

Kitahata, *Biosci. Biotech. Biochem.*, **58**, 60（1994）
25) E. Fenyvesi, A. Morva, J. Szejtli, K. Mikuni, H. Hashimoto, 第16回シクロデキストリンシンポジウム講演要旨集, 11（1998）
26) S. Tavornvipas, H. Arima, F. Hirayama, K. Uekama, T. Ishiguro, M. Oka, K. Hamayasu, H. Hashimoto, *J. Inclusion Phenom. Macro. Chem.*, **44**, 391（2002）
27) Y. Okada, K. Matsuda, K. Hara, K. Hamayasu, H. Hashimoto, K. Koizumi, *Chem. Pharm. Bull.*, **47**, 1564（1999）

第21章　有機合成・触媒反応とその工業化ポテンシャル

寺尾啓二*

1　はじめに

これまでに検討されてきたシクロデキストリン（以下，CD）を用いる有機合成反応は大きく次の二つに分類できる。その一つは，複数の物質の反応に対してCDを反応場として用いるCD-基質非結合的反応である。すなわち，CDの疎水性空洞を特異的な反応場として提供し，基質とCDのファンデルワールス力により基質の反応特性（反応速度や選択性など）を変化させることで目的物質を合成する。もう一つは，CDと反応基質が水素結合，イオン結合，共有結合で結合した反応中間体を経由するCD-基質結合的反応である。すなわち，CDと基質が何らかの様式で結合した反応中間体を生成して，目的物質に導く特異的有機合成反応である。

CDを反応場として用いるCD-基質非結合反応においては，反応基質とCDの包接体の動的挙動を知っておくことが重要である。溶液中で基質はCDの空洞に取り込まれた（包接）だけでなく，包接と解離を繰り返している。たとえ，基質に対してCDを大過剰に添加し，基質のほとんどがCD空洞内に取り込まれた場合でも，分子レベルでは包接と解離を繰り返している。CD-基質非（共有）結合反応は，如何にCD空洞外での反応を抑制できるかが，合成反応設計のポイントとなってくる。CDを相関移動触媒として用いる反応は，選択性を得るための代表的な設計の一つである。

一方，CD-基質結合的反応の場合は，反応基質をCDに固定化するので空洞外での反応の抑制は容易である。先ず，天然型CDや化学修飾CDの水酸基や置換基と反応基質との水素結合，イオン結合，または，共有結合で反応中間体を形成させる。次に，反応に関与するもう一方の基質がCD空洞内に取り込まれた際に反応は進行するので，一般の酵素反応や触媒反応にみられるような選択性の高い反応が期待できる。

有機合成・触媒反応にCDを用いる効果・目的を整理すると下記のようになる。もちろん，これらが複合的・相乗的に作用する場合もある。

○　反応基質，および，反応基質同士のコンフォメーション制御

○　複数の反応基質や異性体混在下での基質選択性

---

*　Keiji Terao　東京農工大学　農学部　環境資源科学科　客員教授；㈱シクロケム

○ 反応に関与する不安定物質の保護，安定化

○ 難溶解性物質の水への可溶化そして微視的な溶媒効果

これまでに様々なCDを用いる有機合成反応が提案されてきた。ここでは今後，企業が工業化に向けてCDの利用を検討する場合に有用な情報となる興味深い合成反応例を中心にCD-基質非結合的反応とCD-基質結合的反応に分類して紹介したい。

2 CD-基質非結合的反応

2.1 芳香族の選択的置換反応

CDを用いることでフェノールおよびその類縁体，ナフタレンおよびその類縁体にハロゲン基，ホルミル基，カルボキシル基を位置選択的に導入することができる。

2.1.1 フェノールの高選択的ヨウ素化とホルミル化およびカルボキシル化反応

p-ヨードフェノールの製造は，通常フェノールに水酸化ナトリウム等を用いたアルカリ性水溶液中でヨウ素を反応させることによって行われている。一般的な条件下でフェノールをヨウ素化する場合，そのオルソ－パラ配向性によりパラ体とオルソ体が，およそ7対3の比で生成する。p-ヨードフェノール類は，特に電子材料，医農薬中間体原料として用いられるためパラ体／オルト体＝99／1以上の高純度品が要求される。この為，高純度精製により，収率の低下，コストの上昇が避けられない。

そこで，筆者らは，パラ体の収率を向上させるため，フェノールのヨウ素化反応をβCDの存在下で行うことを検討した。その結果，一般的な条件下で，そのパラ体／オルト体比は最高で96／4まで高められることが分かった。さらに，予めヨウ素をβCDに包接させたヨウ素-βCD包接体（以下，CD-I）を用いた場合には，パラ選択性は向上し100%の位置選択性でp-ヨードフェノールを好収率で合成できることが判明した[1]（表1）。

このCD-Iを用いる手法は，既存の製造コストを著しく軽減できる。ヨウ素という反応試剤が液相に溶出しづらい条件下で，水溶液中のフェノール（ゲスト分子）が固相のCDの親油性空洞に水酸基炭素の反対側（パラ位炭素側）から取り込まれた3成分錯体を形成して反応（固―液不均一系反応）が進行したためであろうと考えられる（図1）。

フェノールをアルカリ水溶液中でクロロホルムと反応させるとホルミル化が起こる。この反応はReimer–Tiemann反応として知られているが，位置選択性が乏しく，実用的ではなかった。しかし，この反応にβCDを添加すると選択性が向上することが明らかとなっている[2]。この選択性向上もヨウ素化反応と同様に，図2に示すように3成分錯体形成によるものであろうと推定される。結果を表2に示す。選択性の向上にはβCDとクロロホルムの反応溶液中での比率が重

表1　Regioselective Iodination of phenol with CD-I

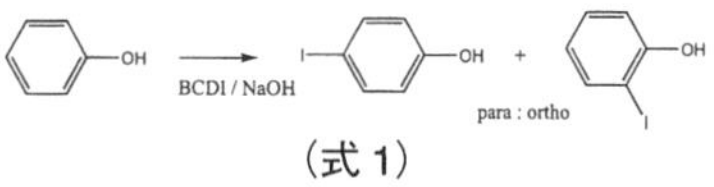

（式1）

CD-I (mmol)	20% NaOH aq. (mL)	Temp. (℃)	Time (hr)	para：ortho	Conv. (%)
1	10	20	1	96：4	44
2	10	20	21	97：3	62
1	10	20	48	96：4	55
1 (βCD + I_2)	10	20	21	86：14	61
1 (βCD + I_2)	10	0 ⇒ 20	21	89：11	48
1 (βCD + I_2)	10	0 ⇒ 20	21	93：7	50
1	10	0 ⇒ 20	21	100：0	19
2	10	0 ⇒ 20	48	100：0	83
1	3	20	21	83：17	40

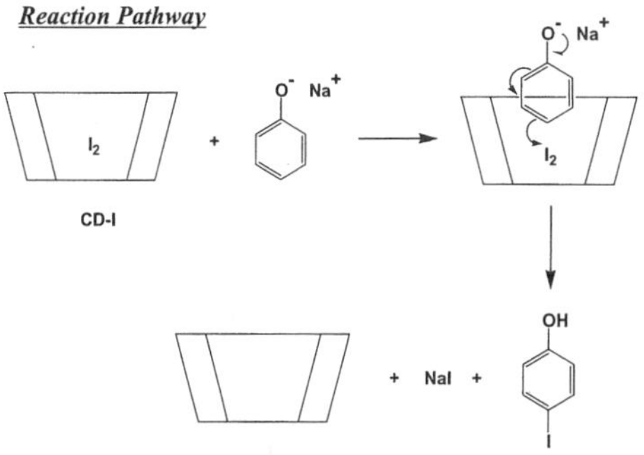

図1　High Regioselective Iodination of Phenol using Stoichiometric Amount of CDI

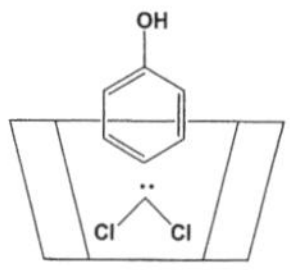

図2　Plausible Structure of Ternary Complex of phenol and dichlorocarbene with βCD

表2　Effect of CD on Formulation of phenol

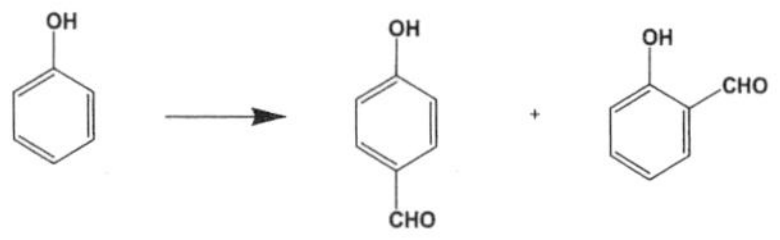

（式2）

CD	Yield (%) p-deriv	Yield (%) o-deriv	para selectivity (%)
βCD	65	0	100
αCD	62	10	86
none	18	35	34

表3　Effect of CD on Carboxylation of phenol

CD	Yield (%) p-deriv	Yield (%) o-deriv	para selectivity (%)
βCD	59	0.6	99
αCD	12	10	55
none	8.6	7.1	55

要である。クロロホルムがβCDに対してモル比で常に1以下になるようにクロロホルムを滴下していくと，100%のパラ選択性が得られる。

CDとクロロホルムの結合定数が大きい為，ほとんどのクロロホルムはCDに包接された状態となりパラ選択性が向上するのである。

四塩化炭素とフェノールをアルカリ水溶液中，銅粉末存在下で反応させるとヒドロキシ安息香酸が生成する。この反応もβCDを用いることで100%のパラ位選択性が成し遂げられている[3)]。ホルミル化と同様にフェノール/トリクロロメチルカチオン/βCDの3成分錯体の生成が位置選択性を高めたものと考えられる。また，ホルミル化反応の場合にはαCD添加でも効果が見られたが，カルボキシル化反応の場合，表3に示すようにαCD添加での選択性の変化はほとんど見られていない。これはジクロロカルベンとトリクロロメチルカチオンの分子サイズの差によるもので，フェノール/ジクロロカルベン/αCDの3成分錯体は形成できるもののフェノール/トリクロロメチルカチオン/αCDの3成分錯体はαCDの空洞が小さく形成されないものと推察できる。

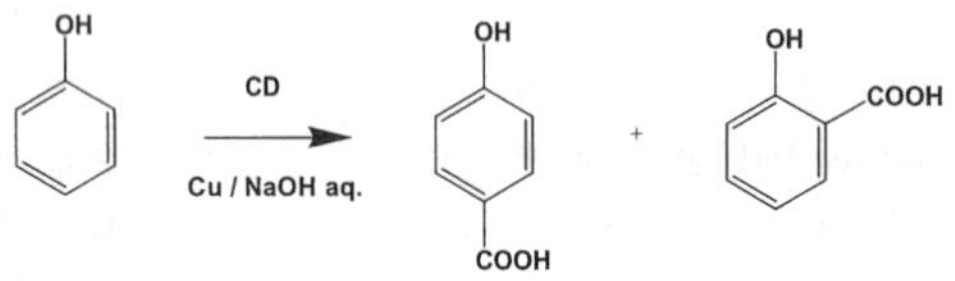

式3

2.1.2　2-ナフタレンカルボン酸の高選択的カルボキシル化による2,6-ナフタレンジカルボン酸の選択的合成

汎用性のPET（ポリエチレンテレフタレート）は，機能性高分子として様々な分野で使用されているが，更なる高機能性，耐熱・耐候性の要求により開発されたのが図3に示すPEN（ポリエチレンナフタレート）である。分子内に剛直なナフタレン環を有していることからPETを

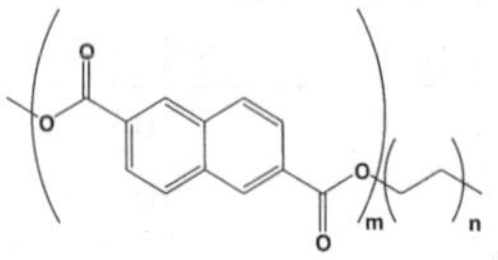

図3　ポリエチレンナフタレート（PEN）

多くの特性で上回るため，磁気記録用ベースフィルムを中心として用途の拡大が期待されている。しかしながら，このPENの製造にはPETの原料であるテレフタル酸よりもはるかに高価な2,6-ナフタレンジカルボン酸（2,6-NDA）が原料として必要である。そこで，平井らはCDを触媒的に用いた30 wt.%NaOH水溶液中での2-ナフタレンカルボン酸（2-NCA）と四塩化炭素からの選択的NDA合成を検討している[4]。

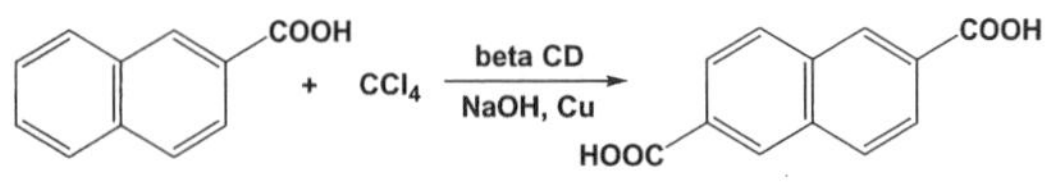

式4

61 mol%の好収率と85%の高選択率で2,6-NDAが生成することが明らかとなっている。さらに，四塩化炭素の添加を工夫すると収率は67 mol%（選択率84%）まで向上する。βCDを用いない場合は低収率で選択性はみられない。今後，企業化するためには触媒効率を向上させるためのさらなる工夫が必要である。

2.2　相間移動触媒反応

水に溶けにくい，或いは，不溶性の有機物質の水中での有機反応は困難なことから，通常は，水となじみやすい極性有機溶剤と水の混合溶媒を用いる。水になじまない非極性有機溶剤の場合は，有機溶剤と水の2相間を移動できるクラウンエーテルやテトラn-ブチルアンモニウムブロミドなどの相間移動触媒が用いられている。CDはこの相間移動触媒の一つとして利用できる。反応によっては，CD空洞内での反応に持ち込む工夫をすることで，一般に知られている相間移動触媒よりもCDの方が有効な場合がある。

2.2.1　複素ビシクロ環化合物の簡便合成

窒素や硫黄を有する複素ビシクロ環には様々な薬理活性を持つ物質が多く，これまでに数多くの複素ビシクロ環骨格を有する医薬品が開発されてきた。中でも，図4のようにカルシウム拮抗

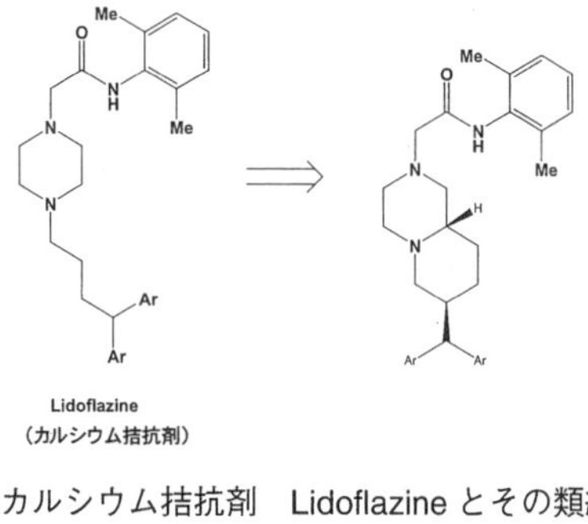

図4　カルシウム拮抗剤　Lidoflazineとその類縁物質

剤であるリドフラジン（Lidoflazine）やフルナリジン（Flunarizine）の活性部位を固定化することで特異作用をさらに向上し，副作用を低減するためのピペラジン骨格合成が有望視されている[5]。しかし，複素ビシクロ環合成は多段階反応によるものが多く簡便な手法が求められていた。そこで，著者らは有機溶剤と水の双方に溶解可能な化学修飾CDを相間移動触媒として用い，合成が容易な2-アルケニル-1,3-オキサゾリン類からの簡便な複素ビシクロ環合成に成功した[6,7]。

著者らは先に，2-アルケニル-1,3-オキサゾリン類は，ハロゲンや擬ハロゲンなどの親電子剤を用いると，分子内ハロゲノラクタム化反応によって，二つのハロゲン基，或いは，擬ハロゲン基などの官能基を有するラクタムに変換されることを見出している[8,9]。

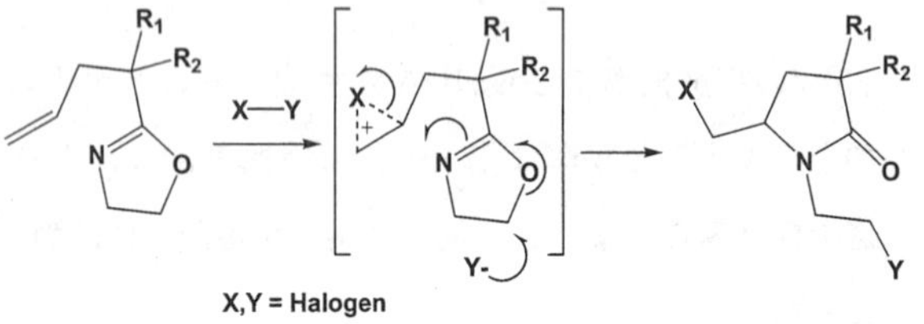

式 5

生成したラクタムに有する二官能基を利用して，様々な方法で第1級のアルキルアミン類との反応による含窒素ビシクロ環の合成を試みてきた。しかしながら，どの様な条件を用いてもビシクロ環に誘導することは出来なかった。これは，ジハロゲノラクタムからオキサゾリン環への逆反応が進行し，不安定な物質に誘導された後に，様々な物質に誘導された為と考えられた。ところが，化学修飾CDを相間移動触媒として用いると複素ビシクロ環化合物が効率よく合成できることが判明した。クラウンエーテルやテトラブチルアンモニウムブロミドを用いた場合，極端に反応収率は低く，化学修飾シクロデキストリンを用いる優位性が示された。

2-アルケニル-1,3-オキサゾリンと塩化ヨウ素を無水アセトニトリル中，室温で反応させるとN-クロロエチル-2-ヨードメチル-γ-ラクタムが生成する。次にアルカリ下，各種相間移動触媒（PTC）とベンジルアミンを加えて100℃で反応すると窒素ビシクロ環化合物が表4に示すような収率で生成する。

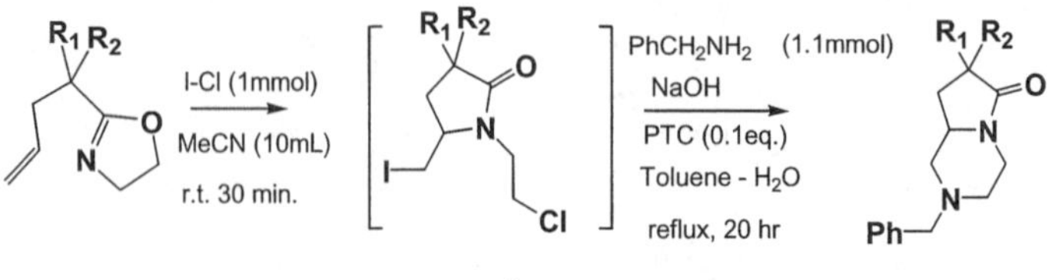

式 6

PTCを添加しないと全く目的物は得られない。クラウンエーテルやテトラn-ブチルアンモニウムブロミドなどのPTCを添加すると僅かではあるが目的物は得られた。一方，部分アセチル

表4　One-Pot Synthesis of Bicyclic Lactam from Alkenyloxazoline (Evaluation of PTC)

PTC	R 1	R 2	Yield (%)
Methylated beta-CD (CAVASOL W 7 M)	Me	H	77
18-Crown-6	Me	H	12
None	Me	H	0
Acetylated beta-CD (VAVASOL W 7 A)	Me	Me	53
$(n\text{-}Bu)_4N$ Br	Me	Me	trace
18-Crown-6	Me	Me	trace

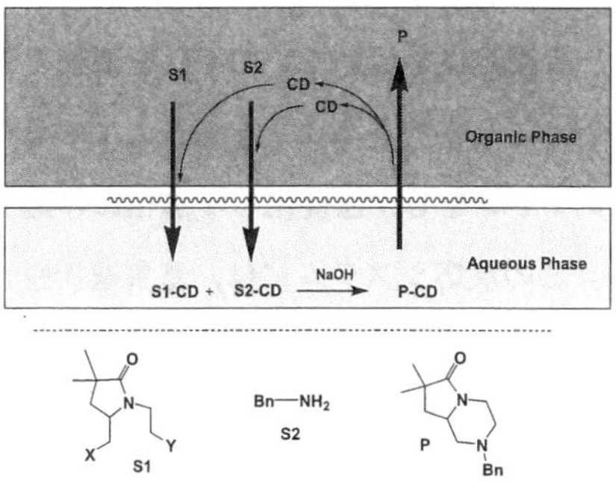

図5　Prausible Mechanism of PTC reaction by CD

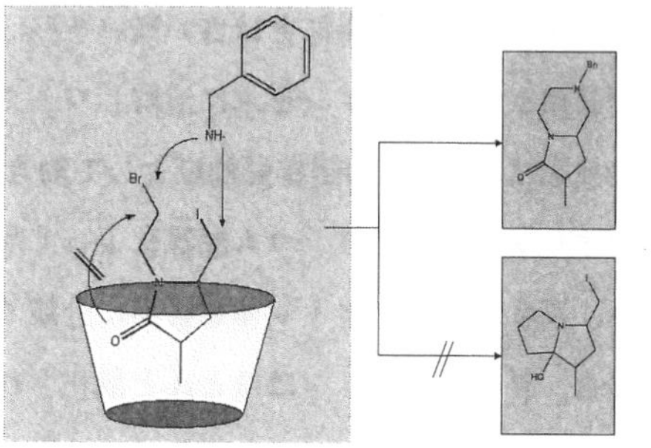

図6　Explanation for the formation of Bicyclic Lactam

化βCDや部分メチル化βCDなどの化学修飾CDを用いた場合には飛躍的に収率が向上した。この相間移動触媒反応は図5に示すように，水に不溶な二つの反応基質が有機（トルエン）相でCDに包接され，水溶性包接体を形成して水相に移動し，CD空洞内でビシクロ環形成反応が進行したものと考えられる。反応中間体であるジハロゲノラクタムは塩基性条件下では，非常に不安定な物質で，ラクタム化の逆反応によるオキサゾリン環形成を伴って分解する。しかし，CD包接によって逆反応の反応サイトを図6に示すように保護安定化したものと考えられる。さらに，CD空洞にフィットしやすいコンフォメーションがビシクロ環形成反応に適し，反応を加速したものと考えられる。

2.2.2　長鎖末端オレフィンのワッカー酸化によるメチルケトン類の合成およびヒドロホルミル化によるアルデヒド類の合成

パラジウム触媒を用いてエチレンやプロピレンなどを酸化してアセトアルデヒドやアセトンに変換する反応はワッカー法として知られている。しかし，長鎖末端オレフィンから長鎖2-ケトン類への変換には，長鎖末端オレフィンが水に溶けないので，エチレンの酸化と同様の条件下で

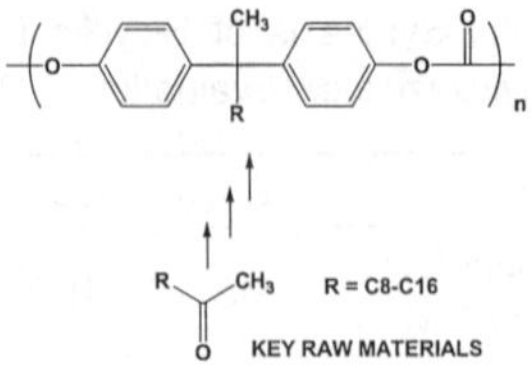

図7　超耐熱性ポリカーボネートと重要原料

のワッカー法は適用できない。長鎖2-ケトン類は長鎖を持つビスフェノールに変換後，図7のような超耐熱性のポリカーボネートに誘導できる。しかしながら，いまだ経済的な長鎖2-ケトン類の合成法はほとんど確立されていない。

長鎖末端オレフィンを有機溶媒と水の混合溶媒に溶かし，ワッカー反応を検討した例もあるにはあるが，効率的な手法とは言い難い[10,11]。原田らは，有機溶媒を用いないでCDを添加することで長鎖末端オレフィンを水に溶解しワッカー反応を行うことができることを報告している[12]。この反応は，CDが相間移動触媒として働き，長鎖オレフィンをCD包接化して水相に移動させ，長鎖オレフィンはパラジウム触媒によって酸化される。この反応システムには，基質選択性がみられ，反応終了後，ケトン体を容易に分離できる利点がある。尚，この反応条件ではCD無添加の場合，長鎖オレフィンはほとんど酸化されない。また，CDの種類によって反応速度に差はみられるものの何れのCDでも相間移動触媒として働くことが分かっている。しかし一方で，この反応ではメチルケトン体以外にもオレフィンの異性化など副反応生成物も得られる。

そこで，Monflierらは水溶性を高めた化学修飾CDである2,6-ジメチル-βCD（DMCD）を用いて同様の検討を行っている[13]。DMCDとともにPd/Cuのワッカー触媒を進化させたPd/V/Mo/Cu触媒を用いてのC 8-C 16の長鎖末端オレフィンの効率的なメチルケトン製造法を確立させている。表5に示すように，いずれのオレフィンからもメチルケトン体が90%以上の高収率で生成する。

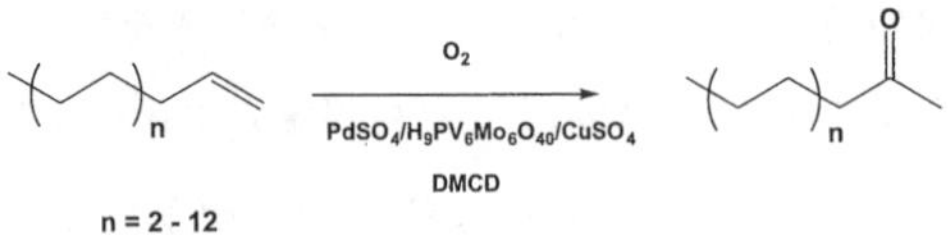

式7

前記のワッカー法と同様に長鎖末端オレフィンへのヒドロホルミル化反応にDMCDが相間移動触媒として有効であることが見出されている。Kuntzらによって水溶性リガンドであるtris(Na-m-sulfonatophenyl) phosphine（TPPTS）が発見された[14]。この発見によって，TPPTSを用いた水溶性のロジウム錯体を触媒とするヒドロホルミル化反応によるプロピレンからの経済的なブチルアルデヒド合成法（ルアケミー・ローヌプーラン法）が工業化されている[15]。この反応

表5　Oxidation of higher terminal olefines with per (2, 6-di-o-methyl)-β-cyclodextrin (DMCD)

Olefin	Time required for total conversion (hours)	2-Ketone Yield[a] (mol %)	Isomeric olefins Yield (mol %)
$C_6H_{13}CH=CH_2$	10	98	2
$C_7H_{15}CH=CH_2$	8	97	3
$C_8H_{17}CH=CH_2$	6	98	2
$C_9H_{19}CH=CH_2$	24	98	2
$C_{10}H_{21}CH=CH_2$	60	96	4
$C_{12}H_{25}CH=CH_2$	90	94	6
$C_{14}H_{29}CH=CH_2$	120	90	10

a) 2-ketone gas chromatografic yield

表6　Hydroformylation of water-insolube olefines with per (2, 6-di-o-methyl)-β-cyclodextrin (DMCD)

Olefin	Time (hours)	Conversion (mol %)	Aldehydes selectivity	n/i ratio (mol %)
$C_8H_{17}CH=CH_2$	6	100	95	1.9
$C_{10}H_{21}CH=CH_2$	6	64	90	1.9
Cyclohexyl-$CH=CH_2$	6	100	100	3.8
Phenyl-$CH=CH_2$	2	100	100	3.3
p-AcethoxyphenylCH$=CH_2$	0.75	100	100	0.09

Procedure：Rh (acac) (CO) 2 (0.16 mmol), TPPTS (0.8 mmol) and MCD (2.24 mmol) Were dissolved in 45 ml of water. 80 mmol of olefines and an internal standard For GC (4 mmol) were charged under N 2 into stainless steel autoclave, then heated at 80℃, and pressurized with 50 atm of CO/H 2 (1：1). Mechanical stirring.

は水溶液中で進行するため，水への溶解度の低い長鎖末端オレフィン（C 10—C 14）には適用できない。そこで，Monflierらはルアケミー・ローヌプーラン法へのDMCDの適用を試みている。表6に示すように長鎖末端オレフィンのみならず様々な非水溶性オレフィン類のヒドロホルミル化反応を検討している[16]（ここでは，文献の表から抜粋して示す）。1-デセンからの変換率は，DMCD無添加の場合には僅か9%であるもののDMCD添加によって100%を達成している。

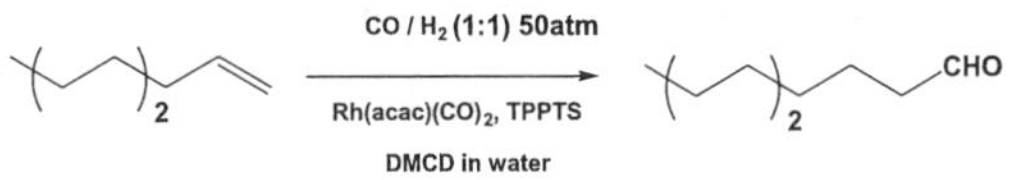

式8

変換率は高いものの，目的物であるノルマル（normal）アルデヒドとともに分岐（iso）アルデヒドと異性化オレフィンの副生成物が問題と考えられる。目的物の選択性がさらに向上する条件が見つかれば工業化も可能であろう。

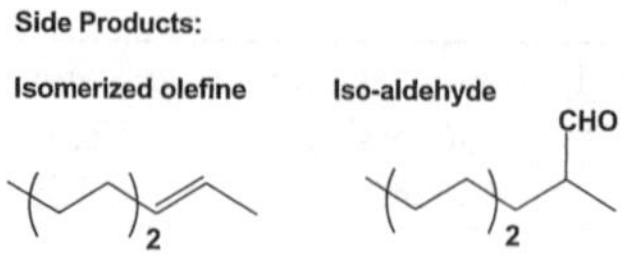

2.3　不斉合成反応

光学活性な D-(+)-グルコピラノースが環状に α-1, 4 結合した CD の空洞は不斉反応場と考えられるので，空洞内に取り込んだゲスト化合物の反応を不斉選択的に進行させることが期待できる。しかし，最初に CD を用いた Cramer らの不斉反応で得られたシアンヒドリンの光学収率は 1% ee 以下であった[17)]。Cramer らの研究から 20 年の時を経て，馬場らも，CD を用いてケトン不斉還元を試みたが，その光学収率はわずか 10% ee であった。

その後，桜庭らは光学活性なホスト分子としての CD がゲスト分子と形成する包接体の結晶場を利用する固相不斉反応の研究を行っている。α, β-不飽和カルボン酸の結晶 CD 包接体に塩素や臭素などの気体による固相—気相反応を行うと CD 空洞外での反応を抑制でき，光学収率は向上することを明らかにしている[18, 19)]。(E)-桂皮酸及びそのエステル類の結晶 CD 包接体に反応試剤として臭素，塩素ガスとの反応を試みると興味深いことに αCD 包接体と βCD 包接体では反応性がまったく異なる。αCD 包接体の場合，反応は全く進行しないが，βCD 包接体の場合は進行する。これは包接体の空洞空間（反応空間）サイズが反応試剤を受け入れるだけの広さを必要としていることを示している。

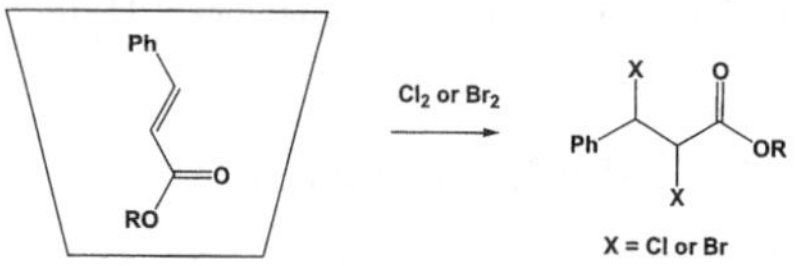

式 9

固相—気相反応系では反応試剤が気体に限定される。そこで，結晶 CD 包接体を用いた固相反応をより広く不斉合成に利用するために固—液不均一系反応が検討されている。この系の反応では，基質となるゲスト分子が液相に溶出しない条件設定が必要である。CD を用いる不斉固相—液相反応としては，これまでに，スルフィドの不斉酸化反応，芳香族ケトンの不斉還元反応，芳香族チオールと α, β-不飽和カルボニル化合物とのマイケル付加反応などが検討されており，場合によって，光学収率，反応収率において満足のいく反応も見出されてきている。しかしながら，CD 空洞を固定反応場とする固相反応は，簡便な手法ではあるものの，残念ながら，CD を触媒的に用いることはできない。CD の空洞をキラルテンプレートとした不斉触媒反応の確立が CD

を用いる工業的不斉合成の必須条件であろう。

井上らは，伝統的な熱的不斉合成反応に対してCDを用いる光不斉合成反応を検討している。最近，種々のキラルな超分子の疎水空間を不斉反応場として用いる超分子光不斉合成が盛んに研究されるようになってきたが[20]，紫外可視領域の光に対して透明なCDはキラル反応場としての条件をすべて備えている理想的なホスト分子である。そこで，そのCDをキラルホストとして用い，2-アントラセンカルボン酸のエナンチオ区別光環化付加反応を試みている（式10）。これまで一般的には，光不斉合成による光学収率（ee）は，数%に留まる場合が殆どであったが，この手法で条件次第で40-80% eeを達成している[21,22]。これからの進展に期待したい。

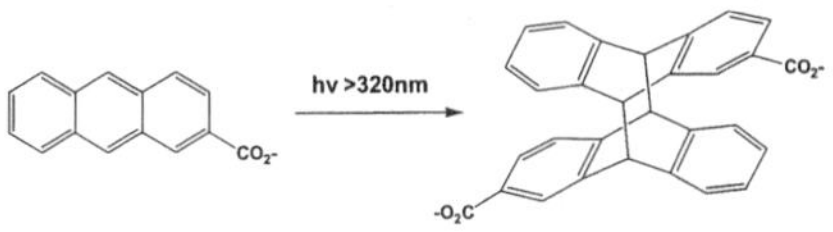

式10

3　CD-基質結合的反応

CD-基質結合的反応とは，先ず，天然型CDや化学修飾CDの水酸基や置換基と反応基質との水素結合，イオン結合，または，共有結合で反応中間体を形成させ，反応基質をCDに固定化し，次に，反応に関与するもう一方の基質がCD空洞内に取り込まれて進行する反応であり，高選択性の反応が期待できる。ここではその中でも工業化の期待できるCDを触媒的に用いた反応，酵素類似反応について取り上げる。CDを用いた酵素モデルの研究は生化学的な酵素機能解明の目的に留まるものではなく，温和な条件下で，高収率，高選択性（化学，位置，立体），あるいは基質特異性を達成する極めて効率的な反応触媒開発を新機軸として，有機合成化学的見地からも大きな期待が寄せられている。

3.1　加水分解触媒反応

3.1.1　エステルおよびアミドの加水分解

Benderらの CDの加水分解触媒作用に関する報告はCDケミストリーの幕開けであった[23]。この報告のエステルの加水分解はCD包接に伴った酵素類似メカニズムで進行することから「人工酵素モデル」として注目された。速度論的考察及び検討については数多くの論文，総説，書籍に記載されているので，ここでは省略する[24]。

フェニルエステルがCDと包接体を形成する際，フェニル基がCDの空洞の広い二級水酸基側から中に入る。次に，フェニルエステルの開裂は基質のカルボニル炭素原子に対する二級水酸基

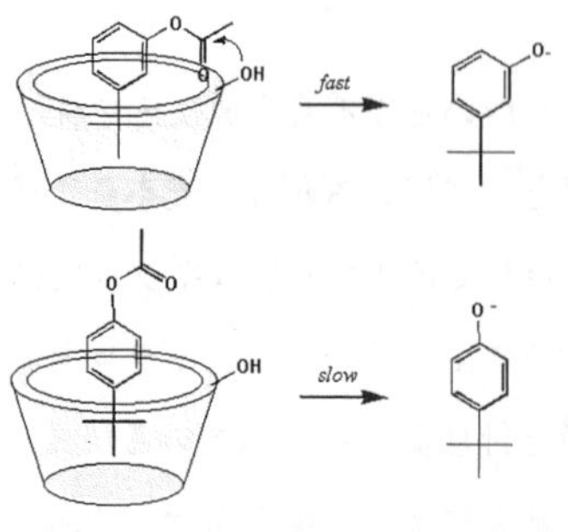

図8　フェニルエステルの加水分解反応

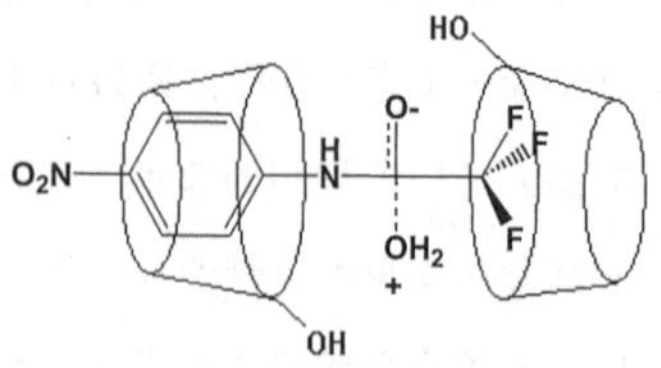

図9　1：2包接錯体中の基質の遷移状態

（イオン化した状態にある）の求核攻撃で進行する。

図8に示すようにm-t-ブチルフェニルエステルの場合にはαCDの二級水酸基がカルボニル炭素原子を求核的に攻撃しやすい状態にあるが，p-t-ブチルフェニルエステルの場合，カルボニル基は二級水酸基から遠い。結果，エステル開裂速度はαCDによって，m体では260倍に加速されるが，p体は1.1倍とほとんど加速されない。

CDを触媒として用いるアミドの加水分解反応の研究例はエステルに比べて極めて少ない。その中で，p-ニトロトリフルオロアセトアニリドの加水分解反応におけるCDの加速作用に関して興味深い報告がある[25]。αCD，βCD，そして，ヒドロキシプロピル化βCDに触媒作用があることが示されている。トリフルオロアセトアニリド，m-ニトロトリフルオロアセトアニリドを基質に選択するとCDは反応を阻害する。これらの場合，アシル化CD中間体を形成するメカニズムをとるためとしている。p-ニトロトリフルオロアセトアニリドの場合，図9にその遷移状態を示すが，基質とCDが1：2の錯体が形成され，pH 7で反応の加速がみられている。

3.2　アミド合成反応

酵素モデルとしての前述の加水分解反応は熱力学的に有利なものであり，水系での脱水縮合反応のような分子を構築する同化型反応の開発例は極めて少ない。そこで筆者のグループは，CDの分子認識能を活かした基質特異的なアミド合成反応を開発することに成功している[26,27]。このアシル基転移酵素（アシルトランスフェラーゼ）モデルは，従来にない全く新規な開発なので，開発に至った経緯を，少し詳細に紹介したい。

筆者らは先に，クロロジメトキシトリアジン（CDMT）のTHF溶液にメチルモルホリン（NMM）を作用させるだけで定量的に生成する白色沈殿が，4-(4,6-dimethoxy-1,3,5-triazin-2-yl)-4-methylmorpholiniumchloride（DMT-MM）であると同定し，これが新規な脱水縮合剤として優れた能力があることを見出している[28,29]。

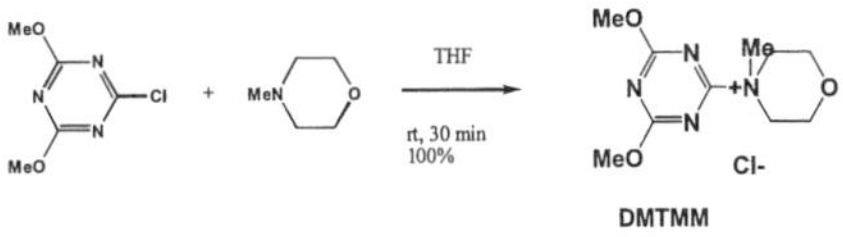

式11

DMT-MMは当初，抗生物質セファロスポリン合成を簡略化するため，反応性の異なる2種のアミノ基の一方を選択的にアミド化できる脱水縮合剤として開発された（式12)。

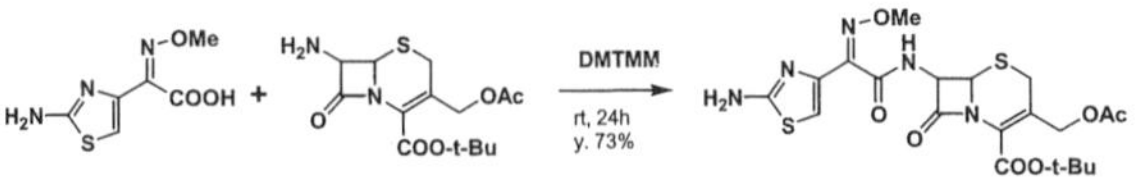

式12

しかし，水やアルコール溶媒中でも選択的にアミド化反応が進行することが判明し，この脱水縮合剤の注目度はさらに高まった。この縮合反応では，カルボキシラートアニオンがDMT-MMに付加して，活性エステルであるアシロキシトリアジンを中間体として与えるものと考えられる(式13)。

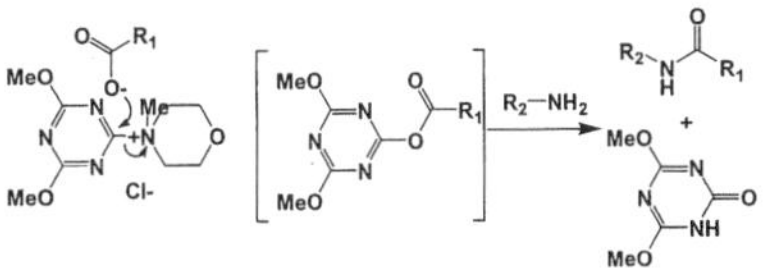

式13

この中間体は，アミンによる攻撃を速やかに受けるが，水やアルコールに対しては適度な安定性を有しているためにアミド化反応が可能になるものと考えられる。また，NMMの代わりに別の3級アミンを導入したトリアジン化合物にも同様の縮合剤としての作用があることが判明した。

一方，CDの疎水性相互作用は，疎水性物質の包接錯体を形成するための重要なdriving forceであり，水中で最も強く発現される。そこで水溶媒中でのアミド化反応を触媒する3級アミンに基質結合部位としてCDを導入すれば，包接錯体の効果的な形成を伴うアシル基転移酵素モデルとなると考え，図10に示すような触媒系をデザインした。すなわち，3級アミンとしてジメチルグリシンを導入したCD誘導体（1）をアポ酵素として用い，これが補酵素であるCDMTと結合し，ホロ酵素（2）になる。基質にCDとの親和性の高い芳香族カルボン酸を用いれば安定なES錯体（3）を形成し，引き続き近傍に位置するトリアジノ基を優先的に攻撃してEP錯体（4）となる。得られた活性エステルが次に系内の1級アミンと反応して水に不溶なアミドを与えれば，EP錯体（4）の解離は不可逆となり，その結果CDは初期のアポ酵素（1）の状態に戻り再び次の反応サイクルへ利用される。

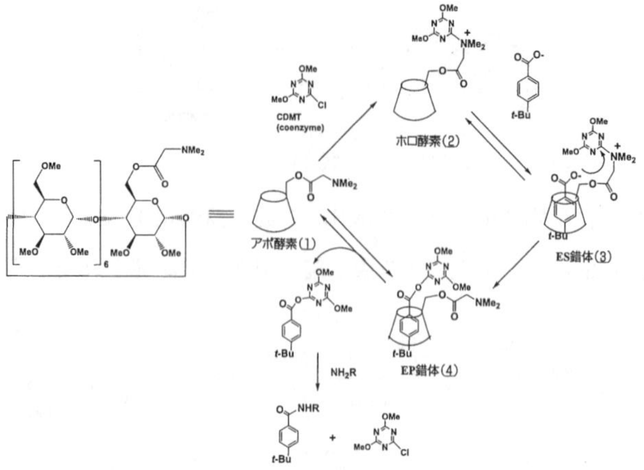

図 10　CD 誘導体によるアシル基転移酵素モデル

表 7　Substrate-Specific Formation of Carboxyamide by CD catalyst

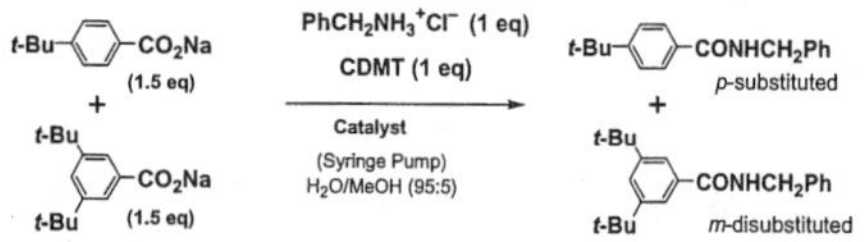

catalyst	time	yield	p : m
(1) (1 eq)	9 h	90%	88 : 12
$Me_2NCH_2CO_2Et$ (1 eq) + (5) (1 eq)	16 h	54%	52 : 48
(1) (0.2 eq)	20 h	87%	87 : 13

CD 誘導体（1）を用いた触媒反応の基質特異性は，p-t-ブチル安息香酸ナトリウム（パラ体）と 3,5-ジ-t-ブチル安息香酸ナトリウム（メタ体）の競合的反応によって生成するアミドの比率から評価している。これらの二つの基質では，カルボキシル基の周りの立体的および電気的性質に大きな違いはなく，縮合剤に対する反応性は同程度と考えられる。しかし，CD の空孔に対する親和性には大きな違いがあり，上記の機構に従ってパラ体が特異的にアミド化される可能性がある。実際，表 7 に示すようにフェネチルアミンとの縮合を 1 当量の（1）の存在下で行ったところ，パラ体由来のアミドが 88：12 の比率で優位に得られた（Run 1）。対照実験として（1）の代わりに，ジメチルグリシンエチルエステルとパーメチル化 βCD（5）を組み合わせて用いたところ選択性はまったく見られなかったことから（Run 2），基質特異性の発現には基質結合部位（CD）と触媒部位（ジメチルアミノ基）とが共有結合していることが必須であることが示さ

れた（1)。を触媒量の0.2当量に減らしても，収率，選択性ともに1当量用いた場合と同じ結果が得られている（Run 3)。

酵素モデルは必要条件として，反応系で再生を繰り返す触媒として働くこと，反応を加速すること，分子認識に基づく選択性を示すことが挙げられるが，このアシル基転移酵素モデルはこれらの条件を十分に満足している点で注目に値する。CDに3級アミノ基を導入するだけでアポ酵素に変換できることから，幅広い応用が可能な触媒系として今後の発展が期待できるものである。

4　おわりに

筆者が開発に関わった「CDを相間移動触媒として用いる複素ビシクロ環化合物の簡便合成」と「アシル基転移酵素モデル：CDによる基質特異的アミド化反応」については総説でありながら開発の背景から詳述した。この二つの研究開発は，有機合成化学が専門の筆者が偶然にCDと出会うことになったのが理由で発見されたものである。「複素ビシクロ環合成」は，学生時代からの研究で未完成のままずっと気になっていた最後の仕上げであるビシクロ環合成をCDを使うことで成し遂げることができたものである。そして，「基質特異的アミド化反応」は，CDに出会う前にドイツワッカー社で有機合成の研究に従事していた頃に検討していた選択的アミド化反応をCDを用いる全く新規な概念に基づくアシル基転移酵素モデルとして進化させたものである。これら二つの研究は，いずれも初期にはCDと関係のなかった研究でありながらCDを用いることで紆余曲折を経て完成した技術と考えている。また，この総説は，筆者の開発以外にも，これまで検討されてきたCDを用いた有機合成反応や触媒反応の中で，特に工業化ポテンシャルの高い技術や将来的に工業化のヒントになるような技術を中心にまとめている。今後のCDを用いる研究開発のdriving forceになれば幸いである。

文　　献

1)　寺尾啓二，岡田恭子，内原良子，国嶋崇隆，谷昇平，舘巌，萩原滋（ワッカーケミカルズ，神戸学院大学，日宝化学)，第19回シクロデキストリンシンポジウム講演要旨集（2001京都）
2)　M. Komiyama and H. Hirai, *J. Am. Chem. Soc.*, 105, 2018（1983）
3)　M. Komiyama and H. Hirai, *J. Am. Chem. Soc.*, 106, 174（1984）
4)　H. Hirai, H. Mihori, R. Terakado, *Makromol. Chem., Rapid Commun.* 14, 439（1993）

5) M. A. Saleh, F. Compernolle, S. Van den Branden, W. D. Buysser and G. Hoornaert, *J. Org. Chem.*, **58**, 2212 (1993)
6) M. A. Saleh, F. Compernolle, S. Toppet and G. Hoornaert, *J. Chem. Soc. Perkin Trans. I.*, (1995) 369
7) 寺尾啓二，武智祐美子，国嶋崇隆，谷昇平（ワッカーケミカルズ，神戸学院大学），第18回シクロデキストリンシンポジウム講演要旨集（2000 厚木）
8) K. Terao, Y. Takechi, M. Kunishima, S. Tani, A. Ito, C. Yamasaki, and S. Fukuzawa, *Chem. Lett.* (2002) 522–523
9) A. Toshimitsu, K. Terao and S. Uemura, *J. Org. Chem.*, (1987) **52**, 2018
10) J. Tsuji, I. Shimizu, and K. Yamamoto, *Tetrahedoron Lett.*, 2975 (1976)
11) J. Tsuji, H. Nagashima, and H. Nemoto, *Org. Synth.*, **62**, 9 (1989)
12) A. Harada, Y. Hu, and S. Takahashi, *Chem. Lett.*, 2083 (1986)
13) E. Monflier, S. Tilloy, G. Fremy, Y. Barbaux, and A. Mortreux, *Tetrahedoron Lett.*, **36** (3), 387 (1995)
14) E. G. Kuntz, *Chemtech*, **17**, 570 (1987)
15) B. Cornils, E. Wiebus, *Chemtech* **24**, 123 (1995)
16) E. Monflier, S. Tilloy, G. Fremy, Y. Castanet, and A. Mortreux, *Tetrahedoron Lett.*, **36** (52), 9481 (1995)
17) F. Cramer, and W. Dietsche, *Chem. Ber.*, **92**, 1739 (1959)
18) H. Sakuraba, T. Nakai, and Y. Tanaka, *J. Incl. Phenom.*, **2**, 829 (1984)
19) Y. Tanaka, H. Sakuraba, Y. Oka, and H. Nakanishi, *J. Incl. Phenom.*, **2**, 841 (1984)
20) Y. Inoue, *Nature*, **436**, 1099 (2005)
21) A. Nakamura and Y. Inoue, *J. Am. Chem. Soc.*, **127**, 5338 (2005)
22) C. Yang, A. Nakamura, T. Wada, and Y. Inoue, *Org. Lett.*, **8**, 3005 (2006)
23) R. L. van Etten, J. F. Sebastian, G. A. Clowes, and M. L. Bender, *J. Am. Chem. Soc.*, **89**, 3242 & 3253 (1967)
24) M. L. Bender and M. Komiyama, *Cyclodextrin Chemistry*, Springer-Verlag, Berlin (1979)；ベンダー，小宮山，シクロデキストリンの化学，学会出版センター
25) A. Granados and R. H. deRossi, *J. Org. Chem.*, **58**, 1771 (1993)
26) M. Kunishima, K. Yoshimura, H. Morigaki, R. Kawamata, K. Terao, and S. Tani, *J. Am. Chem. Soc.*, **123**, 10760 (2001)
27) M. Kunishima, Y. Watanabe, K. Terao, and S. Tani, *Eur. J. Org. Chem.* (2004) 4535–4540
28) M. Kunishima, C. Kawachi, F. Iwasaki, K. Terao, and S. Tani, *Tetrahedron Lett.*, **40**, 5327 (1999)
29) M. Kunishima, C. Kawachi, J. Morita, K. Terao, F. Iwasaki, and S. Tani, *Tetrahedron* **55**, 13159 (1999)

第22章　蛍光性シクロデキストリンによる分子認識

濱田文男*

1　はじめに

シクロデキストリン（CD）はグルコースが環状にエーテル結合した水溶性の有機ホストとして知られ，疎水性雰囲気の空孔を有する。また，CDはデンプン酵素分解物であり，環境と生体にとっては無害であり，医薬品あるいは食品として使用される。その特徴としては，水溶液中で有機化合物を疎水相互作用により自らの空孔に取り込み包接化合物形成を行う。現在，世界では，7万から8万種類の化学物質が使用されており，特に，その中で環境ホルモンと疑われている物質は約70種類ほどである。有機分子の目的に応じた迅速且つ低コストの分析法としては酵素免疫測定法が紹介されているが[1)]，CDの分子認識が環境に有害な有機分子に対するセンシングとして有効に機能するならば，簡易で安価なシステムの構築が期待される。

本来，CDは分光学的に不活性であり，分子センシングのためのプローブ（探り針）が必要となる。プローブとして蛍光剤の導入が有効であり，蛍光性CDによる分子センシングは1980年代に初めて報告され[2)]，その後多くの蛍光性シクロデキストリンの合成と分子センシングについて研究が行われている。その結果，蛍光CDの分子認識機構については，誘導適合型包接挙動であることが報告されている。その概要は図1に示す6つのタイプがある[2)]（CDの上縁部（C-6位）の修飾に限定した場合である）。修飾残基である蛍光剤はゲスト分子を包接しながらCD疎

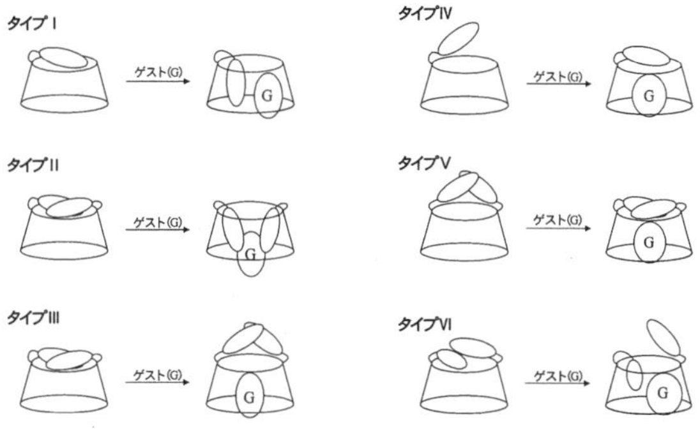

図1　蛍光性シクロデキストリンの誘導適合型包接挙動

*　Fumio Hamada　秋田大学　工学資源学部　教授

水空孔内から空孔外へと移動するタイプ，あるいは空孔内を狭くしながらスペーサーとして働きながら包接を進行させるタイプに分けられる。この時，蛍光強度は大きく変化し，この変化の大きさが分子センシングの強度を示すパラメーターとなる。一般に，蛍光性を示すこれら修飾残基が親水性環境（空孔外）にあるとき，疎水環境（空孔内）にあるときよりも蛍光強度が減少することが知られている。このように，修飾残基はゲスト分子包接のプローブとしての機能にプラスして疎水性を増す残基として，あるいは，ゲスト分子が空孔サイズに適合するようなスペーサーとしての機能があり，修飾CDの魅力になっている。

2　蛍光性修飾CDの合成

2.1　ホモ修飾β-，γ-CDの合成[3)]

CDはα-，β-及びγ-体が一般的に知られており，構成単位であるグルコースの数がそれぞれ6，7及び8個である。筆者らはシクロデキストリン1級水酸基側に位置選択的に2個の蛍光性残基を導入し，分子センシングについて検討した。分子センシングにはβ-及びγ-体を用いた。7個及び8個のグルコース単位を時計廻りにA，B，C，D，Eと順に命名し，それぞれのグルコースに2個のトシル基を位置選択的に導入した誘導体を逆相カラムにて分離精製し，それぞれAB，AC，AD，AE，AF体とする。さらに脱離基であるトシル基をはずし，蛍光剤を導入し位置選択的に修飾した目的物を合成，カラムにて精製後，単離・同定し，分子センシングのホストとする。導入した蛍光剤は，アントラニル基，ダンシル基，ピレン基，ナフチル基等で検討した。アントラニル基を導入したホモ修飾β-CDの合成法について図2-1，ホモ修飾γ-CDの合成法について図2-2に概略を示す。

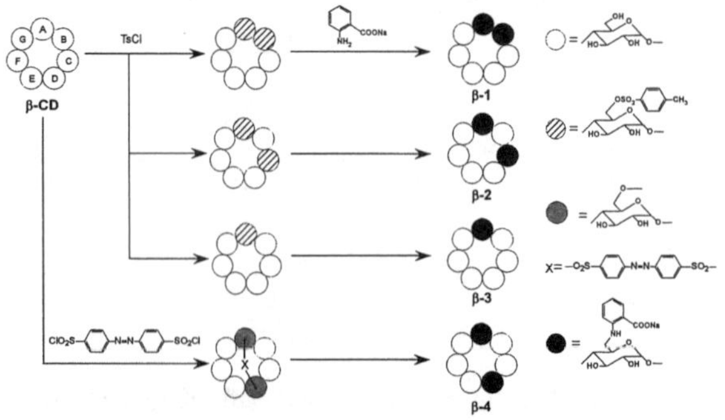

図2-1　ホモ修飾β-CD合成方法

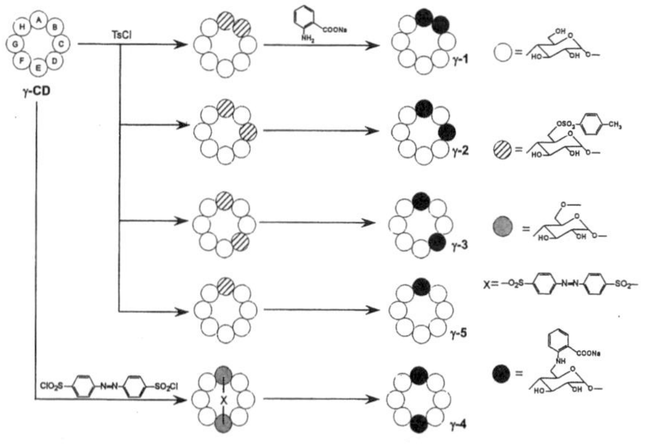

図2-2　ホモ修飾γ-CD合成方法

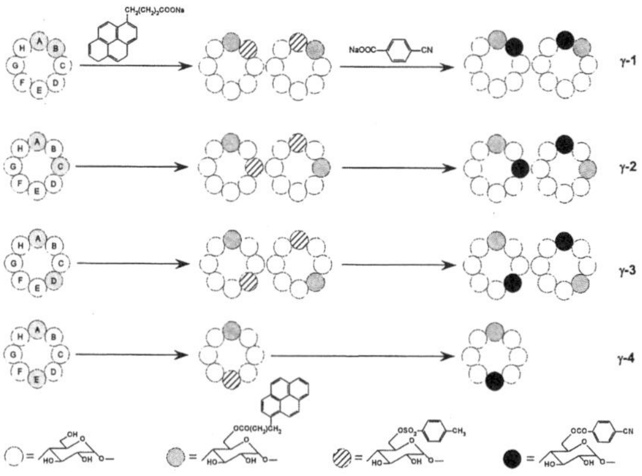

図3　ヘテロ修飾γ-CD合成方法

2.2　ヘテロ修飾体β-，γ-CDの合成[4)]

2個のトシル基を1個のみ選択的に脱離し，1個の蛍光残基を導入し，カラム分離精製後，さらにヘテロな残基を導入し，逆相カラムにより分離・精製後，目的物を同定した。ここではピレン-シアノベンゼン基修飾γ-CD体の合成法を図3に示す。位置選択的に合成したホストはそれぞれγ-1，γ-2，γ-3及びγ-4となり，γ-4除きγ-1，γ-2及びγ-3はエピマーの混合物として存在している可能性がある。

2.3　ホモ修飾ダイマーβ-，γ-CDの合成[5)]

CDを2個連結したダイマーはゲスト包接部位が増加することで，モノマーCDには見られない高い機能性を有する分子認識の可能性を含む。CDをモノトシル化した後，エチレンジアミン鎖を共有結合させ，アミノ末端を介してもう一つのCDを連結させる。二級アミン部分が2個存

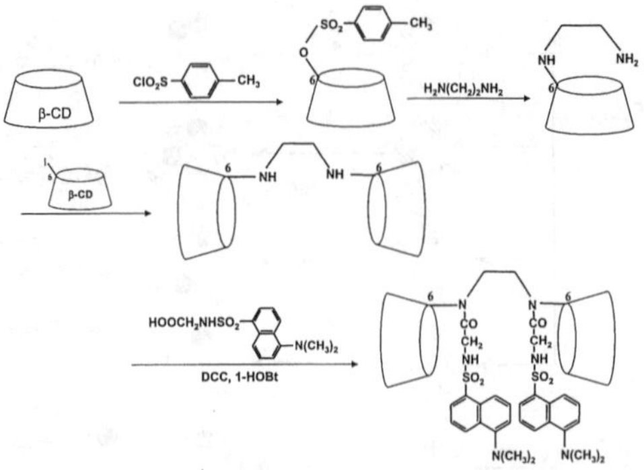

図 4　ホモ修飾ダイマー β-CD 合成方法

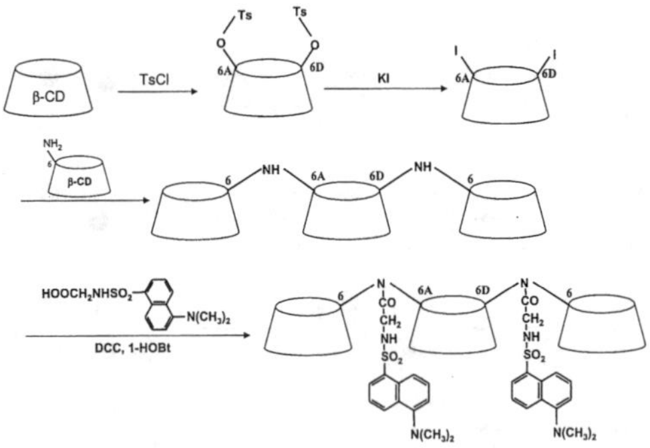

図 5　ホモ修飾トリマー β-CD 合成方法

在するために，縮合反応にて 2 個の蛍光残基の導入可能となり，蛍光性 CD ダイマーが誕生する。ここでは γ 体の合成法を図 4 に示す。検討した蛍光残基として，ピレン基，ダンシル基，ナフタレン基等である。

2.4　ホモ修飾トリマー β-CD の合成[6)]

ダイマーに続き，さらに分子認識部位を増加させるためには，トリマー，テトラマーと順に CD を連結することが考えられる。ここではトリマーの合成法（図 5）を示す。位置選択的にトシル化した AD 体に KI を作用させ，ヨード体を合成する。これに，アミノ化 β-CD を作用させ，トリマーを合成した。ダンシルカルボン酸とトリマーを縮合反応に付すことで目的の蛍光ホストを得ることができる。

2.5　上縁部及び下縁部へテロ修飾 CD の合成[7)]

寺西等により開発された CD 下縁部（C-2 位）のスルフォニル化により，下縁部への蛍光剤の

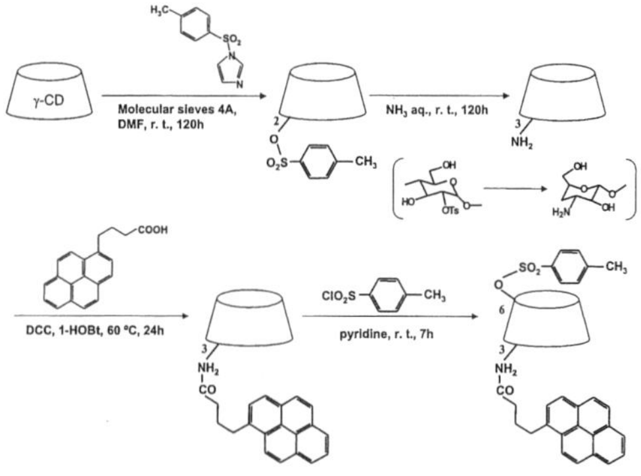

図6　上縁部及び下縁部へテロ修飾γ-CD合成方法

導入は容易となり，上縁部（C-6）及び下縁部（C-3）の両サイドの蛍光剤の導入も可能となった。下縁部への蛍光剤の導入では結合部位がC-2からC-3へと移動する。図6に合成法を示す。C-6位にトシル基，C-2に蛍光性を示すピレン基を導入したものである。生成物におけるトシル基，ピレン基の位置は不明である。位置異性体の混合物である可能性も有しており，正確に互いの修飾基の位置を決定することは出来ていない。

3　下縁部キャップ化蛍光CDの合成[8)]

寺西等によるキャプドド化CD合成法にて図7に示すβ-CD誘導体を合成した。

架橋部位はβ-体では選択的であり，γ-体では3種類の誘導体が合成される（図8）。

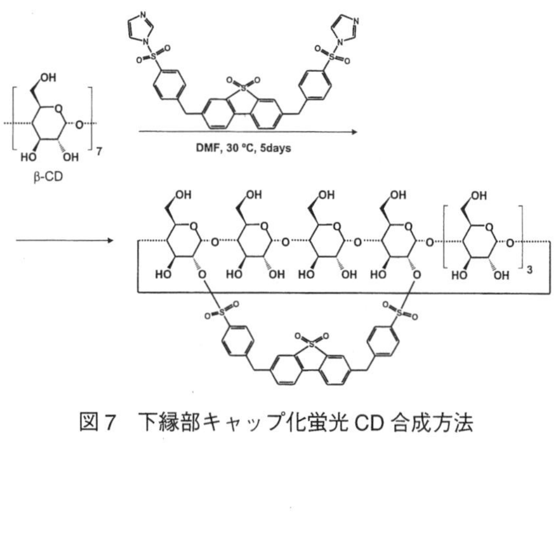

図7　下縁部キャップ化蛍光CD合成方法

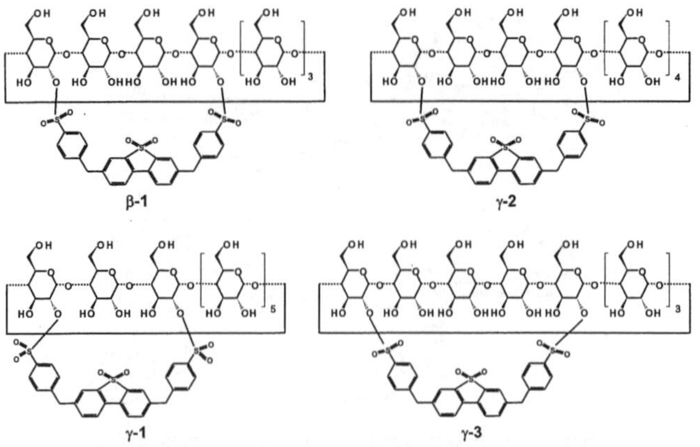

図8　下縁部キャップ化蛍光β-CD 及びγ-CD 誘導体

4　ホモ修飾β-，γ-CD の分子センシング及び分子認識機構

ホモ修飾 CD は位置選択的に修飾残基を導入し，分子センシングに対する位置選択性の有効性及び空孔の違い，すなわちβ-，γ-CD による分子センシングについて検討した。ここでは，アントラニル基導入のホストを用いた場合について紹介する。

図 9 に 4 種類のアントラニル基導入β-CD 体の吸収スペクトルを示した。吸収スペクトルを観察すると，β-3 が他の 3 種類のホスト分子とパターンが異なることが判る。また，誘起円二色性スペクトルにおいても，それぞれ特異なパターンを示している（図 10）。これは，修飾位置の違いによりゲスト分子認識の際に，修飾残基の挙動が異なることを示したものである。

図 11 にβ-3 の修飾残基の誘導適合型包接挙動を示した。比較的小さな分子サイズのゲストの

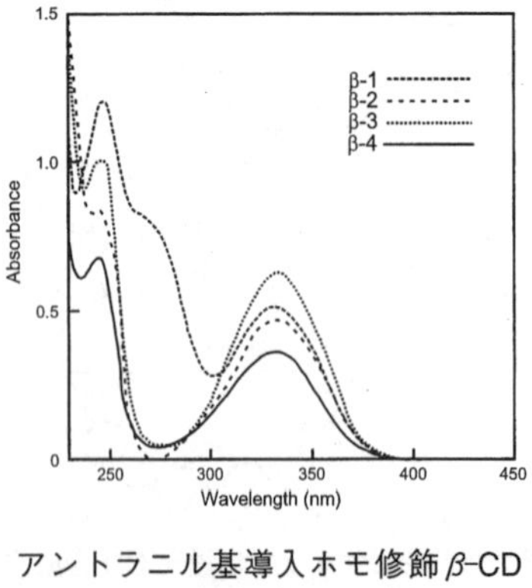

図9　アントラニル基導入ホモ修飾β-CD（β-1，β-2，β-3，β-4）の 10 vol%エチレングリコール水溶液中の UV スペクトル（濃度：10^{-4}M）

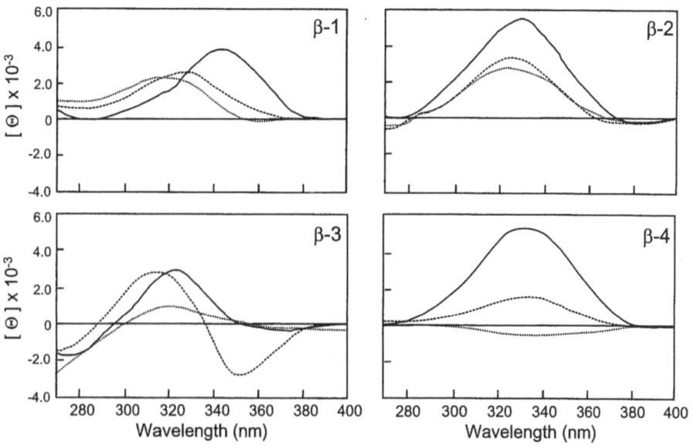

図10　アントラニル基導入ホモ修飾β-CD（β-1，β-2，β-3，β-4）の10 vol%エチレングリコール水溶液中の誘起円二色性スペクトル（濃度：10^{-4}M，------：ホストのみ，- - -：(−)-メントール添加，——：ウルソデオキシコール酸添加）

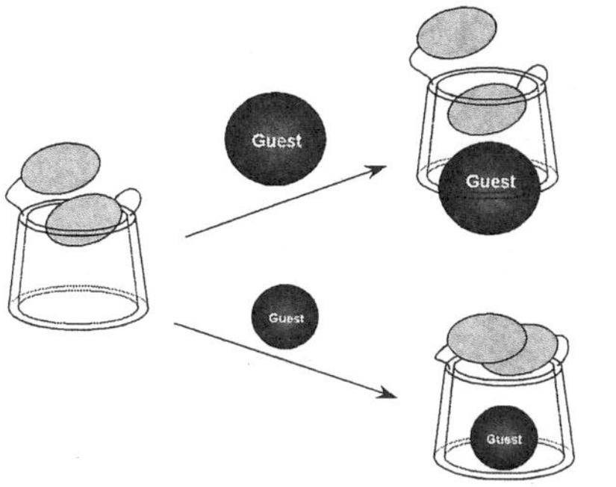

図11　β-3のゲスト添加における誘導適応型包接挙動のモデル図

場合には，修飾残基は共にCD空孔上部に位置して疎水性残基して機能していることが判る。一方，大きなサイズのゲストの場合には，一つの残基が空孔深く入り込みゲスト分子と疎水相互作用により接触していると考えられる。これは図1で示した6つのパターンとは異なる挙動である。

図12にβ-2のゲスト分子添加に伴う蛍光スペクトル変化を示す。ゲスト添加により蛍光強度は増加しており，この変化率はゲストの種類により異なることから分子センシングとして有効となる。センシングを示すパラメーターとして$\Delta I/I_0$を設定した。ここでI_0はゲスト無添加時の蛍光強度，Iは一定濃度のゲスト添加時の蛍光強度を示す。用いたゲスト分子の一覧を図13に示す。添加濃度は9を除き1.0 mMとした。9の添加濃度は0.1 mMである。ΔIは$I-I_0$となる。16種類のゲスト分子に対するセンシングパラメーター値を図14及び図15に示した。尚，β-4及びγ-5はモノ置換体である。β-1はゲスト分子，1から9の比較的小さいゲストに対して高いセンシングを示している。

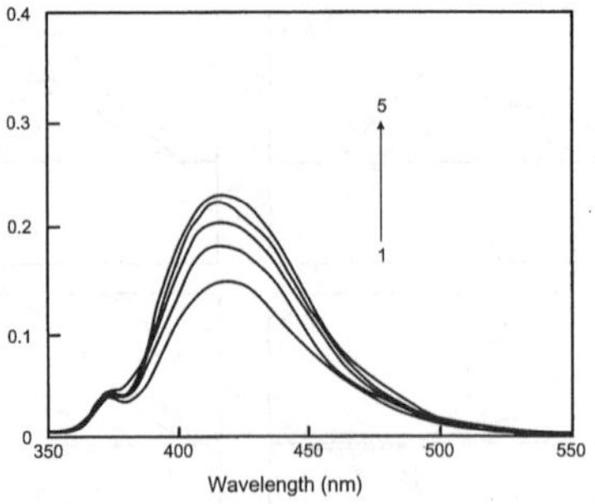

図12　ホモ修飾β-2のゲスト分子（ウルソデオキシコール酸）添加における蛍光スペクトル変化

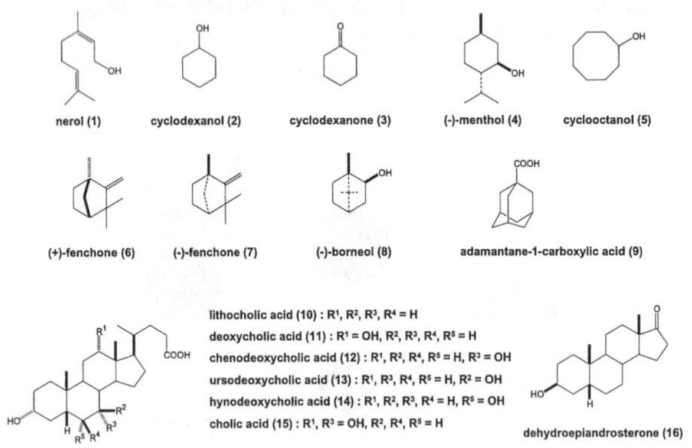

図13　ゲスト分子

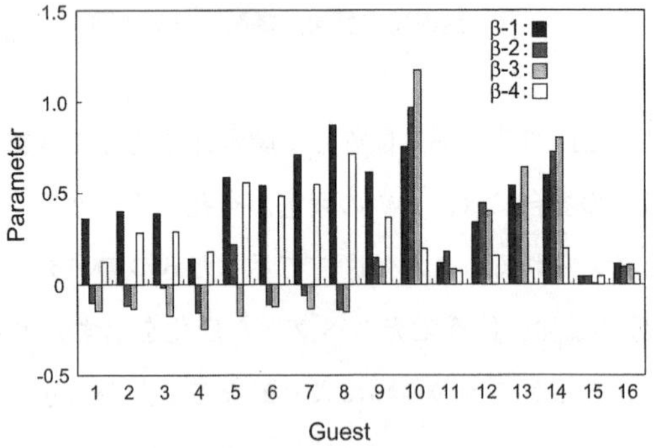

図14　ホモ修飾β-CD誘導体のゲスト分子に対するセンシングパラメーター値

β-1とγ-4は1から9のゲストに対して類似したセンシングを示してが，比較的大きなゲストへのセンシングではかなり異なるパターンであることが示された。一方において，β-2とβ-3のセンシングは全てのゲストに対して類似のパターンである。このことから，修飾位置がセンシン

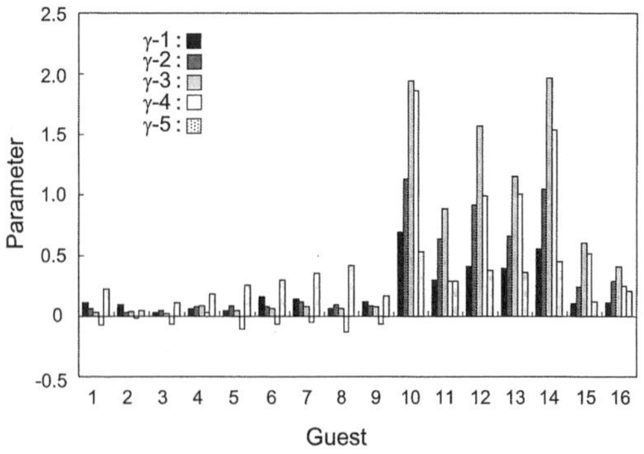

図15　ホモ修飾γ-CD誘導体のゲスト分子に対するセンシングパラメーター値

グに大きな影響を示すことが明らかとなった。図15に示したγ-CD誘導体の場合，γ-5は小さなサイズのゲストに対し高いセンシングを示している。しかもγ-1とγ-5はサイズの大きなゲストに対して類似のセンシングパターンを示している。胆汁酸に対するセンシングでは，γ-3＞γ-4＞γ-2＞γ-1＞γ-5であり，このことからも修飾位置の違いによるセンシングへの影響は明らかである。さらに結合定数との相関においては，ほぼセンシング強度と大きさが一致していることも明らかとなっている。センシングの応答限界について示したのが図16，17である。明らかに，ゲストにより応答限界が異なることが判り，濃度依存性も確認された。9種のホスト分子のゲスト分子，すなわち，(−)-menthol，(−)-borneol，adamantane-1-carboxylic acid，lithocholic acid，deoxycholic acid，chenodeoxylcholic acid，ursodeoxycholic acid，hydrodeoxylcholic acid及びcholic acidに対するセンシングダイヤグラムについて図18に示した。(−)-mentholに対して9種の全てのホスト分子が弱い応答を示している。しかし，他のゲスト分子であるlithocholic

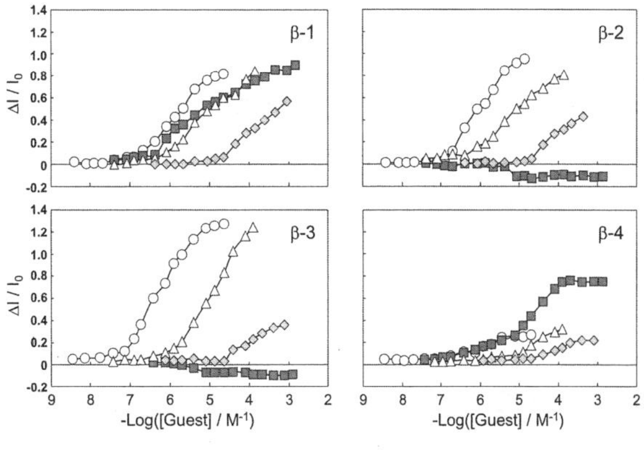

図16　ホモ修飾β-CD誘導体のゲスト分子に対するセンシング応答限界
(○：(−)-ボルネオール，■：リトコール酸，△：ウルソデオキシコール酸，◆：コール酸)

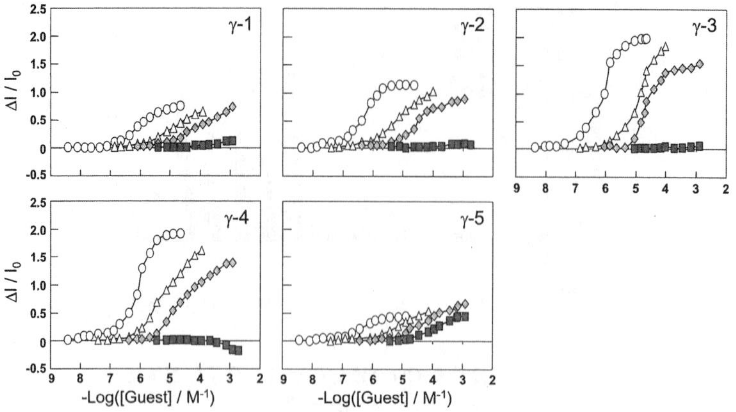

図 17　ホモ修飾 γ-CD 誘導体のゲスト分子に対するセンシング応答限界（○：(−)-ボルネオール，■：リトコール酸，△：ウルソデオキシコール酸，◆：コール酸）

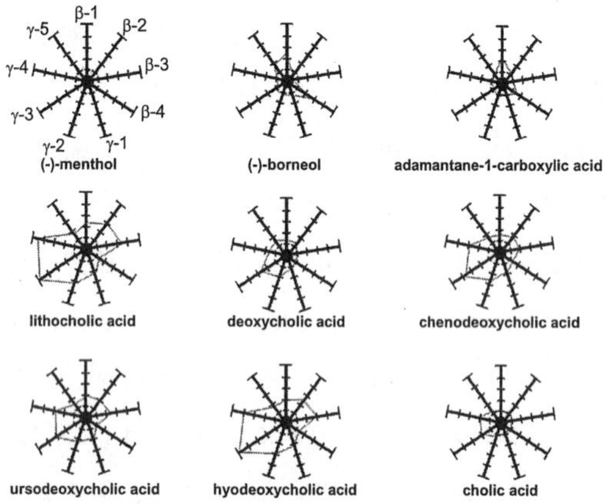

図 18　ホモ修飾 β-及び γ-CD（β-1～β-4，γ-1～γ-5）のセンシングダイヤグラム

acid，chenodeoxylcholic acid，ursodeoxylcholic acid 及び hyodeoxylcholic acid に対しては応答性が異なるダイアグラムを示しており，これら修飾 CD はゲスト分子をパターン認識できる可能性が期待される。また，ホモ修飾 CD を用いて環境ホルモン類への分子センシングについては興味ある知見が生まれている。

5　ヘテロ修飾 β-，γ-CD の分子センシング及び分子認識機構

ヘテロな修飾残基を導入した場合に，修飾残基間の相互作用により分子センシングが可能となる。ここでは，ピレン-シアノベンゼン修飾体について分子内エクサイプレックス発光に基づく

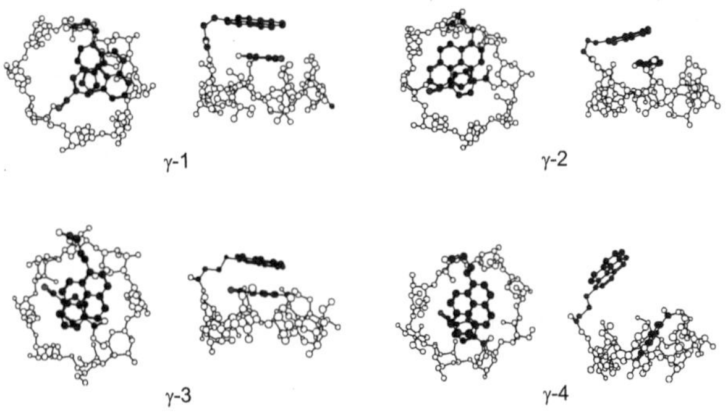

図 19　ヘテロ修飾γ-CD（γ-1〜γ-4）の分子モデル図

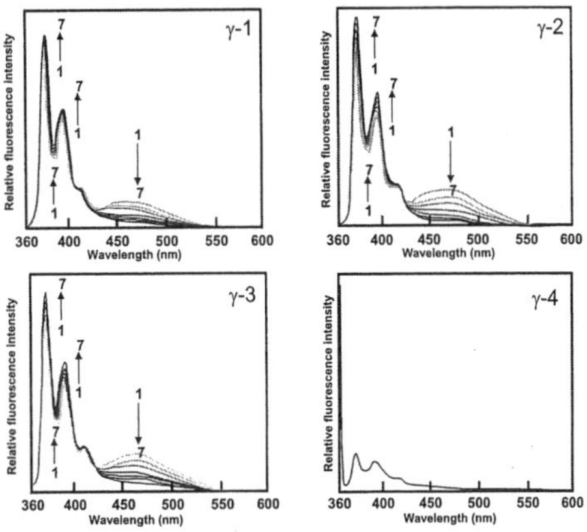

図 20　ヘテロ修飾γ-CD（γ-1〜γ-4）の（ウルソデオキシコール酸）
添加における蛍光スペクトル変化

センシングを紹介する。図 19 に 4 種のホスト分子のエネルギー最小値構造を示した[8]。この図から，γ-1 とγ-3 では，ヘテロな修飾残基は CD 空孔に平衡に位置しており，一方γ-2 は CD 空孔に平衡を保ちながら斜めに位置していることが判る。しかしながら，γ-4 では両者の位置は平衡にはなく，エクサイプレックス発光は期待できないことが理解される。図 20 に，4 種のホスト分子のゲスト分子添加前及び添加後の蛍光スペクトルを示す。ゲスト無添加のγ-1，γ-2，及びγ-3 では，モノマー及びエクサイプレックス発光が 478 nm に観察されたが，γ-4 は弱いモノマー蛍光が観察されたにすぎなかった。エクサイプレックス蛍光は非極性媒体，すなわち疎水環境下で観察されやすいことが報告されている[9]。エクサイプレックス蛍光が観察されたγ-1，γ-2 及びγ-3 では，ピレンとシアノベンゼンが平衡に位置しており，且つ CD の疎水環境下に存在していること意味している。

図 19 に示した様にγ-4 はピレン基がすでに CD 空孔外に出ており，シアノベンゼンとも離れた位置にあるため，弱いモノマー蛍光のみの発光であることが理解される。これらの機構を用い

て分子センシングを検討した結果を図20に示した。センシングパラメーターはセンシングを示すパラメーターとして$\Delta I_{ex}/I^0ex$を設定した。ここでI^0_{ex}はゲスト無添加時の478 nmのエクサイプレックス蛍光強度，I_{ex}は一定濃度のゲスト添加時の蛍光強度を示す。添加濃度は胆汁酸類が0.1 mM，アルコール類が1.0 mMとした。ΔI_{ex}はI^0_{ex}-I_{ex}となる。ゲスト分子は，ursodeoxycholic acid(13)，deoxycholic acid(11)，chenodeoxycholic acid(12)，(－)-borneol(8) 及びcyclooctanol (5) を用いて検討している。その結果，センシングの強さはγ-2>γ-1>γ-3の順であり，修飾位置が分子センシングに強く影響することが明らかとなった。

6 おわりに[10)]

今回紹介したCDによる分子認識は修飾CDに限定したものであり，且つ蛍光強度変化をパラメーターとした直接的かつ簡便性を求めたシステムの構築である。パラメーター値の大小と結合定数が必ずしも一致する系のみではない場合が見られることも事実である。しかしながら，有機分子を認識し，検出するシステムにおいては有効な手段と考えられる。環境ホルモン類に対するセンシングでは，$10^{-7.5}$M程度の濃度まで検出できることを明らかにしている。CDによる分子認識はCDの空孔サイズに由来するが，比較的小さな分子に限定された研究が多い。しかしながら今後，タンパク質あるいはDNAなどの生体分子をはじめとする高分子への適応が可能であればCDの領域は益々広く展開できると信じている。事実，我々は，熱ショックタンパク質であるHSP 70及び90に対して修飾CDが錯体を形成しタンパク変性を阻害することを明らかにしている。

文　　献

1) 小泉英明編，「環境計測の最先端」，三田出版会
2) A. Ueno, S. Minato, I. Suzuki, M. Fukushima, M. Ohkubo, T. Osa, F. Hamada, and K. Murai, "Host-guest sensory system of dansyl-modified β-cyclodextrin for detecting steroidal compounds by dansyl fluorescence", *Chem. Lett.*, 605 (1990)
3) a) F. Hamada, K. Ishikawa, R. Ito, H. Shibuya, S. Hamai, I. Suzuki, T. Osa, and A. Ueno, "Spacer effect of appended moieties for molecular recognition in doubly sodium anthranilate modified γ-cyclodextrin", *J. Incl. Phenom.*, **20** (1), 43 (1995) ; b) F. Hamada, T. Osa, S. Minato, and A. Ueno, "Fluorescent sensors for molecules. Guest-responsive monomer

and excimer fluorescence of 6 A, 6−; 6 A, 6 C−; 6 A, 6 D−; and 6 A, 6 E-bis (2-napthylsulfonyl) γ-cyclodextrins", *Bull. Chem. Soc. Jpn.*, **70**, 1339 (1997); c) M. Narita, F. Hamada, I. Suzuki, and T. Osa, "Variations of fluorescent molecular sensing for organic guests by regioselective anthranilate modified β- and γ-cyclodextrins", *J. Chem. Soc., Perkin Trans.* **2**, 2751 (1998); d) M. Narita, F. Hamada, M. Sato, I. Suzuki, and T. Osa, "Fluorescent molecular recognition and sensing system of bis-dansyl modified γ-cyclodextrins", *J. Incl. Phenom.*, **34** (4), 421 (1999); e) M. Sato, M. Narita, N. Ogawa, and F. Hamada, "Fluorescent chemo-sensor for organic guests based on regioselectively modified 6 A, 6 B-, 6 A, 6 C-, and 6 A, 6 D-bis dansylglycine modified β-cyclodextrins", *Anal. Sci.*, **15**, 1199 (1999)

4) a) M. Narita and F. Hamada, "The synthesis and fluorescent chemo-sensor system based on regioselectively dansyl-tosyl modified β- and γ-cyclodextrins", *J. Chem. Soc., Perkin Trans.* **2**, 823 (2000); b) M. Narita, N. Ogawa, and F. Hamada, "Fluorescent molecular recognition for endocrine disrupting chemicals and their analogues by fluorescent hetero modified cyclodextrins", *Anal. Sci.*, **16**, 701 (2000); c) F. Hamada, M. Narita, K. Kinoshita, A. Makabe, and T. Osa, "Synthesis and exciplex emission of pyrene and cyanobenzene modified γ-cyclodextrina as a new chemo sensor", *J. Chem. Soc., Perkin Trans.* **2**, 388 (2001); d) M. Narita, A. Makabe, K. Kinoshita, K. Endo, and F. Hamada, "High sensitive molecular recognition by monomer and exciplex emissions for endocrine disrupting chemicals and their analogues based on hetero modified cyclodextrins", *J. Incl. Phenom.*, **9**, 6 (2001); e) A. Makae, K. Kinoshita, M. Narita, and F. Hamada, "Guest-responsive fluorescence variations of γ-cyclodextrins labeled with hetero functionalized pyrene and tosyl moieties", *Anal. Sci.*, **18**, 119 (2002); f) M. Narita, E. Tashiro, and F. Hamada, "Synthesis of a selective fluorescent sensing system based on γ-cyclodextrin dimer modified with pyrene and tosyl on hetero rim", *J. Incl. Phenom.*, **42**, 137 (2002); g) T. Kikuchi, N. Dorjipaam, K. Endo, and F. Hamada, "Synthesis and guest binding properties of regioselectively anthranilate tosyl labeled β-cyclodextrins", *Int. J. of the Soc. of Mat. Eng. for Resources*, **11**, 35 (2003)

5) a. M. Narita, S. Mima, N. Ogawa, and F. Hamada, "Selective fluorescent molecular sensing by bis dansyl modified γ-cyclodextrin dimer", *Anal. Sci.*, **16**, 865 (2000); b. M. Narita, S. Mima, A. Makabe, and F. Hamada, "Guest responsivemonomer and excimer fluorescence of bis pyrene modified γ-cyclodextrin dimer", *Anal. Sci.*, **17**, 379 (2001); c. M. Narita, J. Itoh, and F. Hamada, "A high sensitively fluorescent chemo sensory system based on β-cyclodextrin dimer modified with dansyl moieties", *J. Incl. Phenom.*, **42**, 107 (2002); d. M. Toda, N. Ogawa, H. Itoh, and F. Hamada, "Unique molecular recognition property of bis pyrene modified β-cyclodextrin dimer in collaboration with γ-cyclodextrin", *Anal. Chim. Acta.*, **548**, 1 (2005); e. M. Toda, Y. Kondo, and F. Hamada, "Supramolecular assembly system depended on guest species based on bis naphthalene modified β-cyclodextrin dimer", *J. Incl. Phenom.*, in press.

6) a. T. Kikuch, M. Narita, and F. Hamada, "Synthesis of bis dansyl modified β-cyclodextrin

liner trimer having multi recognition sites and high hydrophobic environment", *Tetrahedron*, 57, 9317 (2001); b. N. Sakuraba, Y. Kondo, and F. Hamada, "Supramolecular assembly based on 9, 10-bis (3, 5-dihydroxy-1-phenyl) anthracene-tetrakis β-cyclodextrin with guest molecule", *Int. J. of the Sci. of Mat. Eng. for Resources*, 14, 45 (2006)

7) a) M. Narita, E. Tashiro, and F. Hamada, "Selectively fluorescent sensing for endocrine disruptors based on γ-cyclodextrin modified with hetero moieties on hetero rims", *Anal. Sci.*, 17, 1453 (2001); b) M. Narita, E. Tashiro, and F. Hamada, "Synthesis of selective fluorescent sensing system based on γ-cyclodextrin dimer modified with pyrene and tosyl on hetro rims", *J. Incl. Phenom.*, 42, 137 (2002); c) M. Narita and F. Hamada, "Synthesis of γ-cyclodextrin pyrene labeled at the hetero rim and its use in fluorescent molecular sensing", *J. Incl. Phenom.*, 44, 335 (2002)

8) a) M. Narita, N. Dorjpalam, K. Teranishi, and F. Hamada, "Selective fluorescent molecular sensing based on 2^A, 2^B-disulfonyl dibenzosulfolane diphenyl capped β-cyclodextrin for phenolic guests", *Anal. Sci.*, 18, 711 (2002); b) N. Dorjpalam, M. Toda, M. Narita, K. Teranishi, N. Ogawa, H. Itoh, and F. Hamada, "Qualitatively fluorescent guest responsive of 2^A, 2^X-disulfonyl dibenzosulfolane diphenyl capped β- and γ-cyclodextrins for endocrine disruptors", *Int. J. of the Sci. of Mat. Eng. for Resources*, 12, 45 (2004)

9) J. Kawakami, T. Furuta, J. Nakamura, A. Uchida, and M. Iwamura, "Correlation of exciplex formation with ground state conformations in flexible bichromophoric esters: 2-(1-Pyrenyl) ethyl *p*-cyanobenzoate and its model compounds", *Bull. Chem. Soc. Jpn.*, 72, 47 (1999)

10) a) F. Hamada, M. Narita, A. Makabe, and H. Itoh, "Effect of dansyl modified β-cyclodextrin on the chaperon activity of heat shock proteins", *J. Incl. Phenom.*, 40, 83 (2001); b) M. Toda, H. Itoh, Y. Kondo, and F. Hamada, "HSP 90-like artificial chaperon activity based on indole β-cyclodextrin", *Bioorg. Med. Chem.*, 15, 1983 (2007)

ナノ超分子編

第23章　シクロデキストリンナノチューブ

原田　明*

1　はじめに

自然界には様々な大きさの空間が存在し，特異な機能を発現している。人工的にも大小さまざまな空間がつくられ，それぞれが機能を果たしている。特に生体系では酵素や抗体，DNAなどの高分子鎖がつくりだす微小な空間が生命の営みの根源となっている。なかでもチューブ状の分子集合体は生体内で重要な働きをしている。例えば，運動器官などには直径が数十nmほどのマイクロチューブ（微小管）が存在している（図1）。また，細胞間の情報伝達にイオンチャネルというナノメートルサイズのチューブ状の構造が重要な働きをしている。DNAを合成・分解する酵素はドーナツ型をしており，そのなかにDNAの2重らせんをとりこんで作用することが明らかにされている。さらにタンパク質合成の反応場であるリボソームの構造は，合成されたタンパク質がリボソームのトンネルを通過するチューブ状構造であることもわかってきた。

このようなチューブ状の分子や分子集合体は，生命を維持していくうえで重要な役割をはたしている。これはチューブがある長さをもった空間であることから，その機能に方向性（運動性）

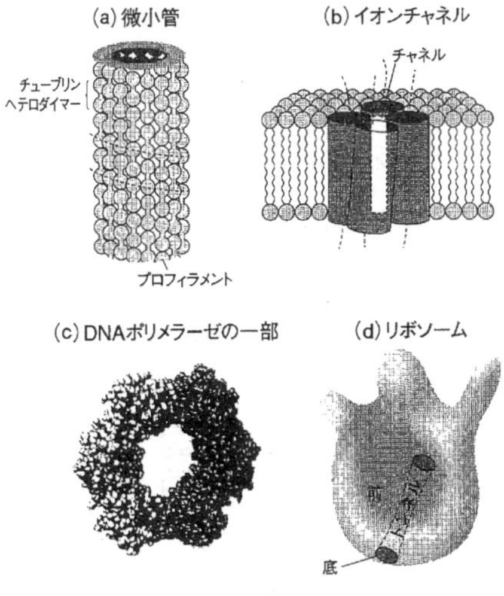

図1　生体内でのチューブ状分子集合体

---

*　Akira Harada　大阪大学　大学院理学研究科　教授

があり，入口と出口があることで時間の次元が組み込まれてくるからである。このようなナノメートルサイズのチューブが人工的に実現できれば，その生命体への還元のみならず，新たな機能材料として無限の可能性が生じる。

2　分子チューブの設計

近年，フラーレンの合成と同様の物理的な方法により，カーボンナノチューブが得られている。これは炭素だけで構成された比較的硬い，直径が1～数ナノメートルのチューブである。また，両親媒性の脂質分子が集合してチューブ状の構造ができることがある。このような脂質ナノチューブやカーボンナノチューブに関しては他の章で詳述される。筆者らはカーボンナノチューブの発見と同時期により細く，しかも柔軟で，水などの溶媒に溶けて生体適合するチューブを設計，合成することを報告した[1]。

このようなチューブを設計構築するためには化学的な方法が適している。その後，ナノメーターサイズのチューブ構造を構築するためには以下に示すような方法がレーンらによって提案された[2]。その設計方法は以下の８つに分類されている（図2）。

1. 輪のような形をした分子を分子間相互作用により積み重ねる。（Stack）
2. 輪の分子を結合する。（String）
3. 輪の分子を高分子鎖の側鎖に結合して並べる。（Rack）
4. 円筒状のパイプ形のものを結合してチャンネルをつくる。（Pipe）
5. らせん状のものを固定してチューブをつくる。（Spring）
6. 隙間を利用する。（Split）
7. 鉛筆の束のなかを抜いたような形のバンドル構造を利用する。（Bundle）
8. それを輪の分子で固定したような花束状の構造を利用する。（Bouquet）

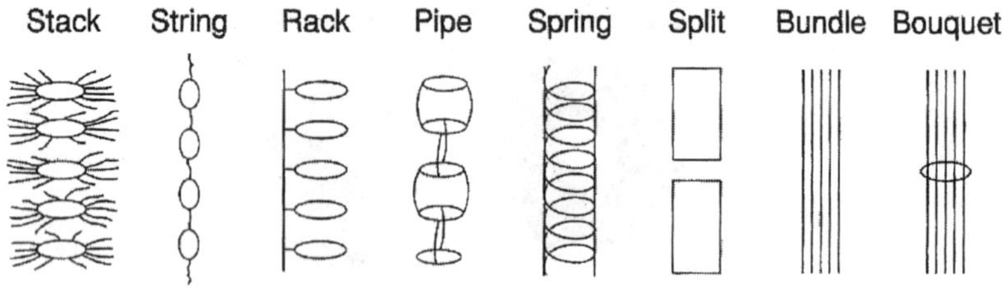

図2　チューブ状ポリマーの設計

3　シクロデキストリン分子チューブの設計と合成

筆者らはシクロデキストリン（CD）というグルコースの環状オリゴマーを用いてナノチューブの合成を検討した。CDはグルコースが6～8個，環状に結合した分子で，グルコースが6個のものをα-CD，7個のものがβ-CD，8個のものがγ-CDと呼ばれている。それぞれの分子には直径0.45 nm（α-CD），0.7 nm（β-CD），0.85 nm（γ-CD）の空洞がある。CDの外径はちょうど1 nm程度であり，1 nmの基準となる。CDはグルコースの環がほぼ垂直に立っており，その空洞の深さが約0.7 nmある（図3）。CDはほぼ対称的な円形をしており，その空洞は底まで通り抜けている。CDの一方には2級水酸基が12個並び，反対側には1級の水酸基が6個並んでいる。CDの分子の両端の水酸基を次々と結合することができれば，チューブ状の分子が形成される。しかし，CDを自ら再結晶すると，互いの空洞をふさぎあうようにパッキングし，チューブ状の構造にはならない（図4）。

そこで，筆者らはまず，CDの輪に長い分子（高分子）を通して1列に並べた。すなわち，ポリエチレングリコールの水溶液とα-CDの水溶液とを混合することにより，ポリエチレングリコ

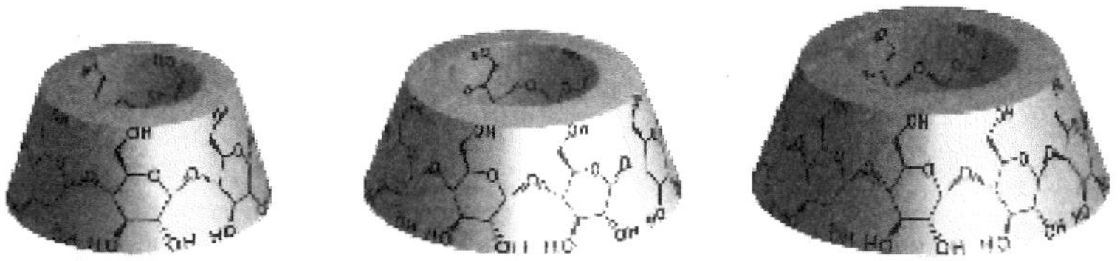

	α-CD	β-CD	γ-CD
分子量	972	1135	1297
グルコースの数	6	7	8
空洞の直径（nm）	0.45	0.70	0.85
空洞の深さ（nm）	0.67	0.7	0.7

図3　シクロデキストリン（CD）の構造

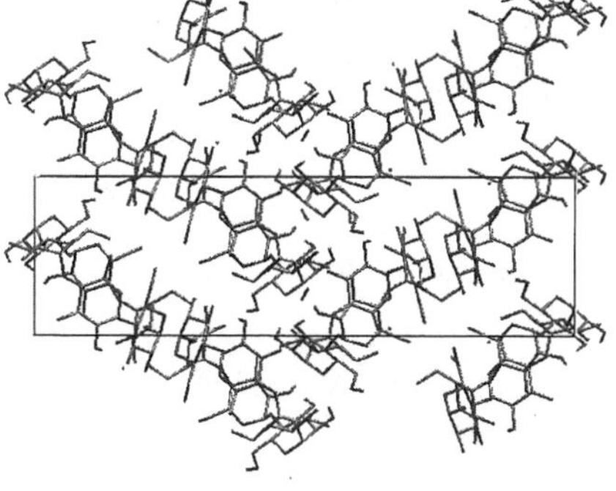

図4　α-CDの結晶構造

ール鎖はCDの輪を次々と通り抜け，ちょうどCDがポリマー鎖の端から端まで詰まったような包接錯体が得られた。このままでは水溶液中でCDとポリマーははずれてしまうが，錯体の両端にジニトロベンゼンのようなα-CDの輪を通り抜けないようなかさ高い置換基を結合すると，CDはポリマー鎖からはずれなくなる。これをポリロタキサンという[3]。

図5(a)にα-CDとポリエチレングリコールとの包接錯体の走査トンネル顕微鏡（STM）像を示す。1 nmサイズのCDが1次元状に1列に並んでいる。また，β-CDではポリプロピレングリコール図5(b)を用いるとCDと線状のカラム構造が見られる。

α-CDとエチレングリコールの6量体（ヘキサエチレングリコール）との包接錯体の単結晶の

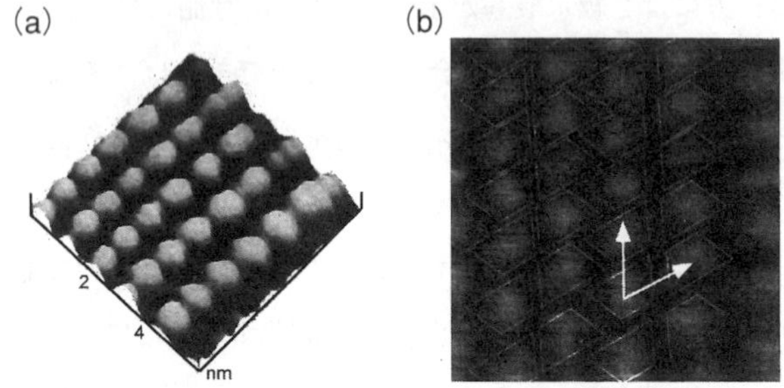

図5　α-CD-ポリエチレングリコール錯体のSTM像(a)，
β-CD-ポリプロピレングリコール錯体のSTM像(b)

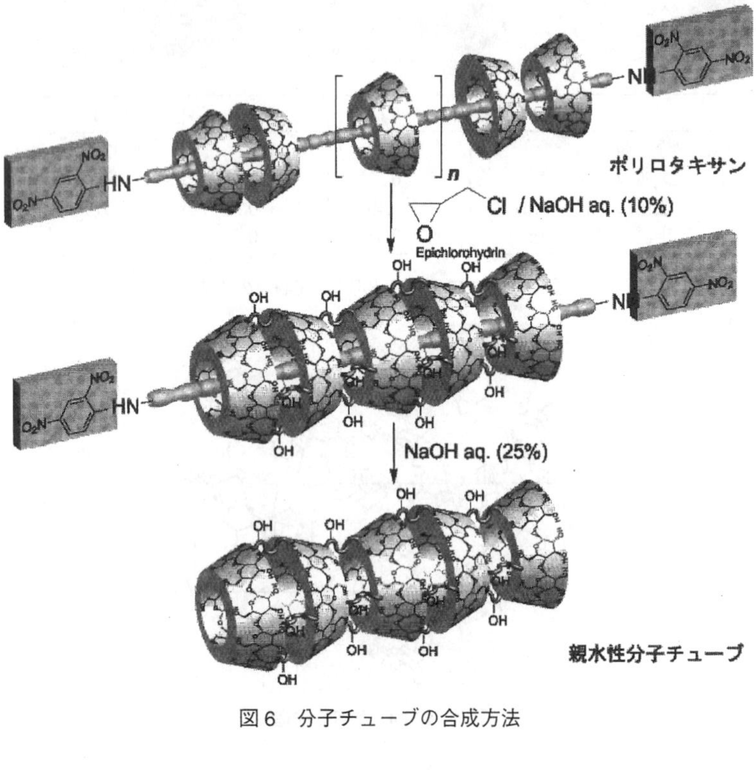

図6　分子チューブの合成方法

X線構造解析の結果，CDは2級水酸基同士向き合うように対面して1列に並んでいることがわかった[4)]。結晶中では端から端までつながったトンネルが形成され，その中にエチレングリコール鎖が取り込まれている。

隣り合うCDの2級水酸基同士が水素結合し，1級水酸基は水分子を介して水素結合で結合し，チューブ構造はこの水素結合のネットワークで安定化されている。

図6に分子チューブの合成法を示す。ポリロタキサン中の隣り合うCD環の水酸基をエピクロロヒドリンという短い架橋剤で結合し，CDが端から端まで結合したポリロタキサンを合成した。これを強い塩基で処理することにより，炭素-窒素結合を切断することができ，両端のかさ高い置換基を切り離すことができた。さらにポリマー鎖を取り除くこともでき，チューブ状のポリマーが得られた。

4　分子チューブの性質

このようにして得られた分子チューブは水に可溶でCDと異なった性質を示す。ヨウ素イオンの希薄水溶液はほぼ無色で，これにα-CDを加えても色はほとんど変化しない。ところが，分子チューブを加えると吸収スペクトルの極大波長は500 nm以上までシフトし，即座に赤色に変化した。しかもこの変化はCDとヨウ素イオン濃度が1：1の時に最大の変化を示した。すなわち，1：1で錯体を形成した時にヨウ素イオンが連なった状態で包接されることがわかった（図7）。ポリマーの鋳型を用いずにCDをエピクロロヒドリンで架橋したランダムなポリマーではこのような変化は見られず，分子チューブの場合にはヨウ素―アミロース反応のような形でヨウ素が1次元状に並んだためと考えられる。

また，アゾベンゼンのトランス型からシス型への異性化に対してシクロデキストリンは効果をあまり示さないが，分子チューブは著しい抑制効果を示した。アゾベンゼンの包接平衡を考慮すると，チューブに取り込まれたアゾベンゼンはほとんど異性化しないことが明らかになった。

さらに分子チューブはジフェニルヘキサトリエン（DPH）という細長い分子を強固に取り込むことがわかった。DPHを水に懸濁した中にCDを加えてもその蛍光スペクトルはほとんど変化しないが，分子チューブを加えるとその濃度に応じて強い蛍光発光がみられた（図8）。発光は数百倍に達する。これはチューブ状の分子が長い分子を特異的に強く包接することを示している。CDをランダムに架橋したポリマーではそのようなことは起こらない。

また，この分子チューブはポリテトラヒドロフランなどの細い線状ポリマーを効率よく取り込むが，ポリプロピレングリコールやポリメチルビニルエーテルなどの断面積の大きなポリマーは取り込まない。伊藤らはこのナノチューブとポリエチレングリコールとの包接化合物をグラファ

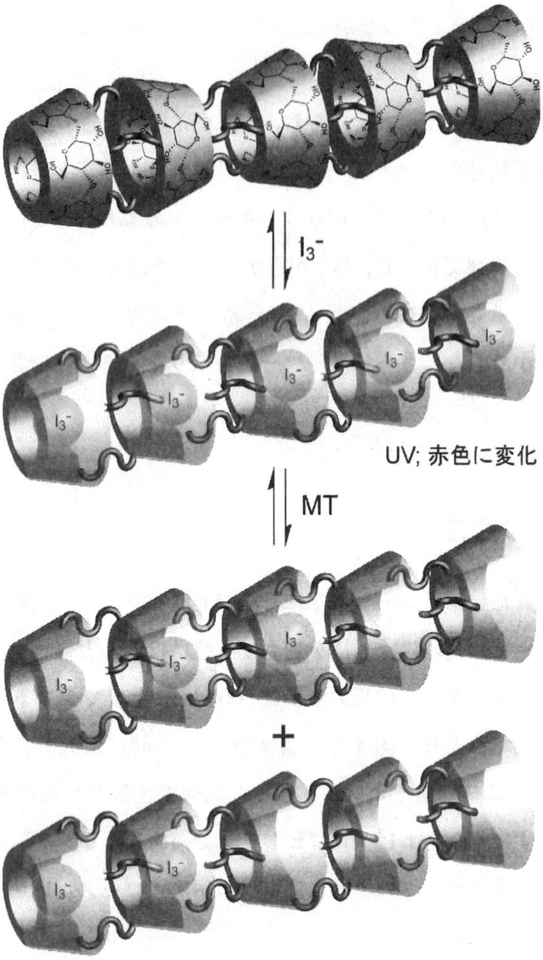

図7　分子チューブとヨウ素イオンとの包接錯体

イト上に固定させ，STM（走査トンネル顕微鏡）で観察し，約 25 nm の直鎖状の包接錯体の STM 像を得た[5]（図 9）。また，星形ポリマーを鋳型に用いることにより，樹状の枝分かれした STM 像が得られたことを報告している[6]（図 10）。さらにこのシクロデキストリンチューブをドデカンチオールと β-シクロデキストリンとからなる自己組織化単分子膜（SAM）に固定化し，表面プラズモン共鳴（SPR）や走査プローブ顕微鏡により観察した。また，由井らはナノチューブと種々の長さのアルキル基を有するスルフォン酸塩との包接化合物形成の熱力学について等温滴定熱量計（ITC）を用いて測定し，アルキル基が長くなるほどより安定な包接化合物を形成することを見いだした[7]。また，チューブと PEG-Poly THF-PEG のブロック共重合体との相互作用に

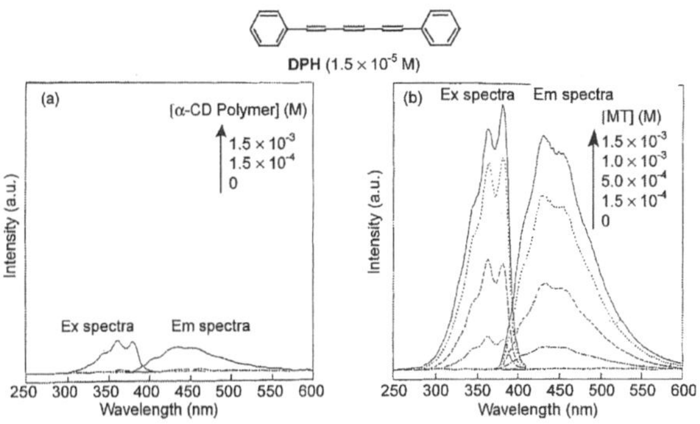

図8　分子チューブによるDPHの取り込み
(a)ランダム α-CD ポリマーとの混合系；(b)分子チューブとの混合系
Ex；励起，Em；発光，MT；分子チューブ

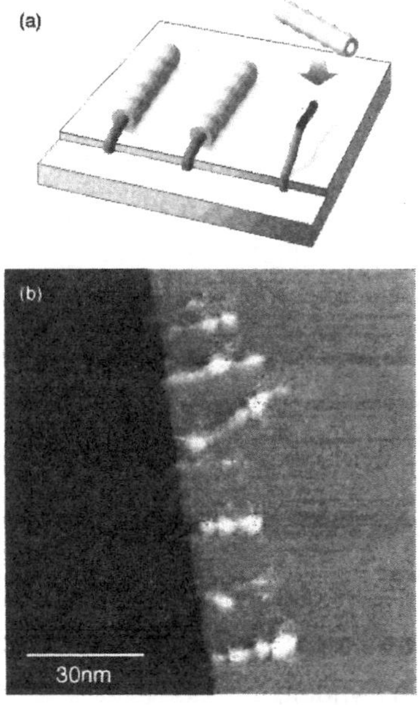

図9　HOPG基盤上に固定化されたポリエチレングリコール-モノセチルエーテルとシクロデキストリン分子チューブからなる包接錯体のSTM画像

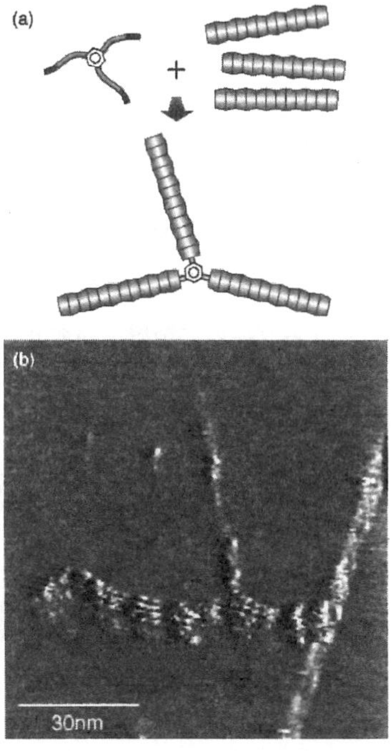

図10　スターポリマーとシクロデキストリン分子チューブからなるデンドリマー状超分子のSTM画像

ついてITCにより検討し，シクロデキストリンチューブはpoly THF部分を強く取り込むことを明らかにした[8]。さらにこのチューブはポリマー側鎖を取り込み，分子間での架橋を伴い，粘度を上昇させることも見いだしている（図11）。

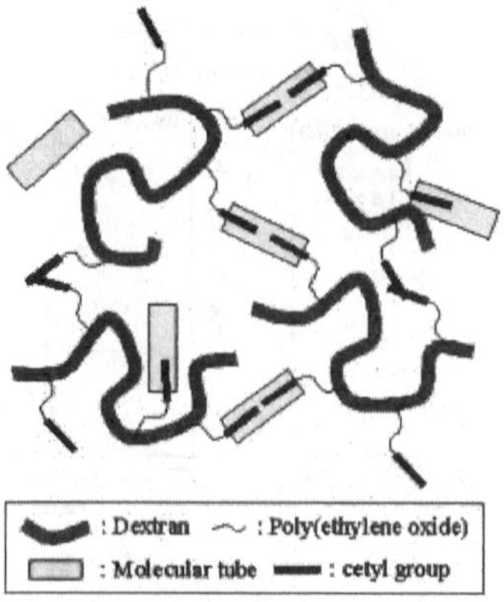

図11　ポリエチレンオキサイドモノセチル-グラフト-デキストリンと
シクロデキストリン分子チューブからなる超分子ネットワーク

5　疎水性チューブの合成

前記の分子チューブの水酸基をアセチル化することにより，有機溶媒に可溶なチューブが得られた。このチューブはピクリン酸ソーダを取り込み，有機溶媒に溶かし込むことことができる(図12)。チューブの中に金属塩が取り込まれていることがわかった。

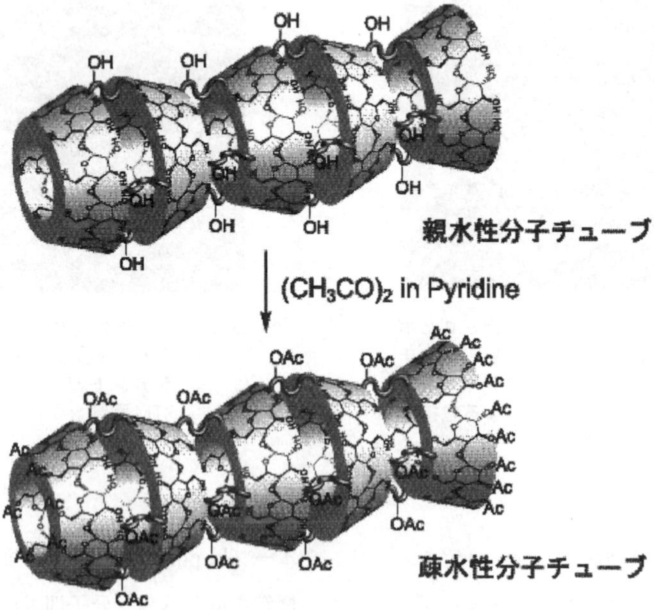

図12　疎水性分子チューブの合成

6　超分子ポリマーの形成

シクロデキストリンのようなホスト分子にゲスト部分を共有結合で結合すると，分子内での包接が起こるか分子間での包接が起こる。もし，分子間での包接が続いて生じると，超分子ポリマーが得られる。ホストとゲストによりチューブ状構造が形成される。著者らはゲスト部分としてベンゼン環を選んだ。ところがベンゾイル CD は包接錯体を形成しない。そこでシクロデキストリンとベンゼン環の間にメチレン鎖 2 つをはさんだヒドロ桂皮酸エステルを用いたところ，β-CD の場合には分子内包接錯体が得られた。α-CD の場合には弱い分子間包接が起こったが，超分子ポリマーは得られなかった。そこでメチレン鎖の部分を二重結合で固くした桂皮酸を用いたところ，β-CD の場合には水に難溶の刺し違い型の 2 量体が得られた。α-CD の場合には水に可溶の 3 量体が得られた。この分子集合体の端の部分にかさ高い置換基を結合することにより，環状 3 量体を単離することができた[9]（Cyclic Daisy Chain）（図 13）。このことから桂皮酸のベンゼン環がシクロデキストリンの小さな口から包接されていることがわかった。そこで，シクロデキストリンの大きな口（二級水酸基側）に桂皮酸を結合したところ，十数量体の超分子ポリマーが得られた。それぞれのユニットの端をかさ高い置換基で閉じることにより，ポリ[2]ロタキサン（Daisy Chain）を得ることができた（図 14）。

桂皮酸の p-位に t-ブチル基を結合すると，希薄溶液中でも長い超分子ポリマーが得られた。この超分子ポリマーは円二色スペクトルなどで検討したところ，らせんを形成していることが明らかになった[10]（図 15）。

β-CD に桂皮酸を結合した場合，水に難溶な環状二量体を形成したが，ここにアダマンタンカルボン酸を加えると，水に溶解した。これはシクロデキストリンの空洞内にアダマンタンカルボン酸が取り込まれ，分子内に取り込まれていた桂皮酸部分が水に露出したためである。ここに α-CD を加えると桂皮酸部分が取り込まれることがわかった。その後，桂皮酸の部分にトリニト

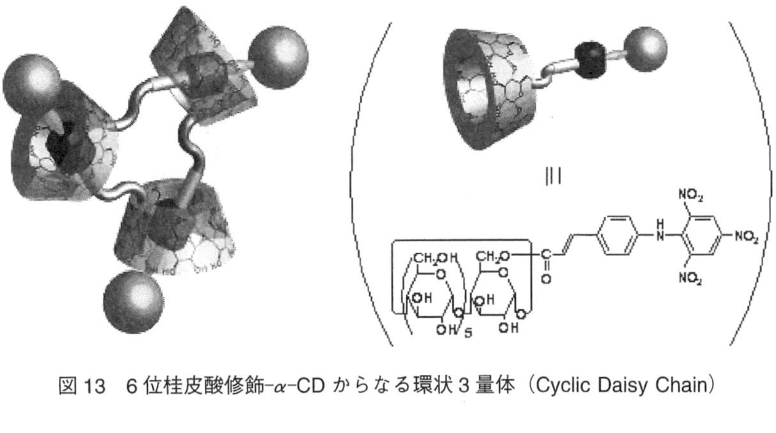

図13　6 位桂皮酸修飾-α-CD からなる環状 3 量体（Cyclic Daisy Chain）

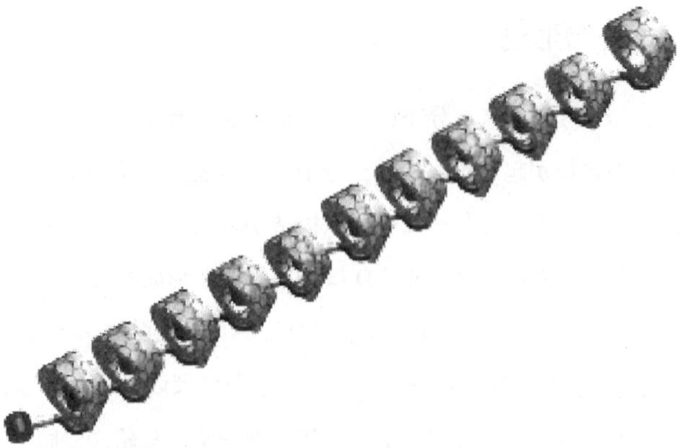

図14　3位桂皮酸修飾-α-CDからなる超分子ポリマー

図15　3位Boc桂皮酸修飾-α-CDから形成されたらせん状超分子ポリマー

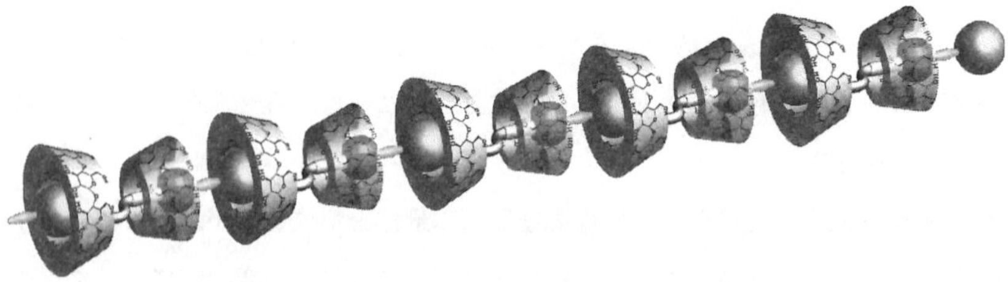

図16　α-CDとβ-CDから形成されたロタキサンポリマー

ロベンゼンのようなかさ高い置換基を結合することにより，ロタキサン分子ができ，そのストッパー同士が結合し，[2]ロタキサンのポリマーを得ることができた[11]（図16）。

β-CDに桂皮酸を結合した分子とα-CDにアダマンタンカルボン酸を結合した分子を1：1で混合したところ，α-CDに結合したアダマンタンがβ-CDに取り込まれ，桂皮酸部分が水中に露出する。その部分がα-CDに取り込まれてα-CDとβ-CDとが交互に並んだ超分子ポリマーを得ることができた[12]（図17）。

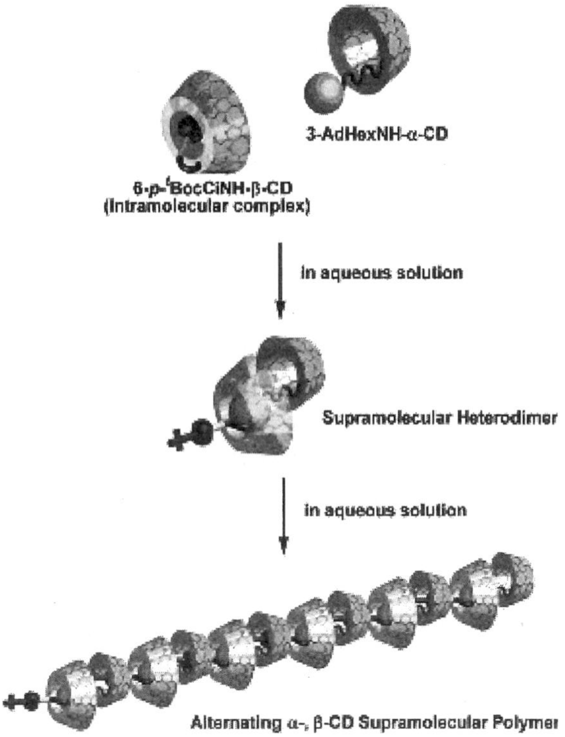

図17 桂皮酸修飾β-CDとアダマンタン修飾α-CDが交互に連なった超分子ポリマー

7 まとめ

このようにポリマーを鋳型として環状の分子を連結することにより，チューブ状の分子を合成することができた。この分子はポリマーや細長い形をした分子を選択的に強く取り込むことができる。このチューブ状分子はカーボンナノチューブと異なり，柔軟で水に可溶であり，生体内に組み込むことも可能で，種々の応用が期待されている[13,14]。

文　献

1) A. Harada, J. Li, M. Kamachi, *Nature*, **356**, 516-518 (1993).
2) J. -M. Lehn, "Supramolecular Chemistry," VCH, 1995.
3) A. Harada, J. Li, M. Kamachi, *Nature*, **356**, 325-327 (1992).

4) A. Harada, J. Li, M. Kamachi, *Nature*, **370**, 126-128 (1994).
5) Y. Okumura, K. Ito, R. Hayakawa, T. Nishi, *Langmuir*, **16**, 10278-10280 (2000).
6) S. Samitsu, S. Shimomura, K. Itoh, *Appl. Phys, Lett.*, **85**, 3875-3877 (2004).
7) T. Ikeda, E. Hirota, T. Ooya, N. Yui, *Langmuir*, **17**, 234-238 (2001).
8) T. Ikeda, W. K. Lee, N. Yui, *J. Phys. Chem. B*, **107**, 14-19 (2003).
9) T. Hoshino, M. Miyauchi, Y. Kawaguchi, A. Harada, *J. Am. Chem. Soc.*, **122**, 9876-9877 (2000).
10) M. Miyauchi, Y. Takashima, H. Yamaguchi, and A. Harada, *J. Am. Chem. Soc.*, **127**, 2984-2989 (2005).
11) M. Miyauchi and A. Harada, *J. Am. Chem. Soc.*, **126**(37), 11418-11419 (2004).
12) M. Miyauchi, T. Hoshino, H. Yamaguchi, S. Kamitori, and A. Harada, *J. Am. Chem. Soc.*, **127**, 2034-2035 (2005).
13) A. Harada, *Acc.Chem. Res.*, **34**, 456-464 (2001).
14) Y. Takashima, M. Osaki and A. Harada, *J. Am. Chem. Soc.*, **126**(42), 13588-135989 (2004).

（なお，本章は，2006年1月弊社発行『環状・筒状超分子新素材の応用技術』よりの転載です。：編集部）

第24章　PEG／シクロデキストリンポリロタキサンの調製および材料用途への応用

荒木　潤[*1]，伊藤耕三[*2]

1　はじめに

シクロデキストリンを用いた応用研究の中で，近年急速に注目を集めつつあるものの一つに，ポリロタキサンの調製および材料用途への応用がある。シクロデキストリンは内部空洞が疎水的空間であり，疎水性ゲストを効率よく取りこんで包接錯体を形成することは古くから知られている[1)]が，その包接能を応用して超分子材料であるポリロタキサンを調製する試みは，この十数年の間に急速な進歩を遂げてきた。

本章では，まずシクロデキストリンを用いたポリロタキサンの調製の詳細，特にこれまで報告されてきた様々な調製法を紹介する。次に，一般の多くの溶媒に難溶なポリロタキサンを材料として利用する際に重要となるポリロタキサンの溶媒可溶化ならびに誘導体化について，筆者らの研究例を中心に紹介する。その後にポリロタキサンを用いて創製された機能性材料について紹介し，最後に筆者らの研究室で提唱された新規な概念である「環動ゲル（slide-ring gel)」および「環動高分子材料（slide-ring materials)」について解説する。

なお，ポリロタキサンを含む超分子材料一般の解説[1~6)]，ポリロタキサンを構成要素とする材料の物性[7)]，シクロデキストリンを有するポリロタキサンの調製法[8,9)]，修飾および可溶化[8,9)]などに関する総説も多く書かれているので，あわせてご参照されたい。

2　シクロデキストリンとポリマーの包接錯体形成によるポリロタキサンの調製

ポリロタキサン（polyrotaxane）とは，直鎖状の軸分子が多数の環状分子を貫いて，軸分子の両端にかさ高い基を結合することにより環状分子が脱離できなくなった構造を有する分子である（図1a)。両端にかさ高い基を結合していないものは擬ロタキサン（polypseudorotaxane）と呼

＊1　Jun Araki　信州大学　ファイバーナノテク国際若手研究者育成拠点
テニュアトラック特任助教
＊2　Kohzo Ito　東京大学大学院　新領域創成科学研究科　教授

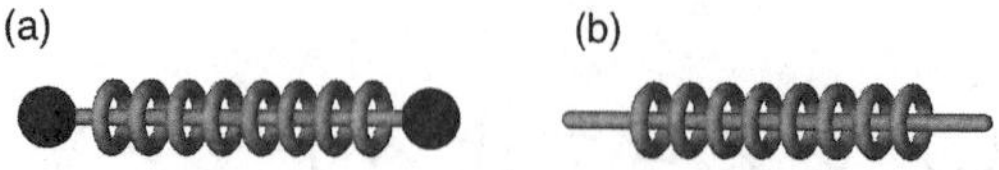

図1　ポリロタキサン(a)および擬ポリロタキサン(b)の模式図

ばれる（図1b)。ポリロタキサンの大きな特徴は，軸分子と環状分子が共有結合ではなく幾何学的な拘束により一体となって振る舞うこと，およびポリロタキサン分子中の環状分子が回転やスライディングといった運動の自由度を有することの2点にある。ちなみに，ポリロタキサンは「輪」を意味する *rota* および「軸」を意味する *axis* という2つのラテン語から派生した *rotaxane*（これは上述のような貫通構造を有する分子の総称でもある）に接頭語 poly をつけたものである。

包接能を有する環状分子であるシクロデキストリンがこのような超分子材料の調製に有利であることは疑いもないが，それが実現したのは1990年代に入ってからであった。シクロデキストリンを用いたポリロタキサンの調製には2通りのストラテジーが考案された。1つは線状高分子を多数のシクロデキストリンに包接させたのちに両端に封鎖基を結合する手法であり，もう一つは高分子モノマーをシクロデキストリンに包接させたまま重合させる，いわゆる「包接重合」と呼ばれる手法である。ポリロタキサン調製において先に試みられたのは高分子包接であり，それは同時に多くの種類の高分子包接の発見とともにポリロタキサン調製の進展を促すこととなった。後者の包接重合については本章の主旨とはややはずれるので，総説[10)]および代表的な調製例[11)]を紹介するにとどめ，ここでは高分子の包接挙動について紹介する。

シクロデキストリンによる直鎖状高分子の包接挙動は1990年代初頭に原田ら[12~14)]およびWenz ら[15~17)]によって相次いで見出された。詳細は総説[5,8)]および本書の前章にも詳しいので割愛するが，現在では表1に示す数多くの高分子がシクロデキストリンに包接されることが分かっている。また高分子とそれを包接するシクロデキストリンの組合せは決まっており，選択性を持っていることにも注目すべきである。すなわち，ポリエチレングリコールはα-シクロデキストリンには包接されるがβ・γ体には特殊な条件でなければ包接しにくい。一方でポリプロピレングリコールはβ体にしか包接されない。

これらの数多くの中で，ポリロタキサンの合成につながっているのは主に，直鎖状高分子にポリエチレングリコール（PEG）ないしそのコポリマーを含むものがほとんどである。包接挙動を示すPEGの分子量は1,000～100,000程度までが報告され，分子量20,000のPEGとシクロデキストリンの包接錯体は疎水性相互作用により物理ゲル化することも知られている[14)]。これらの包接錯体，すなわち擬ロタキサンを形成するときにあらかじめPEGの末端に反応性官能基を導入したのちに包接，封鎖基結合を経てポリロタキサンが完成するわけであるが，

① 擬ロタキサンを良溶媒中に溶解させるとシクロデキストリンが脱離しポリロタキサン構造

表1　シクロデキストリンに包接されるポリマーと包接するシクロデキストリンの種類
（それぞれの出典は総説[5,8]を参照のこと）

Polymer	CD type	Molecular weight of included polymer	Molar ratio of CD：polymer repeating unit
PEG（PEO）	α	$<10^4$	1：2
	α	$>10^4$	1：2
	β, γ	Not described	1：3（with β-CD）
	γ	～2,300	1：4（double-stranded inclusion）
PPG（PPO）	β	400～4,000	1：2
Polytetrahydrofuran	α（*methylated*）	$<10^6$（1,400）	1：1 to 1：1.5（dimethyl CD），1：2 to 1：2.5（trimethyl CD）
Poly-ε-caprolactone	α	$\sim3.0\times10^3$	1：1
	α	$4\sim6.5\times10^4$	Assumed as 1：1
	α, γ	Star polymer	1：1（with α），1：2（with γ, double stranded）
Poly（L-lactic acid）	α	2.85×10^5	Assumed as 1：2
Poly（vinyl alcohol）	γ	94,000	Not determined
Poly（vinyl acetate）	γ	12,800, 1.67×10^5	1：3
Polycarbonate	γ	28,800	1：0.66
PMMA	γ	15,000	1：3
Polyethylene telephtalete	γ	1.80×10^4	Approximately 3：2
Polyisobutylene	β, γ	$\sim10^3$（with β），$1.0\sim3.0\times10^3$	1：3（with γ-CD）
Polybutadiene	α, β, γ	$2.0\times10^3\sim3.1\times10^4$	1：2.2 to 1：12.3
Polydimethyl siloxane	γ（β）	～160,000（3,200）	2：3（with γ-CD）
Poly-Lysine	α	4,090	1：1
Silk fibroin	γ	Not described	Not determined
Nylon 6	α, β	Approximately 1.2×10^4	1：1
Poly（bola-amphiphiles）	α	2.8×10^3 and 3.5×10^4	1：1
Polyaniline	β	6.2×10^4	Not determined (inclusion ratio is 100%)
PEG-PPG-PEG block copolymer	α	1,100～13,300	
	β	10,650	
PEG-PPG-PEG random copolymer	α	2,500	1：2（with EG unit）
PEG-PEI-PEG block copolymer	α	4,100	Not determined（14.2 CDs）
PEG-octanedicarboxylic acid polyester	α, β, hydroxy-propylated α	14,400 and 11,700	1：1 (with octamethylene unit)

が失われるため，封鎖基結合反応は不均一反応系で行う必要があること

② 封鎖基は直鎖状分子の末端のみに高い選択性をもって結合し，環状分子や軸分子には結合しないこと

という2点を考慮する必要があり，従来の高分子合成とは異なる難しさと言えよう[8)]。これらの難点を克服し，さらに高収率を目指した合成法がいくつか報告されてきている。

PEGとシクロデキストリンから初めてポリロタキサンの合成に成功した原田らは，PEGの末端を一級アミン基としておき，かさ高いアミノ基ラベル化試薬である2,4-ジニトロフルオロベンゼン（DNFB）をDMF中で結合してポリロタキサンを得た[18~20)]。DNFBの高いアミン基選択性および強力な反応性により得られたこのポリロタキサンのもう一つの特徴は，末端のジニトロベンゼン基がアルカリ性条件下で加水分解できることであり，彼らはポリロタキサン一分子内のシクロデキストリンを架橋したのち末端を切断，包接されたPEGを外に出すことで筒状のナノ分子「分子チューブ（molecular tubes)」の合成に成功した[21)]。分子チューブについては後の章で詳述する。

原田らと同様にアミン基末端を有するPEGを用いて，由井らはフェニルアラニン誘導体[22~24)]やフルオレセインイソチオシアネート[25,26)]を結合したポリロタキサンの合成に，上野らはダンシルクロリド[27)]やアダマンタン酢酸[28)]を末端封鎖基に用いたポリロタキサンの合成に成功した。これらの反応は原田らの例と同じく，アミン選択反応性の封鎖分子を不均一系（擬ポリロタキサンを溶かさない溶媒中）で反応させるというコンセプトに基づいている。

高田らはシクロデキストリンの脱包接を防ぐ方法として固相反応，すなわち無溶媒中でイソシアネートを末端に結合する手法を提案した[29,30)]。また彼らは，水中でPEGとシクロデキストリンの包接錯体を形成したのち，精製せずにイソシアネートを水中で末端結合し，one-potでポリロタキサンを得る手法を確立した[31)]。

他にも，たとえばPEG末端の水酸基をトシル化してからシクロデキストリンに包接し，NaHで活性化しておいたジメチルフェノールと反応させる方法[32)]，PEGの末端メタクリレートとピレンカルボン酸誘導体のコハク酸エステルを反応させる方法[33)]などがあり，高収率でポリロタキサンが得られるとしている。

筆者らはPEGの末端をカルボキシル化したのちに包接させ，BOP試薬（アミド結合形成試薬）を用いたアミド化反応でアダマンタンアミンを結合する手法を開発した（図2)[34)]。末端カルボキシル化したPEGは水系のone-pot反応で高置換率のPEG誘導体として容易に得られるが，このPEGを用いたポリロタキサン調製は初めてである。BOP試薬はカルボキシル基に作用するアミド化試薬と考えられているので，PEG末端にしか存在しないカルボキシル基に対応して非常に量を少なくでき，なおかつ末端の-COOH置換率が高いために収率は増加する。大量かつ低

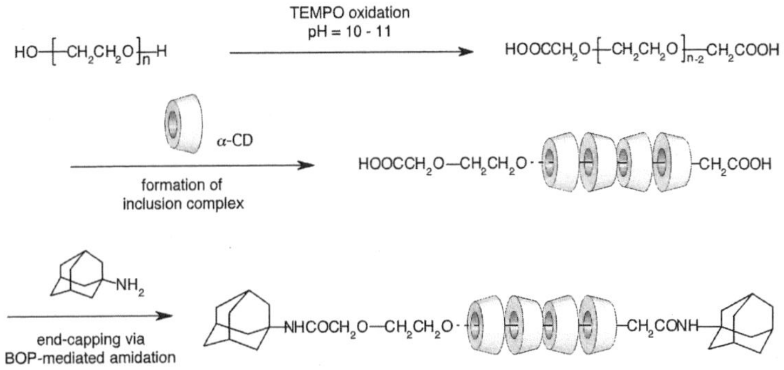

図2　両端カルボキシル化 PEG（PEG-COOH）を出発物質とした
ポリロタキサンの高効率合成法[34)]

コストでのポリロタキサン合成に適していると言える。

以上の手法以外にも多くの調製法があり，それぞれにメリットがあるので研究者は自分の目的にかなった手法を選択できる。より詳しくは他の総説[8,9)]を参照されたい。

3　ポリロタキサンの可溶化

前項のような各種反応を経てポリロタキサン合成できるようになるわけであるが，その基礎および応用研究を妨げる要因として，ポリロタキサンには良溶媒が少ない，という大きな欠点があった。PEG とシクロデキストリンで構成されるポリロタキサンは当初，DMSO と水酸化ナトリウム（NaOH）水溶液には溶解するものの水や他の汎用有機溶媒には溶解しないと報告された[18〜20)]。NaOH 水溶液への溶解は，ポリロタキサン中のシクロデキストリンの水酸基が電離することによるイオン解離効果と解釈されたが，DMSO への溶解機構，また他の溶媒に溶解しない理由やメカニズムについては不明な点が多く残されていた。汎用の溶媒に不溶であるため，ポリロタキサンの成型加工あるいはポリマーブレンド形成はこれまで困難であった。また分析手法も上記2種の溶媒を用いるものに限定されるなど，ポリロタキサンの不溶性は研究および応用の両面において大きな問題であり，材料として利用する上でも溶解性の改良は避けては通れない問題であったと言える。

筆者らは近年，これらを解消する2つのアプローチとして，

① ポリロタキサンの新規良溶媒の探索

② ポリロタキサンの修飾（誘導体化）による可溶化

について検討を重ねてきた。それぞれについて次に解説する。

3.1 ポリロタキサンの新規溶媒系

筆者らの検討において最初に見出された未修飾ポリロタキサンの良溶媒は，ジメチルアセトアミド（DMAc）に塩化リチウム（LiCl）や臭化リチウム（LiBr）を8～10% 溶解した溶液系である[35,36]。この溶液系の開発により，ポリロタキサンとセルロース等とのブレンドポリマーの調製および紡糸[37]，またDMSO中では不可能だったアセチル化・酸クロリド反応・ダンシル化などを用いた，各種の修飾ポリロタキサン調製などを行うことができた[35,36]。

さらにPEG／シクロデキストリンのポリロタキサンは，アルキルイミダゾリウムカチオンとハロゲンアニオンを含む常温型イオン液体[38]にも溶解することが見いだされた。前者は揮発しない溶融塩であり，回収可能なためグリーンケミストリーの分野で近年大きな注目を浴びている[39]が，ポリロタキサンの溶解のみならず，ポリロタキサンを架橋して調製したゲル（環動ゲル）の網目に浸入しよく膨潤させて，良好なゴム弾性を示すイオン性液体含有ゲルを形成することも明らかになった[38]。将来，イオン導電性を有するイオン液体が利用可能となれば，電気化学用途への応用も可能となろう。

他の良溶媒系として，アミンオキシド類の一種であるN-メチルモルホリン-N-オキシド（NMMO）一水和物[40]，およびチオシアン酸カルシウムを40 wt%以上含む水溶液[40]があげられる。NMMOは工業用再生セルロース繊維「テンセル®」の溶媒として用いられているが，その過程内では溶媒を100% 回収可能なクローズドシステムを実現することができる。またチオシアン酸カルシウム水溶液を溶媒としたポリロタキサン溶液は数日のオーダーで自発的ゲル化およびチキソトロピーを発生させる。

以上，いくつかの新規溶媒系を紹介したが，特徴的な点はこれらの新規溶媒が全て，セルロースやキチンなどの高結晶性多糖類の溶媒であることである。セルロースやキチンは，分子内および分子間の強固な水素結合によりほとんどの溶媒には不溶であるが，上記の溶媒分子は錯体形成や溶媒和によりこれらの水素結合を破壊して溶解に至ると説明されている[41]。ポリロタキサンが同様にこれらの溶媒に溶解し，他の多くの溶媒に不溶であることから，ポリロタキサンの溶解性が分子間・分子内水素結合の形成に支配されていることが実験的に明らかになった。すなわち，新規溶媒の発見は応用的側面のみならず，基礎研究においてもポリロタキサン溶解のメカニズムの解明にとって重要な意味を持つ。

3.2 ポリロタキサン誘導体

ポリロタキサンの溶解性を改善するためのもう一つの手法は，ポリロタキサン誘導体を調製することである。これらは基本的に，ポリロタキサン調整後に分子内のシクロデキストリンの水酸基を修飾し，官能基を付与したものである。官能基の導入によりポリロタキサン分子の親水性・

表2　これまでに報告された主なポリロタキサン誘導体およびそれらの良溶媒[8)]

Entry	Reaction (or product)	Functional group bound to CDs	Degree of substitution (% of total-OH)	Good solvents	Refs.
1	Unmodified polyrotaxane	H	0 (0)	DMSO, NaOH aq., DMAc/Li salt, DMF/Li salt, Ionic liquids, Ca $(SCN)_2$ aq., NMMO	18~20, 34)
2	Methylation	CH_3	0.57~2.8 (19~93)	DMSO, cold water, DMAc, DMF, chloroform	35, 36, 42~44)
3	Hydroxypropylation	$[CH_2CH(OH)]_nCH_3$	0.80~1.0 (26~33)	Water, DMSO, DMF	36)
4	Tritylation	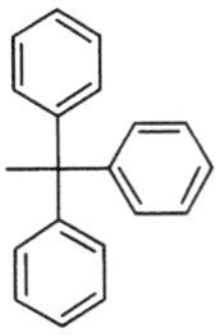	close to 1.0 (33, almost all primary hydroxyls)	DMSO, DMAc, DMF, THF, pyridine	36)
5	Acetylation	$COCH_3$	2.3~2.7 (76~88)	DMSO, DMAc, DMF, THF, Acetone, CH_2Cl_2, pyridine	35, 36)
6	Trimethylsilylation	Si $(CH_3)_3$	1.4 and 3 (47 and 100)	THF, CH_2Cl_2, toluene	36)
7	Phenylcarbamoylation	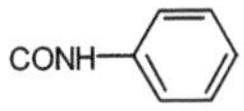	close to 3.0 (100)	DMSO, DMF, THF	36)
8	Dansylation	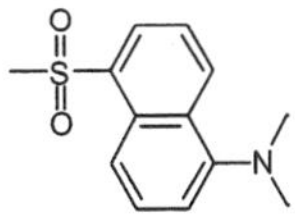	0.60 (20)	DMSO, DMAc, DMF, pyridine	35, 36)
9	Carboxymethylation	CH_2COONa	1.1 (33)	Water and acidic DMSO	45)
10	Sulfoethylation	$CH_2CH_2SO_3Na$	0.26 (8.7)	Water, DMSO	45)
11	Diethylaminoethylation	$CH_2CH_2N(CH_2CH_3)_2$	1.0 (33)	Water, DMSO	45)
12	Trimethylammonio-hydroxypropylation	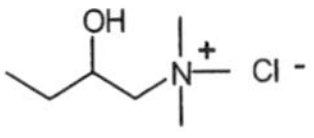	0.24 (8.0)	Water, DMSO	45)
13	Sliding graft copolymer	Polycaprolactone	Unknown	Toluene, chloroform, THF	47)
14	Liquid crystalline polyrotaxane	Biphenyl mesogenic groups	1.26 (42)	DMSO	48)

疎水性・分子極性・分子間相互作用などが変化し，可溶性が変化することは通常の高分子誘導体の調製と何ら変わるところはない。しかしながらポリロタキサンの場合，分解反応が即，ポリロタキサン構造そのものを失うことにつながる場合が多く，反応中の分解に関しては通常の高分子修飾反応以上に注意を払う必要がある。具体的に言えば，直鎖状分子・環状分子・末端封鎖基・封鎖基の結合部など，全ての部位のどこか一カ所でも分解され切断された場合に，環状分子の脱離，ひいてはポリロタキサン構造の喪失につながる恐れがある。したがって，ポリロタキサンの誘導体化においてはあらゆる分解（加水分解・熱分解・酵素分解・酸化還元による分解）を回避するような反応手法を検討する必要があるわけである[8)]。

このような点に留意しながら，著者らの研究室では表2に示すような様々なポリロタキサン誘導体を調製してきた[35,36,42~47)]。個々の誘導体の詳細な調製法や性質については総説[8,9)]を参照されたい。

非イオン性官能基を付与したポリロタキサンは，アセトン・トルエン・クロロホルム・THF などの様々な溶媒に溶解するようになる[36)]。これによりポリロタキサンの持つ種々の性質を様々な環境で発揮させることが可能になった。例えばアセトンなどの安価な溶媒や，THF やトルエンといった他の合成ポリマーとの共溶媒を用いることも可能である。これらの中でも特にメチル化ポリロタキサンに関しては研究がすすめられており，メチル化されたシクロデキストリンが分子内で筒状に凝集したのち，さらに分子間で平行に凝集することによって可逆的な温度依存ゾル-ゲル転移を示すことが明らかになった[42~44)]。

また，イオン性官能基を持たせたポリロタキサンは水溶性となるほか，架橋して得られたゲルが高吸水性・膨潤率のイオン強度依存性・電場応答性（電場に置くと変形する）などの性質を示すことなどが分かっている[45)]。

これらの誘導体の概念の延長として，著者らはポリロタキサンの環状分子に高分子側鎖が結合した誘導体を考案した。図3a に示すようなこの分子は，回転かつスライド可能な側鎖を有するグラフトコポリマーと考えることもでき，「スライディング・グラフトコポリマー（SGC）」と命名された[46,47)]。SGC は側鎖の回転・スライドが従来のグラフトコポリマーとは異なる物性（凝集構造形成など）を示す可能性があり注目されている[46)]他，さらに得られた側鎖の末端を架橋して三次元超分子構造を有する固体フィルムを調製することもできた[47)]（図3b，第5項で詳述）。

環状分子部位にビフェニル側鎖を導入した液晶性ポリロタキサンは，メソゲンが回転・移動可能となり，新規な液晶性ポリマーとしての挙動が期待される[48)]。

これ以外にも目的に応じて様々なポリロタキサン誘導体が調製されてきているが，紙面の都合上総説を紹介[8,9)]して割愛する。

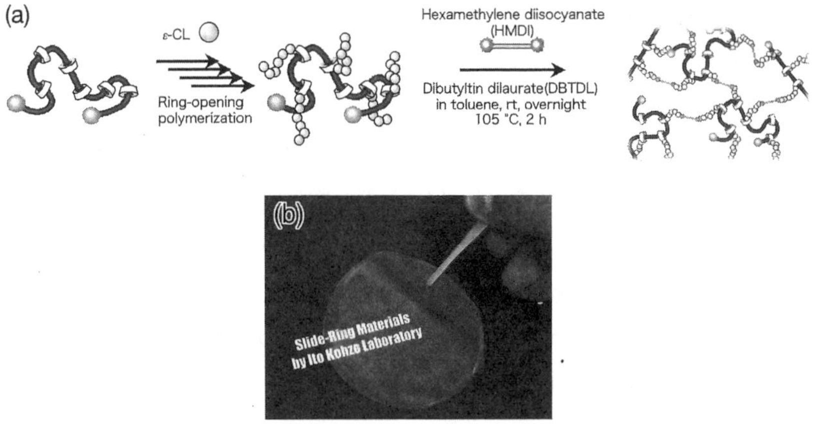

図3　(a)開環重合法によるスライディング・グラフトコポリマーの合成，および側鎖末端架橋フィルム調製の模式図[47]。(b)スライディング・グラフトコポリマーの架橋によって得られたエラストマー状フィルム[47]

4　ポリロタキサンを用いた高分子材料の創製

上述したようなポリロタキサンの合成法や溶媒系の開発，あるいは誘導体調製といった基礎的研究の発展により，ポリロタキサンの超分子構造の研究のみならず材料用途への応用が近年盛んに行われるようになってきた。代表的な材料創製の例を以下に紹介しよう。

ポリロタキサン合成の項で紹介したように，原田らはポリロタキサン一分子内のシクロデキストリンをエピクロルヒドリンで架橋したのち，末端封鎖基を加水分解し包接されたPEGを脱離させることによって，分子オーダーのサイズの「分子チューブ（molecular tubes）」を調製した(図4)[21]。これらのチューブは内部にヨウ素[21,49]や他の高分子[50,51]を再び包接する能力を有することから機能性材料創製への応用が期待されている。筆者らはシクロデキストリンの架橋を無水条件下で行うことにより，副反応が抑えられチューブを効率よく形成することを見出した[49]。こ

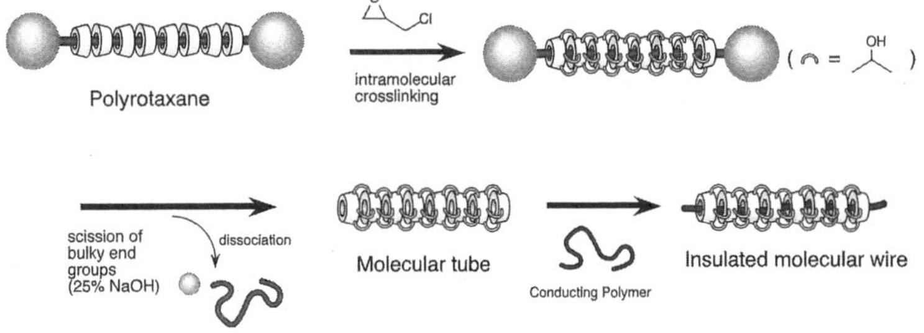

図4　分子チューブ[21]および分子被覆導線[50,51]の調製法の模式図

のチューブの包接能を利用して導電性高分子を包接させることにより得られたのがいわゆる「分子被覆導線（insulated molecular wire)」であり，導電性高分子1本の導電率測定に寄与している[50,51]。また，分子チューブが他のグラフトコポリマーの側鎖を包接することによって超分子ネットワーク構造を形成することが見出された[52]。このようなゲルは脱包接によって（例えば，pH変化や他の分子の包接に置き換わるなど）ゾル-ゲル転移を容易にコントロールできる可能性がある。

大谷・由井らは末端が加水分解性のポリロタキサンを調製し，生体内で生分解されることによって薬剤を担持したシクロデキストリンが放出されるドラッグデリバリーシステムを提案した[53,54]。また彼らは，ポリロタキサンの回転およびスライドというメリットを活用して，基質に対し最適化された多価リガンド形成を示す超分子多価リガンド体を構築した[55,56]。

通常では非相溶のポリマーどうしを，それぞれシクロデキストリンとの包接錯体にした後に混合し，その後でシクロデキストリンを分解することによって相溶性ブレンドを形成できるといった報告もなされている[57~59]。

5 ポリロタキサン架橋による「環動ゲル」と「環動高分子材料」

架橋ポリロタキサン材料，とりわけゲル材料の調製は複数の研究者によって試みられている。これらの例に関して以下にまとめて解説する。

5.1 架橋ポリロタキサンゲルと環動ゲル

この分野に関して最も初期に行われたのは由井らによる，ポリロタキサンを低分子量ポリマーで架橋したハイドロゲルの創製である（図5a）[60~62]。彼らの例では，やはり末端加水分解型ポリロタキサンを用いることによって生分解性を付与している。またヒドロキシアパタイトとの複合化も試みられた[62]。

これに対して著者らのグループでは，ポリロタキサンのシクロデキストリンどうしを低分子架橋剤で架橋し，架橋点が動く新規なゲル「環動ゲル（slide-ring gel または topological gel)」を開発した[7,8,63]。このゲルの最大の特徴は，PEG 分子量が大きく包接率の低いポリロタキサンを架橋した結果，架橋点が分子内でスライドし，応力印加時あるいは膨潤時に最適な位置まで移動できる点にある（図5b および c)。その結果，ほぼ全ての高分子鎖が伸びきるまで膨潤あるいは伸張することができ，高膨潤率および高伸張率を達成できるほか，内部応力の分散に効果的に働く[63]。

環動ゲルの架橋点移動の効果（『滑車効果』と名付けられた）は中性子散乱[64~67]，小角X線散

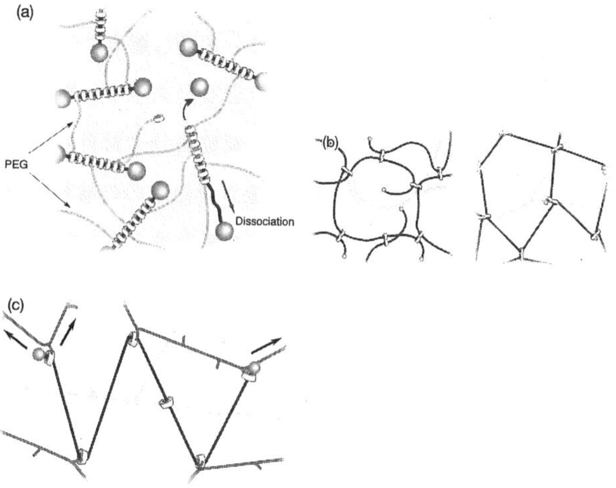

図5　(a)加水分解型架橋ポリロタキサンゲルの模式図。(b)通常時（左）および膨潤時（右）の環動ゲルの模式図。(c)環動高分子材料の模式図

乱[68]，準弾性光散乱[69]などによって検討されている。また環動ゲルの引張り応力測定において観測される，生体材料に近い応力-歪み曲線も滑車効果の寄与であると報告されている[7]。さらに，前項で述べたポリロタキサン誘導体を架橋することによって，架橋点に官能基を有する修飾環動ゲルを作ることもできる。例えば，カルボキシル基やスルホン酸基などを有するイオン性ポリロタキサンを架橋し，調製したイオン性環動ゲルは，膨潤率がpHに依存したり電場下において屈曲する電場応答性等の特徴を示すことが分かっている[45]。環状分子部位にアゾベンゼン基を導入し，光異性化にともなって膨潤・収縮挙動を示す光応答性環動ゲルの調製も報告されている[70]。

以上のように，環動ゲルは高膨潤率・高伸張率・高強度を有する新規な機能性材料であると同時に，高分子鎖の絡み合いによる架橋点をモデル化した“slip-link mode[71]”や，動く架橋点を理論的に考察した“sliding gel[72]”の具現としても注目を集めている[73]。ちなみに，ほぼ同じ概念と調製法に基づく架橋ポリロタキサンゲルが他のグループからも報告されている[74,75]。

ポリロタキサンの超分子構造を含む3次元ネットワークの研究は，上で述べたようなゲル材料，すなわち溶媒を含む系から始まったが，その概念の及ぶ範囲は溶媒を含まない固体系にまで広がりつつある。例えば，前項で紹介したスライディング・グラフトコポリマーの側鎖末端を架橋することで，図3aに示すような3次元ネットワークが形成されることが予想される。実際に架橋を行ったのちに溶媒を揮発させると，図3bに示すようなしなやかなフィルムが得られた。フィルムはエラストマー様の応力-歪み曲線を示し，架橋しないスライディング・グラフトコポリマーフィルムや乾燥させた環動ゲルの挙動とは全く異なっていた[47]。

5.2 環動高分子材料

以上のポリロタキサンネットワークの概念をさらに一歩押し進めたのが「環動高分子材料」の考え方である。上で述べたゲルやフィルムはすべて，ポリロタキサンまたはその誘導体を単一のコンポーネントとして用いた材料である。これに対し環動高分子材料は，図5cに示すように他の材料中にポリロタキサンを混合して相手材料と架橋させたものの総称である[7]。環動高分子材料の最大の特徴は，相手材料に生来備わっている特性を極力失うことなく，その材料の中で滑車効果を発揮させることができる点にある。わずかなポリロタキサンの添加でも伸び率や強度向上の効果は大きいとされている[7]。また，レジン中にポリロタキサンを導入して架橋させ一体化させた材料はポリロタキサンによる補強効果と同時に応力緩和挙動を示すことが報告されており，試料中のポリロタキサンの環の動きに起因するものと考えられている[76]。

スライディング・グラフトコポリマー架橋フィルムやポリロタキサン導入レジンの示す特異な力学物性は，ポリロタキサンの環構造が無溶媒の固体中でも動きうることを示唆する結果であり，今後の詳細な検討による機構の解明が期待される。

6 おわりに

以上，大変な駆け足ではあったが，ポリロタキサンの調製法，可溶化，そして主にソフトマテリアル材料への応用，といった観点から解説してきた。説明不足の点もあったかとは思われるがご容赦頂きたい。

ポリロタキサンを他の材料と組み合わせて用いる「環動高分子材料」の概念は，上で述べたような可溶化や誘導体化の技術を用いて飛躍的な進歩を遂げたが，実用的な技術としての応用はまだ始まったばかりである。環動高分子材料の実現は，既存の高分子材料に，既に備わった特性を失うことなく滑車効果のもたらす福音を付与することができ，これまでの高分子材料化学の世界に新たなる一分野を創成する可能性を秘めていると言っても過言ではない。ポリロタキサンおよび環動高分子材料に関する更なる基礎的知見の積み重ねが，これまでにない新規な機能性材料の創製につながることを願って，本稿の結びとしたい。

文　献

1) J.-M. Lehn, *Supramolecular chemistry: concepts and perspectives*, Weinheim, VCH

(1995)
2) F. Huang, H. W. Gibson, *Prog. Polym. Sci.*, **30**, 982 (2005)
3) S. A. Nepogodiev, J. F. Stoddart, *Chem. Rev.*, **98**, 1959 (1998)
4) T. Takata, N. Kihara, Y. Furusho, *Adv. Polym. Sci.*, **17**, 1 (2004)
5) A. Harada, *Coord. Adv. Polym. Sci.*, **201**, 1 (2006)
6) G. Wenz, B.-H. Han, A. Müller, *Chem. Rev.*, **106**, 782 (2006)
7) K. Ito, *Polym. J.*, **39**, 489 (2007)
8) (a) J. Araki, K. Ito, *Soft Matter*, **2**, 1456 (2007)；(b) 荒木　潤，伊藤耕三，色材協会誌，**79**, 290 (2006)
9) S. Loethen, J.-M. Kim, D. H. Thompson, *Polymer Reviews*, **47**, 383-418 (2007)
10) M. J. Frampton, H. L. Anderson, *Angew. Chem. Int. Ed.*, **46**, 2 (2007)
11) M. van den Boogaard, G. Bonnet, P. van't Hof, Y. Wang, C. Brochon, P. van Hutten, A. Lapp, G. Hadziioannou, *Chem. Mater.*, **16**, 4383 (2004)
12) A. Harada, M. Kamachi, *Macromolecules*, **23**, 2821 (1990)
13) A. Harada, J. Li, M. Kamachi, *Macromolecules*, **26**, 5698 (1993)
14) J. Li, A. Harada, M. Kamachi, *Polym. J.*, **26**, 1019 (1994)
15) G. Wenz, B. Keller, *Angew. Chem. Int. Ed. Engl.*, **31**, 197 (1992)
16) G. Wenz, B. Keller, *Macromol. Symp.*, **87**, 11 (1994)
17) I. Kräuter, W. Hermann, G. Wenz, *J. Inclusion Phenomena Mol. Recognition Chem.*, **25**, 93 (1996)
18) A. Harada, J. Li, M. Kamachi, *Nature*, **356**, 325 (1992)
19) A. Harada, J. Li, T. Nakamitsu, M. Kamachi, *J. Org. Chem*, **58**, 7524 (1993)
20) A. Harada, J. Li, M. Kamachi, *J. Am. Chem. Soc.*, **116**, 3192 (1994)
21) A. Harada, J. Li, M. Kamachi, *Nature*, **364**, 517 (1993)
22) T. Ooya, H. Mori, M. Terano, N. Yui, *Macromol. Rapid Commun.*, **16**, 259 (1995)
23) T. Ooya, N. Yui, *J. Control. Release*, **80**, 219 (2002)
24) T. Ooya, M. Eguchi, N. Yui, *Biomacromolecules*, **2**, 200 (2001)
25) H. Fujita, T. Ooya, N. Yui, *Macromolecules*, **32**, 2534 (1999)
26) H. Fujita, T. Ooya, N. Yui, *Polym. J.*, **31**, 1099 (1999)
27) M. Tamura, A. Ueno, *Chem. Lett.*, 369 (1998)
28) M. Tamura, A. Ueno, *Bull. Chem. Soc. Jpn.*, **73**, 147 (2000)
29) N. Kihara, K. Hinoue, T. Takata, *Macromolecules*, **38**, 223 (2005)
30) R. Liu, T. Maeda, N. Kihara, A. Harada, T. Takata, *J. Polym. Sci. A. Polym. Chem.*, **45**, 1571-1574 (2007)
31) T. Arai, T. Takata, *Chem. Lett.*, **36**, 418. (2007)
32) T. Zhao, H. W. Beckham, *Macromolecules*, **36**, 9859 (2003)
33) N. Jarroux, P. Guégan, H. Cheradame, L. Auvray, *J. Phys. Chem. B*, **109**, 23816 (2005)
34) J. Araki, C. Zhao, K. Ito, *Macromolecules*, **38**, 7524 (2005)
35) J. Araki, K. Ito, *J. Polym. Sci. A Polym. Chem.*, **44**, 532 (2006)
36) J. Araki, K. Ito, *J. Polym. Sci. A Polym. Chem.*, **44**, 6312 (2006)

37) J. Araki, T. Kataoka, N. Katsuyama, A. Teramoto, K. Ito, K. Abe, *Polymer*, 47, 8241 (2006)
38) S. Samitsu, J. Araki, T. Kataoka, K. Ito, *J. Polym. Sci. B Polym. Phys.*, 44, 1985 (2006)
39) C. F. Poole, *J. Chromatogr. A*, 1037, 49-82 (2004)
40) J. Araki, T. Kataoka, K. Ito, *J. Appl. Polym. Sci.*, 105, 2265 (2007)
41) 磯貝明,「セルロースの材料科学」, 東京大学出版会, 第2章 (2001)
42) M. Kidowaki, C. Zhao, T. Kataoka, K. Ito, *Chem. Commun.*, 4102 (2006)
43) T. Kataoka, M. Kidowaki, C. Zhao, H. Minamikawa, T. Shimizu, K. Ito, *J. Phys. Chem. B*, 110, 24377 (2006)
44) T. Kataoka, M. Kidowaki, C. Zhao, J. Araki, T. Ikehara, K. Ito, *Current Drug Discovery Technologies*, 4, 275 (2007)
45) J. Araki, K. Ito, Proceedings of GelSympo 2005 Polymer Gels : Fundamentals and Bio-science, Hokkaido University, Sapporo, Oct. 15th-18th (2005) ; J. Araki and K. Ito, manuscript in preparation.
46) 渡口要, 東京大学卒業論文 (2006) ; K. Watariguchi, Y. Sakai, K. Ito, manuscript in preparation.
47) J. Araki, T. Kataoka, K. Ito, *Soft Matter*, in press.
48) M. Kidowaki, T. Nakajima, J. Araki, A. Inomata, H. Ishibashi, K. Ito, *Macromolecules*, 40, 6859 (2007)
49) S. Samitsu, J. Araki, T. Shimomura, K. Ito, submitted to *Macromolecules*.
50) T. Shimomura, T. Akai, T. Abe, K. Ito, *J. Chem. Phys.*, 116, 1753 (2002)
51) T. Shimomura, T. Akai, M. Fujimori, S. Heike, T. Hashizume, K. Ito, *Synthetic Metals*, 153, 497 (2005)
52) T. Ikeda, T. Ooya, N. Yui, *Polym. Adv. Tech.*, 11, 830 (2000)
53) T. Ooya, H. Mori, M. Terano, N. Yui, *Macromol. Rapid Commun.*, 16, 259 (1995)
54) T. Ooya, N. Yui, *J. Control. Release*, 80, 219 (2002)
55) T. Ooya, M. Eguchi, N. Yui, *J. Am. Chem. Soc.*, 125, 13016 (2003)
56) T. Ooya, H. Utsunomiya, M. Eguchi, N. Yui, *Bioconjgate Chem.*, 16, 62 (2005)
57) T. Uyar, C. C. Rusa, X. Wang, M. Rusa, J. Hacaloglu, A. E. Tonelli, *J. Polym. Sci. B Polym. Phys.*, 43, 2578 (2005)
58) C. C. Rusa, T. Uyar, M. Rusa, M. A. Hunt, X. Wang, A. E. Tonelli, *J. Polym. Sci. B Polym. Phys.*, 42, 4182 (2004)
59) T. Uyar, C. C. Rusa, M. A. Hunt, E. Aslan, J. Hacaloglu, A. E. Tonelli, *Polymer*, 43, 2578 (2005)
60) J. Watanabe, T. Ooya, K. D. Park, Y. H. Kim, N. Yui, *J. Biomater. Sci. Polym. Ed.*, 11, 1333 (2000)
61) W. K. Lee, T. Ichi, T. Ooya, T. Yamamoto, M. Katoh, N. Yui, *J. Biomed. Mater. Res.*, 67 A, 1087 (2003)
62) M. Fujimoto, M. Isobe, S. Yamaguchi, T. Amagasa, A. Watanabe, T. Ooya, N. Yui, *J. Biomater. Sci. Polym. Ed.*, 16, 1611 (2005)

63) Y. Okumura, K. Ito, *Adv. Mater.*, **13**, 485 (2001)
64) T. Karino, Y. Okumura, C. Zhao, T. Kataoka, K. Ito, M. Shibayama, *Macromolecules*, **37**, 6161 (2004)
65) T. Karino, Y. Okumura, K. Ito, M. Shibayama, *Macromolecules*, **37**, 6177 (2004) ; Erratum, *Macromolecules*, **38**, 1035 (2005)
66) T. Karino, M. Shibayama, Y. Okumura, K. Ito, *Physica B*, 385-386, 692 (2006)
67) T. Karino, M. Shibayama, Y. Okumura, K. Ito, *Physica B*, 385-386, 807 (2006)
68) Y. Shinohara, K. Kayashima, Y. Okumura, C. Zhao, K. Ito, Y. Amemiya, *Macromolecules*, **39**, 7386 (2006)
69) C. Zhao, Y. Domon, Y. Okumura, S. Okabe, M. Shibayama, K. Ito, *J. Phys. Condens. Matter*, **17** S 2841-S 2846 (2005)
70) T. Sakai, H. Murayama, S. Nagano, Y. Takeoka, M. Kidowaki, K. Ito, T. Seki, *Adv. Mater.*, **19**, 2023 (2007)
71) S. F. Edwards, T. Vilgis, *Polymer*, **27**, 483 (1986)
72) P. G. de Gennes, *Physica A*, **271**, 231 (1991)
73) S. Granick, M. Rubinstein, *Nature Mater.*, **3**, 586 (2004)
74) G. Fleury, G. Schlatter, C. Brochon, G. Hadziioannou, *Polymer*, **46**, 8494 (2005)
75) G. Fleury, G. Schlatter, C. Brochon, C. Travelet, A. Lapp, P. Lindner, G. Hadziioannou, *Macromolecules*, **40**, 535 (2007)
76) X.-S. Wang, H.-K. Kim, Y. Fujita, A. Sudo, H. Nishida, T. Endo, *Macromolecules*, **39**, 1046 (2006)

63) Y. Yamamoto, K. Ito, Adv. Mater., 13, [illegible] (2001)
64) T. [illegible], Y. Okumura, C. Zhao, T. Kataoka, K. Ito, M. Shibayama, Macromolecules, [illegible] (2004)
65) T. Karino, Y. Okumura, K. Ito, M. Shibayama, Macromolecules, 37, [illegible] (2004); [illegible], Macromolecules, 38, 1055 (2005)
66) [illegible], Y. Okumura, K. Ito, [illegible]
67) [illegible], Y. Okumura, K. Ito, [illegible]
68) [illegible], K. Kayashima, Y. Okumura, C. Zhao, K. Ito, [illegible], Macromolecules, 36, 7390 (2003)
69) C. Zhao, Y. Domon, Y. Okumura, S. Okabe, M. Shibayama, K. Ito, J. Phys.: Condens. Matter, 17, S2841-S2846 (2005)
70) T. Sakai, H. Murayama, S. Nagano, Y. Takeoka, M. Kidowaki, K. Ito, T. Seki, Adv. Mater., 19, 2023 (2007)
71) [illegible] F. Edwards, [illegible] Polymer, 21, [illegible] (1980)
72) P. G. de Gennes, Physica A, 271, [illegible] (1999)
73) [illegible]
74) [illegible]
75) [illegible], Macromolecules, 40, [illegible] (2007)
76) [illegible], Macromolecules, [illegible]

シクロデキストリンの応用技術《普及版》
(B1043)

2008 年 2 月 15 日　初　版　第 1 刷発行
2013 年 7 月 8 日　普及版　第 1 刷発行

監　修　寺尾啓二，小宮山　真　Printed in Japan
発行者　辻　賢司
発行所　株式会社シーエムシー出版
東京都千代田区内神田 1－13－1
電話 03(3293)2061
大阪市中央区内平野町 1－3－12
電話 06(4794)8234
http://www.cmcbooks.co.jp/

〔印刷　倉敷印刷株式会社〕

ISBN978-4-7813-0725-1 C3043 ¥5200E